21世纪高等学校规划教材 | 计算机应用

Windows网络编程案例教程

董相志 编著

清华大学出版社
北 京

内容简介

本书针对有 C/C++ 语言基础的网络编程初学者,以 WinSock API 和 MFC Sockets 为编程主线,以通俗易懂的方法介绍 Windows 平台下的网络编程方法,引导读者循序渐进地提高网络编程能力。本书内容丰富,涵盖了网络编程模型、P2P 网络模型、Windows 网络编程、WinSock2 API 编程、阻塞/非阻塞模式套接字编程、异步套接字编程、Blocking I/O 编程、select I/O 编程、WSAAsyncSelect I/O 编程、WSAEventSelect I/O 编程、Overlapped I/O 编程、I/O Completion Port 编程、MFC 套接字编程、WinInet API 编程、MFC WinInet 编程、FTP 编程、HTTP 编程、SMTP/POP3 编程、Windows 多线程编程、WinPcap 编程、网络五子棋的设计与实现等。

本书是编者在多年教学和实践工作的基础上编写的,其语言生动流畅,分析深入浅出,步骤精炼,图文并茂。本书注重应用、强调实践,案例编码覆盖主流技术和方法,能够帮助读者快速地学以致用。本书可作为各类学校的网络编程专业教材,也可作为网络编程人员的自学参考用书。

本书封面贴有清华大学出版社防伪标签,无标签者不得销售。
版权所有,侵权必究。侵权举报电话: 010-62782989 13701121933

图书在版编目(CIP)数据

Windows 网络编程案例教程/董相志编著. —北京: 清华大学出版社,2014(2020.2 重印)
(21 世纪高等学校规划教材・计算机应用)
ISBN 978-7-302-34489-6

Ⅰ. ①W… Ⅱ. ①董… Ⅲ. ①Windows 操作系统—网络软件—程序设计—高等学校—教材 Ⅳ. ①TP316.86

中国版本图书馆 CIP 数据核字(2013)第 274281 号

责任编辑: 黄 芝 王冰飞
封面设计: 傅瑞学
责任校对: 焦丽丽
责任印制: 杨 艳

出版发行: 清华大学出版社
    网 址: http://www.tup.com.cn, http://www.wqbook.com
    地 址: 北京清华大学学研大厦 A 座 邮 编: 100084
    社 总 机: 010-62770175 邮 购: 010-62786544
    投稿与读者服务: 010-62776969, c-service@tup.tsinghua.edu.cn
    质量反馈: 010-62772015, zhiliang@tup.tsinghua.edu.cn
    课件下载: http://www.tup.com.cn, 010-83470236
印 装 者: 涿州市京南印刷厂
经 销: 全国新华书店
开 本: 185mm×260mm 印 张: 27 字 数: 656 千字
版 次: 2014 年 1 月第 1 版   印 次: 2020 年 2 月第 8 次印刷
印 数: 5201~6000
定 价: 44.50 元

产品编号: 056345-01

出版说明

随着我国改革开放的进一步深化,高等教育也得到了快速发展,各地高校紧密结合地方经济建设发展需要,科学运用市场调节机制,加大了使用信息科学等现代科学技术提升、改造传统学科专业的投入力度,通过教育改革合理调整和配置了教育资源,优化了传统学科专业,积极为地方经济建设输送人才,为我国经济社会的快速、健康和可持续发展以及高等教育自身的改革发展做出了巨大贡献。但是,高等教育质量还需要进一步提高以适应经济社会发展的需要,不少高校的专业设置和结构不尽合理,教师队伍整体素质亟待提高,人才培养模式、教学内容和方法需要进一步转变,学生的实践能力和创新精神亟待加强。

教育部一直十分重视高等教育质量工作。2007年1月,教育部下发了《关于实施高等学校本科教学质量与教学改革工程的意见》,计划实施"高等学校本科教学质量与教学改革工程(简称'质量工程')",通过专业结构调整、课程教材建设、实践教学改革、教学团队建设等多项内容,进一步深化高等学校教学改革,提高人才培养的能力和水平,更好地满足经济社会发展对高素质人才的需要。在贯彻和落实教育部"质量工程"的过程中,各地高校发挥师资力量强、办学经验丰富、教学资源充裕等优势,对其特色专业及特色课程(群)加以规划、整理和总结,更新教学内容、改革课程体系,建设了一大批内容新、体系新、方法新、手段新的特色课程。在此基础上,经教育部相关教学指导委员会专家的指导和建议,清华大学出版社在多个领域精选各高校的特色课程,分别规划出版系列教材,以配合"质量工程"的实施,满足各高校教学质量和教学改革的需要。

为了深入贯彻落实教育部《关于加强高等学校本科教学工作,提高教学质量的若干意见》精神,紧密配合教育部已经启动的"高等学校教学质量与教学改革工程精品课程建设工作",在有关专家、教授的倡议和有关部门的大力支持下,我们组织并成立了"清华大学出版社教材编审委员会"(以下简称"编委会"),旨在配合教育部制定精品课程教材的出版规划,讨论并实施精品课程教材的编写与出版工作。"编委会"成员皆来自全国各类高等学校教学与科研第一线的骨干教师,其中许多教师为各校相关院、系主管教学的院长或系主任。

按照教育部的要求,"编委会"一致认为,精品课程的建设工作从开始就要坚持高标准、严要求,处于一个比较高的起点上;精品课程教材应该能够反映各高校教学改革与课程建设的需要,要有特色风格、有创新性(新体系、新内容、新手段、新思路,教材的内容体系有较高的科学创新、技术创新和理念创新的含量)、先进性(对原有的学科体系有实质性的改革和发展,顺应并符合21世纪教学发展的规律,代表并引领课程发展的趋势和方向)、示范性(教材所体现的课程体系具有较广泛的辐射性和示范性)和一定的前瞻性。教材由个人申报或各校推荐(通过所在高校的"编委会"成员推荐),经"编委会"认真评审,最后由清华大学出版社审定出版。

目前，针对计算机类和电子信息类相关专业成立了两个"编委会"，即"清华大学出版社计算机教材编审委员会"和"清华大学出版社电子信息教材编审委员会"。推出的特色精品教材包括：

（1）21世纪高等学校规划教材·计算机应用——高等学校各类专业，特别是非计算机专业的计算机应用类教材。

（2）21世纪高等学校规划教材·计算机科学与技术——高等学校计算机相关专业的教材。

（3）21世纪高等学校规划教材·电子信息——高等学校电子信息相关专业的教材。

（4）21世纪高等学校规划教材·软件工程——高等学校软件工程相关专业的教材。

（5）21世纪高等学校规划教材·信息管理与信息系统。

（6）21世纪高等学校规划教材·财经管理与应用。

（7）21世纪高等学校规划教材·电子商务。

（8）21世纪高等学校规划教材·物联网。

清华大学出版社经过三十多年的努力，在教材尤其是计算机和电子信息类专业教材出版方面树立了权威品牌，为我国的高等教育事业做出了重要贡献。清华版教材形成了技术准确、内容严谨的独特风格，这种风格将延续并反映在特色精品教材的建设中。

清华大学出版社教材编审委员会
联系人：魏江江
E-mail：weijj@tup.tsinghua.edu.cn

互联网编程有两个主流方向：一个是 Web 开发；另一个是网络编程。从应用层面看，前者看起来相对高端，后者看起来偏中低端。大家耳熟能详的网站类应用，如网易、搜狐、新浪、淘宝等属于前者，称做 Web 应用。而另一些"遍地开花"的应用，如 QQ、MSN、迅雷、PPLive、Skype、防火墙、网络监控、流量计费、IIS 服务器、Tomcat 服务器等属于后者，称做网络工具。

开发 Web 应用，它的底层支撑平台是 Web 服务器；开发网络工具，它的底层支撑平台是操作系统。大家所说的 Web 开发和网络编程一个高端、一个中低端即源于此。如果硬要在二者之间划出一个严格的界限是不甚妥当的。现在的技术趋势是你中有我，我中有你，相互融合，"上九天揽月，下五洋捉鳖"可谓当下互联网编程的真实写照。本书内容定位于网络工具的编程方法，基础根基是操作系统，不讨论基于 Web 服务器的 Web 编程。

"网络编程"这门课到底应该选用哪种语言教学，不少老师感到很困惑。通常，用 Java 语言编的程序离不开 JVM 虚拟机支持，用 C♯ 语言编的程序离不开 .NET 虚拟机支持，且 Java 语言和 C♯ 语言非常适合 Web 编程。Windows 操作系统是用 C/C++ 语言编写的，显然，C/C++ 更适合网络编程这门课，更适合开发互联网中神通广大、中流砥柱的应用。

本书设计了两条教学主线：一条是基于 Windows API 编程；另一条是基于 MFC 编程。对于前者，具体到 WinSock2 API 编程；对于后者，具体到 CAsyncSocket 类、CSocket 类编程。这两条教学主线相互对照，相得益彰，构成本书教学的核心和灵魂。

本书内容共分为 9 章。第 1 章网络编程概述，讨论了网络编程模型、P2P 网络模型、Windows 网络编程。第 2 章 WinSock2 API 编程，讲述 Win32 API 窗体编程、WinSock2 API 编程框架、阻塞/非阻塞模式套接字编程、异步套接字编程、Blocking I/O 编程、select I/O 编程、WSAAsyncSelect I/O 编程、WSAEventSelect I/O 编程、Overlapped I/O 编程、Completion Port 编程。第 3 章 MFC 套接字编程，讲述 MFC 套接字编程模型、CAsyncSocket 类编程、CSocket 类编程。第 4～6 章分别讲述了 Windows Internet 编程、MFC Internet 编程和 SMTP/POP3 编程。第 7 章 Windows 多线程编程，讲述了用 C 和 Win32 API 编写多线程以及用 C++ 和 MFC 编写多线程两种方法。第 8 章 WinPcap 编程，讲述了 WinPcap 编程框架和 WinPcap 编程应用。第 9 章网络五子棋，从实战角度详细讲述人机对战和网络对战项目的设计。

本书有幸得到鲁东大学邹海林教授、杨洪勇教授、徐邦海副教授、寇光杰副教授、李阿丽老师、曲海平博士、田生文博士和烟台市财政局崔运政博士审阅，并提出许多宝贵的意见，编者铭记于心。

本书有幸得到清华大学出版社支持，有幸得到教材事业部主任魏江江老师关注，有幸得到责任编辑黄芝老师严谨审校、精心编排，感激之情无以言表。

高山无声，水流花开，各方涓涓细爱汇集于此，终使本书与读者见面。

本书适合有 C/C++ 语言基础的读者学习,每一章都配有精选的案例或程序片段,有助于读者反复揣摩、练习提高。本书完整的案例都在 VC++ 2010 环境下调试通过,涵盖了主流技术和方法,体现了教学目的,贴近实际应用。

互联网如同一个巨大的天体飞船,裹挟着整个地球,全人类、全社会为之疯狂,为之飞奔。人们无从准确地知晓它的终点,更无从清晰地预见它的未来,能够唯一感受到的是它惊人的发展速度,能够唯一体会到的是它无穷的变化方式。或许正因如此,互联网编程是极具魅力与挑战的,吸引着越来越多的人进入这个行业。但由于编者水平有限,书中错误或不妥之处在所难免,恳请各位读者批评指正。

您的每一处指正,编者都如获至宝,不胜感激(编者邮箱:upsunny2008@163.com)。

编 者

2013 年 10 月于山东烟台

目 录

第1章 网络编程概述 ... 1

1.1 网络编程模型 ... 1
- 1.1.1 开放系统互连参考模型 ... 1
- 1.1.2 TCP/IP 协议栈模型 ... 3
- 1.1.3 套接字编程模型 ... 6
- 1.1.4 网间多线程会话模型 ... 8

1.2 P2P 网络模型 ... 8
- 1.2.1 P2P 的发展背景 ... 9
- 1.2.2 三代 P2P 网络 ... 10
- 1.2.3 P2P 网络分类 ... 11
- 1.2.4 P2P 典型应用举例 ... 12

1.3 Windows 网络编程 ... 13
- 1.3.1 Windows 网络编程框架 ... 13
- 1.3.2 Windows 网络协议 ... 15
- 1.3.3 Windows Sockets 编程模型 ... 15
- 1.3.4 WinSock2 工作模式 ... 17
- 1.3.5 第一个网络程序——hostent ... 19

习题1 ... 22

第2章 WinSock2 API 编程 ... 23

2.1 Win32 API 窗体编程 ... 23
- 2.1.1 弹出一个消息框 ... 23
- 2.1.2 创建一个窗体 ... 28
- 2.1.3 为窗体添加控件 ... 33

2.2 WinSock2 API 编程框架 ... 39
- 2.2.1 WinSock2 API 程序结构 ... 39
- 2.2.2 WinSock2 API 库函数 ... 40
- 2.2.3 WinSock2 的新发展 ... 43

2.3 阻塞/非阻塞模式套接字编程 ... 46
- 2.3.1 阻塞模式套接字客户机编程 ... 46
- 2.3.2 阻塞模式套接字服务器编程 ... 50
- 2.3.3 非阻塞模式套接字客户机编程 ... 53

         2.3.4 非阻塞模式套接字服务器编程 …………………………………………… 56
         2.3.5 套接字错误处理 …………………………………………………………… 59
   2.4 异步套接字编程 …………………………………………………………………… 62
         2.4.1 异步套接字客户机编程 …………………………………………………… 62
         2.4.2 异步套接字服务器编程 …………………………………………………… 71
         2.4.3 服务器响应多客户机的并发访问 ………………………………………… 80
   2.5 WinSock2 I/O 模型编程 …………………………………………………………… 88
         2.5.1 Blocking I/O 模型 ………………………………………………………… 88
         2.5.2 select I/O 模型 …………………………………………………………… 92
         2.5.3 WSAAsyncSelect I/O 模型 ………………………………………………… 99
         2.5.4 WSAEventSelect I/O 模型 ………………………………………………… 101
         2.5.5 Overlapped I/O 模型 ……………………………………………………… 113
         2.5.6 I/O Completion Port 模型 ………………………………………………… 117
         2.5.7 I/O 模型的选择 …………………………………………………………… 126
   习题 2 …………………………………………………………………………………… 127

第 3 章 MFC 套接字编程 …………………………………………………………………… 128

   3.1 MFC 套接字编程模型 ……………………………………………………………… 128
         3.1.1 MFC 编程框架 …………………………………………………………… 128
         3.1.2 CAsyncSocket 类编程模型 ………………………………………………… 133
         3.1.3 CSocket 类编程模型 ……………………………………………………… 135
         3.1.4 派生套接字类 ……………………………………………………………… 138
         3.1.5 MFC 套接字类的阻塞/非阻塞模式 ……………………………………… 138
   3.2 CAsyncSocket 类编程实例 ………………………………………………………… 139
         3.2.1 点对点通信功能和技术要点 ……………………………………………… 139
         3.2.2 创建客户机 ………………………………………………………………… 139
         3.2.3 客户机代码分析 …………………………………………………………… 148
         3.2.4 创建服务器 ………………………………………………………………… 155
         3.2.5 服务器代码分析 …………………………………………………………… 161
         3.2.6 点对点通信客户机与服务器联合测试 …………………………………… 168
   3.3 CSocket 类编程实例 ………………………………………………………………… 169
         3.3.1 聊天室功能和技术要点 …………………………………………………… 169
         3.3.2 创建聊天室服务器 ………………………………………………………… 169
         3.3.3 聊天室服务器代码分析 …………………………………………………… 178
         3.3.4 创建聊天室客户机 ………………………………………………………… 187
         3.3.5 聊天室客户机代码分析 …………………………………………………… 191
         3.3.6 聊天室客户机与服务器联合测试 ………………………………………… 200
   习题 3 …………………………………………………………………………………… 200

第 4 章　Windows Internet 编程 · · · · · · · · 202

4.1　WinInet API 编程 · · · · · · · · 202
4.1.1　WinInet HINTERNET 句柄 · · · · · · · · 202
4.1.2　WinInet 通用 API · · · · · · · · 205
4.1.3　关闭 HINTERNET 句柄 · · · · · · · · 212

4.2　WinInet FTP 编程 · · · · · · · · 213
4.2.1　FTP API 简介 · · · · · · · · 213
4.2.2　FTP 服务器文件目录遍历 · · · · · · · · 214
4.2.3　FTP 服务器目录导航 · · · · · · · · 216
4.2.4　创建和删除 FTP 服务器目录 · · · · · · · · 217
4.2.5　从 FTP 服务器上获取文件 · · · · · · · · 219
4.2.6　上传文件到 FTP 服务器 · · · · · · · · 220
4.2.7　从 FTP 服务器上删除文件 · · · · · · · · 221
4.2.8　FTP 服务器目录或文件的重命名 · · · · · · · · 222

4.3　WinInet HTTP 编程 · · · · · · · · 223
4.3.1　HTTP API 基本操作 · · · · · · · · 223
4.3.2　HTTP Cookies 编程 · · · · · · · · 226
4.3.3　HTTP Authentication 编程 · · · · · · · · 228
4.3.4　HTTP URL 编程 · · · · · · · · 231
4.3.5　获取 HTTP 请求的头部信息 · · · · · · · · 232

习题 4 · · · · · · · · 233

第 5 章　MFC Internet 编程 · · · · · · · · 234

5.1　MFC WinInet 概述 · · · · · · · · 234
5.1.1　MFC WinInet 基本类 · · · · · · · · 234
5.1.2　MFC WinInet 类之间的关联 · · · · · · · · 236
5.1.3　MFC WinInet 客户机编程步骤 · · · · · · · · 237
5.1.4　MFC WinInet 经典编程模型 · · · · · · · · 239

5.2　简易 FTP 客户机编程实例 · · · · · · · · 240
5.2.1　FTP 客户机/服务器模型 · · · · · · · · 240
5.2.2　功能定义与技术要点 · · · · · · · · 241
5.2.3　FTP 服务器的搭建 · · · · · · · · 242
5.2.4　简易 FTP 客户机的创建步骤 · · · · · · · · 244
5.2.5　主要代码 · · · · · · · · 247
5.2.6　系统测试 · · · · · · · · 250

5.3　HTTP 浏览器编程实例 · · · · · · · · 250
5.3.1　浏览器/服务器工作模型 · · · · · · · · 250
5.3.2　MFC CHtmlView 编程模型 · · · · · · · · 252

  5.3.3 MFCIE 的功能和技术要点 ⋯⋯⋯⋯⋯⋯⋯⋯⋯⋯⋯⋯⋯⋯⋯⋯⋯⋯⋯⋯⋯⋯⋯⋯⋯ 255

  5.3.4 MFCIE 的创建步骤 ⋯⋯⋯⋯⋯⋯⋯⋯⋯⋯⋯⋯⋯⋯⋯⋯⋯⋯⋯⋯⋯⋯⋯⋯⋯⋯⋯ 256

  5.3.5 MFCIE 功能测试 ⋯⋯⋯⋯⋯⋯⋯⋯⋯⋯⋯⋯⋯⋯⋯⋯⋯⋯⋯⋯⋯⋯⋯⋯⋯⋯⋯⋯⋯ 260

习题 5 ⋯⋯⋯ 261

第 6 章 SMTP/POP3 编程 ⋯⋯⋯⋯⋯⋯⋯⋯⋯⋯⋯⋯⋯⋯⋯⋯⋯⋯⋯⋯⋯⋯⋯⋯⋯⋯⋯⋯⋯⋯⋯ 262

6.1 SMTP 协议 ⋯⋯⋯⋯⋯⋯⋯⋯⋯⋯⋯⋯⋯⋯⋯⋯⋯⋯⋯⋯⋯⋯⋯⋯⋯⋯⋯⋯⋯⋯⋯⋯⋯⋯⋯⋯ 262

  6.1.1 SMTP 工作模型 ⋯⋯⋯⋯⋯⋯⋯⋯⋯⋯⋯⋯⋯⋯⋯⋯⋯⋯⋯⋯⋯⋯⋯⋯⋯⋯⋯⋯⋯ 262

  6.1.2 SMTP 命令解析 ⋯⋯⋯⋯⋯⋯⋯⋯⋯⋯⋯⋯⋯⋯⋯⋯⋯⋯⋯⋯⋯⋯⋯⋯⋯⋯⋯⋯⋯ 264

  6.1.3 SMTP 响应状态码 ⋯⋯⋯⋯⋯⋯⋯⋯⋯⋯⋯⋯⋯⋯⋯⋯⋯⋯⋯⋯⋯⋯⋯⋯⋯⋯⋯⋯ 264

6.2 POP3 协议 ⋯⋯⋯⋯⋯⋯⋯⋯⋯⋯⋯⋯⋯⋯⋯⋯⋯⋯⋯⋯⋯⋯⋯⋯⋯⋯⋯⋯⋯⋯⋯⋯⋯⋯⋯⋯ 266

  6.2.1 POP3 工作模型 ⋯⋯⋯⋯⋯⋯⋯⋯⋯⋯⋯⋯⋯⋯⋯⋯⋯⋯⋯⋯⋯⋯⋯⋯⋯⋯⋯⋯⋯ 266

  6.2.2 POP3 命令解析 ⋯⋯⋯⋯⋯⋯⋯⋯⋯⋯⋯⋯⋯⋯⋯⋯⋯⋯⋯⋯⋯⋯⋯⋯⋯⋯⋯⋯⋯ 267

  6.2.3 用 POP3 命令与 163 邮箱会话 ⋯⋯⋯⋯⋯⋯⋯⋯⋯⋯⋯⋯⋯⋯⋯⋯⋯⋯⋯⋯⋯ 267

6.3 MIME 邮件扩展 ⋯⋯⋯⋯⋯⋯⋯⋯⋯⋯⋯⋯⋯⋯⋯⋯⋯⋯⋯⋯⋯⋯⋯⋯⋯⋯⋯⋯⋯⋯⋯⋯⋯ 269

  6.3.1 MIME 对电子邮件协议的扩展 ⋯⋯⋯⋯⋯⋯⋯⋯⋯⋯⋯⋯⋯⋯⋯⋯⋯⋯⋯⋯⋯⋯ 270

  6.3.2 MIME 对邮件信头的扩展 ⋯⋯⋯⋯⋯⋯⋯⋯⋯⋯⋯⋯⋯⋯⋯⋯⋯⋯⋯⋯⋯⋯⋯⋯ 270

  6.3.3 MIME 邮件的内容类型 ⋯⋯⋯⋯⋯⋯⋯⋯⋯⋯⋯⋯⋯⋯⋯⋯⋯⋯⋯⋯⋯⋯⋯⋯⋯ 271

  6.3.4 Base64 编码 ⋯⋯⋯⋯⋯⋯⋯⋯⋯⋯⋯⋯⋯⋯⋯⋯⋯⋯⋯⋯⋯⋯⋯⋯⋯⋯⋯⋯⋯⋯⋯ 272

6.4 SMTP 协议编程实例 ⋯⋯⋯⋯⋯⋯⋯⋯⋯⋯⋯⋯⋯⋯⋯⋯⋯⋯⋯⋯⋯⋯⋯⋯⋯⋯⋯⋯⋯⋯⋯ 273

  6.4.1 SMTP 发送邮件工作模型 ⋯⋯⋯⋯⋯⋯⋯⋯⋯⋯⋯⋯⋯⋯⋯⋯⋯⋯⋯⋯⋯⋯⋯⋯ 273

  6.4.2 功能和技术要点 ⋯⋯⋯⋯⋯⋯⋯⋯⋯⋯⋯⋯⋯⋯⋯⋯⋯⋯⋯⋯⋯⋯⋯⋯⋯⋯⋯⋯⋯ 274

  6.4.3 项目创建步骤 ⋯⋯⋯⋯⋯⋯⋯⋯⋯⋯⋯⋯⋯⋯⋯⋯⋯⋯⋯⋯⋯⋯⋯⋯⋯⋯⋯⋯⋯⋯ 275

  6.4.4 主要代码 ⋯⋯⋯⋯⋯⋯⋯⋯⋯⋯⋯⋯⋯⋯⋯⋯⋯⋯⋯⋯⋯⋯⋯⋯⋯⋯⋯⋯⋯⋯⋯⋯⋯ 278

  6.4.5 项目测试 ⋯⋯⋯⋯⋯⋯⋯⋯⋯⋯⋯⋯⋯⋯⋯⋯⋯⋯⋯⋯⋯⋯⋯⋯⋯⋯⋯⋯⋯⋯⋯⋯⋯ 284

6.5 POP3 协议编程实例 ⋯⋯⋯⋯⋯⋯⋯⋯⋯⋯⋯⋯⋯⋯⋯⋯⋯⋯⋯⋯⋯⋯⋯⋯⋯⋯⋯⋯⋯⋯⋯ 285

  6.5.1 POP3 客户机工作模型 ⋯⋯⋯⋯⋯⋯⋯⋯⋯⋯⋯⋯⋯⋯⋯⋯⋯⋯⋯⋯⋯⋯⋯⋯⋯⋯ 285

  6.5.2 功能和技术要点 ⋯⋯⋯⋯⋯⋯⋯⋯⋯⋯⋯⋯⋯⋯⋯⋯⋯⋯⋯⋯⋯⋯⋯⋯⋯⋯⋯⋯⋯ 286

  6.5.3 项目创建步骤 ⋯⋯⋯⋯⋯⋯⋯⋯⋯⋯⋯⋯⋯⋯⋯⋯⋯⋯⋯⋯⋯⋯⋯⋯⋯⋯⋯⋯⋯⋯ 286

  6.5.4 项目测试 ⋯⋯⋯⋯⋯⋯⋯⋯⋯⋯⋯⋯⋯⋯⋯⋯⋯⋯⋯⋯⋯⋯⋯⋯⋯⋯⋯⋯⋯⋯⋯⋯⋯ 288

习题 6 ⋯⋯⋯ 289

第 7 章 Windows 多线程编程 ⋯⋯⋯⋯⋯⋯⋯⋯⋯⋯⋯⋯⋯⋯⋯⋯⋯⋯⋯⋯⋯⋯⋯⋯⋯⋯⋯⋯⋯ 290

7.1 进程与线程 ⋯⋯⋯⋯⋯⋯⋯⋯⋯⋯⋯⋯⋯⋯⋯⋯⋯⋯⋯⋯⋯⋯⋯⋯⋯⋯⋯⋯⋯⋯⋯⋯⋯⋯⋯ 290

  7.1.1 进程与线程的关系 ⋯⋯⋯⋯⋯⋯⋯⋯⋯⋯⋯⋯⋯⋯⋯⋯⋯⋯⋯⋯⋯⋯⋯⋯⋯⋯⋯⋯ 290

  7.1.2 Windows 进程的内存结构 ⋯⋯⋯⋯⋯⋯⋯⋯⋯⋯⋯⋯⋯⋯⋯⋯⋯⋯⋯⋯⋯⋯⋯⋯ 291

  7.1.3 Windows 线程的优先级 ⋯⋯⋯⋯⋯⋯⋯⋯⋯⋯⋯⋯⋯⋯⋯⋯⋯⋯⋯⋯⋯⋯⋯⋯⋯ 293

7.2 用 C 和 Win32 API 编写多线程 ⋯⋯⋯⋯⋯⋯⋯⋯⋯⋯⋯⋯⋯⋯⋯⋯⋯⋯⋯⋯⋯⋯⋯⋯⋯ 295

  7.2.1 Win32 API 线程编程 ⋯⋯⋯⋯⋯⋯⋯⋯⋯⋯⋯⋯⋯⋯⋯⋯⋯⋯⋯⋯⋯⋯⋯⋯⋯⋯⋯ 296

		7.2.2 用C语言编写多线程	301
		7.2.3 线程同步	305
		7.2.4 创建多线程的步骤	306
		7.2.5 多线程程序——笑脸	307
	7.3	用C++和MFC编写多线程	311
		7.3.1 MFC线程类	312
		7.3.2 用户界面线程	314
		7.3.3 工作线程	316
		7.3.4 线程同步类	317
		7.3.5 MFC多线程程序——自行车比赛	318
	习题7		324
第8章	WinPcap编程		325
	8.1	WinPcap概述	325
		8.1.1 WinPcap的功能	325
		8.1.2 Wireshark网络分析工具	326
		8.1.3 WinDump网络嗅探工具	326
		8.1.4 WinPcap的获取和安装	327
		8.1.5 WinPcap工作模型	328
		8.1.6 NPF与NDIS的关系	328
		8.1.7 NPF工作模型	329
		8.1.8 WinPcap开发环境配置	331
	8.2	WinPcap编程框架	334
		8.2.1 结构体与宏定义	334
		8.2.2 WinPcap API函数	335
		8.2.3 过滤器表达式	338
		8.2.4 程序的创建和测试	339
	8.3	WinPcap编程应用	340
		8.3.1 获取网络设备列表	340
		8.3.2 打开适配器捕获数据包	341
		8.3.3 捕获和打印所有数据包	344
		8.3.4 过滤数据包	347
		8.3.5 分析数据包	350
		8.3.6 统计网络流量	354
	习题8		357
第9章	网络五子棋		358
	9.1	五子棋简介	358
		9.1.1 棋盘和棋子	358

9.1.2　五子棋术语 …………………………………………………… 358
　　9.1.3　行棋规则 ……………………………………………………… 361
　　9.1.4　五子棋的人机博弈 …………………………………………… 362
　　9.1.5　如何判断胜负 ………………………………………………… 363
9.2　人机对战系统设计 ……………………………………………………… 365
　　9.2.1　功能需求 ……………………………………………………… 365
　　9.2.2　创建项目程序框架 …………………………………………… 365
　　9.2.3　导入资源文件 ………………………………………………… 366
　　9.2.4　主菜单设计 …………………………………………………… 367
　　9.2.5　人机对战项目类图 …………………………………………… 367
　　9.2.6　消息结构体设计 ……………………………………………… 369
　　9.2.7　人机对战逻辑模型 …………………………………………… 369
　　9.2.8　游戏基类 CGame 的设计 …………………………………… 370
　　9.2.9　人机对战类 COneGame 的设计 …………………………… 371
　　9.2.10　棋盘类 CTable 的设计 ……………………………………… 379
　　9.2.11　界面类 CFiveDlg 的设计 …………………………………… 388
　　9.2.12　项目测试 ……………………………………………………… 391
9.3　网络对战系统设计 ……………………………………………………… 392
　　9.3.1　扩展功能需求 ………………………………………………… 393
　　9.3.2　定义对话消息 ………………………………………………… 393
　　9.3.3　网络对战新增界面元素 ……………………………………… 393
　　9.3.4　网络对战基本类图 …………………………………………… 394
　　9.3.5　网络对战通信模型 …………………………………………… 395
　　9.3.6　CFiveSocket 类的设计 ………………………………………… 396
　　9.3.7　CTwoGame 类的设计 ………………………………………… 398
　　9.3.8　修改 CTable 类的设计 ………………………………………… 399
　　9.3.9　CServerDlg 类和 CClientDlg 类的设计 ……………………… 407
　　9.3.10　CNameDlg 类和 CStatDlg 类的设计 ……………………… 410
　　9.3.11　完善 CFiveDlg 类的设计 …………………………………… 411
　　9.3.12　项目测试 ……………………………………………………… 412
习题 9 ………………………………………………………………………………… 414

参考文献 ………………………………………………………………………………… 415

案 例 目 录

程序 1.1	主机名称和地址解析完整代码	20
程序 2.1	弹出一个消息框完整代码	25
程序 2.2	创建一个窗体完整代码	31
程序 2.3	为窗体添加控件完整代码	36
程序 2.4	阻塞模式套接字客户机完整代码	48
程序 2.5	阻塞模式套接字服务器完整代码	52
程序 2.6	非阻塞模式套接字客户机完整代码	54
程序 2.7	非阻塞模式套接字服务器完整代码	56
程序 2.8	套接字错误处理完整代码	61
程序 2.9	异步套接字客户机完整代码	65
程序 2.10	异步套接字服务器完整代码	73
程序 2.11	服务器响应多客户机的并发访问完整代码	81
程序 2.12	TcpClient 客户机程序完整代码	89
程序 2.13	select I/O 模型回送服务器完整代码	93
程序 2.14	WSAEventSelect I/O 模型回送服务器完整代码	107
程序 2.15	用完成端口开发回声服务器完整代码	120
程序 3.1	点对点通信客户机完整代码	148
程序 3.2	点对点通信服务器完整代码	161
程序 3.3	聊天室服务器完整代码	178
程序 3.4	聊天室客户机完整代码	191
程序 4.1	Internet 数据下载通用例程 1	206
程序 4.2	Internet 数据下载通用例程 2	208
程序 4.3	获取 FTP 文件目录并显示通用例程	210
程序 4.4	遍历 FTP 服务器目录并在列表框中显示	214
程序 4.5	更改当前目录并显示	216
程序 4.6	在 FTP 服务器上创建新目录	217
程序 4.7	从 FTP 服务器上删除目录	218
程序 4.8	从远程服务器下载文件	219
程序 4.9	上传文件到 FTP 服务器	220
程序 4.10	从 FTP 服务器上删除文件	221
程序 4.11	FTP 服务器目录或文件的重命名	222
程序 4.12	建立 WWW 连接	224
程序 4.13	读取 Cookie	227
程序 4.14	创建会话 Cookie 和持久 Cookie	228

程序 4.15　用 InternetErrorDlg 处理 HTTP 验证 …………………………………… 229
程序 4.16　用 InternetSetOption 处理 HTTP 验证 …………………………………… 230
程序 4.17　用 HttpQueryInfo 获取 HTTP 请求的头部信息 ………………………… 232
程序 5.1　创建一个最简单的浏览器 …………………………………………………… 237
程序 5.2　用 HTTP 下载一个 Web 页面并显示 ……………………………………… 238
程序 5.3　用 FTP 下载一个文件 ……………………………………………………… 238
程序 5.4　遍历目录 ……………………………………………………………………… 247
程序 5.5　下载文件 ……………………………………………………………………… 248
程序 5.6　上传文件 ……………………………………………………………………… 249
程序 6.1　Base64 编码、解码程序 …………………………………………………… 278
程序 7.1　打印变量的内存地址 ………………………………………………………… 292
程序 7.2　用 CreateThread 创建两个计数线程 ……………………………………… 297
程序 7.3　用 C 语言编写字符飘移线程 ……………………………………………… 303
程序 7.4　用 C 语言编写多线程同步实例 1 …………………………………………… 305
程序 7.5　用 C 语言编写多线程同步实例 2 …………………………………………… 307
程序 7.6　笑脸程序完整代码 …………………………………………………………… 308
程序 7.7　用户界面线程用于服务器套接字编程 ……………………………………… 315
程序 7.8　工作线程的创建和调用 ……………………………………………………… 317
程序 7.9　自行车比赛程序完整代码 …………………………………………………… 318
程序 8.1　获取网络设备列表完整代码 ………………………………………………… 340
程序 8.2　打开适配器并捕获数据包完整代码 ………………………………………… 342
程序 8.3　捕获和打印所有数据包完整代码 …………………………………………… 344
程序 8.4　PacketFilter 数据包过滤器完整代码 ……………………………………… 347
程序 8.5　捕获 UDP 数据包并分析其头部完整代码 ………………………………… 350
程序 8.6　监听 TCP 网络流量完整代码 ……………………………………………… 355
程序 9.1　游戏基类 CGame 的定义 …………………………………………………… 370
程序 9.2　人机对战类 COneGame 的定义 …………………………………………… 372
程序 9.3　人机对战类 COneGame 的实现 …………………………………………… 373
程序 9.4　人机对战类 CTable 的定义 ………………………………………………… 380
程序 9.5　人机对战类 CTable 的实现 ………………………………………………… 381
程序 9.6　主界面类 CFiveDlg 的定义 ………………………………………………… 388
程序 9.7　主界面类 CFiveDlg 的实现 ………………………………………………… 389
程序 9.8　套接字通信类 CFiveSocket 的定义 ………………………………………… 396
程序 9.9　套接字通信类 CFiveSocket 的实现 ………………………………………… 397
程序 9.10　网络对战类 CTwoGame 的定义 ………………………………………… 398
程序 9.11　网络对战类 CTwoGame 的实现 ………………………………………… 398
程序 9.12　修改棋盘类 CTable ………………………………………………………… 400

第1章 网络编程概述

在单机时代,写一手好程序是很值得引以为傲的,但这并不代表在网络时代能写出好的网络程序。尽管那句"网络就是计算机"的口号时常在网络世界里回响,网络和单机还是有很大的不同,网络编程需要处理主机之间的通信,处理同步、异步,处理阻塞、非阻塞,主机间可能是对等的,也可能是客户机和服务器,要区别对待……这一系列的问题都需要编程者加以思考和解决。

本章从网络编程模型、P2P网络模型和Windows网络编程三部分内容入手,引领读者进入网络编程学习领域。网络编程模型是开启网络编程大门的钥匙,是初学者学习网络编程技术的理论基础,因此,1.1节将从不同角度对网络编程模型进行分析和讲述。P2P网络是互联网近十年最热门的应用领域之一,在网络编程方面有着特殊性,因此放在1.2节单独讲述。Windows是主流操作系统,基于Windows的网络应用非常广泛,微软公司针对Windows平台提供了超强的网络编程技术框架,1.3节讲述这一框架体系的全貌,指导读者在开始Windows网络开发之前能够全局在胸,选择正确的技术路线。

1.1 网络编程模型

学习网络编程技术,必须理解和掌握基本的网络编程模型。本节遵循OSI开放互联参考模型—TCP/IP协议栈模型—套接字编程模型—网间多线程会话模型这一主线为初学者介绍网络编程的基础知识。

1.1.1 开放系统互连参考模型

图1.1是国际标准化组织(ISO)制定的开放系统互连(Open System Interconnection,OSI)参考模型。这个模型是学习计算机网络的理论基础,也是学习网络编程的理论基础。

OSI自底层向上把网络通信分为7个协议层,分别是物理层、数据链路层、网络层、传输层、会话层、表示层和应用层。这里以主机A与主机B之间的通信为例,在通信的每一端都由7层协议构成一个协议栈,用于定义、维护和实现端到端的数据通信业务。中间路由部分主要完成数据的交换和转发,对应网络层以下的三层协议。各层功能如下。

1. 物理层

物理层为数据链路层提供服务,通过传输介质传输比特流,传输的数据单元是比特

(Bit)。该层定义了物理链路的建立、维护和拆除的机械、电气、功能规范,包括信号线的功能、介质的物理特性、传输速率、位同步、传输模式等。

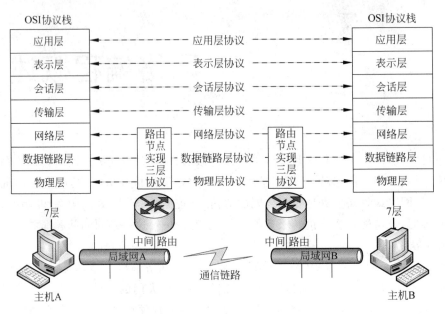

图 1.1 开放系统互连参考模型

2. 数据链路层

数据链路层为网络层提供服务,传输的数据单元是数据帧(Data Frame),负责完成转换数据成帧、介质访问控制、物理寻址、差错控制、流量控制等功能。

3. 网络层

网络层为传输层提供服务,传输的数据单元是数据包(Data Packet),负责完成从源主机到目标主机的网络地址编址、路由选择、报文转发等功能。

4. 传输层

传输层为会话层提供服务,传输的数据单元是报文段(Data Segment),负责完成差错控制、流量控制、拥塞控制,以及报文的分段、重组和进程寻址等功能。

5. 会话层

会话层为表示层提供服务,实现会话的建立、维护、同步和终止等。

6. 表示层

表示层为应用层提供服务,完成信息的表示和转换,包括数据的加密解密、压缩解压缩、编码格式转换等。

7. 应用层

应用层为用户提供服务，可以理解为网络程序的顶层设计。

这7层协议，下面三层是通信支持层，完成端到端通信；上面三层是应用支持层，实现应用设计；中间的传输层起"承上启下"的隔离作用，使网络应用的开发不依赖物理网络的具体实现。各层间的网络关系可以进一步归纳为表1.1。

表1.1 OSI分层形态与功能描述

实体分层	数据形态	协议层次	主要功能描述
主机层	Data	7. 应用层	应用程序进程顶层设计
		6. 表示层	数据格式变换、加密解密等
		5. 会话层	主机内部模块间通信
	Segment	4. 传输层	端对端连接、流量控制等
网络互联设备媒体层	Packet	3. 网络层	逻辑寻址等
	Frame	2. 数据链路层	介质访问控制、物理寻址等
	Bit	1. 物理层	信号传输

1.1.2 TCP/IP协议栈模型

OSI是一个理想模型，对互联网的发展具有指导意义。但要将7层协议均严格转化为切实可行的网络结构，需要完成的工作量非常大，网络效率也不一定理想，而以应用为导向先行发展起来的TCP/IP协议栈，至今统治着互联网，展现出强大的生命力，成为互联网协议的事实标准。TCP/IP协议栈自下而上可以归结为网络接口层、网络层、传输层、应用层四层结构，每一层都依赖下一层所提供的服务完成本层工作。图1.2给出的TCP/IP协议栈模型是对TCP/IP发展应用情况的高度归纳和抽象。

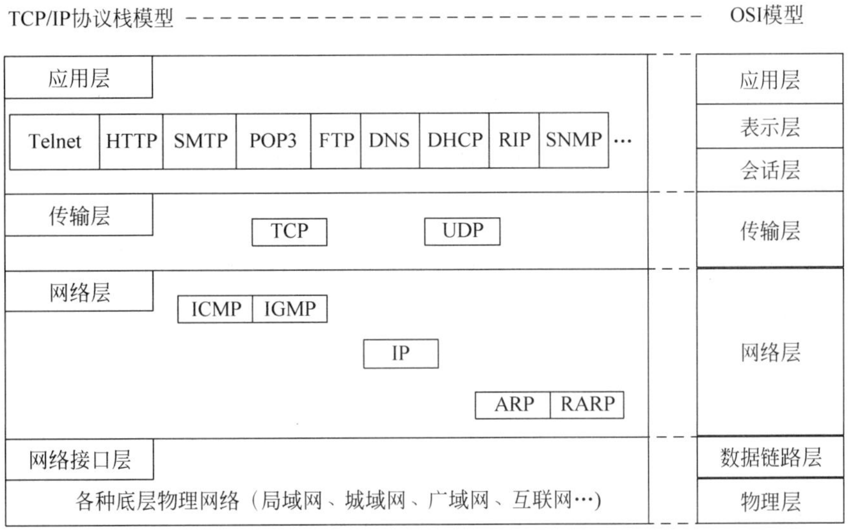

图1.2 TCP/IP协议栈模型

TCP/IP 协议栈模型包括以下 4 个层次。

1．网络接口层

TCP/IP 网络接口层对应 OSI 的物理层和数据链路层。物理层定义物理介质的各种特性，如机械特性、电子特性、功能特性、规程特性。数据链路层负责接收 IP 数据包并通过网络发送，或者从网络上接收物理帧，抽出 IP 数据包交给 IP 层。常见的接口层协议有 Ethernet 802.3、Token Ring 802.5、X.25、Frame Relay、HDLC、PPP ATM 等。

2．网络层

TCP/IP 网络层负责主机之间的通信，主要功能有：(1)处理来自传输层的分组发送请求。收到请求后，将分组装入 IP 数据报，填充报头，选择去往目标主机的路径，然后将数据报发往适当的网络接口。(2)处理来自网络接口层的数据报。首先检查其合法性，然后进行寻径，如果该数据报已到达目标主机，则去掉报头，将剩下的部分交给传输层处理；如果该数据报尚未到达目标主机，则转发该数据报。(3)处理路径、流量控制、拥塞等问题。

网络层包括 IP(Internet Protocol)协议、ICMP(Internet Control Message Protocol)控制报文协议、ARP(Address Resolution Protocol)地址解析协议、RARP(Reverse ARP)反向地址解析协议。

IP 协议是网络层的核心，通过路由选择将经 IP 封装后的数据报交给网络接口层。IP 数据报是无连接服务。

ICMP 是网络层的补充，可以回送报文，用来检测网络是否通畅。Ping 命令就是发送 ICMP 的 Echo Request 包，通过回送的 Echo Relay 进行网络测试。

ARP 是正向地址解析协议，通过已知的 IP 寻找对应主机的 MAC 地址。

RARP 是反向地址解析协议，通过 MAC 地址确定 IP 地址。

3．传输层

传输层控制端对端连接，包括传输控制协议 TCP(Transmission Control Protocol)和用户数据报协议 UDP(User Datagram Protocol)。TCP 是一个基于连接的协议，通过"三次握手"提供可靠传输。UDP 则是面向无连接服务的协议，不保证传输的可靠性。

4．应用层

应用层协议包括 FTP、Telnet、DNS、SMTP、NFS、HTTP 等。FTP(File Transfer Protocol)是文件传输协议，Telnet 是用户远程登录协议，DNS(Domain Name Service)是域名解析协议，SMTP(Simple Mail Transfer Protocol)是简单邮件传输协议，NFS(Network File System)是网络文件系统协议，HTTP(Hypertext Transfer Protocol)是超文本传输协议。

现在将 TCP/IP 与 OSI 的层次对应关系进一步归纳为表 1.2。TCP/IP 简化了 OSI 的会话层和表示层，将其融合为应用层，使得通信层次减少，提高了通信效率。同时，TCP/IP 还简化了 OSI 中的数据链路层和物理层的分层关系，将其融合为网络接口层，屏蔽了底层网络物理拓扑和协议实现的复杂性，使得 TCP/IP 成为支持异构网络互联的协议。

表 1.2 TCP/IP 与 OSI 的层次对应关系

OSI 层	功 能	TCP/IP 协议栈	TCP/IP 分层
应用层	文件传输、电子邮件、文件服务、虚拟终端	TFTP、HTTP、SNMP、FTP、SMTP、DNS、Telnet 等	应用层
表示层	数据格式化、代码转换、翻译、加密、压缩	没有协议	
会话层	对话控制、建立同步点(续传)	没有协议	
传输层	提供端对端的接口、端口寻址、分段重组、流量、差错控制	TCP、UDP	传输层
网络层	为数据包选择路由、逻辑寻址、路由选择	IP、ICMP、OSPF、EIGRP、IGMP	网络层
数据链路层	传输有地址的帧，以及错误检测、转换成帧、物理寻址、流量控制、差错控制、接入控制等功能	SLIP、CSLIP、PPP、MTU	网络接口层
物理层	以二进制数据形式在物理媒体上传输数据，设置网络拓扑结构、比特传输、位同步	ISO 2110、IEEE 802、IEEE 802.2	

TCP/IP 协议栈中包含众多协议，了解这些协议是如何工作的以及它们之间是如何配合的，对今后的网络编程实践很有帮助。观察图 1.1、图 1.2 可以看出，要实现网络上两台主机之间的通信，源主机应用程序要将数据封装成报文，向下传输交由传输层协议处理；传输层将其封装成报文段，交由网络层；网络层将其封装成数据报，交由网络接口层；网络接口层将其封装成帧，通过物理链路发送到目标主机。目标主机协议栈按照反方向将数据逐层解封装，向上传递，最终到达目的应用程序。在源主机和目标主机两端，数据的传输过程是一个不断进行数据封装和解封装的过程。数据的封装和解封装应该交由何种协议处理，读者可以参考图 1.3 所示的协议模块之间的协作关系进行理解。

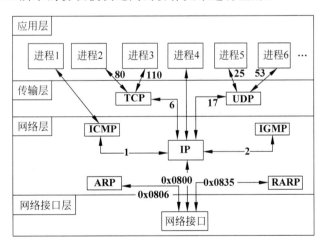

图 1.3 TCP/IP 协议栈模型

如图 1.3，在 TCP/IP 协议栈模型中，下行数据的封装与上行数据的解封装互为反向操作。为了能够区分报文所属的上层协议，下层协议在封装来自上层协议的报文时会在首部加入区分上层协议的字段。

TCP/IP 数据在封装过程中自上而下使用端口地址(端口号)、逻辑地址(IP 地址)、物理地址三级地址模式，分别在传输层、网络层和网络接口层进行变换处理。

物理地址又称硬件地址或 MAC(Media Access Control)地址,在数据链路层封装到帧首部,用来在物理网络中唯一标识网络节点。

逻辑地址对于异构网络互联是必需的,不同的物理网络,物理地址格式不尽相同,因此需要一种统一的编址系统来唯一地标识互联网上的每一台主机。IP 数据报在从源主机到目标主机的传输过程中,可能会跨越多个物理网络。在这期间,标识源主机和目标主机的 IP 地址不会变化,而在跨越物理网络边界时,标识源主机和目标主机的物理地址会相应地改变。

端口地址又称端口号,它是用来区分主机中的不同进程的。端口地址的长度是 16 位,取值范围为 0~65 535。

观察图 1.3,再以上传数据的解封装为例,网络接口层收到了物理帧之后,根据帧首部的"帧类型"字段值 0x0800、0x0806、0x0835 决定把帧数据分别交给 IP 模块、ARP 模块、RARP 模块处理;如果交给了 IP 模块,IP 模块处理完报文后,根据 IP 数据报首部的"协议"字段值 1、2、6、17 决定把数据分别交给 ICMP 模块、IGMP 模块、TCP 模块、UDP 模块处理。TCP 和 UDP 则分别根据报文段首部的端口号来决定交由哪个应用进程处理。

1.1.3　套接字编程模型

对于多数操作系统而言,应用程序和操作系统程序是在不同的保护模式下运行的。应用程序一般不能直接访问操作系统内部的资源,这样可以避免应用程序非法破坏操作系统的运行。为此,操作系统需要提供应用程序编程接口(Application Programming Interface,API)给应用程序,使其能够利用操作系统提供的服务。对于网络操作系统而言,需要为网络应用程序提供网络编程接口实现网络通信。目前,多数操作系统提供了套接字(Socket)接口作为网络编程接口。

Berkeley 套接字(BSD 套接字)是 BSD 4.2 UNIX 操作系统(于 1983 发布)提供的一套应用程序编程接口,是一个用 C 语言写成的网络应用程序开发库,主要用于实现网间进程通信。Berkeley 套接字后来成为其他现代操作系统参照的事实工业标准。Windows 操作系统在后来的 BSD 4.3 版基础上实现了自己的 Windows Socket(又称 WinSock)套接字编程接口。

图 1.4 比较直观地描述了套接字在 TCP/IP 协议栈中的位置关系,可以看出,套接字屏蔽了从应用程序直接访问传输层的复杂性。在日常生活中,两个人打电话,电话机就可以理解为通话的接口,只要用户会用电话机,不管电话间的连接如何复杂,通话随时随地可以轻松完成。套接字就像那个电话机,编程者只要掌握了套接字技术(类似电话机的使用方法),那么网络编程(就像打电话)工作就非常简单了。至于套接字与下层的关系,则由操作系统来实现和封装(如图 1.5 所示),因此,套接字简化了网络编程。

套接字模块负责套接字的管理与维护,包括套接字的创建、地址的关联、连接的建立、连接的接受、套接字的关闭以及数据的发送、接收等。TCP/IP 协议栈的套接字编程接口定义了 3 种套接字类型,即流式套接字(SOCK_STREAM)、数据报套接字(SOCK_DGRAM)和原始套接字(SOCK_RAW)。观察图 1.5 可以看出这 3 种套接字的一些特点。

流式套接字提供连接服务,进行双向、可靠地数据传输,它调用传输层的 TCP 模块,保证数据无差错、无重复地发送并按顺序接收,数据被看成是字节流,无长度限制。例如,

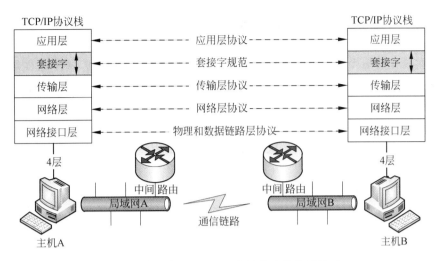

图 1.4 套接字在 TCP/IP 协议栈中的位置关系

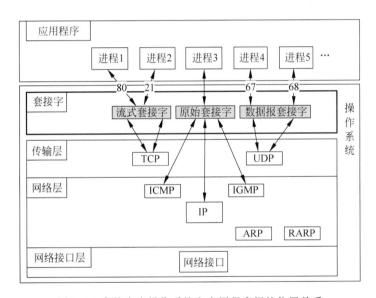

图 1.5 套接字在操作系统和应用程序间的位置关系

HTTP 协议、FTP 协议等都使用流式套接字。

数据报套接字提供无连接服务,调用传输层的 UDP 模块。报文以独立包的形式发送,不提供无差错控制,数据可能丢失或重复,顺序也可能混乱。DHCP、DNS 等应用层协议使用数据报式套接字。

原始套接字允许应用进程越过传输层对较低层次协议模块(如 IP 模块、ICMP 模块)直接调用和访问,可以接收发向本机的 ICMP、IGMP 报文,或者接收 TCP 模块、IP 模块不能处理的数据报,或者访问设备配置信息等。原始套接字适合网络监听等应用领域的编程。

需要指出的是,套接字并不是一种协议,它只是操作系统提供的应用编程接口,不要把它理解为新加的一个协议层,因为它并不在通信两端进行协议约定。

1.1.4 网间多线程会话模型

进程和线程都是操作系统的概念。进程是应用程序的执行实例,每个进程是由私有的虚拟地址空间、代码、数据和其他各种系统资源组成的,进程在运行过程中创建的资源随着进程的终止被销毁,所使用的系统资源在进程终止时被释放或关闭。

线程是进程内部的一个执行单元。系统创建好进程后,实际上就启动了该进程的主执行线程。每一个进程至少有一个主执行线程,它无须由用户主动创建,而是由操作系统自动创建的。用户根据需要在应用程序中创建其他线程,多个线程并发地运行于同一个进程中。一个进程中的所有线程都在该进程的虚拟地址空间中共同使用这些虚拟地址空间、全局变量和系统资源,所以线程间的通信非常方便,多线程技术的应用也较为广泛。多线程可以实现并行处理,避免了某项任务长时间独占 CPU。

对于网络应用程序而言,适合采用网间多线程编程模型,如图 1.6 所示。

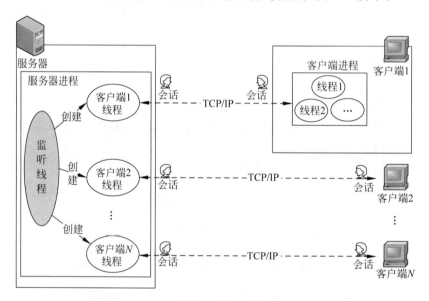

图 1.6 服务器和客户机之间的多线程会话模型

观察图 1.6,在客户端 1,如果采用单线程编程模式并使用阻塞模式套接字接收数据,在不能及时得到服务器响应时,客户端 1 的进程界面将因不能接受用户的任何输入而处于假死状态。反之,如果客户端 1 的进程采用多线程模式,则可以有效避免上述问题的产生。同样,在服务器端,面对大量并发客户端的请求,采用多线程机制可以有效提高服务器对客户机的响应能力。所以,开发网络应用程序,无论是在客户端还是在服务器端一般采用多线程编程机制。

1.2 P2P 网络模型

对等网络(Peer to Peer,P2P)也称为对等连接,其本意是网络中的每个参与者具有同等的能力,既是消费者也是服务提供者,从而实现"人人为我,我为人人"的网络世界。

P2P 网络有着先天的发展基因,因为 TCP/IP 协议本身是不区分网络地位的,这意味着网络中通信的节点在底层原本是平等的。P2P 网络和 C/S、B/S 网络不同。C/S、B/S 在网络中必须有应用服务器,用户的请求需要通过应用服务器完成,用户之间的通信也要经过服务器。而在对等网络中,用户之间可以直接通信、共享资源、协同工作,网络中的各主机无主从之分。对等网络是在现有网络的基础上通过软件实现的,被广泛用于文件共享、网络视频、网络电话、网格计算等领域,以分布式资源共享和并行计算的模式为用户提供更好的服务。

1.2.1 P2P 的发展背景

P2P 网络兴起于最近十年,但不能说 P2P 网络只是近十年才产生的新生事物。它的起源可以追溯到 20 世纪 60 年代末。P2P 网络的发展按照年代可划分成 3 个历史阶段,如图 1.7 所示。

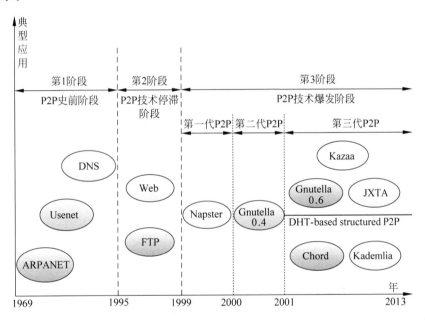

图 1.7 P2P 发展历史阶段图

一是 P2P 史前阶段(1969—1995 年)。尽管严格来讲,这二十多年的时间并没有真正的 P2P 网络应用,但它至少孕育了 P2P 的网络思想。虽然这个时期没有产生 P2P 的概念,但 P2P 技术的火花已经在 ARPANET 网络、Usenet 网络和 DNS 中闪现。Usenet 网络甚至可以称为现代 P2P 网络的先行者。

二是 P2P 技术停滞阶段(1995—1999 年)。这期间互联网开始了爆炸式增长,P2P 技术地位完全让位于客户机/服务器(C/S)或浏览器/服务器(B/S)模式的 Web 服务、FTP 服务等互联网应用,广大工程技术人员热衷于在中央服务器部署应用供远程客户端访问的 C/S 和 B/S 模式开发,P2P 技术遭遇边缘化和冷落。

三是 P2P 技术爆发阶段(1999 年至今)。在这一阶段,P2P 技术开始爆发和流行,所有这一切都是由 Napster 引起的,现在 Napster 被业界认为是第一代 P2P 技术的代表。

1.2.2 三代 P2P 网络

1. 第一代 P2P

1998 年,美国波士顿东北大学的一年级新生、18 岁的 Shawn Fanning 为了解决室友提出的问题(即如何在网上轻松找到自己喜爱的音乐文件)编写了一个程序——Napster。Napster 能够搜索音乐文件,把搜到的音乐文件地址存放在一个中央服务器中,使用者能够通过检索中央服务器找到所需文件的地址列表。到了 1999 年,Napster 网络的注册用户有 6000 万,这在当时是一个极为轰动的数字。

Napster 开创了对等网络文件共享的先河,Napster 运行机制如图 1.8 所示。在 A 计算机上启动 Napster 软件,此时,A 计算机成为一个可以给其他 Napster 用户提供共享文件的微型服务器。A 计算机连接到 Napster 的中央服务器,它会告诉中央服务器 A 计算机上有哪些文件可以共享。Napster 中央服务器维护一个由 Napster 计算机提供的共享文件索引列表。

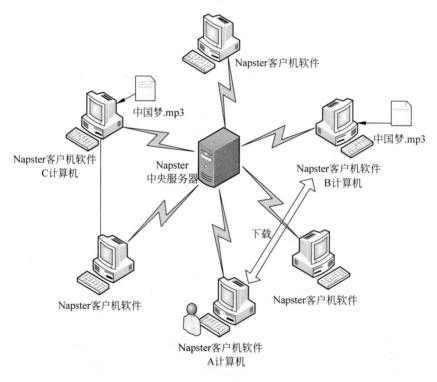

图 1.8　Napster 工作原理图

在 A 计算机上输入歌曲名为"中国梦"的查询请求,Napster 的中央服务器就会返回存储有这首歌的所有计算机列表(B、C)给 A 计算机。用户从列表中选择这首歌的一个版本,假设选择了存放在 B 计算机上的文件索引,那么 A 计算机就会直接连接到 B 计算机,并直接从 B 计算机上下载"中国梦"这首歌曲。

2. 第二代 P2P

Gnutella 0.4 是继 Napster 之后备受欢迎的另一个对等网络文件共享系统。和 Napster

一样,用户将共享的文件放到个人计算机上,可供他人以对等方式下载。每台计算机都要使用 Gnutella 软件来连接 Gnutella 网络。Gnutella 0.4 与 Napster 的不同之处是没有使用中央服务器存储 Gnutella 网络中的可用文件索引,而是采用分布式查询法。

这里以用户在 A 计算机上查询音乐文件"中国梦.mp3"为例进行介绍。

A 计算机需要至少知道网络上的另一台 Gnutella 计算机 B,A 计算机会把用户输入的歌曲名称发送给它所知道的 Gnutella 计算机 B。

收到请求的计算机 B 搜索本地硬盘来查看是否有"中国梦.mp3"这个文件。如果有,B 计算机就会将文件名以及计算机的 IP 地址发送回上一级请求者。如果没有,B 计算机会将这个请求继续发送给与 B 相连的其他计算机,其他计算机继续重复这个搜索过程。

如果网络规模巨大,要搜索到何时为止呢?每个请求都有一个 TTL(生存时间)限制。一个请求在停止传播之前可能会传播 6 到 7 级。如果 Gnutella 网络上的每台计算机都只知道另外 4 台计算机,那么这意味着,如果传播至 7 级,A 计算机发出的请求可能会到达约 $1\times 4\times 4\times 4\times 4\times 4\times 4=4096$ 台其他的 Gnutella 计算机。

Gnutella 网络在应用上存在的不足是,(1)不能保证想要的文件能在可以联系到的这 4096 台计算机中存在。(2)在查询文件期间,特别是希望收到 7 级深度的响应时,响应时间可能较长,用户会等得不耐烦。(3)发出请求的计算机可能同时收到其他计算机的服务请求,这势必会影响整体查询进度,增加响应时间。

3. 第三代 P2P

为了克服第二代 P2P 网络的缺点,2001 年第三代 P2P 登场,以 Gnutella 0.4 网络的升级版 Gnutella 0.6、Kazaa 网络和 Juxtapose(JXTA)网络为代表。这些新型 P2P 网络根据在线时间和计算机的性能将 P2P 网络中的计算机分为超级节点计算机(Super Node Computer)和叶子节点计算机(Leaf Node Computer)两类。超级节点计算机性能较好,在线时间长,可以充当搜索路由器和共享文件提供者。叶子节点计算机处于网络的边缘,不提供搜索路由,网络模型如图 1.9 所示。

这一时期还产生了一种基于分布式哈希表(Distributed Hash Table,DHT)的结构化 P2P 网络搜索技术,弥补了第二代 P2P 网络搜索效率的不足,典型的应用有 Chord、Content Addressable Network(CAN)、Pastry、Tapestry、Kademlia 等。

图 1.9 第三代 P2P 网络模型

1.2.3 P2P 网络分类

目前,P2P 网络按照节点间的组织关系可以分为非结构化 P2P、结构化 P2P 和混合型 P2P 三类,如图 1.10 所示。非结构化 P2P 以 Gnutella 为例,Gnutella 是一个纯粹的 P2P 系统,因为它没有中央服务器,在 Gnutella 网络中,每台机器既是客户机又是服务器,是真正的对等关系,所以被称为对等机(Servent,Server+Client 的组合)。

结构化 P2P 网络主要采用 DHT 技术来搜索网络中的节点,按搜索优先方向又可分为广度优先和深度优先两类。DHT 技术的典型应用有 Tapestry、Pastry、Canon、Coral、Cyclone、HIERAS 等。

混合型 P2P 综合了上述两种模式的优点,选择性能较高(处理、存储、带宽等方面性能)的节点作为超级节点,在各个超级节点上存储了系统中其他节点的信息,发现算法仅在超级节点之间转发,超级节点最后将查询结果转发给适当的叶子节点。其典型应用有 Kazaa、YAPPERS 等。

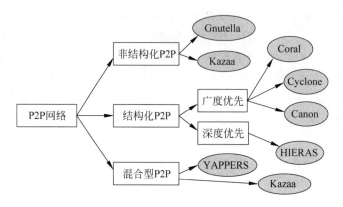

图 1.10　P2P 网络的结构化分类

1.2.4　P2P 典型应用举例

文件分发、流媒体应用、语音服务这 3 个方面的应用是 P2P 的热门领域。

1. BitTorrent

BitTorrent 软件用户首先从 Web 服务器上获得下载文件的种子文件,种子文件中包含下载文件名和数据部分的哈希值,以及一个或者多个索引服务器地址。它的工作过程为客户端向索引服务器发一个 HTTP GET 请求,并把自己的私有信息和下载文件的哈希值放在 GET 的参数中;索引服务器根据请求的哈希值查找内部的数据字典,随机返回正在下载该文件的一组节点,客户端连接这些节点下载需要的文件片段。

2. eMule

eMule 软件基于 eDonkey 协议作了改进,同时兼容 eDonkey 协议。每个 eMule 客户端都预先设置好了一个服务器列表和一个本地共享文件列表,客户端通过 TCP 连接到 eMule 服务器,得到想要的文件信息以及可用的客户端信息。一个客户端可以从多个其他的 eMule 客户端下载同一个文件,并从不同的客户端取得不同的数据片段。eMule 扩展了 eDonkey 的能力,允许客户端之间互相交换关于服务器、其他客户端和文件的信息。

3. 迅雷

迅雷是一种基于多资源多线程技术的高速下载软件。迅雷的技术主要分成两个部分,一部分是对现有 Internet 下载资源进行搜索整合,将相同校验值的信息进行聚合。当用户单击某个下载链接时,迅雷服务器按照一定的策略返回该 URL 信息所在的聚合子集,并将该用户的信息返回给迅雷服务器。另一部分是迅雷客户端通过多资源多线程技术下载所需要的文件,提高下载速率。多资源多线程技术使得迅雷在不降低用户体验的前提下对服务器资源进行均衡,有效地降低了服务器负载。

用户通过迅雷下载的文件都会在迅雷的服务器中留有记录,当新用户再次下载同样的文件时,迅雷服务器会在它的数据库中搜索曾经下载过这些文件的老用户,让这些老用户扮演服务器角色,为新用户提供下载服务。

4. PPLive

PPLive 软件的工作机制和 BitTorrent 相似。用户启动 PPLive 以后,从 PPLive 服务器获得频道的列表,用户单击感兴趣的频道,然后从其他 PPLive 节点获得数据文件,使用流媒体实时传输协议(RTP)和实时传输控制协议(RTCP)进行数据的传输和控制。PPLive 将数据下载到本地主机后,开放本地端口作为视频服务器,再为其他 PPLive 用户服务。

5. Skype

Skype 是网络语音沟通工具,它可以提供免费的、高清晰的语音对话,也可以用来拨打国内、国际长途,还具备即时通信所需的其他功能,例如文件传输、文字聊天等。Skype 是在 Kazaa 的基础上开发的,定义了两种类型的节点,即普通节点和超级节点。普通节点是能传输语音和消息的功能实体;超级节点则类似于普通节点的网关。

Skype 即使在 32kb/s 的网络带宽上也能提供高质量的语音。Skype 是使用 P2P 语音服务的代表。由于其具有超清晰语音质量、极强的穿透防火墙能力、免费多方通话以及高保密性等优点,成为互联网上使用最多的 P2P 应用之一。

总之,P2P 网络的流量具有分布非均衡、上行流量与下行流量对称、流量隐蔽等特性。P2P 网络的应用种类繁多、形式多样,没有统一的网络协议标准,其体系结构和组织形式还在不断发展。同时,版权和安全等制约 P2P 发展的重大技术问题急需解决。

1.3 Windows 网络编程

Windows 网络编程一般指基于 Windows 操作系统提供的网络编程框架实现网络应用的开发。微软公司围绕 Windows 平台构建了一个包罗万象的、强大的网络编程技术体系,表 1.3 对此进行了归纳,列出了 32 个网络编程分支,覆盖了 32 种应用领域,配合这个庞杂的技术框架,微软公司提供了强力集成开发环境 Visual Studio 来帮助编程者高效地工作。

1.3.1 Windows 网络编程框架

表 1.3 列出了 32 个方面的网络编程应用领域,Windows Sockets 2(WinSock)是其中一个分支,处于基础和核心地位,本书重点围绕 WinSock 技术介绍 Windows 网络编程和应用。这 32 个方面的编程资料和 API,在 MSDN 上有详细介绍,此处不再赘述。

WinSock 是 Windows 系统提供的一种使用传输层协议进行数据传输的接口规范,调用 Socket 进行通信的应用程序不需要处理与 TCP 协议相关的编程细节,例如三次握手、分包、包头解析、重传、滑动窗口等,编程者不必再劳心费力。使用套接字进行通信编程,就像使用系统中的 I/O 函数进行输入与输出。

表 1.3 Windows 网络编程框架

序号	分支编程框架名称	对应的编程接口
1	Domain Name System(DNS)	域名系统应用程序编程接口 DNS API
2	Dynamic Host Configuration Protocol(DHCP)	动态主机配置协议应用程序编程接口 DHCP API
3	Fax Service	局域网传真服务应用程序编程接口 Fax Service API
4	Get Connected Wizard API	连接向导应用程序编程接口 API
5	HTTP Server API	HTTP 服务器应用程序编程接口 API
6	IP Helper	互联网协议助手(IP 助手)API
7	Management Information Base	管理信息库应用程序编程接口 MIB API
8	Message Queuing(MSMQ)	消息队列应用程序编程接口 MSMQ API
9	Multicast Address Dynamic Client Allocation Protocol(MADCAP)	多播地址动态客户端分配协议应用程序编程接口 MADCAP API
10	Network List Manager	网络列表管理器应用程序编程接口 API
11	Network Management	网络管理应用程序编程接口 API
12	Network Share Management	网络共享管理应用程序编程接口 API
13	Peer-to-Peer	P2P 网络应用程序编程接口 API
14	Quality-of-Service(QoS)	质量服务应用程序编程接口 QoS API
15	Remote Procedure Call(RPC)	远程过程调用应用程序编程接口 RPC API
16	Routing and Remote Access Service	远程访问服务应用程序编程接口 RAS API
17	Simple Network Management Protocol	简单网络管理协议应用程序编程接口 SNMP API
18	SMB Management API	SMB 管理应用程序编程接口 API
19	Telephony Application Programming Interfaces(TAPI)	电话应用程序编程接口 TAPI
20	Teredo	Teredo IPv6 转换应用程序编程接口 API
21	WebSocket Protocol Component API	WebSocket 协议组件应用程序编程接口 API
22	Windows Filtering Platform	Windows 过滤平台应用程序编程接口 WFP API
23	Windows Firewall Technologies	Windows 防火墙应用程序编程接口 WFT API
24	Windows Networking(WNet)	Windows 网络功能应用程序编程接口 WNet API
25	Windows Network Virtualization	Windows 网络虚拟化应用程序编程接口 API
26	Windows RSS Platform	Windows RSS 平台应用程序编程接口 API
27	Windows Sockets 2	Windows Sockets(Windows 套接字,WinSock)应用程序编程接口 WinSock API
28	Windows Web Services API	Windows Web 服务应用程序编程接口 WWSAPI
29	WebDAV	Web 分布式创作和版本控制应用程序编程接口 WebDAV API
30	Windows HTTP Services(WinHTTP)	Windows HTTP 服务应用程序编程接口 WinHTTP API
31	XML HTTP Request 2	XML HTTP 请求 2 应用程序编程接口 API
32	Windows Internet(WinInet)	Windows 互联网(WinInet)应用程序编程接口 API

1.3.2 Windows 网络协议

学习 Windows 网络编程,有必要熟悉 Windows 操作系统支持的各种协议,它关系到编程者在开发具体应用之前对网络程序适用范围的判断和技术路线的选择,表 1.4 是不同版本 Windows 系统对网络协议的支持情况。

表 1.4 Windows 操作系统对网络协议的支持

协议	Windows 7	Windows Server 2008	Windows Vista	Windows Server 2003	Windows XP	Windows 2000
IPv6	支持	支持	支持	支持	支持	不支持
IPv4	支持	支持	支持	支持	支持	支持
NetBIOS	支持	支持	支持	支持	支持	支持
IrDA	支持	支持	支持	支持	支持	支持
Bluetooth	支持	支持	支持	支持	支持	不支持
IPX/SPX	不支持	不支持	不支持	支持	支持	支持
AppleTalk	不支持	不支持	不支持	支持	支持	支持
DLC	不支持	不支持	不支持	不支持	不支持	支持
ATM	不支持	不支持	不支持	支持	支持	支持
NetBEUI	不支持	不支持	不支持	不支持	不支持	支持

1.3.3 Windows Sockets 编程模型

Windows Sockets 源于 Berkeley Software Distribution(BSD 4.3 版)中的 UNIX 套接字规范。Windows Sockets 思想萌芽于 1991 年秋天 TCP/IP 网络行业的一个商业展会上,Stardust 公司的 Martin Hall 召集了一个非正式的"同行"聚会,会议的主题是讨论在 Windows 平台上为 TCP/IP 应用建立标准 API 的可能性。会议一致认为:一套标准的网络 API 对业界的发展是必不可少的,已有的 Berkeley Sockets API 是可借鉴的模板,而 DLL 技术则是最灵活的载体。

1992 年 6 月,Windows Sockets 规范工作组发布了 Windows Sockets(WinSock)规范的 1.0 版本。1993 年 1 月,发布了修正后的 1.1 版本。

Windows Sockets 是一个开放的标准,定义了良好的接口,使不同软件供应商的产品之间能够互操作。Windows Sockets 规范一经推出,即获得了多数网络软件开发商的支持,涌现出大量的 Windows Sockets 应用软件。例如,WinSock 在 Web 浏览器先驱 Mosaic 的开发中发挥了重要的作用。

此后,Windows Sockets 规范几经修订,1997 年发布了 WinSock2(版本号 2.2.2),使得 WinSock2 最终成为一个非常成熟、稳定的开发架构。虽然这个规范的版本号没有再变,但随着 Windows 操作系统的不断升级、换代,WinSock2 API 也与时俱进,伴随着操作系统的发展而发展。

与 Windows Sockets 规范 1.1 版本只针对 TCP/IP 不同,WinSock2 API 在完整保留 1.1 版本原有内容的基础上加入了很多扩展,表现在以下方面。

(1) WinSock2 定义了通用 API,允许创建独立于协议的网络应用,这些应用对下层网络协议没有任何选择性的要求,用户无须对当前安装在机器中的任何协议(例如TCP/IP、IPX/SPX)做任何修改,如图1.11所示。WinSock2同时支持IPv4和IPv6编程,这是1.1版做不到的。

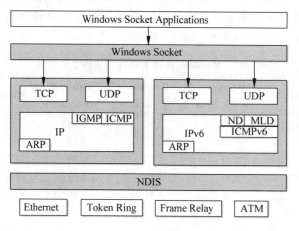

图1.11　WinSock2支持IPv4和IPv6

(2) WinSock2遵循Windows开放式系统体系结构(Windows Open System Architecture,WOSA)规范,实现了一种新架构,同时支持动态名称解析服务和传输服务,编程模型如图1.12所示。由Windows Sockets 2 API＋ws2_32.dll＋(Windows Sockets 2 Transport SPI、Windows Sockets 2 Name Space SPI)搭建的层次编程框架彻底屏蔽了底层物理网络的复杂性。

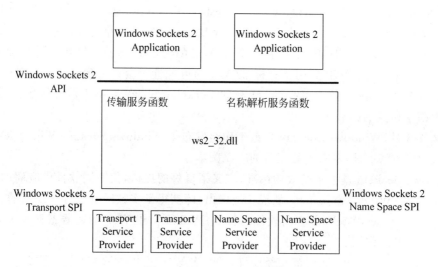

图1.12　WinSock2编程模型

(3) WinSock2增强了基于TCP/IP协议的扩展支持,例如支持原始Socket、带外(Out-of-Band,OOB)设置、生存时间(Time-to-Live,TTL)设置以及多播。

另外,WinSock2增加了对服务质量(Quality-of-Service,QoS)规范的支持,增强了对ATM、ISDN这类数据链路层协议的支持,解决了移动计算中新媒体应用的特殊需求问题。

(4) WinSock2允许在网络I/O期间向多个缓冲区写入和从多个缓冲区直接读取的操

作,并针对多媒体应用增加了可指定优先级的 Socket 组,在带宽有限的情况下可以保证一个数据流的处理优先于其他数据流。

(5) WinSock2 支持异步 I/O 和事件对象。

(6) WinSock2 提供了数据连接和连接断开功能,以及对连接请求的有条件接纳功能,定义了独立于协议的、用于多点和多播支持的 API。

1.3.4 WinSock2 工作模式

WinSock2 有 3 种工作模式,即阻塞模式、非阻塞模式和异步模式,3 种工作模式的比较如图 1.13 所示。

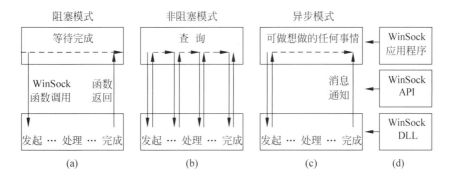

图 1.13　3 种 WinSock2 工作模式比较

1. 阻塞模式

如图 1.13(a)所示,阻塞模式指在发出一个功能调用后,在没有得到结果之前,该调用不返回。通俗的解释是,只有一件事情做完了,才能做下一件事情。换而言之,后面的事情必须等前一件事情完成才能开始。例如,当调用套接字的 recv()函数时,套接字首先检查缓冲区是否有准备好的数据,如果没有准备好的数据,那么套接字就处于阻塞状态;如果数据准备好了,将数据从缓冲区读取到用户程序,recv()函数才返回。

当使用 WinSock API 中的 socket()函数和 WSASocket()函数创建套接字时,默认的套接字都是阻塞的,但 bind()和 listen()函数例外,函数会立即返回。WinSock 中可能阻塞的套接字调用有以下 4 种。

(1) 输入操作:recv()、recvfrom()、WSARecv()和 WSARecvfrom()函数。当套接字处于阻塞模式时,如果套接字缓冲区中没有数据可读,则调用线程在数据到来之前一直阻塞。

(2) 输出操作:send()、sendto()、WSASend()和 WSASendto()函数。当套接字处于阻塞模式时,调用这 4 个函数发送数据,如果套接字缓冲区中没有可用数据,则调用线程在数据准备好之前一直阻塞。

(3) 接受连接:accept()和 WSAAcept()函数。当套接字处于阻塞模式时,调用这两个函数等待接受外来的连接请求,如果此时没有连接请求,则调用线程在新连接到达之前会一直阻塞。

(4) 外出连接:connect()和 WSAConnect()函数。对于 TCP 连接,当套接字处于阻塞模式时，调用这两个函数向服务器发起连接，这两个函数在收到服务器的应答之前不会返回。这意味着 TCP 连接会阻塞等待至少一次的服务器往返时间。

使用阻塞模式套接字开发网络程序步骤简单、容易实现。在希望立即发送和接收数据，且处理的套接字数量较少的情况下，可以使用阻塞模式开发网络程序。

阻塞模式套接字的不足是不适合在大量建立好的套接字线程之间通信。当使用"生产者—消费者"模型开发网络程序时，如果为每个套接字都创建一个读线程、一个数据处理线程和一个用于同步的事件，无疑会增加系统的开销。

2．非阻塞模式

非阻塞和阻塞的概念相对应，在不能立刻得到结果时，recv()函数不会阻塞当前线程，而是立刻返回。如图 1.13(b)所示，非阻塞模式多次调用，均马上返回，但在数据处理的过程中，调用线程是阻塞的。

把套接字设置为非阻塞模式，当所请求的函数操作无法完成时，发出调用的线程不会被阻塞，而是返回一个错误码。这样，调用线程将不断地测试数据是否已经准备好，如果没有准备好，继续测试，直到数据准备好为止。在这个不断测试的过程中，会大量占用 CPU 的时间。

如图 1.13(b)所示，假设有一个非阻塞模式套接字多次调用 recv()函数读取数据，前 3 次调用 recv()函数时，套接字缓冲区中的数据还没有准备好，因此，该函数立即返回 WSAEWOULDBLOCK 错误码。在第 4 次调用 recv()函数时，数据已经准备好，被复制到应用程序的缓冲区中，recv()函数返回成功指示，应用程序开始处理数据。

socket()函数和 WSASocket()函数创建的套接字默认是阻塞的。在创建套接字之后，可以调用 ioctlsocket()函数将其设置为非阻塞模式，还可以使用 WSAAsyncSelect()和 WSAEventSelect()函数。当调用这两个函数时，套接字会被自动地设置为非阻塞模式。

套接字被设置为非阻塞模式后，被调 WinSock API 函数会立即返回。在大多数情况下，这些函数调用都会"失败"，并返回 WSAEWOULDBLOCK 错误码，说明请求的操作在调用期间内没有完成。通常，应用程序需要重复调用该函数，直到获得成功为止。

并非所有的 WinSock API 在非阻塞模式下调用，都会返回 WSAEWOULDBLOCK 错误。例如，在调用 bind()函数时就不会返回该错误码。当然，在调用 WSAStartup()函数时更不会返回该错误码，因为该函数是应用程序初始调用的函数。

由于使用非阻塞模式套接字调用函数时，会经常返回 WSAEWOULDBLOCK 错误码，所以，在任何时候，都应仔细检查返回码并做好应对准备。这里以读取数据为例，一般需要构造一个循环，在循环体内不断地调用 recv()函数。这种做法相比异步模式其实是很费资源的。

非阻塞模式套接字与阻塞模式套接字相比，不容易使用。使用非阻塞模式套接字，需要编写更多的代码，以便在每个 WinSock API 函数调用中对收到的 WSAEWOULDBLOCK 错误进行处理。但是，非阻塞模式套接字在控制建立多个连接，且数据的收发量不均、时间不定时，具有明显优势。

在实践中通常考虑使用套接字的"I/O 模型"，对并发连接数量大的通信进行更加高效的管理。

3. 异步模式

一个异步调用发出后,即使该调用不能立刻得到结果也要返回,结果的取得是通过状态、通知和回调机制来通知调用者的。如图1.13(c)所示,套接字发出调用后不需要知道该调用的结果就立即返回,剩下的工作交给系统消息驱动机制,系统侦测到结果后会向套接字发出通知消息,套接字再回调相应的函数进行处理。

异步模式是非阻塞的,因为它在操作完成之前就返回了。WinSock2异步模式的编码与BSD套接字不兼容,限制了程序的可移植性,这是因为WinSock2的异步模式利用了Windows的消息处理机制,这一点与BSD套接字有很大的不同。在Windows平台上做开发,建议选用异步模式,因为它具有更高效的数据吞吐和并发能力。

关于阻塞、非阻塞、异步套接字编程的详细内容,留在第2章的案例中讲述。

1.3.5 第一个网络程序——hostent

当客户机程序访问另一台网络主机时,需要指定目标主机的网络地址。在通常情况下,客户机程序不知道目标主机的地址,只知道它的主机名。例如,用浏览器访问www.163.com,使用的是主机名,不是网络地址。但是网络通信过程中需要的是主机地址,而不是主机名。因此,客户机需要明确目标主机名称对应的网络地址是什么?得到答案的过程就是主机名称解析的过程。

服务器接受客户机连接的请求中往往包含了客户机地址,在某些情况下,服务器需要知道客户机的主机名,这时需要把客户机地址解析成主机名,这个过程称为地址解析。该过程与主机名称解析相反。

在WinSock API中,用gethostbyname()和WSAAsyncGetHostByName()函数实现主机名称解析,用gethostbyaddr()和WSAAsyncGetHostByAddr()函数实现地址解析。

WinSock API定义了一个hostent结构,该结构记录主机的信息,包括主机名、主机别名、地址类型、地址长度和地址列表。hostent的结构定义如下:

```
typedef struct hostent {
    char FAR      * h_name;              //主机名
    char FAR  FAR ** h_aliases;          //主机别名
    short         h_addrtype;            //地址类型
    short         h_length;              //地址长度
    char FAR  FAR ** h_addr_list;        //地址列表
} HOSTENT, * PHOSTENT, FAR * LPHOSTENT;
```

gethostbyaddr()和gethostbyname()函数在完成主机地址解析和名称解析时,返回一个指向结构体hostent的指针,或者是一个空指针(NULL)。

有很多的语言类教科书,第一个程序都是从"Hello World!"开始。那么,网络编程的第一个程序不妨从hostent开始,尽管这个程序只能进行主机的名称和地址解析,似乎看不到网络通信和协作的影子;尽管读者初次接触这个程序似乎困难重重,不过很快就会发现,这只是访问网络的开端,是最容易掌握的一个例子。hostent的代码如程序1.1所示。

程序 1.1 主机名称和地址解析完整代码

```cpp
//hostent.cpp
#define WIN32_LEAN_AND_MEAN

#include <winsock2.h>
#include <ws2tcpip.h>
#include <stdio.h>

//链接 ws2_32.lib
#pragma comment(lib, "ws2_32.lib")

int main(int argc, char **argv)
{
    //声明和初始化变量
    WSADATA wsaData;
    int iResult;

    DWORD dwError;
    int i = 0;

    struct hostent *remoteHost;
    char *host_name;
    struct in_addr addr;

    char **pAlias;

    //校验命令行参数
    if (argc != 2) {
        printf("用法: %s ipv4address\n", argv[0]);
        printf(" or\n");
        printf("        %s hostname\n", argv[0]);
        printf(" 主机名称解析\n");
        printf("        %s 127.0.0.1\n", argv[0]);
        printf("   网络地址解析\n");
        printf("        %s www.163.com\n", argv[0]);
        return 1;
    }
    //初始化 WinSock 服务
    iResult = WSAStartup(MAKEWORD(2, 2), &wsaData);
    if (iResult != 0) {
        printf("WinSock 服务启动失败: %d\n", iResult);
        return 1;
    }

    host_name = argv[1];

//如果输入的是主机名,使用 gethostbyname()解析
//否则,使用 gethostbyaddr()解析 (假定地址类型为 IPv4)
    if (isalpha(host_name[0])) {          /* 主机名称解析 */
        printf("Calling gethostbyname with %s\n", host_name);
        remoteHost = gethostbyname(host_name);
    } else {
        printf("Calling gethostbyaddr with %s\n", host_name);
```

```c
        addr.s_addr = inet_addr(host_name);
        if (addr.s_addr == INADDR_NONE) {
            printf("IPv4 地址格式不正确!\n");
            return 1;
        } else
            remoteHost = gethostbyaddr((char *) &addr, 4, AF_INET);
    }

    if (remoteHost == NULL) {
        dwError = WSAGetLastError();
        if (dwError != 0) {
            if (dwError == WSAHOST_NOT_FOUND) {
                printf("主机没找到!\n");
                return 1;
            } else if (dwError == WSANO_DATA) {
                printf("无查询结果返回!\n");
                return 1;
            } else {
                printf("主机解析错误,错误码: %ld\n", dwError);
                return 1;
            }
        }
    } else {
        printf("解析结果:\n");
        printf("\t主机名称: %s\n", remoteHost->h_name);
        for (pAlias = remoteHost->h_aliases; *pAlias != 0; pAlias++) {
            printf("\t主机别名: #%d: %s\n", ++i, *pAlias);
        }
        printf("\t地址类型: ");
        switch (remoteHost->h_addrtype) {
        case AF_INET:
            printf("AF_INET\n");
            break;
        case AF_INET6:
            printf("AF_INET6\n");
            break;
        case AF_NETBIOS:
            printf("AF_NETBIOS\n");
            break;
        default:
            printf(" %d\n", remoteHost->h_addrtype);
            break;
        }
        printf("\t地址长度: %d\n", remoteHost->h_length);

        if (remoteHost->h_addrtype == AF_INET) {
            i = 0;
            while (remoteHost->h_addr_list[i] != 0) {
                addr.s_addr = *(u_long *) remoteHost->h_addr_list[i++];
                printf("\tIPv4 地址 #%d: %s\n", i, inet_ntoa(addr));
            }
        } else if (remoteHost->h_addrtype == AF_INET6)
            printf("\t远程主机为 IPv6 地址\n");
    }
```

```
        return 0;
}
```

初学者也可以跳过这个程序,直接进入第 2 章的学习。这个小程序主要告诉读者,网络编程有一系列问题需要解决,主机名称和地址解析只是其中的一部分。如果读者对 VS2010 开发环境熟悉,也可以照葫芦画瓢地编译测试这个小程序。图 1.14 给出了该程序的运行测试界面。

首先用 hostent localhost 命令测试主机名称解析,然后用 hostent 127.0.0.1 命令测试地址解析。图 1.14 清晰地显示了命令的执行结果。接着用 hostent www.163.com 命令测试远程主机名称的解析,结果如图 1.15 所示,即返回了网易服务器主机名和地址列表信息。

图 1.14　解析本地主机名称和地址

图 1.15　解析远程主机名称

习题 1

1. OSI 参考模型对学习网络编程有何指导意义?
2. 简述 TCP/IP 协议栈的工作原理。
3. 套接字与 TCP/IP 协议栈是一种什么关系?与操作系统又是什么关系?
4. 为什么网络编程宜采用多线程技术?
5. 简述 Napster 的工作原理,列举几个你熟知的 P2P 应用。
6. 简述 Gnutella 0.4 网络的工作原理。
7. P2P 与 TCP/IP 有何关系?P2P 与操作系统是什么关系?
8. 简述 Windows 网络编程的基本框架。
9. 简述 WinSock2 与 WinSock1.1 有何不同。
10. 描述 WinSock2 编程模型。
11. 网络编程与单机编程有何不同?
12. 阻塞、非阻塞和异步套接字 3 种工作模式有何不同?
13. 简述网络程序中主机名称和主机地址解析的含义。

第 2 章

WinSock2 API编程

在 Windows 平台上基于套接字进行网络编程有两种模式可以选择,一种是基于 WinSock API,另一种是基于 MFC Socket。这两种模式有何关联? MFC Socket 是基于 WinSock API 运用面向对象技术重新封装和定义的编程框架,编程起点相对 WinSock API 高一层,而 WinSock API 则是直接调用操作系统 API,本身也是操作系统级别的 API,编程起点相对较低。

WinSock2 API 的适用面更广,执行效率更高,但编程工作量较大,初学者不易掌握。"好程序,系统造",读者还是应该从 WinSock API 处下功夫。

2.1 Win32 API 窗体编程

在切入 WinSock2 API 编程主题之前,读者有必要熟知 Win32 API 窗体编程。相信通过下面的 3 个小程序,读者能够对 Windows 的消息驱动机制和窗体技术有所了解,从而叩开 Windows 窗体编程之门,为下一节顺利进行 WinSock2 API 编程做好准备。

2.1.1 弹出一个消息框

对于 C/C++ 程序员而言,编写一个 Windows 控制台应用程序,最熟悉的程序入口莫过于下面这个 main 主函数:

```
int main(int argc,char * argv[])
```

如果要开始写一个 32 位的 Windows 窗体程序,程序入口就得改成下面的样子:

```
INT WINAPI wWinMain(HINSTANCE hInst,
 HINSTANCE hPrevInst,
 LPWSTR lpCmdLine,
 INT nShowCmd)
```

第 1 个参数表示进程的实例句柄;第 2 个参数表示进程的前一个实例句柄,一般总是设置为 NULL;第 3 个参数表示命令行;第 4 个参数表示窗体的初始状态,如最大化、最小化等。

对于 main 主函数和 WinMain 或 wWinMain 主函数,前者是控制台程序入口,后者是窗体程序入口。没有什么比立即动手做一个实例程序来开始编程之旅更有效的了,下面的任务是编写一个消息框程序,在运行的时候会在屏幕上弹出如图 2.1 所示的窗体。

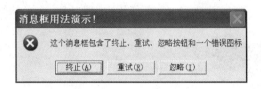

图 2.1 消息框

实现这个程序,需要用到 MessageBox()函数。当然,要显示出与图 2.1 一模一样的效果,函数需要写成下面这个样子:

```
MessageBox(NULL,
           "这个消息框包含了终止、重试、忽略按钮和一个错误图标",
           "消息框用法演示!",
           MB_ICONERROR | MB_ABORTRETRYIGNORE);
```

MessageBox()函数的用法如下:

`int MessageBox(HWND hWnd,LPCTSTR lpText,LPCTSTR lpCaption,UINT uType);`

其参数含义如下。

- hWnd:窗口句柄。
- lpText:消息框内显示的文本信息。
- lpCaption:消息框的标题。
- uType:定义消息框的图标类型和按钮类型组合。

消息框的图标类型包括以下 4 种。

- MB_ICONQUESTION:询问图标,等待回答。
- MB_ICONWARNING:警告图标,引起注意。
- MB_ICONINFORMATION:信息提示图标,反馈作用。
- MB_ICONERROR:错误图标,提示出现错误。

消息框上的按钮组合包括以下 8 种。

- MB_ABORTRETRYIGNORE:终止、重试、忽略。
- MB_CANCELTRYCONTINUE:取消、再试、继续。
- MB_HELP:帮助。
- MB_OK:确定。
- MB_OKCANCEL:确定、取消。
- MB_RETRYCANCEL:重试、取消。
- MB_YESNO:是、否。
- MB_YESNOCANCEL:是、否、取消。

在两个参数之间加"|",如 MB_ICONQUESTION|MB_OKCANCEL,会在消息框中显示询问图标、"确定"按钮和"取消"按钮。

MessageBox()函数返回被单击按钮的值(类型为整数),最好使用以下宏定义标识符提高程序的可读性和健壮性。

- IDABORT:单击了"终止"按钮。

- IDCANCEL：单击了"取消"按钮。
- IDCONTINUE：单击了"继续"按钮。
- IDIGNORE：单击了"忽略"按钮。
- IDNO：单击了"否"按钮。
- IDOK：单击了"确定"按钮。
- IDRETRY：单击了"重试"按钮。
- IDTRYAGAIN：单击了"再试"按钮。
- IDYES：单击了"是"按钮。

如果读者对更详细的介绍感兴趣，请参见 MSDN。

在桌面上弹出图 2.1 所示的消息框的程序代码如程序 2.1 所示。

程序 2.1　弹出一个消息框完整代码

```
#include <windows.h>
INT WINAPI wWinMain(HINSTANCE hInst, /* 主函数 */
            HINSTANCE hPrevInst,
            LPWSTR lpCmdLine,
            INT nShowCmd)
{
  int nResult = MessageBox(NULL,
        "这个消息框包含了终止、重试、忽略按钮和一个错误图标",
        "消息框用法演示!",
        MB_ICONERROR|MB_ABORTRETRYIGNORE);
  switch(nResult)
  {
      case IDABORT:
          //单击了"终止"按钮
          break;
      case IDRETRY:
          //单击了"重试"按钮
          break;
      case IDIGNORE:
          //单击了"忽略"按钮
          break;
  }
  return 0;
}
```

接下来启动 VS2010，建立程序 2.1 并进行测试。其步骤如下：

(1) 启动 VS2010。

(2) 选择"文件→新建→项目"命令，弹出如图 2.2 所示的对话框，左侧模板类型选择 Visual C++下的 Win32，中间程序类型选择"Win32 项目"，下方项目名称和解决方案名称均设置为"P2-1"，指定保存位置后单击"确定"按钮进入项目创建向导。

在项目创建向导的第二步选择程序类型"Windows 应用程序"，附加选项选择"空项目"（如图 2.3 所示），单击"完成"按钮，完成项目的初步创建。

读者可以看到，初步创建完成的新项目解决方案如图 2.4 所示，它此时还只是一个空项目。

(3) 在图 2.4 所示的解决方案中单击选中"源文件"，然后在"源文件"上右击，在快捷菜单中选择"添加→新建项"命令，弹出如图 2.5 所示的对话框。

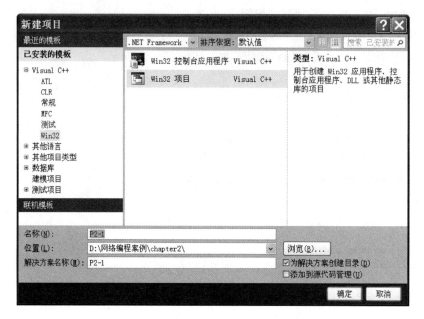

图 2.2　在"新建项目"对话框中设置项目参数

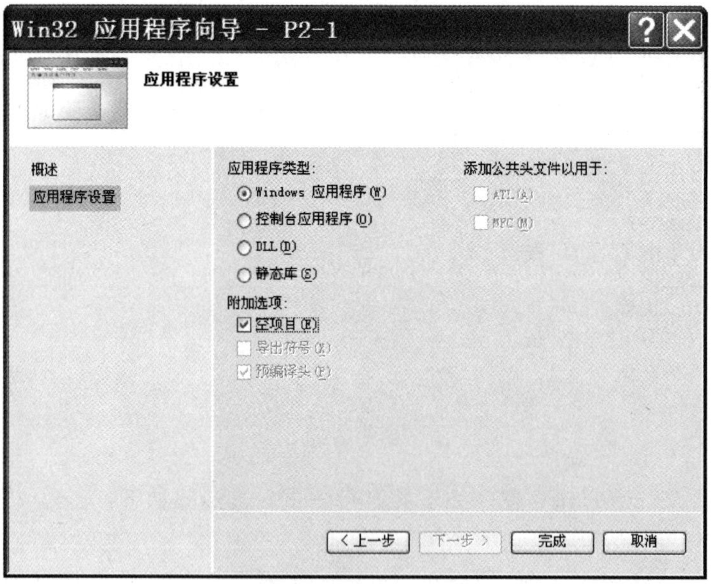

图 2.3　项目创建向导

图 2.4　新项目

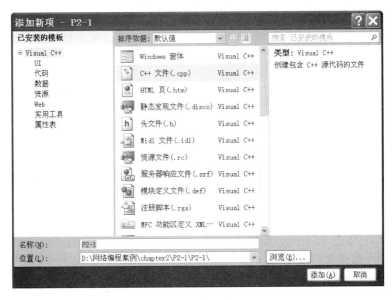

图 2.5 新建 C++ 源程序

（4）如图 2.5 所示，设置文件类型为"C++文件(.cpp)"，文件名称为"P2-1"，单击"添加"按钮，创建 P2-1.cpp 文件。该程序文档现在还是空的，把程序 2.1 的完整代码输入到 P2-1.cpp 的编辑窗口中并保存。

（5）选择"调试→开始执行(不调试)"命令，这时会弹出一个编译错误——error C2664："MessageBoxW"，即不能将参数 2 从"const char[51]"转换为"LPCWSTR"。其解决方法是选择项目名称 P2-1，在项目名称 P2-1 上右击，然后在快捷菜单中选择"属性"命令，弹出项目属性对话框，如图 2.6 所示。接着把"配置属性"的"常规"下的"字符集"的值"使用 Unicode 字符集"改为"使用多字节字符集"，并单击"确定"按钮重新编译，运行结果如图 2.1 所示。读者可以单击消息框上的不同按钮体验这个小程序的妙处。

图 2.6 更改项目的属性——使用多字节字符集

读者还记得第 1 章中的 hostent 程序吗？参照这里的步骤，一样可以轻松地完成其创建、编译和测试。

2.1.2 创建一个窗体

接下来学习如何用 Win32 API 创建一个窗体程序，这比用一个函数实现消息框复杂多了，因为要实现对窗体的全面控制。其主要步骤如下：

第 1 步，注册一个窗体类。
第 2 步，创建窗体。
第 3 步，显示窗体。
第 4 步，创建窗体回调函数。
程序运行结果如图 2.7 所示。

图 2.7 简单窗体程序的运行结果

1．注册一个窗体类

窗体类定义窗体的外观属性，例如窗体背景、鼠标类型、菜单等。注册一个窗体类并初始化窗体属性的代码一般如下：

```
WNDCLASSEX wClass;
ZeroMemory(&wClass,sizeof(WNDCLASSEX));

wClass.cbClsExtra = NULL;
wClass.cbSize = sizeof(WNDCLASSEX);
wClass.cbWndExtra = NULL;
wClass.hbrBackground = (HBRUSH)COLOR_WINDOW;
wClass.hCursor = LoadCursor(NULL,IDC_ARROW);
wClass.hIcon = NULL;
wClass.hIconSm = NULL;
wClass.hInstance = hInst;
wClass.lpfnWndProc = (WNDPROC)WinProc;
wClass.lpszClassName = "Window Class";
wClass.lpszMenuName = NULL;
wClass.style = CS_HREDRAW|CS_VREDRAW;
```

这段代码初学者看起来可能并不轻松，下面进行简单注解。

该程序首先用 WNDCLASSEX 类声明了一个窗体类——wClass，并将窗体的各参数清零，接下来初始化窗体的各参数。窗体参数的含义描述如下。

- cbClsExtra：指定紧跟在窗体类结构后的附加字节数。
- cbSize：WNDCLASSEX 的大小，可以用 sizeof(WNDCLASSEX)来获取准确的值。
- cbWndExtra：指定紧跟在窗体实例后的附加字节数。
- hbrBackground：窗体的背景色。
- hCursor：光标的句柄。
- hIcon：图标的句柄。
- hIconSm：窗体类关联的小图标。如果该值为 NULL，则把 hIcon 中的图标转换成大小合适的小图标。
- hInstance：本模块的实例句柄。

- lpfnWndProc：窗体消息处理函数（回调函数）指针。
- lpszClassName：指向类名称的指针。
- lpszMenuName：指向菜单的指针。
- style：窗体类的风格，可以用"|"操作符把几个风格组合到一起。

窗体类参数的初始化细节还有很多，详情见 MSDN。这里只列出光标类型参数 hCursor 的取值选择，如表 2.1 所示。

表 2.1　光标类型参数 hCursor 的取值

光标类型和取值	光标类型和取值
IDC_APPSTARTING	IDC_SIZEALL
IDC_ARROW	IDC_CROSS
IDC_HAND	IDC_HELP
IDC_IBEAM	IDC_NO
IDC_SIZENESW	IDC_SIZENS
IDC_SIZENWSE	IDC_SIZEWE
IDC_UPARROW	IDC_SIZEWE

在完成 WNDCLASSEX 类实例 wClass 的初始化之后，需要注册窗体实例类 wClass，代码如下：

```
RegisterClassEx(&wClass);
```

如果窗体类注册不成功，上面的函数返回 0。如果读者想知道发生了什么，可以用 GetLastError()函数捕获错误码。下面的代码段在窗体类注册失败时捕获错误码并弹出一个消息框，增强了程序的错误处理能力：

```
if(!RegisterClassEx(&wClass))
{
    int nResult = GetLastError();           //捕获错误码
    MessageBox(NULL,
        "对不起,窗体类注册失败",
        "窗体类错误",
        MB_ICONERROR);
}
```

2．创建窗体

如果窗体类注册成功，接下来程序就可以创建一个窗体，代码如下：

```
HWND hWnd = CreateWindowEx(NULL,
    "Window Class",
    "这是一个简单的窗体程序",
    WS_OVERLAPPEDWINDOW,
    200,                    //窗体的横坐标
    200,                    //窗体的纵坐标
    640,                    //窗体的宽度
    480,                    //窗体的高度
    NULL,
    NULL,
```

```
                    hInst,
                    NULL);
```

如果窗体创建不成功,函数返回值将为 0,这时可以采用与前面 RegisterClassEx(&wClass)不成功时类似的错误处理代码。

3. 显示窗体

如果窗体创建成功,可以执行以下显示窗体的代码:

```
ShowWindow(hWnd,nShowCmd);
```

此时运行程序并不会显示出窗体,为什么呢?因为还有极其重要的一项工作有待完成,即创建窗体回调函数。

4. 创建窗体回调函数

(1) 为程序添加一个主循环,用 MSG 定义一个消息——msg,用 GetMessage()读取消息放入 msg,用 TranslateMessage()转换消息放入 msg,用 DispatchMessage()向回调函数发送消息 msg。

```
MSG msg;
ZeroMemory(&msg,sizeof(MSG));

while(GetMessage(&msg,NULL,0,0))
{
 TranslateMessage(&msg);
 DispatchMessage(&msg);
}
```

(2) 创建回调函数,回调函数处理来自窗体的所有消息(由上面的主循环发出),包括窗体大小的改变、用户单击了窗体中的某个菜单或按钮、键盘对窗体有输入等。每当用户触发了窗体的某一事件,回调函数都会被自动调用执行,根据收到的消息转入与之对应的事件处理逻辑。回调函数的形式如下:

```
LRESULT CALLBACK WinProc(HWND hWnd,UINT message,WPARAM wParam,LPARAM lParam);
```

其中,WinProc 是窗体回调函数的名称,可以自由定义,不过为了便于理解可以按照默认定义。该函数中的 4 个参数与消息类 MSG 的前 4 个域是相同的。

- hWnd:标识调用回调函数的窗体句柄。
- message:标识 hWnd 窗体要处理的消息。
- wParam:一个 32 位的消息参数,其含义和数值根据消息的不同而不同。
- lParam:一个 32 位的消息参数,其值与消息有关。

注意:程序代码中通常不直接调用窗体回调函数,一般由 Windows 系统自动调用,也可通过 SendMessage 函数在程序代码中直接触发窗体回调函数的执行。

本例的回调函数如下:

```
LRESULT CALLBACK WinProc(HWND hWnd,UINT msg,WPARAM wParam,LPARAM lParam)
{
    switch(msg)
```

```
    {
        case WM_DESTROY:
        {
            PostQuitMessage(0);
            return 0;
        }
        break;
    }
    return DefWindowProc(hWnd,msg,wParam,lParam);
}
```

这个回调函数只侦听 WM_DESTROY 消息并作出响应，WM_DESTROY 消息是用户单击了窗体右上角的 ☒ 按钮触发的。如果现在编译运行这个程序，会在屏幕上显示一个空白的窗体。在后面将学习如何在这个空白窗体上设计控件。至此，创建一个空白窗体的工作完成，其代码如程序 2.2 所示。

程序 2.2　创建一个窗体完整代码

```
#include <windows.h>

LRESULT CALLBACK WinProc(HWND hWnd,UINT message,WPARAM wParam,LPARAM lParam);

int WINAPI WinMain(HINSTANCE hInst,HINSTANCE hPrevInst,LPSTR lpCmdLine,int nShowCmd)
{
WNDCLASSEX wClass;
ZeroMemory(&wClass,sizeof(WNDCLASSEX));
wClass.cbClsExtra = NULL;
wClass.cbSize = sizeof(WNDCLASSEX);
wClass.cbWndExtra = NULL;
wClass.hbrBackground = (HBRUSH)COLOR_WINDOW;
wClass.hCursor = LoadCursor(NULL,IDC_ARROW);
wClass.hIcon = NULL;
wClass.hIconSm = NULL;
wClass.hInstance = hInst;
wClass.lpfnWndProc = (WNDPROC)WinProc;
wClass.lpszClassName = "Window Class";
wClass.lpszMenuName = NULL;
wClass.style = CS_HREDRAW|CS_VREDRAW;

if(!RegisterClassEx(&wClass))
{
    int nResult = GetLastError();
    MessageBox(NULL,
        "对不起,窗体类注册失败",
        "窗体类错误",
        MB_ICONERROR);
}

HWND hWnd = CreateWindowEx(NULL,
        "Window Class",
        "这是一个简单的窗体程序",
        WS_OVERLAPPEDWINDOW,
        200,
        200,
```

```
                640,
                480,
                NULL,
                NULL,
                hInst,
                NULL);

    if(!hWnd)
    {
        int nResult = GetLastError();

        MessageBox(NULL,
            "创建窗体过程发生错误",
            "创建窗体失败",
            MB_ICONERROR);
    }

    ShowWindow(hWnd,nShowCmd);

    MSG msg;
    ZeroMemory(&msg,sizeof(MSG));

    while(GetMessage(&msg,NULL,0,0))
    {
        TranslateMessage(&msg);
        DispatchMessage(&msg);
    }

    return 0;
}

LRESULT CALLBACK WinProc(HWND hWnd,UINT msg,WPARAM wParam,LPARAM lParam)
{
 switch(msg)
 {
    case WM_DESTROY:
    {
        PostQuitMessage(0);
        return 0;
    }
    break;
 }

 return DefWindowProc(hWnd,msg,wParam,lParam);
}
```

想必读者一定急于测试程序 2.2，还记得前面在 VS2010 中创建"弹出一个消息框"项目的步骤吗？其步骤完全雷同，简述如下：

（1）启动 VS2010，选择"文件→新建→项目"命令，在弹出的对话框中设置项目类型、项目名称、解决方案名称、保存位置后单击"确定"按钮，在项目创建向导中设置为"空项目"后单击"完成"按钮。

（2）在解决方案中选择"源文件"并右击，然后在快捷菜单中选择"添加→新建项"命令，在弹出的对话框中设置文件类型为"C++文件(.cpp)",文件名称为"P2-2",单击"添加"按钮,创建 P2-2.cpp 文件。

(3) 把程序 2.2 的完整代码输入到 P2-2.cpp 的编辑窗口中并保存。

(4) 选择"调试→开始执行(不调试)"命令,仍会出现编译错误,解决方法是选择项目名称,在项目名称上右击,选择"属性"命令,弹出项目属性对话框,把"配置属性"的"常规"下的"字符集"的值"使用 Unicode 字符集"改为"使用多字节字符集",单击"确定"按钮重新编译,运行结果如图 2.7 所示。这个感觉是不是很棒?恰如神笔马良,寥寥数笔,一个活灵活现的窗体就开始工作了。

2.1.3 为窗体添加控件

窗体就像一个大容器,如果一个窗体中没有任何控件,那么这个窗体实在太"穷"了,因为它不能为用户带来更多的交互体验。试想如果为窗体增加按钮、文本框、列表框、菜单等,又会如何呢?

现在为读者设定一个目标:在程序 2.2 的基础上为窗体增加一个"确定"按钮和一个文本框,当单击"确定"按钮时弹出信息提示框,程序运行结果如图 2.8 所示。

为达到上述目的,先为窗体添加按钮,再添加文本框。按钮一般用来响应用户的某项操作,指示程序立即转到"某处"去"做某件事"。例如打开一个新窗口、发送一封新邮件等。文本框用来接收用户输入的信息。程序设计步骤如下。

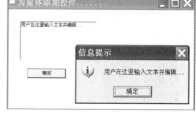

图 2.8 为窗体添加控件

1. 定义按钮标识符

定义按钮标识符是指定一个唯一的整数值标识按钮对象,一般的做法是在程序的头部用 define 语句声明一个宏常量,例如:

```
#define IDC_MAIN_BUTTON 101
```

2. 添加 WM_CREATE 消息处理逻辑

在窗体回调函数中增加对 WM_CREATE 消息的处理逻辑,当一个应用程序创建窗体时,WM_CREATE 消息会被触发;当希望做一些程序初始化工作时,可以把代码放到 WM_CREATE 消息处理逻辑中。例如在后面的网络编程中,可以把对套接字的初始化工作放到窗体回调函数的 WM_CREATE 消息部分。现在要做的是在 switch(msg)后面添加下面的代码:

```
case WM_CREATE:
 {
 //此处插入初始化代码或其他处理逻辑
 }
 break;
```

3. 创建按钮

创建按钮的过程与创建窗体的过程非常相似,现在要做的是把下面的代码片段放到 case WM_CREATE 消息的两个大括号中,这样按钮会跟随窗体一起被创建:

```
HWND hWndButton = CreateWindowEx(NULL,
        "BUTTON",
        "确定",
    WS_TABSTOP|WS_VISIBLE|WS_CHILD|BS_DEFPUSHBUTTON,
        50,                      //按钮在窗体中的横坐标
        150,                     //按钮在窗体中的纵坐标
        100,                     //按钮的宽度
        24,                      //按钮的高度
        hWnd,
        (HMENU)IDC_MAIN_BUTTON,
        GetModuleHandle(NULL),
        NULL);
```

观察上面的代码片段,不知细心的读者发现了没有,创建按钮与创建窗体使用了相同的函数原型,所以下面对各参数含义的解释均用"窗体"代替按钮,在后面创建文本框控件时也是如此,因为 Windows 把它的可视化控件视作一个特殊的小窗体。

各参数的含义如下:
- 第 1 个参数表示窗体(按钮)的扩展风格,设置为 NULL。
- 第 2 个参数表示窗体类型,设置为 BUTTON。
- 第 3 个参数是指向窗体(按钮)标题的指针,此处设置为"确定"表示按钮上显示的文本。
- 第 4 个参数表示窗体(按钮)风格。
- 第 5 个参数设置窗体(按钮)的水平位置。
- 第 6 个参数设置窗体(按钮)的垂直位置。
- 第 7 个参数设置窗体(按钮)的宽度。
- 第 8 个参数设置窗体(按钮)的高度。
- 第 9 个参数设置父窗体的句柄。
- 第 10 个参数设置按钮的标识符,前面已经用 define 定义。
- 第 11 个和第 12 个参数对于按钮不是必需的,设置为 NULL。

此时运行程序,可以看到一个带有"确定"按钮的窗体,美中不足的是,如果单击"确定"按钮,会发现它并不理会用户的单击动作。

不要急,接下来在文本框控件完成后,再来关注按钮的单击事件。

4. 创建文本框

文本框的创建与按钮的创建如出一辙,首先也是在程序头部用 define 定义文本框标识符,并为它指定一个唯一的整数值,接着用创建窗体函数创建文本框。其代码如下:

```
hEdit = CreateWindowEx(WS_EX_CLIENTEDGE,
        "EDIT",
        "",
```

```
                WS_CHILD|WS_VISIBLE|ES_MULTILINE|ES_AUTOVSCROLL|ES_AUTOHSCROLL,
                30,
                30,
                200,
                100,
                hWnd,
                (HMENU)IDC_MAIN_EDIT,
                GetModuleHandle(NULL),
                NULL);
```

其参数设置与按钮稍有不同,第 1 个参数窗体风格不为 NULL,而是为编辑框四周添加一个好看的立体边框;第 2 个参数被改成了 EDIT。BUTTON 和 EDIT 都是 Win32 API 内置的预定义类型。如果现在运行程序,窗体上会出现按钮和文本框两个控件。

5. 初始化文本框中的内容

如果想一开始就在编辑框中显示点什么,可以用 SendMessage()函数产生一条窗体消息,代码如下:

```
SendMessage(hEdit, WM_SETTEXT, NULL, (LPARAM)"用户在这里输入文本并编辑...");
```

6. 让按钮工作起来

读者还记得窗体回调函数吗?在此需要为它添加能处理 WM_COMMAND 消息的代码逻辑。这样,每次用户单击按钮,都会触发 WM_COMMAND 消息,这个消息的类型为 LOWORD,编程者要做的就是在回调函数中增加以下代码片段:

```
case WM_COMMAND:
    switch(LOWORD(wParam))
    {
        case IDC_MAIN_BUTTON:
        {
            //此处添加单击按钮后的处理逻辑
        }
        break;
    }
    break;
```

当按钮被按下时,IDC_MAIN_BUTTON 后面的代码将被执行。这个标识符在文件头部定义,它的值为 101,这是一种很好的编程风格,因为程序员记住标识符要比记住 101 容易多了。

如果希望用户单击按钮后弹出一个消息框,消息框中显示文本框中的内容,那么只要把下面这段代码插入到 case IDC_MAIN_BUTTON 后面即可:

```
char buffer[256];
SendMessage(hEdit,
        WM_GETTEXT,
        sizeof(buffer)/sizeof(buffer[0]),
        reinterpret_cast<LPARAM>(buffer));
MessageBox(NULL,
        buffer,
```

```
            "信息提示",
            MB_ICONINFORMATION);
```

现在这个程序已经是一个有意义的窗体小程序了，用户单击"确定"按钮会弹出消息框，并在消息框中显示文本框中的内容，如图 2.8 所示。然后改变文本框中的内容，再次单击该按钮，会重新弹出消息框，如图 2.9 所示，很有趣。

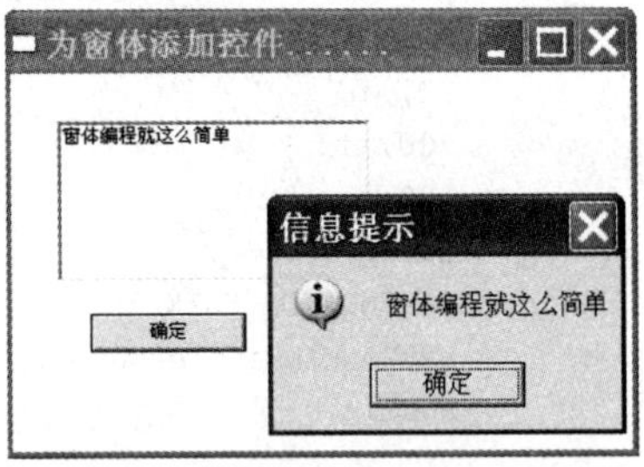

为窗体添加控件程序的代码如程序 2.3 所示。

图 2.9 改变文本框中内容后的测试结果

程序 2.3 为窗体添加控件完整代码

```
#include <windows.h>

#define IDC_MAIN_BUTTON    101         //按钮标识符
#define IDC_MAIN_EDIT      102         //文本框标识符
HWND hEdit;

LRESULT CALLBACK WinProc(HWND hWnd,UINT message,WPARAM wParam,LPARAM lParam);

int WINAPI WinMain(HINSTANCE hInst,HINSTANCE hPrevInst,LPSTR lpCmdLine,int nShowCmd)
{
  WNDCLASSEX wClass;
  ZeroMemory(&wClass,sizeof(WNDCLASSEX));
  wClass.cbClsExtra = NULL;
  wClass.cbSize = sizeof(WNDCLASSEX);
  wClass.cbWndExtra = NULL;
  wClass.hbrBackground = (HBRUSH)COLOR_WINDOW;
  wClass.hCursor = LoadCursor(NULL,IDC_ARROW);
  wClass.hIcon = NULL;
  wClass.hIconSm = NULL;
  wClass.hInstance = hInst;
  wClass.lpfnWndProc = (WNDPROC)WinProc;
  wClass.lpszClassName = "Window Class";
  wClass.lpszMenuName = NULL;
  wClass.style = CS_HREDRAW|CS_VREDRAW;

  if(!RegisterClassEx(&wClass))
  {
       int nResult = GetLastError();
       MessageBox(NULL,
           "注册窗体类失败\r\n",
           "窗体类失败",
           MB_ICONERROR);
  }

  HWND hWnd = CreateWindowEx(NULL,
       "Window Class",
       "为窗体添加控件……",
       WS_OVERLAPPEDWINDOW,
       200,
       200,
       640,
```

```
            480,
            NULL,
            NULL,
            hInst,
            NULL);

    if(!hWnd)
    {
        int nResult = GetLastError();

        MessageBox(NULL,
            "创建窗体发生错误\r\n",
            "创建窗体失败",
            MB_ICONERROR);
    }

        ShowWindow(hWnd,nShowCmd);

    MSG msg;
    ZeroMemory(&msg,sizeof(MSG));

    while(GetMessage(&msg,NULL,0,0))
    {
        TranslateMessage(&msg);
        DispatchMessage(&msg);
    }

    return 0;
}
LRESULT CALLBACK WinProc(HWND hWnd,UINT msg,WPARAM wParam,LPARAM lParam)
{
    switch(msg)
    {
        case WM_CREATE:
        {
            //创建一个文本框
            hEdit = CreateWindowEx(WS_EX_CLIENTEDGE,
                "EDIT",
                "",  //也可以在此处设置初始文本
                WS_CHILD|WS_VISIBLE|
                ES_MULTILINE|ES_AUTOVSCROLL|ES_AUTOHSCROLL,
                30,
                30,
                200,
                100,
                hWnd,
                (HMENU)IDC_MAIN_EDIT,
                GetModuleHandle(NULL),
                NULL);
            HGDIOBJ hfDefault = GetStockObject(DEFAULT_GUI_FONT); //设置字体
            SendMessage(hEdit,
                WM_SETFONT,
                (WPARAM)hfDefault,
```

```
                    MAKELPARAM(FALSE,0));
            SendMessage(hEdit,
                WM_SETTEXT,
                NULL,
                (LPARAM)"用户在这里输入文本并编辑…");

            //创建一个按钮
            HWND hWndButton = CreateWindowEx(NULL,
                "BUTTON",
                "确定",
                WS_TABSTOP|WS_VISIBLE|
                WS_CHILD|BS_DEFPUSHBUTTON,
                50,
                150,
                100,
                24,
                hWnd,
                (HMENU)IDC_MAIN_BUTTON,
                GetModuleHandle(NULL),
                NULL);
            SendMessage(hWndButton,
                WM_SETFONT,
                (WPARAM)hfDefault,
                MAKELPARAM(FALSE,0));
        }
        break;

        case WM_COMMAND:
            switch(LOWORD(wParam))
            {
                case IDC_MAIN_BUTTON:
                {
                    char buffer[256];
                    SendMessage(hEdit,
                        WM_GETTEXT,
                        sizeof(buffer)/sizeof(buffer[0]),
                        reinterpret_cast<LPARAM>(buffer));
                    MessageBox(NULL,
                        buffer,
                        "信息提示",
                        MB_ICONINFORMATION);
                }
                break;
            }
            break;

        case WM_DESTROY:
        {
            PostQuitMessage(0);
            return 0;
        }
        break;
    }
```

```
    return DefWindowProc(hWnd,msg,wParam,lParam);
}
```

程序 2.3 的创建、编辑、调试步骤与前面的程序 2.1、程序 2.2 完全相同,此处不再重复。

2.2 WinSock2 API 编程框架

如果读者对 2.1 节的 Win32 API 窗体编程已经驾轻就熟,那么接下来是否可以立即开始 Winsock2 API 编程了呢? 是的,但最好还是一步步来。本节先从熟悉 WinSock2 API 的程序结构和库函数开始介绍。

2.2.1 WinSock2 API 程序结构

工欲善其事,必先利其器。由于本书使用 VS2010 作为 WinSock2 的开发环境,下面首先介绍在 VS2010 中创建 WinSock 应用程序的基本步骤,给出 WinSock2 API 程序的基本结构,步骤如下:

(1) 新建一个 Win32 API 空项目。
(2) 添加一个空的 C++ 源文件到项目中。
(3) 编写 include 必需的头文件。
(4) 链接 WinSock 库文件 ws2_32.lib。
(5) 开始 WinSock 应用程序编程。

WinSock2 API 程序的基本结构如下:

```
#include <winsock2.h>              //include 必需的头文件
#include <ws2tcpip.h>
#include <stdio.h>

#pragma comment(lib, "ws2_32.lib") //链接 WinSock 库文件 ws2_32.lib

int main() {
//开始 WinSock 应用程序编程
    return 0;
}
```

WinSock2 API 的编程框架分为 3 个层次,如图 2.10 所示。其中,最上层为用户程序层;中间层为 WinSock2 API,以 ws2_32.dll 的形式提供;最下层为 WinSock2 SPI,调用操作系统内核实现中间层的 API。

图 2.10 体现了 WinSock2 API 的编程思想,编程者通过调用 WinSock2 API 在操作系统层面上实现网络程序开发,这也正是 WinSock2 API 程序中需要包含 winsock2.h 这个头文件并且要链接到库文件 ws2_32.lib 的原因。在后面还会学习每次使用 WinSock2 套接字之前,需要用 WSAStartup()这个函数加载初始化 WinSock2 服务;在程序结束之前,需要用 WSACleanup()这个函数关闭 WinSock2 服务,释放资源。

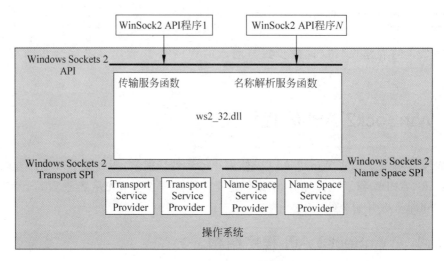

图 2.10 WinSock2 API 编程框架

2.2.2 WinSock2 API 库函数

熟悉、了解和掌握 WinSock2 API 提供的库函数是编程之前需要做的功课,下面按照 WinSock2 的发展历程将这些函数进行归纳,如表 2.2～表 2.4 所示。

表 2.2 列出的是 BSD 套接字库函数。众所周知,WinSock 继承自 Berkeley Sockets, 表 2.2 列出的库函数均包括在 WinSock1.1 规范里,它们也是 WinSock2 的库函数,这保证了 UNIX 系统上的套接字程序可以轻松地移植到 Windows 平台上。WinSock2.2 完全兼容 WinSock1.1,表 2.2 中的库函数可以在 WinSock2 中直接使用。

表 2.2 WinSock2 继承的库函数(源自 BSD Sockets 和 WinSock1.1)

函 数	作 用
accept()*	当有新连接到达时,立即创建一个新的套接字与新连接通信,原有的套接字继续处于侦听状态
bind()	将一本地地址(主机地址/端口)与一套接字捆绑
closesocket()*	关闭套接字,释放套接字资源
connect()*	用于创建与指定外部地址的连接
getpeername()	获取与指定套接字相连的端地址
getsockname()	获取指定套接字的本地地址
getsockopt()	获取指定套接字的选项参数值
htonl()∞	将无符号长整型数从主机字节顺序转换成网络字节顺序
htons()∞	将无符号短整型数从主机字节顺序转换成网络字节顺序
inet_addr()∞	将一个点分十进制的 IP 地址字符串转换成一个长整型数
inet_ntoa()∞	将网络地址转换成以"."分隔的字符串格式,如"a.b.c.d"
ioctlsocket()	控制套接字的工作模式
listen()	在指定套接字上侦听进入的新连接
ntohl()∞	将无符号长整型数从网络字节顺序转换为主机字节顺序
ntohs()∞	将无符号短整型数从网络字节顺序转换为主机字节顺序

续表

函 数	作 用
recv()*	从一个套接字接收(读取)数据
recvfrom()*	从一个套接字接收(读取)数据
select()*	检测套接字的I/O状态
send()*	向一个套接字发送数据
sendto()*	向一个套接字发送数据
setsockopt()	设置指定套接字的选项参数值
shutdown()	关闭套接字的数据接收或发送功能
socket()	创建套接字

注:(1) 带 * 的函数表示套接字在阻塞模式下工作时可能发生阻塞。
(2) 带∞的函数是为了与WinSock1.1兼容保留的,只适用于AF_INET地址族。

WinSock2 对 Berkeley 套接字规范和 WinSock1.1 规范进行了较大扩展,这些扩展 API 除了 WSAStartup()和 WSACleanup()在 WinSock2 编程中必须使用外,表 2.3 给出的其他库函数都不是必需的。

表 2.3 WinSock2 新增的库函数(源自对 Berkeley 和 WinSock1.1 的扩展)

函 数	作 用
WSAAccept()*	accept()函数的扩展版,当有新连接到达时,立即创建一个新的套接字与新连接通信,原有的套接字继续处于侦听状态
WSAAsyncGetHostByAddr()∞**	这是一组针对 Berkeley 的 getXbyY()函数的异步版本扩展。例如,WSAAsyncGetHostByName()函数是 Berkeley 的 gethostbyname()的异步版本,用来获取主机名称和地址信息,WSAAsyncGetHostByAddr()函数是 Berkeley 的 gethostbyaddr()的异步版本,用来获取主机名和地址信息
WSAAsyncGetHostByName()∞**	
WSAAsyncGetProtoByName()∞**	
WSAAsyncGetProtoByNumber()∞**	
WSAAsyncGetServByName()∞**	
WSAAsyncGetServByPort()∞**	
WSAAsyncSelect()**	select()函数的异步版本
WSACancelAsyncRequest()∞**	取消一次异步操作
WSACleanup()	停止 WinSock2 DLL 服务,释放资源
WSACloseEvent()	关闭一个事件对象句柄
WSAConnect()*	connect()函数的扩展版本,创建一个与远端的连接,能根据流描述确定所需的服务质量
WSACreateEvent()	创建事件对象
WSADuplicateSocket()	为一个共享套接字创建一个新的套接字
WSAEnumNetworkEvents()	检测所指定的套接字上发生的网络事件
WSAEnumProtocols()	获取传送协议的相关信息
WSAEventSelect()	确定与所提供的 FD_XXX 网络事件(如 FD_READ、FD_CONNECT、FD_OOB)集合相关的一个事件对象
WSAGetLastError()**	该函数返回上次发生的网络错误信息
WSAGetOverlappedResult()	返回指定套接字的上一个重叠操作的结果
WSAGetQoSByName()	根据一个模板初始化 QoS
WSAHtonl()	htonl()函数的扩展版本
WSAHtons()	htons()函数的扩展版本

续表

函　数	作　用
WSAIoctl()*	控制套接字的模式,ioctl()函数的扩展版本
WSAJoinLeaf()*	将一个叶节点加入一个多点会晤,交换连接数据
WSANtohl()	ntohl()函数的扩展版本,将一个以网络字节顺序表示的无符号长整型数转换为主机字节顺序
WSANtohs()	ntohs()函数的扩展版本,将一个以网络字节顺序表示的无符号短整型数转换为主机字节顺序
WSAProviderConfigChange()	接收安装服务或卸载服务的通知消息
WSARecv()*	recv()函数的扩展版本
WSARecvFrom()*	recvfrom()函数的扩展版本
WSAResetEvent()	重置事件对象
WSASend()*	send()函数的扩展版本
WSASendTo()*	sendto()函数的扩展版本
WSASetEvent()	设置事件对象
WSASetLastError()**	设置最近的错误信息
WSASocket()	socket()函数的扩展版本,使用 WSAPROTOCOL_INFO 结构作为输入参数,并创建重叠 Socket
WSAStartup()**	初始化 WinSock DLL
WSAWaitForMultipleEvents()*	在多个事件对象上阻塞

注:(1) 带 * 的函数表示套接字在阻塞模式下工作时可能发生阻塞。
(2) 带 ∞ 的函数只适用于 AF_INET 地址族。
(3) 带 ** 的表示库函数原本在 WinSock1.1 中定义,在 WinSock2.2 中又重新进行了定义。

表 2.4 给出的是 WinSock2 的新增库函数,用于名称注册解析,它们是 WinSock1.1 中所没有的。

表 2.4　WinSock2 的新增库函数(名称注册解析函数)

函　数	作　用
WSAAddressToString()	将地址转换成可读字符串
WSAEnumNameSpaceProviders()	获取名称注册和解析服务提供者列表
WSAGetServiceClassInfo	获取指定服务类的相关信息
WSAGetServiceClassNameByClassId()	返回特定类型的服务名称
WSAInstallServiceClass()	创建一个新的服务类
WSALookupServiceBegin()	初始化客户查询,此查询的限制信息包含在结构 WSAQUERYSET 中
WSALookupServiceEnd()	此函数在 WSALookupServiceBegin()和 WSALookupServiceNext()调用之后释放用于查询的句柄
WSALookupServiceNext()	此函数在 WSALookupServiceBegin()函数调用获得一个句柄之后调用,用来检索请求服务信息
WSARemoveServiceClass()	此函数用来永久地注销一个服务类
WSASetService()	此函数用来在一个或多个名字空间中注册或注销一个服务实例
WSAStringToAddress()	此函数将数字字符串转换为一个套接字地址结构 SOCKADDR

表 2.2～表 2.4 展示的库函数是 WinSock2 API 于 1997 年发布的 2.2 版本的全貌。WinSock2 函数名称的前 3 个字母均为 WSA(Windows Sockets Asynchronous，Windows 异步套接字)，用于标识是 WinSock2 新增函数，从而便于与 WinSock1.1 函数和 Berkeley Sockets 函数相区别。WinSock2 扩充的功能调用都冠以 WSA 前缀，表明它们都允许异步的 I/O 操作，并且采用了符合 Windows 消息机制的网络事件异步选择机制。使用这样的接口设计有利于开发者更好地利用 Windows 的消息驱动特性设计出高性能的网络程序。

2.2.3 WinSock2 的新发展

尽管 WinSock2 API 的版本停留在 1997 年的 2.2 版，但随着 Windows 操作系统的每一次升级，WinSock2 API 都有所变化和增强，在此限于篇幅仅列出部分内容，详细内容请参见 MSDN。

1. 针对 Windows 8 和 Windows Server 2012 的扩展

RIO API 是 WinSock 针对 Windows 8 和 Windows Server 2012 新扩展的功能，目的是减少网络延迟、提高消息速率和改进应用程序响应时间的可预测性。RIO API 扩展允许处理大量消息的应用程序获得更高的每秒 I/O 操作数(IOPS)，同时减少抖动和延迟，适合设计金融服务交易和高速市场数据收/发的应用程序。RIO API 扩展支持传输控制协议 TCP、用户数据报协议 UDP 和多播技术，并且支持 IPv4 和 IPv6。

(1) 新增库函数：
- RIOCloseCompletionQueue
- RIOCreateCompletionQueue
- RIOCreateRequestQueue
- RIODequeueCompletion
- RIODeregisterBuffer
- RIONotify
- RIOReceive
- RIOReceiveEx
- RIORegisterBuffer
- RIOResizeCompletionQueue
- RIOResizeRequestQueue
- RIOSend
- RIOSendEx

(2) 新增数据结构、枚举类型定义等：
- RIO_CQ
- RIO_RQ
- RIO_BUFFERID
- RIO_BUF
- RIO_NOTIFICATION_COMPLETION
- RIO_NOTIFICATION_COMPLETION_TYPE
- RIORESULT

(3)其他一些大量扩展见 MSDN。

2. 针对 Windows 7 和 Windows Server 2008 R2 的扩展

(1)下述函数得到增强：
- getaddrinfo
- GetAddrInfoEx
- GetAddrInfoW

(2)新增套接字选项：
- IP_ORIGINAL_ARRIVAL_IF
- IP_ORIGINAL_ARRIVAL_IF for IPv6

3. 针对 Windows Vista 系统的扩展

(1)新增库函数：
- FreeAddrInfoEx
- GetAddrInfoEx
- InetNtop
- InetPton
- SetAddrInfoEx
- WSAConnectByList
- WSAConnectByName
- WSADeleteSocketPeerTargetName
- WSAEnumNameSpaceProvidersEx
- WSAImpersonateSocketPeer
- WSAPoll
- WSAQuerySocketSecurity
- WSARevertImpersonation
- WSASendMsg
- WSASetSocketPeerTargetName
- WSASetSocketSecurity

(2)新增数据结构和枚举类型：
- addrinfoex
- BLOB
- GROUP_FILTER
- GROUP_REQ
- GROUP_SOURCE_REQ
- MULTICAST_MODE_TYPE
- NAPI_DOMAIN_DESCRIPTION_BLOB
- NAPI_PROVIDER_INSTALLATION_BLOB
- NAPI_PROVIDER_LEVEL
- NAPI_PROVIDER_TYPE

- SOCKET_PEER_TARGET_NAME
- SOCKET_SECURITY_PROTOCOL
- SOCKET_SECURITY_QUERY_INFO
- SOCKET_SECURITY_QUERY_TEMPLATE
- SOCKET_SECURITY_SETTINGS
- SOCKET_SECURITY_SETTINGS_IPSEC
- SOCKET_USAGE_TYPE
- WSAQUERYSET2

（3）新增 Windows Sockets SPI 库函数：
- NSPv2Cleanup
- NSPv2ClientSessionRundown
- NSPv2LookupServiceBegin
- NSPv2LookupServiceEnd
- NSPv2LookupServiceNextEx
- NSPv2SetServiceEx
- NSPv2Startup
- WSAAdvertiseProvider
- WSAProviderCompleteAsyncCall
- WSAUnadvertiseProvider
- WSCEnumNameSpaceProvidersEx32
- WSCGetApplicationCategory
- WSCGetProviderInfo
- WSCInstallNameSpaceEx
- WSCInstallNameSpaceEx32
- WSCSetApplicationCategory
- WSCSetProviderInfo
- WSCSetProviderInfo32

（4）新增 Windows Sockets SPI 数据结构：
NSPV2_ROUTINE

4．针对 Windows Server 2003 的扩展

（1）新增库函数：
- ConnectEx
- DisconnectEx
- freeaddrinfo
- gai_strerror
- getaddrinfo
- getnameinfo
- TransmitPackets
- WSANSPIoctl

- WSARecvMsg

（2）新增数据结构：
- addrinfo
- in_pktinfo
- SOCKADDR_STORAGE
- TRANSMIT_PACKETS_ELEMENT
- WSAMSG

2.3 阻塞/非阻塞模式套接字编程

网络程序通过 Socket 与外界进行数据交换。在发送端，Socket 如何把数据交给传输层，编程者是不关心的；在接收端，Socket 如何从传输层获取数据，编程者也是不关心的。编程者只关心 Socket 的用法。本节重点介绍 WinSock 阻塞、非阻塞模式下的 Socket 编程方法。

2.3.1 阻塞模式套接字客户机编程

为了让初学者的注意力集中于理解套接字的工作过程，将程序 2.4～程序 2.8 都设计成控制台类应用程序，需要包含的头文件是 WinSock2.h、iostream，链接的库文件为 ws2_32.lib。下面从设计一个阻塞模式客户机程序开始学习，该程序完成的工作很简单，即连接到指定服务器、接收并显示服务器发送回来的消息。该程序的设计步骤如下。

1. 启动并初始化 WinSock2 服务

```
WSADATA WsaDat;
WSAStartup(MAKEWORD(2,2),&WsaDat);
```

WSAStartup 是 Windows 异步套接字服务的启动命令。在应用程序调用其他 WinSock API 函数之前，必须调用 WSAStartup 函数完成对 WinSock 服务的初始化。

第 1 个参数指明程序请求使用的 Socket 版本，其中，高位字节指明副版本、低位字节指明主版本；操作系统利用第 2 个参数返回请求的 Socket 的版本信息。当应用程序调用 WSAStartup 函数时，操作系统根据请求的 Socket 版本来搜索相应的 Socket 库，然后将找到的 Socket 库绑定到该应用程序中。之后应用程序才可以随时调用所请求的 Socket 库函数。

上面两行代码设置 WinSock 版本号为 2.2 并执行初始化工作，如果执行成功，WSAStartup 函数的返回值为 0。

2. 创建 Socket

```
SOCKET Socket = socket(AF_INET,SOCK_STREAM,IPPROTO_TCP);
```

用 socket 函数创建一个 Socket 套接字对象。socket 函数原型如下：

```
SOCKET WSAAPI socket(
  _In_    int af,
  _In_    int type,
  _In_    int protocol
);
```

第 1 个参数对于 IPv4 地址来说总是设置为 AF_INET, 也可以根据使用的底层协议设置为 AF_UNSPEC、AF_INET、AF_IPX、IPX/SPX、AF_APPLETALK、AF_NETBIOS、AF_INET6、AF_IRDA、AF_BTH。

第 2 个、第 3 个参数在首参数为 AF_INET 时, 总是设置为 SOCK_STREAM 和 IPPROTO_TCP。第 2 个参数为套接字接口类型, Windows Sockets 2 支持的类型除了 SOCK_STREAM 以外, 还有 SOCK_DGRAM、SOCK_RAW、SOCK_RDM 和 SOCK_SEQPACKET。但是对于 Windows Sockets 1.1, socket 函数只支持 SOCK_DGRAM 和 SOCK_STREAM。

第 3 个参数表示套接字采用的底层协议类型。若设置为 0, 表示创建套接字时不指定底层协议, 通信时底层协议由套接字底层服务自动选择。当首参数为 AF_INET 或 AF_INET6 时, 第 2 个参数套接字类型为 SOCK_RAW, 第 3 个参数协议类型可以选择为 IPPROTO_ICMP、IPPROTO_IGMP、BTHPROTO_RFCOMM、IPPROTO_TCP、IPPROTO_UDP、IPPROTO_ICMPV6 或 IPPROTO_RM。

如果套接字创建成功, 则返回一个套接字描述符, 否则返回 INVALID_SOCKET 错误, 在程序中可以用 WSAGetLastError()函数捕获错误号。

3. 解析服务器主机名, 配置服务器地址、端口信息

下面的代码片段用于通过主机名获取服务器的 IP 地址, 当然, 也可以直接指定服务器地址。本例假定服务器就是本机, 所以主机名使用 localhost, 代码如下:

```
struct hostent * host;
host = gethostbyname("localhost");
```

把客户机要连接的服务器地址、端口定义到 SOCKADDR_IN 这个结构中, 为下面的连接服务器作准备, 代码如下:

```
SOCKADDR_IN SockAddr;
SockAddr.sin_port = htons(8888);
SockAddr.sin_family = AF_INET;
SockAddr.sin_addr.s_addr = *((unsigned long *)host->h_addr);
```

现在, 所有的准备工作都已完成, 接下来连接服务器。

4. 连接服务器

```
connect(Socket,(SOCKADDR *)(&SockAddr),sizeof(SockAddr));
```

如果连接成功, 客户机就可以开始接收或者发送数据。假定在成功连接服务器后, 服务器会立即向客户机发送一条欢迎消息"服务器说: 有朋自远方来, 不亦乐乎", 客户要做的就是接收并显示这条消息。

5. 接收数据并显示

```
char buffer[1024];
int nDataLength = recv(Socket,buffer,1024,0);
std::cout << buffer;
```

第 1 行代码定义字符数组 buffer 为接收数据缓冲区,第 2 行 recv()函数从第 1 个参数指定的 Socket 接收数据,并将接收到的数据存入 buffer,希望一次接收的数据量为 1024 字节,返回值表示实际接收到的字节数。

需要指出的是,如果没有数据到达,程序会在 recv()函数处发生阻塞,一直等待下去。因为本例中没有显式地设置套接字工作模式,默认为阻塞模式。

6. 断开套接字连接

```
shutdown(socket,SD_SEND);
```

套接字在完成任务后,需要用上面的函数断开套接字与服务器之间的连接,但并不彻底关闭套接字和释放资源。就像打完电话后挂机这个动作,而下面的第 7 步关闭套接字则类似于拆除电话机。

shutdown()函数有以下几种取值。
- SD_SEND:0,关闭套接字发送函数。
- SD_RECIEVE:1,关闭套接字接收函数。
- SD_BOTH:2,关闭套接字接收和发送函数。

7. 关闭套接字

```
closesocket(socket);
```

一旦套接字工作完毕,应当用上面的代码将套接字关闭,释放套接字占用的所有资源。为什么要在关闭套接字之前调用 shutdown()函数呢?因为不经 shutdown()直接进行 closesocket(),可能会有一些缓冲区数据没有来得及发送或读取,造成数据丢失。使用 shutdown()是为了通知双方都不再收/发数据,给套接字一个结束缓冲,保证通信双方都能完整地收到对方发出的所有数据。

8. 关闭 WinSock 套接字服务,释放资源

```
WSACleanup();
```

一旦完成了所有任务,必须用上面这行代码关闭 WinSock 套接字服务,清理内存释放资源。按照以上 8 个步骤,用户可以轻松完成一个阻塞模式套接字客户机的编程任务。该程序的完整代码如程序 2.4 所示。

程序 2.4 阻塞模式套接字客户机完整代码

```cpp
#include <iostream>
#include <winsock2.h>
#pragma comment(lib,"ws2_32.lib")
int main()
{
//(1)初始化 WinSock 服务
 WSADATA WsaDat;
 if(WSAStartup(MAKEWORD(2,2),&WsaDat)!= 0)
 {
      std::cout<<"WinSock 错误 - WinSock 服务初始化失败!\r\n";
```

```cpp
        WSACleanup();
        system("PAUSE");
        return 0;
    }
    //(2)创建套接字
    SOCKET Socket = socket(AF_INET,SOCK_STREAM,IPPROTO_TCP);
    if(Socket == INVALID_SOCKET)
    {
        std::cout <<"套接字错误 – 创建套接字失败!\r\n";
        WSACleanup();
        system("PAUSE");
        return 0;
    }
    //(3.1)主机名解析
    struct hostent * host;
    if((host = gethostbyname("localhost")) == NULL)
    {
        std::cout <<"主机名解析失败!\r\n";
        WSACleanup();
        system("PAUSE");
        return 0;
    }
    //(3.2)配置套接字要访问的服务器的地址结构信息
    SOCKADDR_IN SockAddr;
    SockAddr.sin_port = htons(8888);
    SockAddr.sin_family = AF_INET;
    SockAddr.sin_addr.s_addr = *((unsigned long *)host->h_addr);
    //(4)连接服务器
    if(connect(Socket,(SOCKADDR *)(&SockAddr),sizeof(SockAddr))!= 0)
    {
        std::cout <<"与服务器连接失败!\r\n";
        WSACleanup();
        system("PAUSE");
        return 0;
    }
    //(5)从服务器接收信息并显示
    char buffer[1024];
    memset(buffer,0,1023);
    int inDataLength = recv(Socket,buffer,1024,0);
    std::cout << buffer;
    //(6)断开套接字连接,不允许发送数据,但可以继续接收数据
    shutdown(Socket,SD_SEND);
    //(7)关闭套接字,释放资源
    closesocket(Socket);
    //(8)关闭 WinSock 服务,清理内存
    WSACleanup();
    system("PAUSE");
    return 0;
}
```

如果现在直接在 VS2010 中测试程序,会返回"与服务器连接失败!"的错误信息,因此,待后面完成服务器端编程后一起测试。

读者也可以把程序 2.4 要连接的主机设置为自己的邮箱使用的 E-mail 服务器,将端口设置为 110,看看会发生什么? 图 2.11 是程序作了以下修改后控制台输出的运行结果。

```cpp
host = gethostbyname("pop.163.com");
```

SockAddr.sin_port = htons(110);

图 2.11 连接到 pop.163.com 服务器后客户机收到的响应

看看图 2.11 所示的运行结果，是不是很酷？程序 2.4 这个小程序居然已经可以与第三方邮件服务器"搭上话"。现在将阻塞模式套接字客户机的编程步骤归纳如下：

（1）初始化 WinSock 服务。
（2）创建套接字。
（3）解析主机名，配置套接字要访问的服务器的地址结构信息。
（4）连接服务器。
（5）从服务器接收信息并显示。
（6）断开套接字连接，不允许发送数据，但可以继续接收数据。
（7）关闭套接字。
（8）关闭 WinSock 服务，释放资源。

在 VS2010 中创建项目测试程序 2.4 的步骤如下：

（1）选择"文件→新建→项目"命令，在弹出的对话框中将项目类型选择为"Win32 控制台应用程序"，在项目向导第二步中选择"空项目"复选框。

（2）右击解决方案中的"源文件"，在快捷菜单中选择"添加→新建项"命令，然后在弹出的对话框中将文件类型设置为"C++文件(.cpp)"，接着输入程序 2.4 的源代码。

（3）选择"调试→开始执行（不调试）"命令进行测试，由于此时没有服务器可以使用，运行结果如图 2.12 所示。

如果暂时将服务器主机指定为个人可用的 POP3 服务器，可以获得图 2.11 所示的运行结果。

图 2.12 客户机连不上服务器

2.3.2 阻塞模式套接字服务器编程

设计一个能够与程序 2.4 客户机会话的服务器，服务器的功能要求极为简单，即收到客户机的连接请求后向客户机发送一条友好消息"服务器说：有朋自远方来，不亦乐乎"。

服务器的编程与客户机的编程差异不大，仅需作出几处改变。其编程步骤归纳如下。

1. 启动并初始化 WinSock2 服务（与客户机同）

```
WSADATA WsaDat;
WSAStartup(MAKEWORD(2,2),&WsaDat);
```

2. 创建 Socket（与客户机同）

```
SOCKET Socket = socket(AF_INET,SOCK_STREAM,IPPROTO_TCP);
```

3. 填充服务器地址、端口信息到 SOCKADDR_IN 中（有变化）

与客户机相比有两处发生了变化。

(1) 删除主机名解析,因为服务器不需要主动连接客户机。
(2) 将服务器绑定的地址设置为 INADDR_ANY,表示不限定客户机。
不变的是,端口号仍为 8888。
修改后的代码如下:

```
SOCKADDR_IN serverInf;
serverInf.sin_family = AF_INET;
serverInf.sin_addr.s_addr = INADDR_ANY;
serverInf.sin_port = htons(8888);
```

4. 绑定服务器地址信息到套接字(新增步骤)

```
bind(Socket,(SOCKADDR*)(&serverInf),sizeof(serverInf));
```

5. 侦听客户连接(新增步骤)

```
listen(Socket,1);
```

6. 接受客户连接(新增步骤)

```
accept(Socket,NULL,NULL);
```

注意:如果没有客户连接请求到达,accept()函数会发生阻塞,一直等待下去,因为套接字默认工作于阻塞模式。

7. 向客户机发送数据

```
char *szMessage = "服务器说:有朋自远方来,不亦乐乎\r\n";
send(Socket,szMessage,strlen(szMessage),0);
```

8. 断开套接字连接,停止发送数据(与客户机同)

```
shutdown(socket,SD_SEND);
```

9. 关闭套接字(与客户机同)

```
closesocket(socket);
```

一旦套接字工作完毕,应当用上面的代码将套接字关闭,释放套接字句柄所占用的资源。如果不经 shutdown()直接进行 closesocket()调用可能会丢失数据。使用 shutdown()是为了通知收/发双方都不再发送数据,以保证通信双方都能完整地收到对方发出的所有数据。

10. 关闭 WinSock 套接字服务,释放资源

```
WSACleanup();
```

该程序的完整代码如程序 2.5 所示。

程序 2.5　阻塞模式套接字服务器完整代码

```cpp
#include <iostream>
#include <winsock2.h>
#pragma comment(lib,"ws2_32.lib")
int main()
{
    WSADATA WsaDat;
    if(WSAStartup(MAKEWORD(2,2),&WsaDat)!= 0)
    {
        std::cout<<"WinSock 服务初始化失败!\r\n";
        WSACleanup();
        system("PAUSE");
        return 0;
    }
    SOCKET Socket = socket(AF_INET,SOCK_STREAM,IPPROTO_TCP);
    if(Socket == INVALID_SOCKET)
    {
        std::cout<<"创建套接字失败!\r\n";
        WSACleanup();
        system("PAUSE");
        return 0;
    }
    SOCKADDR_IN serverInf;
    serverInf.sin_family = AF_INET;
    serverInf.sin_addr.s_addr = INADDR_ANY;
    serverInf.sin_port = htons(8888);
    if(bind(Socket,(SOCKADDR*)(&serverInf),sizeof(serverInf)) == SOCKET_ERROR)
    {
        std::cout<<"不能绑定地址信息到套接字!\r\n";
        WSACleanup();
        system("PAUSE");
        return 0;
    }
    listen(Socket,1);
    SOCKET TempSock = SOCKET_ERROR;
    while(TempSock == SOCKET_ERROR)
    {
        std::cout<<"服务器: 正在等待来自客户机的连接...\r\n";
        TempSock = accept(Socket,NULL,NULL);
    }
    Socket = TempSock;
    std::cout<<"服务器: 有客户机连接到达!\r\n\r\n";
    char *szMessage = "服务器说: 有朋自远方来,不亦乐乎\r\n";
    send(Socket,szMessage,strlen(szMessage),0);
    //断开套接字连接,不允许发送数据
    shutdown(Socket,SD_SEND);
    //关闭套接字,释放资源
    closesocket(Socket);

    //关闭 WinSock 服务,清理内存
    WSACleanup();
    system("PAUSE");
    return 0;
}
```

对程序 2.4 和程序 2.5 进行联合测试。在 VS2010 中建立程序 2.5 的方法和程序 2.4

类似,在此不再赘述。其测试步骤如下:

(1) 启动 VS2010,打开程序 2.5 的解决方案,首先运行程序 2.5(服务器),结果如图 2.13 所示。

(2) 重新启动 VS2010,打开程序 2.4 的解决方案,运行客户机。图 2.14 是客户机成功连接服务器的界面,图 2.15 是服务器侦听到客户机连接后的运行界面。

图 2.13 服务器启动后的运行界面

图 2.14 客户机连接到服务器后收到消息   图 2.15 服务器侦听到客户机连接后的反应

至此,一个基于阻塞模式的客户机/服务器对话系统就建立了,虽然功能简单,但遵循的客户机、服务器编程步骤是通用的。在此将服务器编程步骤整理如下,请读者与客户机编程步骤对照学习:

(1) 启动并初始化 WinSock2 服务(与客户机同)。
(2) 创建 Socket(与客户机同)。
(3) 填充服务器地址、端口信息到 SOCKADDR_IN 中(有变化)。
(4) 绑定服务器地址信息到套接字(新增步骤)。
(5) 侦听客户连接(新增步骤)。
(6) 接受客户连接(新增步骤)。
(7) 向客户机发送数据。
(8) 断开套接字连接,停止发送数据(与客户机同)。
(9) 关闭套接字(与客户机同)。
(10) 关闭 WinSock 套接字服务(与客户机同)。

2.3.3 非阻塞模式套接字客户机编程

非阻塞套接字客户机的设计和程序 2.4 有很多相似之处,主要的改变是让套接字工作于非阻塞模式并为程序增加一个主循环。从这个例子开始,我们将逐渐增加一些处理错误的代码,以增强程序的可靠性。

设置套接字工作模式的代码如下:

```
u_long iMode = 1;
ioctlsocket(Socket,FIONBIO,&iMode);
```

如果设置 iMode=0,套接字将处于阻塞模式;如果设置 iMode=1,套接字将处于非阻塞模式。在程序 2.6 的完整代码中,把上面的代码片段放到了客户机完成连接之后,因为如果放在客户机连接之前,需要增加一个循环来处理连接不成功重试的情况。

在客户机连接服务器之后,就可以开始接收数据了,因为这里使用的是非阻塞模式,所以需要一个循环来处理接收过程,代码如下:

```
for(;;)
```

```
{
    //接收并显示来自服务器的信息
    char buffer[1024];
    memset(buffer,0,1023);
    int inDataLength = recv(Socket,buffer,1024,0);
    std::cout << buffer;

    int nError = WSAGetLastError();
    if(nError! = WSAEWOULDBLOCK&&nError! = 0)
    {
        std::cout <<"WinSock 错误码:"<< nError <<"\r\n";
        std::cout <<"服务器断开连接!\r\n";
        break;
    }
    Sleep(1000);
}
```

这是一个无限循环,循环中增加了一个错误处理机制,WSAGetLastError()用于返回捕获的错误码。因为不能保证服务器一直在发送数据,所以 WSAEWOULDBLOCK(100035)错误会一直出现。在循环中这个错误可以忽略,它只是告诉用户每次检查套接字时都发现没有收到数据。如果发生了其他错误,客户机将关闭。设计完成的代码如程序 2.6 所示。

程序 2.6　非阻塞模式套接字客户机完整代码

```
#include <iostream>
#include <winsock2.h>
#pragma comment(lib,"ws2_32.lib")

int main(void)
{
    WSADATA WsaDat;
    if(WSAStartup(MAKEWORD(2,2),&WsaDat)!= 0)
    {
        std::cout <<"WinSock 错误 - WinSock 初始化失败\r\n";
        WSACleanup();
        system("PAUSE");
        return 0;
    }

    //创建套接字

    SOCKET Socket = socket(AF_INET,SOCK_STREAM,IPPROTO_TCP);
    if(Socket == INVALID_SOCKET)
    {
        std::cout <<"WinSock 错误 - 创建套接字失败!\r\n";
        WSACleanup();
        system("PAUSE");
        return 0;
    }

    //解析主机名
    struct hostent * host;
    if((host = gethostbyname("localhost")) == NULL)
    {
        std::cout <<"解析主机名失败!\r\n";
```

```cpp
        WSACleanup();
        system("PAUSE");
        return 0;
    }

    //配置套接字地址结构信息
    SOCKADDR_IN SockAddr;
    SockAddr.sin_port = htons(8888);
    SockAddr.sin_family = AF_INET;
    SockAddr.sin_addr.s_addr = *((unsigned long*)host->h_addr);

    //连接服务器
    if(connect(Socket,(SOCKADDR*)(&SockAddr),sizeof(SockAddr))!= 0)
    {
        std::cout<<"连接服务器失败!\r\n";
        WSACleanup();
        system("PAUSE");
        return 0;
    }

    //iMode = 0 是阻塞模式
    u_long iMode = 1;
    ioctlsocket(Socket,FIONBIO,&iMode);

    //主循环
    for(;;)
    {
        //接收服务器信息
        char buffer[1024];
        memset(buffer,0,1023);
        int inDataLength = recv(Socket,buffer,1024,0);
        std::cout << buffer;

        int nError = WSAGetLastError();
        if(nError!= WSAEWOULDBLOCK && nError!= 0)
        {
            std::cout<<"WinSock 错误码为: "<< nError <<"\r\n";
            std::cout<<"服务器断开连接!\r\n";
            //断开套接字,只能接收不能发送
            shutdown(Socket,SD_SEND);

            //关闭套接字
            closesocket(Socket);

            break;
        }
        Sleep(1000);
    }

    WSACleanup();
    system("PAUSE");
    return 0;
}
```

与之前一样在 VS2010 中先建立程序 2.6,但不急于测试,程序 2.6 将与后面的服务器程序 2.7 联合测试。

2.3.4 非阻塞模式套接字服务器编程

非阻塞套接字适用于服务器的编程,用户总是希望服务器能同时处理更多的事务,而不是仅仅在那里坐等某一个连接。非阻塞套接字服务器编程与程序 2.5 的阻塞套接字服务器编程类似,其中,前面 5 个步骤相同:

(1) 初始化套接字。
(2) 创建套接字。
(3) 配置 SOCKADDR_IN 地址信息。
(4) 套接字与地址绑定。
(5) 在套接字上侦听。
(6) 接受来自客户机的连接。

注意:以下开始改变。

(6) 设置套接字工作模式。

为了让服务器工作于非阻塞模式,在此处加入套接字工作模式设置:

```
u_long iMode = 1;
ioctlsocket(Socket,FIONBIO,&iMode);
```

(7) 构建主循环。

```
//主循环
for(;;)
{
 char * szMessage = "非阻塞服务器说:有朋自远方来,不亦乐乎\r\n";
 send(Socket,szMessage,strlen(szMessage),0);

 int nError = WSAGetLastError();
 if(nError!= WSAEWOULDBLOCK && nError!= 0)
 {
     std::cout <<"WinSock 错误码为: "<< nError <<"\r\n";
     std::cout <<"客户机断开连接!\r\n";

     //断开套接字连接,不允许发送,但可以接收
     shutdown(Socket,SD_SEND);

     //关闭套接字
     closesocket(Socket);

     break;
 }

 Sleep(1000);
}
```

(8) 关闭套接字服务(断开套接字连接和关闭套接字放到了主循环里)。

实现上述设计的代码如程序 2.7 所示。

程序 2.7 非阻塞模式套接字服务器完整代码

```
# include < iostream >
# include < winsock2.h >
```

```cpp
#pragma comment(lib,"ws2_32.lib")

int main()
{
    WSADATA WsaDat;
    if(WSAStartup(MAKEWORD(2,2),&WsaDat)!= 0)
    {
        std::cout <<"WinSock 服务初始化失败!\r\n";
        WSACleanup();
        system("PAUSE");
        return 0;
    }

    SOCKET Socket = socket(AF_INET,SOCK_STREAM,IPPROTO_TCP);
    if(Socket == INVALID_SOCKET)
    {
        std::cout <<"创建套接字失败!\r\n";
        WSACleanup();
        system("PAUSE");
        return 0;
    }

    SOCKADDR_IN serverInf;
    serverInf.sin_family = AF_INET;
    serverInf.sin_addr.s_addr = INADDR_ANY;
    serverInf.sin_port = htons(8888);

    if(bind(Socket,(SOCKADDR *)(&serverInf),sizeof(serverInf)) == SOCKET_ERROR)
    {
        std::cout <<"套接字绑定失败!\r\n";
        WSACleanup();
        system("PAUSE");
        return 0;
    }

    listen(Socket,1);

    SOCKET TempSock = SOCKET_ERROR;
    while(TempSock == SOCKET_ERROR)
    {
        std::cout <<"服务器: 正在等待客户机连接...\r\n";
        TempSock = accept(Socket,NULL,NULL);
    }

    Socket = TempSock;
    std::cout <<"服务器说: 有新客户机连接到达!\r\n\r\n";

    //iMode!= 0 表示阻塞模式
    u_long iMode = 1;
    ioctlsocket(Socket,FIONBIO,&iMode);

    //主循环
    for(;;)
    {
```

```
    char * szMessage = "非阻塞服务器说：有朋自远方来,不亦乐乎\r\n";
    send(Socket,szMessage,strlen(szMessage),0);

    int nError = WSAGetLastError();
    if(nError!= WSAEWOULDBLOCK && nError!= 0)
    {
        std::cout <<"WinSock 错误码为：" << nError <<"\r\n";
        std::cout <<"客户机断开连接!\r\n";

        //断开套接字,不允许发送,可以接收
        shutdown(Socket,SD_SEND);

        //关闭套接字
        closesocket(Socket);

        break;
    }

    Sleep(1000);
}

WSACleanup();
system("PAUSE");
return 0;
}
```

在 VS2010 中建立程序 2.7。程序 2.7 与程序 2.6 联合测试的步骤如下：

（1）启动 VS2010，打开服务器程序 2.7，运行结果如图 2.16 所示，此时服务器处于等待客户机连接状态。

图 2.16　服务器启动后的界面

（2）重新启动 VS2010，打开客户机程序 2.6，运行结果如图 2.17 所示，此时客户机连接到服务器上并且收到了服务器不断发来的问候。

（3）再来观察服务器控制台，界面如图 2.18 所示，可见服务器发现了新客户机连接并接受了连接。

图 2.17　非阻塞客户机连接非阻塞服务器后的界面　　图 2.18　服务器接受客户机连接后的界面

（4）如果此时断开客户机连接，服务器端的显示界面如图 2.19 所示。

（5）如果先行关掉服务器，观察客户机的运行界面，如图 2.20 所示。

如果顺利完成了上述联合测试，相信读者会备感愉悦，并对未来的网络编程信心满满。

图 2.19　服务器在客户机先行断开连接后的界面　　图 2.20　客户机在服务器先行断开连接后的界面

2.3.5　套接字错误处理

为了便于读者快速入门,前面并没有过多涉及错误处理机制。经验丰富的程序员通常有一个优秀的习惯,就是一丝不苟地审视程序中可能出现错误的地方并提供容错机制,避免程序崩溃。在此以程序 2.5 阻塞套接字服务器编程为例进行介绍,下面列举错误处理的 3 段程序,请读者仔细体会。

1．错误处理 1

WSAStartup()函数执行失败时将返回一个 WinSock 错误码。程序 2.5 初始化 WinSock 服务的代码如下:

```
WSADATA WsaDat;
if(WSAStartup(MAKEWORD(2,2),&WsaDat)!= 0)
{
 std::cout <<"WinSock 服务初始化失败!\r\n";
 WSACleanup();
 system("PAUSE");
 return 0;
}
```

如果将代码修改如下:

```
WSADATA WsaDat;
int nResult = WSAStartup(MAKEWORD(2,2),&WsaDat);
if(nResult!= 0)
{
 std::cout <<" WinSock 服务初始化失败,错误码: "<< nResult <<"\r\n";
 WSACleanup();
 system("PAUSE");
 return 0;
}
```

用户就可以获知出错的类型和原因。为了对这段程序进行测试,可以修改上面的第二行代码如下:

```
int nResult = WSAStartup(MAKEWORD(0,0),&WsaDat);
```

由于不存在版本号为 0.0 的 WinSock 链接库,控制台中会反馈以下错误信息:

```
WinSock 服务初始化失败,错误码:10092
按任意键继续…
```

程序中的错误码 10092 可以用宏常量 WSAVERNOTSUPPORTED 替换,这个错误码表示指定版本不存在。如果 WSAStartup()成功执行,还可以使用 WSAGetLastError()继续捕获最近发生的其他错误。

2. 错误处理 2

接下来的代码是创建套接字,如果创建不成功怎么办?把程序 2.5 中的代码稍作修改即可捕获错误原因:

```
SOCKET Socket = socket(AF_INET,SOCK_STREAM,IPPROTO_TCP);
if(Socket == INVALID_SOCKET)
 {
    int nError = WSAGetLastError();
    std::cout <<"创建套接字失败,错误码:"<< nError <<"\r\n";
WSACleanup();
    system("PAUSE");
    return 0;
 }
```

为了测试效果,把第 1 行创建套接字的代码修改如下:

```
SOCKET Socket = socket(AF_INET,SOCK_STREAM,IPPROTO_UDP);
```

上面的第 2 个参数和第 3 个参数将 TCP(SOCK_STREAM)和 UDP(IPPROTO_UDP)错误搭配是行不通的。运行这个程序会出现错误码为 10043(WSAEPROTONOSUPPORT)的错误。

错误处理 2 提供的代码可以帮助用户处理套接字创建过程中出现的所有错误,好极了,不是吗?

3. 错误处理 3

成功创建套接字后,接下来的步骤是配置 SOCKADDR_IN 地址结构信息,然后进行套接字绑定。但如果绑定过程发生错误怎么办?下面这段代码可以搞定一切:

```
if(bind(Socket,(SOCKADDR*)(&serverInf),sizeof(serverInf)) == SOCKET_ERROR)
{
int nError = WSAGetLastError();
std::cout <<"不能绑定地址信息到套接字,错误码:"<< nError <<"\r\n";
WSACleanup();
system("PAUSE");
return 0;
}
```

当服务器上有其他的程序正在使用与本套接字相同的端口时,一定会发生 10048(WSAEADDRINUSE)错误,因为服务器不允许两个进程使用相同的端口。

通过前面的演示,读者可能体会到了 WSAGetLastError()是一个很好用的函数。那么,为什么不立即动手用这个函数来试着解决接下来服务器侦听和断开连接等处可能出现的错误呢？程序 2.5 增强容错性后的代码如程序 2.8 所示。

程序 2.8　套接字错误处理完整代码

```cpp
#include <iostream>
#include <winsock2.h>
#pragma comment(lib,"ws2_32.lib")

int main()
{
    WSADATA WsaDat;
    int nResult = WSAStartup(MAKEWORD(2,2),&WsaDat);
    if(nResult!= 0)
    {
        std::cout <<"WinSock 服务初始化失败,错误码: "<< nResult <<"\r\n";
        WSACleanup();
        system("PAUSE");
        return 0;
    }
    SOCKET Socket = socket(AF_INET,SOCK_STREAM,IPPROTO_TCP);
    if(Socket == INVALID_SOCKET)
    {
        int nError = WSAGetLastError();
        std::cout <<"创建套接字失败,错误码: "<< nError <<"\r\n";
        WSACleanup();
        system("PAUSE");
        return 0;
    }
    SOCKADDR_IN serverInf;
    serverInf.sin_family = AF_INET;
    serverInf.sin_addr.s_addr = INADDR_ANY;
    serverInf.sin_port = htons(8888);

    if(bind(Socket,(SOCKADDR *)(&serverInf),sizeof(serverInf)) == SOCKET_ERROR)
    {
        int nError = WSAGetLastError();
        std::cout <<"不能绑定地址信息到套接字,错误码: "<< nError <<"\r\n";
        WSACleanup();
        system("PAUSE");
        return 0;
    }
    if(listen(Socket,1) == SOCKET_ERROR)
    {
        int nError = WSAGetLastError();
        std::cout <<"不能启动套接字侦听功能,错误码: "<< nError <<"\r\n";
        WSACleanup();
        system("PAUSE");
        return 0;
    }
    SOCKET TempSock = SOCKET_ERROR;
    while(TempSock == SOCKET_ERROR)
    {
        std::cout <<"服务器: 正在等待来自客户机的连接...\r\n";
        TempSock = accept(Socket,NULL,NULL);
    }
```

```
            Socket = TempSock;
            std::cout <<"服务器：有客户机连接到达!\r\n\r\n";

            char * szMessage = "服务器说：有朋自远方来,不亦乐乎\r\n";
            send(Socket,szMessage,strlen(szMessage),0);
            //断开套接字连接
            if(shutdown(Socket,SD_SEND) == SOCKET_ERROR)
            {
                int nError = WSAGetLastError();
                std::cout <<"不能断开套接字连接,错误码："<< nError <<"\r\n";
                closesocket(Socket);
                WSACleanup();
                system("PAUSE");
                return 0;
            }
            //关闭套接字
            closesocket(Socket);
            //关闭 WinSock 服务
            WSACleanup();
            system("PAUSE");
            return 0;
        }
```

许多时候，程序的健壮性代表程序的生命力，就像 Windows XP 一样长盛不衰。

2.4 异步套接字编程

本节讨论异步套接字编程，并为程序设计 Windows 窗体界面，如果读者不太熟悉 Win32 窗体程序设计，建议先从 2.1 节给出的 3 个入门小例子开始。

2.4.1 异步套接字客户机编程

异步套接字编程从创建一个简单的通信客户机开始，实现客户机与服务器的点对点对话，即客户机向服务器发送消息，接收并显示来自服务器的消息，程序的初始运行界面如图 2.21 所示。窗体上包含两个文本框，分别用来输入发送的消息和显示收到的消息，按钮用来发送消息。其创建步骤如下：

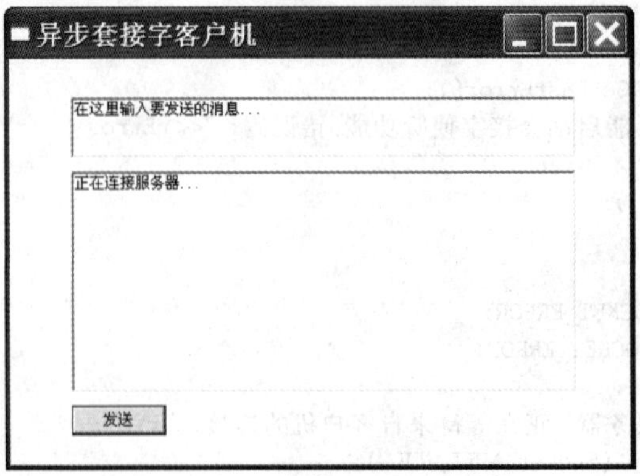

图 2.21 异步套接字客户机运行界面

1. 创建程序界面,显示窗体和控件

程序 2.3 几乎不用修改即可拿到本例使用,假设读者已经非常熟悉这部分代码,这里不再对其进行解释,现在假定已经完成窗体及控件的创建,窗体上放置了两个文本框和一个按钮。

2. 定义宏常量

在程序的头部定义以下宏常量:

```
#define IDC_EDIT_IN 101            //接收信息文本框标识符
#define IDC_EDIT_OUT 102           //发送信息文本框标识符
#define IDC_MAIN_BUTTON 103        //按钮标识符
#define WM_SOCKET 104              //标识异步套接字事件消息
```

在程序中要依靠窗体回调函数处理 WinSock 套接字事件,这与前面的套接字编程极为不同,后面的程序使用 WM_SOCKET(104)标识异步套接字事件消息。

3. 初始化异步套接字

在 WM_CREATE 消息逻辑中除了加入两个编辑框和一个按钮的初始化代码以外,还需要在后面加入以下的初始化 WinSock 套接字的代码:

```
WSADATA WsaDat;
int nResult = WSAStartup(MAKEWORD(2,2),&WsaDat);
if(nResult!= 0)
{
 MessageBox(hWnd,"WinSock 初始化失败!","严重错误",MB_ICONERROR);
 SendMessage(hWnd,WM_DESTROY,NULL,NULL);
 break;
}
```

这段代码除了用 MessageBox()弹出错误消息框以外,与前面的套接字初始化没有什么不同。接下来创建套接字,代码如下:

```
Socket = socket(AF_INET,SOCK_STREAM,IPPROTO_TCP);
if(Socket == INVALID_SOCKET)
{
 MessageBox(hWnd,"创建套接字失败!","严重错误",MB_ICONERROR);
 SendMessage(hWnd,WM_DESTROY,NULL,NULL);
 break;
}
```

这段代码也没有什么新内容,真正的变化从下面开始,程序需要调用 WSAAsyncSelect()通知套接字有请求事件发生,WSAAsyncSelect()利用了 Windows 的消息处理机制。其函数原型如下:

```
int WSAAsyncSelect(
 __in   SOCKET s,
 __in   HWND hWnd,
 __in   unsigned int wMsg,
 __in   long lEvent
);
```

其参数的含义如下。
- s：标识一个需要事件通知的套接字描述符。
- hWnd：标识一个在网络事件发生时需要接收消息的窗体句柄。
- wMsg：在网络事件发生时要接收的消息。
- lEvent：位屏蔽码，用于指明应用程序感兴趣的网络事件集合。

本函数只要检测到由 lEvent 参数指明的网络事件发生，就会请求 WinSock 服务为窗体发一条消息，要发送的消息由 wMsg 参数标识，发生事件的套接字由 s 标识。

本函数自动将套接字设置为非阻塞模式，函数执行成功时的返回值为 0。
WSAAsyncSelect()可以侦听到的事件如表 2.5 所示。

表 2.5 套接字事件列表

事件（lEvent 参数的值）标识	事件描述
FD_READ	数据到达套接字时触发
FD_WRITE	套接字准备好发送数据时触发
FD_OOB	带外数据到达套接字时触发
FD_ACCEPT	有连接到达套接字时触发
FD_CONNECT	套接字间连接完成时触发
FD_CLOSE	套接字关闭时触发
FD_QOS	套接字服务质量改变时触发
FD_GROUP_QOS	保留事件，套接字组服务质量改变时触发
FD_ROUTING_INTERFACE_CHANGE	目标地址的路由接口发生变化时触发
FD_ADDRESS_LIST_CHANGE	套接字本地地址列表变化时触发

本例中调用 WSAAsyncSelect()的代码如下：

```
nResult = WSAAsyncSelect(Socket,hWnd,WM_SOCKET,(FD_CLOSE|FD_READ));
if(nResult)
{
 MessageBox(hWnd,"WSAAsyncSelect 网络事件设置失败!","严重错误",MB_ICONERROR);
 SendMessage(hWnd,WM_DESTROY,NULL,NULL);
 break;
}
```

4. 配置套接字地址信息

配置 SOCKADDR_IN 地址结构信息与前面的方法一样，其代码如下：

```
struct hostent * host;
if((host = gethostbyname(szServer)) == NULL)
{
 MessageBox(hWnd,"主机名解析失败!","严重错误",MB_ICONERROR);
 SendMessage(hWnd,WM_DESTROY,NULL,NULL);
 break;
}
SOCKADDR_IN SockAddr;
SockAddr.sin_port = htons(nPort);
SockAddr.sin_family = AF_INET;
SockAddr.sin_addr.s_addr = * ((unsigned long * )host->h_addr);
```

5. 连接服务器

```
connect(Socket,(LPSOCKADDR)(&SockAddr),sizeof(SockAddr));
```

6. 在窗体回调函数中处理套接字消息事件

前面 WSAAsyncSelect() 函数为套接字设置了 FD_CLOSE 或 FD_READ 事件发生时将立即触发 WM_SOCKET 消息，程序员可以用下面的代码段处理套接字的读数据和关闭事件：

```
switch(WSAGETSELECTEVENT(lParam))
{
 case FD_READ:
 {
 }
 break;

 case FD_CLOSE:
 {
 }
 break;
}
```

将下面的代码段插入到 case FD_READ 后面，读取到达套接字的数据：

```
char szIncoming[1024];
ZeroMemory(szIncoming,sizeof(szIncoming));
int inDataLength = recv(Socket,(char *)szIncoming,sizeof(szIncoming)/sizeof(szIncoming[0]),0);
strncat(szHistory,szIncoming,inDataLength);
strcat(szHistory,"\r\n");
SendMessage(hEditIn,WM_SETTEXT,sizeof(szIncoming)-1,reinterpret_cast<LPARAM>(&szHistory));
```

上面这段代码接收数据，并用 SendMessage 函数发送 WM_SETTEXT 消息给回调函数，回调函数将收到的信息在 hEditIn 编辑框中显示。

为了使客户机能够处理服务器关闭连接的情况，需要在 FD_CLOSE 部分加入以下代码段：

```
MessageBox(hWnd,"服务关闭了连接!","连接关闭",MB_ICONINFORMATION|MB_OK);
closesocket(Socket);
SendMessage(hWnd,WM_DESTROY,NULL,NULL);
```

至此，基于异步套接字模式的客户机设计完成，这个程序较前面的编程加入了更多的新概念和方法，请读者参考程序 2.9 所示的完整代码进行学习。

程序 2.9　异步套接字客户机完整代码

```
#include <winsock2.h>
#include <windows.h>

#pragma comment(lib,"ws2_32.lib")

#define IDC_EDIT_IN      101
#define IDC_EDIT_OUT     102
```

```c
#define IDC_MAIN_BUTTON      103
#define WM_SOCKET            104

char * szServer = "localhost";
int nPort = 5555;

HWND hEditIn = NULL;
HWND hEditOut = NULL;
SOCKET Socket = NULL;
char szHistory[10000];

LRESULT CALLBACK WinProc(HWND hWnd,UINT message,WPARAM wParam,LPARAM lParam);

int WINAPI WinMain(HINSTANCE hInst,HINSTANCE hPrevInst,LPSTR lpCmdLine,int nShowCmd)
{
WNDCLASSEX wClass;
ZeroMemory(&wClass,sizeof(WNDCLASSEX));
wClass.cbClsExtra = NULL;
wClass.cbSize = sizeof(WNDCLASSEX);
wClass.cbWndExtra = NULL;
wClass.hbrBackground = (HBRUSH)COLOR_WINDOW;
wClass.hCursor = LoadCursor(NULL,IDC_ARROW);
wClass.hIcon = NULL;
wClass.hIconSm = NULL;
wClass.hInstance = hInst;
wClass.lpfnWndProc = (WNDPROC)WinProc;
wClass.lpszClassName = "Window Class";
wClass.lpszMenuName = NULL;
wClass.style = CS_HREDRAW|CS_VREDRAW;

if(!RegisterClassEx(&wClass))
{
    int nResult = GetLastError();
    MessageBox(NULL,
        "窗体类注册失败!\r\n",
        "窗体类错误",
        MB_ICONERROR);
}

HWND hWnd = CreateWindowEx(NULL,
        "Window Class",
        "异步套接字客户机",
        WS_OVERLAPPEDWINDOW,
        200,
        200,
        500,
        400,
        NULL,
        NULL,
        hInst,
        NULL);

if(!hWnd)
{
```

```c
        int nResult = GetLastError();
        MessageBox(NULL,
            "创建窗体失败\r\n错误码：",
            "创建窗体失败",
            MB_ICONERROR);
}

ShowWindow(hWnd,nShowCmd);

MSG msg;
ZeroMemory(&msg,sizeof(MSG));

while(GetMessage(&msg,NULL,0,0))
{
    TranslateMessage(&msg);
    DispatchMessage(&msg);
}

return 0;
}

LRESULT CALLBACK WinProc(HWND hWnd,UINT msg,WPARAM wParam,LPARAM lParam)
{
switch(msg)
{
    case WM_CREATE:
    {
        ZeroMemory(szHistory,sizeof(szHistory));

        //创建接收消息框
        hEditIn = CreateWindowEx(WS_EX_CLIENTEDGE,
            "EDIT",
            "",
            WS_CHILD|WS_VISIBLE|ES_MULTILINE|
            ES_AUTOVSCROLL|ES_AUTOHSCROLL,
            50,
            100,
            400,
            200,
            hWnd,
            (HMENU)IDC_EDIT_IN,
            GetModuleHandle(NULL),
            NULL);
        if(!hEditIn)
        {
            MessageBox(hWnd,
                "不能创建接收消息框",
                "错误",
                MB_OK|MB_ICONERROR);
        }
        HGDIOBJ hfDefault = GetStockObject(DEFAULT_GUI_FONT);
        SendMessage(hEditIn,
            WM_SETFONT,
            (WPARAM)hfDefault,
```

```
            MAKELPARAM(FALSE,0));
SendMessage(hEditIn,
    WM_SETTEXT,
    NULL,
    (LPARAM)"正在连接服务器...");

//创建发送消息框
hEditOut = CreateWindowEx(WS_EX_CLIENTEDGE,
            "EDIT",
            "",
            WS_CHILD|WS_VISIBLE|ES_MULTILINE|
            ES_AUTOVSCROLL|ES_AUTOHSCROLL,
            50,
            30,
            400,
            60,
            hWnd,
            (HMENU)IDC_EDIT_IN,
            GetModuleHandle(NULL),
            NULL);
if(!hEditOut)
{
    MessageBox(hWnd,
        "不能创建发送消息框",
        "错误",
        MB_OK|MB_ICONERROR);
}

SendMessage(hEditOut,
    WM_SETFONT,(WPARAM)hfDefault,
    MAKELPARAM(FALSE,0));
SendMessage(hEditOut,
    WM_SETTEXT,
    NULL,
    (LPARAM)"在这里输入要发送的消息...");

//创建发送按钮
HWND hWndButton = CreateWindow(
            "BUTTON",
            "发送",
            WS_TABSTOP|WS_VISIBLE|
            WS_CHILD|BS_DEFPUSHBUTTON,
            50,
            310,
            75,
            23,
            hWnd,
            (HMENU)IDC_MAIN_BUTTON,
            GetModuleHandle(NULL),
            NULL);

SendMessage(hWndButton,
    WM_SETFONT,
    (WPARAM)hfDefault,
```

```
                MAKELPARAM(FALSE,0));

//配置 WinSock 套接字
WSADATA WsaDat;
int nResult = WSAStartup(MAKEWORD(2,2),&WsaDat);
if(nResult!= 0)
{
    MessageBox(hWnd,
        "WinSock 初始化失败",
        "严重错误",
        MB_ICONERROR);
    SendMessage(hWnd,WM_DESTROY,NULL,NULL);
    break;
}

Socket = socket(AF_INET,SOCK_STREAM,IPPROTO_TCP);
if(Socket == INVALID_SOCKET)
{
    MessageBox(hWnd,
        "创建套接字失败",
        "严重错误",
        MB_ICONERROR);
    SendMessage(hWnd,WM_DESTROY,NULL,NULL);
    break;
}

nResult = WSAAsyncSelect(Socket,hWnd,WM_SOCKET,(FD_CLOSE|FD_READ));
if(nResult)
{
    MessageBox(hWnd,
        "WSAAsyncSelect 异步套接字初始化失败",
        "严重错误",
        MB_ICONERROR);
    SendMessage(hWnd,WM_DESTROY,NULL,NULL);
    break;
}

//主机名称解析
struct hostent * host;
if((host = gethostbyname(szServer)) == NULL)
{
    MessageBox(hWnd,
        "不能解析主机名",
        "严重错误",
        MB_ICONERROR);
    SendMessage(hWnd,WM_DESTROY,NULL,NULL);
    break;
}

//配置套接字地址信息
SOCKADDR_IN SockAddr;
SockAddr.sin_port = htons(nPort);
SockAddr.sin_family = AF_INET;
SockAddr.sin_addr.s_addr = *((unsigned long *)host->h_addr);
```

```cpp
            connect(Socket,(LPSOCKADDR)(&SockAddr),sizeof(SockAddr));
        }
        break;

        case WM_COMMAND:
            switch(LOWORD(wParam))
            {
                case IDC_MAIN_BUTTON:
                {
                    char szBuffer[1024];

                    ZeroMemory(szBuffer,sizeof(szBuffer));

                    SendMessage(hEditOut,
                        WM_GETTEXT,
                        sizeof(szBuffer),
                        reinterpret_cast<LPARAM>(szBuffer));
                    send(Socket,szBuffer,strlen(szBuffer),0);
                    SendMessage(hEditOut,WM_SETTEXT,NULL,(LPARAM)"");
                }
                break;
            }
        break;

        case WM_DESTROY:
        {
            PostQuitMessage(0);
            shutdown(Socket,SD_BOTH);
            closesocket(Socket);
            WSACleanup();
            return 0;
        }
        break;

        case WM_SOCKET:
        {
            if(WSAGETSELECTERROR(lParam))
            {
                MessageBox(hWnd,
                    "异步套接字设置失败",
                    "错误",
                    MB_OK|MB_ICONERROR);
                SendMessage(hWnd,WM_DESTROY,NULL,NULL);
                break;
            }
            switch(WSAGETSELECTEVENT(lParam))
            {
                case FD_READ:
                {
                    char szIncoming[1024];
                    ZeroMemory(szIncoming,sizeof(szIncoming));

                    int inDataLength = recv(Socket,
```

```
                szIncoming,
                sizeof(szIncoming)/sizeof(szIncoming[0]),
                0);

            strncat(szHistory,szIncoming,inDataLength);
            strcat(szHistory,"\r\n");

            SendMessage(hEditIn,
                WM_SETTEXT,
                sizeof(szIncoming) - 1,
                reinterpret_cast<LPARAM>(&szHistory));
        }
        break;

        case FD_CLOSE:
        {
            MessageBox(hWnd,
                "服务器关闭了连接",
                "连接关闭",
                MB_ICONINFORMATION|MB_OK);
            closesocket(Socket);
            SendMessage(hWnd,WM_DESTROY,NULL,NULL);
        }
        break;
        }
    }
}

return DefWindowProc(hWnd,msg,wParam,lParam);
}
```

在 VS2010 中创建程序 2.9 的步骤如下：

（1）选择"文件→新建→项目"命令，在弹出的对话框中将项目类型选择为"Win32 项目"，在项目向导第二步中选择"空项目"复选框。

（2）右击解决方案中的"源文件"，在快捷菜单中选择"添加→新建项"命令，然后在弹出的对话框中将文件类型设置为"C++文件（.cpp）"，并输入程序 2.9 的源代码。

（3）选择"调试→开始执行（不调试）"命令进行测试，由于此时没有服务器可用，运行结果如图 2.21 所示，待后面的服务器程序完成后再联合测试。

2.4.2 异步套接字服务器编程

如果读者已经成功地完成了程序 2.9，那么接下来将会看到服务器的编程与之极为相似，只是增加了一些必要的服务器操作，主要变化集中在 WM_CREATE 消息的处理逻辑上。

在套接字创建之后，对套接字地址信息（SOCKADDR_IN）的配置在服务器与客户机端是不同的，服务器不需要进行主机名称解析，服务器需要允许数据来自任意客户机。其代码如下：

```
SOCKADDR_IN SockAddr;
SockAddr.sin_port = htons(nPort);
```

```
SockAddr.sin_family = AF_INET;
SockAddr.sin_addr.s_addr = htonl(INADDR_ANY);
```

这段代码与前面介绍的其他类型的套接字服务器相同。

接下来对套接字进行绑定,并用 MessageBox() 取代控制台模式下的 std::cout 输出出错信息。其代码如下:

```
if(bind(Socket,(LPSOCKADDR)&SockAddr,sizeof(SockAddr)) == SOCKET_ERROR)
{
 MessageBox(hWnd,"套接字绑定失败","错误",MB_OK);
 SendMessage(hWnd,WM_DESTROY,NULL,NULL);
}
```

如果需要让这个新绑定的套接字在发生如表 2.5 所示的套接字事件时产生一条消息,这个消息能够通过 Windows 消息机制发送到窗体回调函数中进行处理,这部分代码与前面程序 2.9 客户机的编写相似,是通过开启套接字异步事件通知模式完成的。其代码如下:

```
nResult = WSAAsyncSelect(Socket,hWnd,WM_SOCKET,(FD_CLOSE|FD_ACCEPT|FD_READ));
if(nResult)
{
 MessageBox(hWnd,"WSAAsyncSelect 套接字异步事件设定失败","严重错误",MB_ICONERROR);
 SendMessage(hWnd,WM_DESTROY,NULL,NULL);
 break;
}
```

此前客户机编程时只关心 FD_CLOSE 和 FD_READ 两个事件,但作为服务器编程,理所当然要关注 FD_ACCEPT 事件。FD_ACCEPT 事件表明有客户机正在请求连接到服务器,程序员需要在窗体回调函数中予以处理。

接下来,服务器可以开始侦听客户连接:

```
if(listen(Socket,(1)) == SOCKET_ERROR)
{
 MessageBox(hWnd,"启动服务器套接字侦听功能失败!","错误",MB_OK);
 SendMessage(hWnd,WM_DESTROY,NULL,NULL);
 break;
}
```

如果前面的步骤都能成功执行,即套接字初始化成功,套接字绑定成功,套接字开启异步事件通知模式成功,套接字成功转至侦听状态,那么最后一步就是处理 Windows 消息。在回调函数中,对 FD_READ 和 FD_CLOSE 消息的处理不再解释。对于服务器而言,FD_ACCEPT 这条消息很重要,它决定了客户机能否成功连接到服务器。FD_ACCEPT 消息处理逻辑和 FD_READ 一样都放在 switch 选择语句中,其代码如下:

```
switch(WSAGETSELECTEVENT(lParam))
    case FD_ACCEPT:
    {
     int size = sizeof(sockaddr);
     Socket = accept(wParam,&sockAddrClient,&size);
     if (Socket == INVALID_SOCKET)
     {
         int nret = WSAGetLastError();
         WSACleanup();
         return 1;
```

            }
            SendMessage(hEditIn,WM_SETTEXT,NULL,(LPARAM)"新客户机成功连接到服务器!");
        }
        break;

仔细观察上面 accept 函数的用法,与前面控制台模式下服务器端的 accept 函数编程很像,唯一不同的是用 wParam(事件参数)作为对套接字的引用。异步套接字服务器程序的代码如程序 2.10 所示。

程序 2.10 异步套接字服务器完整代码

```
#include<winsock2.h>
#include<windows.h>

#pragma comment(lib,"ws2_32.lib")

#define IDC_EDIT_IN         101
#define IDC_EDIT_OUT        102
#define IDC_MAIN_BUTTON     103
#define WM_SOCKET           104

int nPort = 5555;

HWND hEditIn = NULL;
HWND hEditOut = NULL;
SOCKET Socket = NULL;
char szHistory[10000];
sockaddr sockAddrClient;

LRESULT CALLBACK WinProc(HWND hWnd,UINT message,WPARAM wParam,LPARAM lParam);

int WINAPI WinMain(HINSTANCE hInst,HINSTANCE hPrevInst,LPSTR lpCmdLine,int nShowCmd)
{
    WNDCLASSEX wClass;
    ZeroMemory(&wClass,sizeof(WNDCLASSEX));
    wClass.cbClsExtra = NULL;
    wClass.cbSize = sizeof(WNDCLASSEX);
    wClass.cbWndExtra = NULL;
    wClass.hbrBackground = (HBRUSH)COLOR_WINDOW;
    wClass.hCursor = LoadCursor(NULL,IDC_ARROW);
    wClass.hIcon = NULL;
    wClass.hIconSm = NULL;
    wClass.hInstance = hInst;
    wClass.lpfnWndProc = (WNDPROC)WinProc;
    wClass.lpszClassName = "Window Class";
    wClass.lpszMenuName = NULL;
    wClass.style = CS_HREDRAW|CS_VREDRAW;

    if(!RegisterClassEx(&wClass))
    {
        int nResult = GetLastError();
        MessageBox(NULL,
            "窗体类注册失败!\r\n 错误码:",
            "窗体类注册错误",
```

```
            MB_ICONERROR);
    }

    HWND hWnd = CreateWindowEx(NULL,
            "Window Class",
            "异步套接字服务器",
            WS_OVERLAPPEDWINDOW,
            200,
            200,
            500,
            400,
            NULL,
            NULL,
            hInst,
            NULL);

    if(!hWnd)
    {
        int nResult = GetLastError();

        MessageBox(NULL,
                "创建窗体失败\r\n 错误码:",
                "窗体创建错误",
                MB_ICONERROR);
    }

        ShowWindow(hWnd,nShowCmd);

    MSG msg;
    ZeroMemory(&msg,sizeof(MSG));

    while(GetMessage(&msg,NULL,0,0))
    {
        TranslateMessage(&msg);
        DispatchMessage(&msg);
    }

    return 0;
}

LRESULT CALLBACK WinProc(HWND hWnd,UINT msg,WPARAM wParam,LPARAM lParam)
{
switch(msg)
{
    case WM_COMMAND:
        switch(LOWORD(wParam))
        {
            case IDC_MAIN_BUTTON:
            {
                char szBuffer[1024];
                ZeroMemory(szBuffer,sizeof(szBuffer));

                SendMessage(hEditOut,
                    WM_GETTEXT,
```

```
                    sizeof(szBuffer),
                    reinterpret_cast<LPARAM>(szBuffer));

                send(Socket,szBuffer,strlen(szBuffer),0);

                SendMessage(hEditOut,WM_SETTEXT,NULL,(LPARAM)"");
            }
            break;
        }
        break;
    case WM_CREATE:
    {
        ZeroMemory(szHistory,sizeof(szHistory));

        //创建接收消息框
        hEditIn = CreateWindowEx(WS_EX_CLIENTEDGE,
            "EDIT",
            "",
            WS_CHILD|WS_VISIBLE|ES_MULTILINE|
            ES_AUTOVSCROLL|ES_AUTOHSCROLL,
            50,
            100,
            400,
            200,
            hWnd,
            (HMENU)IDC_EDIT_IN,
            GetModuleHandle(NULL),
            NULL);
        if(!hEditIn)
        {
            MessageBox(hWnd,
                "不能创建接收消息框",
                "错误",
                MB_OK|MB_ICONERROR);
        }
        HGDIOBJ hfDefault = GetStockObject(DEFAULT_GUI_FONT);
        SendMessage(hEditIn,
            WM_SETFONT,
            (WPARAM)hfDefault,
            MAKELPARAM(FALSE,0));
        SendMessage(hEditIn,
            WM_SETTEXT,
            NULL,
            (LPARAM)"正在等待客户机连接...");

        //创建发送消息框
        hEditOut = CreateWindowEx(WS_EX_CLIENTEDGE,
                "EDIT",
                "",
                WS_CHILD|WS_VISIBLE|ES_MULTILINE|
                ES_AUTOVSCROLL|ES_AUTOHSCROLL,
                50,
                30,
                400,
```

```
                    60,
                    hWnd,
                    (HMENU)IDC_EDIT_IN,
                    GetModuleHandle(NULL),
                    NULL);
if(!hEditOut)
{
    MessageBox(hWnd,
        "不能创建发送消息框",
        "错误",
        MB_OK|MB_ICONERROR);
}

SendMessage(hEditOut,
        WM_SETFONT,
        (WPARAM)hfDefault,
        MAKELPARAM(FALSE,0));
SendMessage(hEditOut,
        WM_SETTEXT,
        NULL,
        (LPARAM)"在此处输入要发送的消息...");

//创建发送按钮
HWND hWndButton = CreateWindow(
            "BUTTON",
            "发送",
            WS_TABSTOP|WS_VISIBLE|
            WS_CHILD|BS_DEFPUSHBUTTON,
            50,
            310,
            75,
            23,
            hWnd,
            (HMENU)IDC_MAIN_BUTTON,
            GetModuleHandle(NULL),
            NULL);

SendMessage(hWndButton,
    WM_SETFONT,
    (WPARAM)hfDefault,
    MAKELPARAM(FALSE,0));

WSADATA WsaDat;
int nResult = WSAStartup(MAKEWORD(2,2),&WsaDat);
if(nResult!= 0)
{
    MessageBox(hWnd,
        "WinSock 服务初始化失败",
        "严重错误",
        MB_ICONERROR);
    SendMessage(hWnd,WM_DESTROY,NULL,NULL);
    break;
}
```

```
            Socket = socket(AF_INET,SOCK_STREAM,IPPROTO_TCP);
            if(Socket == INVALID_SOCKET)
            {
                MessageBox(hWnd,
                    "创建套接字失败",
                    "严重错误",
                    MB_ICONERROR);
                SendMessage(hWnd,WM_DESTROY,NULL,NULL);
                break;
            }

            SOCKADDR_IN SockAddr;
            SockAddr.sin_port = htons(nPort);
            SockAddr.sin_family = AF_INET;
            SockAddr.sin_addr.s_addr = htonl(INADDR_ANY);

if(bind(Socket,(LPSOCKADDR)&SockAddr,sizeof(SockAddr)) == SOCKET_ERROR)
            {
                MessageBox(hWnd,"套接字绑定失败","错误",MB_OK);
                SendMessage(hWnd,WM_DESTROY,NULL,NULL);
                break;
            }

            nResult = WSAAsyncSelect(Socket,
                    hWnd,
                    WM_SOCKET,
                    (FD_CLOSE|FD_ACCEPT|FD_READ));
            if(nResult)
            {
                MessageBox(hWnd,
                    "WSAAsyncSelect 套接字异步事件初始化失败",
                    "严重错误",
                    MB_ICONERROR);
                SendMessage(hWnd,WM_DESTROY,NULL,NULL);
                break;
            }

            if(listen(Socket,(1)) == SOCKET_ERROR)
            {
                MessageBox(hWnd,
                    "服务器套接字侦听失败!",
                    "错误",
                    MB_OK);
                SendMessage(hWnd,WM_DESTROY,NULL,NULL);
                break;
            }
        }
        break;

    case WM_DESTROY:
        {
            PostQuitMessage(0);
            shutdown(Socket,SD_BOTH);
            closesocket(Socket);
```

```cpp
            WSACleanup();
            return 0;
        }
        break;

    case WM_SOCKET:
        {
            switch(WSAGETSELECTEVENT(lParam))
            {
                case FD_READ:
                    {
                        char szIncoming[1024];
                        ZeroMemory(szIncoming,sizeof(szIncoming));

                        int inDataLength = recv(Socket,
                            (char *)szIncoming,
                            sizeof(szIncoming)/sizeof(szIncoming[0]),
                            0);

                        strncat(szHistory,szIncoming,inDataLength);
                        strcat(szHistory,"\r\n");

                        SendMessage(hEditIn,
                            WM_SETTEXT,
                            sizeof(szIncoming) - 1,
                            reinterpret_cast<LPARAM>(&szHistory));
                    }
                    break;

                case FD_CLOSE:
                    {
                        MessageBox(hWnd,
                            "客户机关闭了到服务器的连接",
                            "连接关闭",
                            MB_ICONINFORMATION|MB_OK);
                        closesocket(Socket);
                        SendMessage(hWnd,WM_DESTROY,NULL,NULL);
                    }
                    break;

                case FD_ACCEPT:
                    {
                        int size = sizeof(sockaddr);
                        Socket = accept(wParam,&sockAddrClient,&size);
                        if (Socket == INVALID_SOCKET)
                        {
                            int nret = WSAGetLastError();
                            WSACleanup();
                        }
                        SendMessage(hEditIn,
                            WM_SETTEXT,
                            NULL,
                            (LPARAM)"客户机已经成功连接到服务器");
                    }
```

```
            break;
        }
    }
}

    return DefWindowProc(hWnd,msg,wParam,lParam);
}
```

在 VS2010 中创建程序 2.10 的步骤与此前的程序 2.9 类似,故在此不再重复。图 2.22 是运行程序 2.10 的初始界面,图 2.23 是先启动服务器程序 2.10,再启动客户机程序 2.9 观察到的界面,可以看到客户机已经成功地连接到服务器,双方的界面均有连接状态提示。

图 2.22　异步套接字服务器启动后的界面

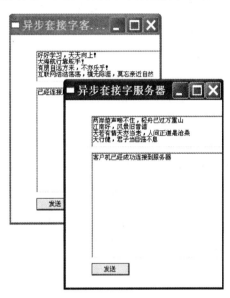

图 2.23　异步套接字客户机与服务器互发消息前的界面

如图 2.23 所示,分别在客户机和服务器上的文本框中输入需要发往对方的消息,然后单击各自的"发送"按钮,联合测试互发消息后的运行界面如图 2.24 所示。

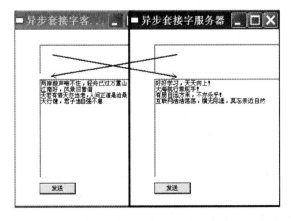

图 2.24　异步套接字客户机与服务器互发消息后的界面

2.4.3 服务器响应多客户机的并发访问

程序 2.10 所示的服务器程序只能响应处理一个客户机的访问,是远远满足不了实际需要的。当大量的客户机连接蜂拥而至时,服务器该如何应对?接下来,程序 2.11 将对程序 2.10 进行若干修改和扩展,服务器程序 2.11 能够与多客户机同时建立连接并进行响应。

在程序 2.11 中,首先要创建一个 ServerSocket 套接字,并像之前那样对它进行地址信息配置。为了应对多客户机的并发连接,还要创建一个 Socket[n]套接字数组处理与客户机的通信。换而言之,在服务器端对每一个请求连接的客户机(不妨标记为客户机 i)都有一个服务器 Socket[i]与之连接。

另外,还需要定义两个整型常量 nMaxClients 和 nClient。其代码如下:

```
const int nMaxClients = 3;           //最大并发连接数
int nClient = 0;                     //客户机数量
SOCKET Socket[nMaxClients - 1];
SOCKET ServerSocket = NULL;
```

其中,nMaxClients 表示服务器可以同时响应的客户机连接的最大数量。如果 nMaxClients=20,那么第 21 个客户机的连接请求会被拒绝。

在绑定套接字时,用 ServerSocket 取代之前的 Socket,代码如下:

```
if(bind(ServerSocket,(LPSOCKADDR)&SockAddr,sizeof(SockAddr)) == SOCKET_ERROR)
{
 MessageBox(hWnd,"套接字绑定失败!","错误",MB_OK);
 SendMessage(hWnd,WM_DESTROY,NULL,NULL);
 break;
}
```

现在开始考虑如何处理多客户机连接,大前提是判断客户机连接数量有没有超出限度。其代码如下:

```
if(nClient < nMaxClients)
{
 int size = sizeof(sockaddr);
 Socket[nClient] = accept(wParam,&sockAddrClient,&size);
 if (Socket[nClient] == INVALID_SOCKET)
 {
     int nret = WSAGetLastError();
     WSACleanup();
 }
 SendMessage(hEditIn,
     WM_SETTEXT,
     NULL,
     (LPARAM)"有新客户机连接到服务器!");
}
nClient++;
}
```

上面这段代码只是初步的设计,它有一个不足:如果前面设定 nMaxClients=10,服务器已经与 8 个客户机建立连接,其中有 4 个客户机完成任务断开了连接,那么服务器还能再响应多少个新连接?6 个还是两个?回答是令人失望的,只能是两个,因为断开连接的 4 个套接字不能再重复使用。一个改进办法是每次在有客户机断开时都增加 nMaxClients 的值,这样可以维持有足够的 Sockets 可用。

接下来关注服务器如何读取多客户机发送到服务器的数据,其代码如下:

```
for(int n = 0;n < nClient;n++)
{
 char szIncoming[1024];
 ZeroMemory(szIncoming,sizeof(szIncoming));

    int inDataLength = recv(Socket[n],
        (char * )szIncoming,
        sizeof(szIncoming)/sizeof(szIncoming[0]),
        0);

    if(inDataLength!= -1)
    {
        strncat(szHistory,szIncoming,inDataLength);
        strcat(szHistory,"\r\n");

        SendMessage(hEditIn,
            WM_SETTEXT,
            sizeof(szIncoming) - 1,
            reinterpret_cast < LPARAM > &szHistory));
    }
}
```

读取数据与之前一样使用 recv 函数。这里用了一个 for 循环扫描所有的 Socket[n],如果被检测的 Socket[n]没有数据可读,recv()函数返回 -1,不做任何处理接着跳到下一个 Socket[n]读取。在实践中为了能够负载多人在线,上述程序还可以继续优化。

为了不使本例程序过于庞大,服务器向所有客户机发送数据的代码用一个循环来实现,其代码如下:

```
char szBuffer[1024];
ZeroMemory(szBuffer,sizeof(szBuffer));

SendMessage(hEditOut,
 WM_GETTEXT,
 sizeof(szBuffer),
 reinterpret_cast < LPARAM >(szBuffer));
for(int n = 0;n < nClient;n++)
{
 send(Socket[n],szBuffer,strlen(szBuffer),0);
}
SendMessage(hEditOut,WM_SETTEXT,NULL,(LPARAM)"");
```

在实践中如果想应对 10 000 个并发连接,就要想办法让服务器充分利用每个时钟周期和所有的带宽,例如可以考虑用多线程的方法继续优化程序。尽管如此,对于上面用循环实现的多客户机并发数据通信,在局域网的 80 台计算机上进行模拟测试没有任何迟滞的感觉。服务器响应多客户机并发访问的完整代码如程序 2.11 所示。

程序 2.11 服务器响应多客户机的并发访问完整代码

```
#include < winsock2.h >
```

```c
#include <windows.h>

#pragma comment(lib,"ws2_32.lib")

#define IDC_EDIT_IN         101
#define IDC_EDIT_OUT        102
#define IDC_MAIN_BUTTON     103
#define WM_SOCKET           104

int nPort = 5555;

HWND hEditIn = NULL;
HWND hEditOut = NULL;
char szHistory[10000];
sockaddr sockAddrClient;

const int nMaxClients = 3;
int nClient = 0;
SOCKET Socket[nMaxClients - 1];
SOCKET ServerSocket = NULL;

LRESULT CALLBACK WinProc(HWND hWnd,UINT message,WPARAM wParam,LPARAM lParam);

int WINAPI WinMain(HINSTANCE hInst,HINSTANCE hPrevInst,LPSTR lpCmdLine,int nShowCmd)
{
WNDCLASSEX wClass;
ZeroMemory(&wClass,sizeof(WNDCLASSEX));
wClass.cbClsExtra = NULL;
wClass.cbSize = sizeof(WNDCLASSEX);
wClass.cbWndExtra = NULL;
wClass.hbrBackground = (HBRUSH)COLOR_WINDOW;
wClass.hCursor = LoadCursor(NULL,IDC_ARROW);
wClass.hIcon = NULL;
wClass.hIconSm = NULL;
wClass.hInstance = hInst;
wClass.lpfnWndProc = (WNDPROC)WinProc;
wClass.lpszClassName = "Window Class";
wClass.lpszMenuName = NULL;
wClass.style = CS_HREDRAW|CS_VREDRAW;

if(!RegisterClassEx(&wClass))
{
    int nResult = GetLastError();
    MessageBox(NULL,
        "窗体类注册失败\r\n错误码:",
        "窗体类错误",
        MB_ICONERROR);
}

HWND hWnd = CreateWindowEx(NULL,
        "Window Class",
        "异步套接字服务器(多客户机并发访问)",
        WS_OVERLAPPEDWINDOW,
        200,
```

```
                    200,
                    500,
                    400,
                    NULL,
                    NULL,
                    hInst,
                    NULL);

if(!hWnd)
{
    int nResult = GetLastError();

    MessageBox(NULL,
        "创建窗体失败\r\n错误码:",
        "窗体错误",
        MB_ICONERROR);
}

    ShowWindow(hWnd,nShowCmd);

MSG msg;
ZeroMemory(&msg,sizeof(MSG));

while(GetMessage(&msg,NULL,0,0))
{
    TranslateMessage(&msg);
    DispatchMessage(&msg);
}

return 0;
}

LRESULT CALLBACK WinProc(HWND hWnd,UINT msg,WPARAM wParam,LPARAM lParam)
{
switch(msg)
{
    case WM_COMMAND:
        switch(LOWORD(wParam))
        {
            case IDC_MAIN_BUTTON:
            {
                char szBuffer[1024];
                ZeroMemory(szBuffer,sizeof(szBuffer));

                SendMessage(hEditOut,
                    WM_GETTEXT,
                    sizeof(szBuffer),
                    reinterpret_cast<LPARAM>(szBuffer));
                for(int n = 0;n < nClient;n++)
                {
                    send(Socket[n],szBuffer,strlen(szBuffer),0);
                }

                SendMessage(hEditOut,WM_SETTEXT,NULL,(LPARAM)"");
```

```
            }
            break;
        }
        break;
    case WM_CREATE:
    {
        ZeroMemory(szHistory,sizeof(szHistory));

        //创建接收消息框
        hEditIn = CreateWindowEx(WS_EX_CLIENTEDGE,
            "EDIT",
            "",
            WS_CHILD|WS_VISIBLE|ES_MULTILINE|
            ES_AUTOVSCROLL|ES_AUTOHSCROLL,
            50,
            100,
            400,
            200,
            hWnd,
            (HMENU)IDC_EDIT_IN,
            GetModuleHandle(NULL),
            NULL);
        if(!hEditIn)
        {
            MessageBox(hWnd,
                "创建接收消息框失败",
                "错误",
                MB_OK|MB_ICONERROR);
        }
        HGDIOBJ hfDefault = GetStockObject(DEFAULT_GUI_FONT);
        SendMessage(hEditIn,
            WM_SETFONT,
            (WPARAM)hfDefault,
            MAKELPARAM(FALSE,0));
        SendMessage(hEditIn,
            WM_SETTEXT,
            NULL,
            (LPARAM)"正在等待客户机并发连接...");

        //创建发送消息框
        hEditOut = CreateWindowEx(WS_EX_CLIENTEDGE,
                "EDIT",
                "",
                WS_CHILD|WS_VISIBLE|ES_MULTILINE|
                ES_AUTOVSCROLL|ES_AUTOHSCROLL,
                50,
                30,
                400,
                60,
                hWnd,
                (HMENU)IDC_EDIT_IN,
                GetModuleHandle(NULL),
                NULL);
        if(!hEditOut)
```

```
        {
            MessageBox(hWnd,
                "创建发送消息框失败",
                "错误",
                MB_OK|MB_ICONERROR);
        }

        SendMessage(hEditOut,
                WM_SETFONT,
                (WPARAM)hfDefault,
                MAKELPARAM(FALSE,0));
        SendMessage(hEditOut,
                WM_SETTEXT,
                NULL,
                (LPARAM)"输入要发送的消息...");

        //创建发送按钮
        HWND hWndButton = CreateWindow(
                    "BUTTON",
                    "发送",
                    WS_TABSTOP|WS_VISIBLE|
                    WS_CHILD|BS_DEFPUSHBUTTON,
                    50,
                    330,
                    75,
                    23,
                    hWnd,
                    (HMENU)IDC_MAIN_BUTTON,
                    GetModuleHandle(NULL),
                    NULL);

        SendMessage(hWndButton,
            WM_SETFONT,
            (WPARAM)hfDefault,
            MAKELPARAM(FALSE,0));

        WSADATA WsaDat;
        int nResult = WSAStartup(MAKEWORD(2,2),&WsaDat);
        if(nResult!= 0)
        {
            MessageBox(hWnd,
                "WinSock 服务初始化失败",
                "严重错误",
                MB_ICONERROR);
            SendMessage(hWnd,WM_DESTROY,NULL,NULL);
            break;
        }

        ServerSocket = socket(AF_INET,SOCK_STREAM,IPPROTO_TCP);
        if(ServerSocket == INVALID_SOCKET)
        {
            MessageBox(hWnd,
                "创建套接字失败",
                "严重错误",
```

```
                MB_ICONERROR);
            SendMessage(hWnd,WM_DESTROY,NULL,NULL);
            break;
        }

        SOCKADDR_IN SockAddr;
        SockAddr.sin_port = htons(nPort);
        SockAddr.sin_family = AF_INET;
        SockAddr.sin_addr.s_addr = htonl(INADDR_ANY);

        if(bind(ServerSocket,(LPSOCKADDR)&SockAddr,sizeof(SockAddr)) == SOCKET_ERROR)
        {
            MessageBox(hWnd,"套接字绑定失败","错误",MB_OK);
            SendMessage(hWnd,WM_DESTROY,NULL,NULL);
            break;
        }

        nResult = WSAAsyncSelect(ServerSocket,
                hWnd,
                WM_SOCKET,
                (FD_CLOSE|FD_ACCEPT|FD_READ));
        if(nResult)
        {
            MessageBox(hWnd,
                "WSAAsyncSelect 异步套件字事件模式失败",
                "严重错误",
                MB_ICONERROR);
            SendMessage(hWnd,WM_DESTROY,NULL,NULL);
            break;
        }

        if(listen(ServerSocket,SOMAXCONN) == SOCKET_ERROR)
        {
            MessageBox(hWnd,
                "服务器侦听失败",
                "错误",
                MB_OK);
            SendMessage(hWnd,WM_DESTROY,NULL,NULL);
            break;
        }
    }
    break;

    case WM_DESTROY:
    {
        PostQuitMessage(0);
        shutdown(ServerSocket,SD_BOTH);
        closesocket(ServerSocket);
        WSACleanup();
        return 0;
    }
    break;

    case WM_SOCKET:
```

```cpp
{
    switch(WSAGETSELECTEVENT(lParam))
    {
        case FD_READ:
        {
            for(int n = 0;n < nClient;n++)
            {
                char szIncoming[1024];
                ZeroMemory(szIncoming,sizeof(szIncoming));

                int inDataLength = recv(Socket[n],
                    (char *)szIncoming,
                    sizeof(szIncoming)/sizeof(szIncoming[0]),
                    0);

                if(inDataLength!= -1)
                {
                    strncat(szHistory,szIncoming,inDataLength);
                    strcat(szHistory,"\r\n");

                    SendMessage(hEditIn,
                        WM_SETTEXT,
                        sizeof(szIncoming) - 1,
                        reinterpret_cast<LPARAM>(&szHistory));
                }
            }
        }
        break;

        case FD_CLOSE:
        {
            MessageBox(hWnd,
                "有一个客户机关闭了连接",
                "连接关闭",
                MB_ICONINFORMATION|MB_OK);
        }
        break;

        case FD_ACCEPT:
        {
            if(nClient < nMaxClients)
            {
                int size = sizeof(sockaddr);
                Socket[nClient] = accept(wParam,&sockAddrClient,&size);
                if (Socket[nClient] == INVALID_SOCKET)
                {
                    int nret = WSAGetLastError();
                    WSACleanup();
                    return 1;
                }
                SendMessage(hEditIn,
                    WM_SETTEXT,
                    NULL,
                    (LPARAM)"有一个新客户机连接到服务器!");
```

```
                    }
                    nClient++;
                }
            break;
        }
    }
}
return DefWindowProc(hWnd,msg,wParam,lParam);
}
```

对于在 VS2010 中创建程序 2.11 的步骤在此不再赘述。程序 2.11 启动后的初始运行界面如图 2.25 所示,与程序 2.10 的初始运行界面相比,只有标题栏不同。但读者不要被表象所迷惑,因为两者在程序内核上是大相径庭的。请读者在局域网中联合客户机程序 2.9 进行多点测试,观察程序的性能。

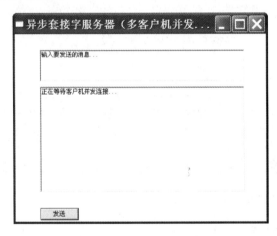

图 2.25 服务器响应客户机群并发访问初始界面

2.5 WinSock2 I/O 模型编程

为了适应不同网络通信规模的需要,WinSock2 定义了 6 种 I/O 模型,即 Blocking I/O (阻塞 I/O)、select I/O(选择 I/O)、WSAAsyncSelect I/O(异步选择 I/O)、WSAEventSelect I/O(事件选择 I/O)、Overlapped I/O(重叠 I/O)以及 I/O Completion Port(I/O 完成端口)。

2.5.1 Blocking I/O 模型

大多数 WinSock 程序员都会从 Blocking I/O 模型开始学习,因为它是最简单、最直接的通信模型,前面已经用多个实例证明了这一点。使用这个模型的应用程序比较简单,一般针对每个套接字连接只开设一到两个线程处理读写,每个线程执行 send()和 recv()时都可能发生阻塞。Blocking I/O 模型的最大优点就是简单,对于非常简单的应用和快速原型编程,这种模型是非常有用的;缺点是并发连接增多时需要创建更多的线程,增加了系统资源的消耗。

程序 2.5 和程序 2.6 演示了阻塞模式的套接字编程。下面再给出一个阻塞模式的客户机程序 TcpClient,这个程序一方面总结了 Blocking I/O 模型的编程要点,另一方面加入了若干控制参数,适合作为客户机测试本节后面介绍的其他 I/O 模型。

TcpClient 程序的命令行中包括 4 个参数,分别是目标服务器端口、主机名或 IP 地址、发送消息的次数以及是否接收服务器的回送数据,这大大增加了客户机的灵活性。TcpClient 客户机程序的完整代码如程序 2.12 所示。

程序 2.12 TcpClient 客户机程序完整代码

```
//程序说明:
//    连接 TCP Server,发送数据,接收服务器回送的数据
//    命令行参数:
//    client [-p:x] [-s:IP] [-n:x] [-o]
//        -p:x        目标服务器端口
//        -s:IP       主机名或 IP 地址
//        -n:x        发送消息的次数
//        -o          只发送,不接收
//
#include <winsock2.h>
#include <stdio.h>
#include <stdlib.h>
#pragma comment(lib,"ws2_32.lib")

#define DEFAULT_COUNT      20
#define DEFAULT_PORT       5150
#define DEFAULT_BUFFER     2048
#define DEFAULT_MESSAGE    "\'A test message from client\'"

char   szServer[128],                //服务器主机名或地址
       szMessage[1024];              //发送到服务器的消息缓冲区
int    iPort = DEFAULT_PORT;         //服务器端口
DWORD  dwCount = DEFAULT_COUNT;      //发送消息的次数
BOOL   bSendOnly = FALSE;            //为 True 时只发送,不接收

//函数用法说明
void usage()
{
    printf("TcpClient: client [-p:x] [-s:IP] [-n:x] [-o]\n\n");
    printf("-p:x   Remote port to send to\n");
    printf("-s:IP  Server's IP address or hostname\n");
    printf("-n:x   Number of times to send message\n");
    printf("-o     Send messages only; don't receive\n");
    printf("\n");
}

//命令行参数解析
void ValidateArgs(int argc, char **argv)
{
    int    i;
    for(i = 1; i < argc; i++)
    {
        if ((argv[i][0] == '-') || (argv[i][0] == '/'))
        {
```

```c
                switch (tolower(argv[i][1]))
                {
                    case 'p':            //目标服务器端口
                        if (strlen(argv[i]) > 3)
                            iPort = atoi(&argv[i][3]);
                        break;
                    case 's':            //服务器主机名
                        if (strlen(argv[i]) > 3)
                            strcpy_s(szServer, sizeof(szServer),&argv[i][3]);
                        break;
                    case 'n':            //发送消息的次数
                        if (strlen(argv[i]) > 3)
                            dwCount = atol(&argv[i][3]);
                        break;
                    case 'o':            //只发送,不接收
                        bSendOnly = TRUE;
                        break;
                    default:
                        usage();
                        break;
                }
        }
    }
}

//主函数: main
//初始化 WinSock,分析命令行参数,创建套接字,连接服务器,发送和接收数据
int main(int argc, char **argv)
{
    WSADATA    wsd;
    SOCKET     sClient;
    char       szBuffer[DEFAULT_BUFFER];
    int        ret, i;
    struct sockaddr_in server;
    struct hostent    *host = NULL;

    if(argc < 2)
    {
      usage();
      exit(1);
    }

    //分析命令行参数,加载 WinSock
    ValidateArgs(argc, argv);
    if (WSAStartup(MAKEWORD(2,2), &wsd) != 0)
    {
      printf("Failed to load Winsock library! Error %d\n", WSAGetLastError());
      return 1;
    }
    else
      printf("Winsock library loaded successfully!\n");

    strcpy_s(szMessage, sizeof(szMessage),DEFAULT_MESSAGE);
    //创建套接字,连接服务器
```

```c
sClient = socket(AF_INET, SOCK_STREAM, IPPROTO_TCP);
if (sClient == INVALID_SOCKET)
{
    printf("socket() failed with error code %d\n", WSAGetLastError());
    return 1;
}
else
    printf("socket() looks fine!\n");

server.sin_family = AF_INET;
server.sin_port = htons(iPort);
server.sin_addr.s_addr = inet_addr(szServer);

    //如果服务器地址不是"aaa.bbb.ccc.ddd"的形式就是主机名,需要解析
if (server.sin_addr.s_addr == INADDR_NONE)
{
    host = gethostbyname(szServer);
    if (host == NULL)
    {
        printf("Unable to resolve server %s\n", szServer);
        return 1;
    }
    else
        printf("The hostname resolved successfully!\n");

    CopyMemory(&server.sin_addr, host->h_addr_list[0], host->h_length);
}

if (connect(sClient, (struct sockaddr *)&server, sizeof(server)) == SOCKET_ERROR)
{
    printf("connect() failed with error code %d\n", WSAGetLastError());
    return 1;
}
else
    printf("connect() is pretty damn fine!\n");

//发送和接收数据
printf("Sending and receiving data if any...\n");

for(i = 0; i < (int)dwCount; i++)
{
    ret = send(sClient, szMessage, strlen(szMessage), 0);
    if (ret == 0)
        break;
    else if (ret == SOCKET_ERROR)
    {
        printf("send() failed with error code %d\n", WSAGetLastError());
        break;
    }
    printf("send() should be fine. Send %d bytes\n", ret);
    if (!bSendOnly)
    {
        ret = recv(sClient, szBuffer, DEFAULT_BUFFER, 0);
        if (ret == 0)           //正常关闭
```

```
            {
                printf("It is a graceful close!\n");
                break;
            }
            else if (ret == SOCKET_ERROR)
            {
                printf("recv() failed with error code %d\n", WSAGetLastError());
                break;
            }
            szBuffer[ret] = '\0';
            printf("recv() is OK. Received %d bytes: %s\n", ret, szBuffer);
        }
    }

    if(closesocket(sClient) == 0)
        printf("closesocket() is OK!\n");
    else
        printf("closesocket() failed with error code %d\n", WSAGetLastError());

    if (WSACleanup() == 0)
        printf("WSACleanup() is fine!\n");
    else
        printf("WSACleanup() failed with error code %d\n", WSAGetLastError());

    return 0;
}
```

编译运行程序 2.12,输出结果如图 2.26 所示,其给出了 TcpClient 命令行的参数,后面将用这个程序作为客户机对其他 I/O 模型服务器进行测试。

图 2.26　TcpClient 客户机程序命令行参数用法

2.5.2　select I/O 模型

select I/O 模型是在 WinSock 编程实践中广泛应用的一个模型,之所以称其为 select I/O 模型,是因为它用 select 函数管理 I/O。select 函数原来是基于 Berkeley Socket 实现的,用在 UNIX 平台上。现在,select 函数被纳入 WinSock1.1 规范,用来管理套接字的阻塞问题。例如,select 函数可以判断套接字上是否存在数据可读,或者能否向一个套接字写入数据。

1. select 函数

```
int select(
    _In_    int nfds,
    _Inout_ fd_set *readfds,
    _Inout_ fd_set *writefds,
    _Inout_ fd_set *exceptfds,
    _In_    const struct timeval *timeout
);
```

该函数的功能是确定一个或多个套接字的就绪状态。该函数执行后,将返回包含在 fd_set 结构中的已经就绪的套接字数量,如果超时则返回 0,如果发生错误则返回 SOCKET_ERROR 错误码。

其参数的含义如下。
- nfds:为了与 Berkeley 套接字兼容而保留的,可以忽略。
- readfds:用于检查可读性的套接字集合。
- writefds:用户检查可写性的套接字集合。
- exceptfds:用于表示带外数据的套接字集合。

readfds、writefds 和 exceptfds 3 个参数都是 fd_set 结构类型,fd_set 用于表示 select 函数监视的套接字集合。

最后一个参数 timeout 是一个指向 timeval 结构的指针,表示 select()函数等待 I/O 完成的超时间隔。如果 timeout 为空,select()将无限期等待(阻塞),直到至少有一个套接字满足设定的条件为止。timeval 结构的定义如下:

```
struct timeval
{
    long tv_sec;
    long tv_usec;
};
```

其中,tv_sec 域表示等待的秒数,tv_usec 域表示等待的毫秒数。如果超时时间为{0,0},表示 select()函数将立即返回。

WinSock 提供了下列宏命令对 fd_set 集合进行操作。
- FD_ZERO(*set):初始化集合为空集。
- FD_CLR(s,*set):从集合中删除一个套接字 s。
- FD_ISSET(s,*set):检查套接字 s 是否是集合中的成员,如果是则返回 TRUE。
- FD_SET(s,*set):将套接字 s 加入集合。

2. select I/O 服务器编程实例

下面给出的 5 个步骤描述了在应用程序中使用 select 模型编程的基本要点:
(1) 使用 FD_ZERO 宏命令初始化所有的 fd_set 集合。
(2) 使用 FD_SET 宏命令将套接字加入相应的 fd_set 集合。
(3) 调用 select()函数监视 fd_set 集合中的套接字的 I/O 活动,select()函数完成时返回各 fd_set 集合中套接字的句柄总数并更新各 fd_set 集合。
(4) 根据 select()函数的返回值,应用程序使用 FD_ISSET 宏命令检查所有的 fd_set 集合,进而判断哪个套接字有 I/O 正在等待处理。
(5) 执行 I/O 操作,然后转到第(1)步继续 select 选择过程。

程序 2.13 演示了如何基于 select I/O 模型创建一个回送服务器,服务器在 5150 端口上侦听 TCP 连接,并将收到的客户机数据回送客户机。

程序 2.13 select I/O 模型回送服务器完整代码

```
//select I/O 模型回送服务器
//select.cpp
```

```c
#include <winsock2.h>
#include <windows.h>
#include <stdio.h>

#pragma comment(lib,"ws2_32.lib")

#define PORT 5150
#define DATA_BUFSIZE 8192

typedef struct _SOCKET_INFORMATION {
    CHAR Buffer[DATA_BUFSIZE];
    WSABUF DataBuf;
    SOCKET Socket;
    OVERLAPPED Overlapped;
    DWORD BytesSEND;
    DWORD BytesRECV;
} SOCKET_INFORMATION, * LPSOCKET_INFORMATION;

//原型
BOOL CreateSocketInformation(SOCKET s);
void FreeSocketInformation(DWORD Index);

//全局变量
DWORD TotalSockets = 0;
LPSOCKET_INFORMATION SocketArray[FD_SETSIZE];

int main(int argc, char ** argv)
{
    SOCKET ListenSocket;
    SOCKET AcceptSocket;
    SOCKADDR_IN InternetAddr;
    WSADATA wsaData;
    INT Ret;
    FD_SET WriteSet;
    FD_SET ReadSet;
    DWORD i;
    DWORD Total;
    ULONG NonBlock;
    DWORD Flags;
    DWORD SendBytes;
    DWORD RecvBytes;

    if ((Ret = WSAStartup(0x0202,&wsaData)) != 0)
    {
        printf("WSAStartup() failed with error %d\n", Ret);
        WSACleanup();
        return 1;
    }
    else
        printf("WSAStartup() is fine!\n");

    //创建用于侦听的套接字
    if ((ListenSocket = WSASocket(AF_INET, SOCK_STREAM, 0, NULL, 0,
        WSA_FLAG_OVERLAPPED)) == INVALID_SOCKET)
```

```c
{
    printf("WSASocket() failed with error %d\n", WSAGetLastError());
    return 1;
}
else
    printf("WSASocket() is OK!\n");

InternetAddr.sin_family = AF_INET;
InternetAddr.sin_addr.s_addr = htonl(INADDR_ANY);
InternetAddr.sin_port = htons(PORT);

if (bind(ListenSocket, (PSOCKADDR) &InternetAddr, sizeof(InternetAddr)) == SOCKET_ERROR)
{
    printf("bind() failed with error %d\n", WSAGetLastError());
    return 1;
}
else
    printf("bind() is OK!\n");

if (listen(ListenSocket, 5))
{
    printf("listen() failed with error %d\n", WSAGetLastError());
    return 1;
}
else
    printf("listen() is OK!\n");

//将侦听套接字的阻塞模式转为非阻塞模式,这样服务器在等待连接到达期间不会发生阻塞
NonBlock = 1;
if (ioctlsocket(ListenSocket, FIONBIO, &NonBlock) == SOCKET_ERROR)
{
    printf("ioctlsocket() failed with error %d\n", WSAGetLastError());
    return 1;
}
else
    printf("ioctlsocket() is OK!\n");

while(TRUE)
{
    //初始化等待网络 I/O 事件通知的读/写套接字集合
    FD_ZERO(&ReadSet);
    FD_ZERO(&WriteSet);

    //将侦听套接字加入套接字读集合
    FD_SET(ListenSocket, &ReadSet);

    //基于当前状态缓冲区为每个套接字设置读/写
    //如果缓冲区中有数据将其写入集合,否则读集
    for (i = 0; i < TotalSockets; i++)
        if (SocketArray[i]->BytesRECV > SocketArray[i]->BytesSEND)
            FD_SET(SocketArray[i]->Socket, &WriteSet);
        else
            FD_SET(SocketArray[i]->Socket, &ReadSet);
```

```c
            if ((Total = select(0, &ReadSet, &WriteSet, NULL, NULL)) == SOCKET_ERROR)
            {
              printf("select() returned with error %d\n", WSAGetLastError());
              return 1;
            }
        else
                printf("select() is OK!\n");

            //检查到达的连接在侦听套接字
            if (FD_ISSET(ListenSocket, &ReadSet))
            {
              Total--;
              if ((AcceptSocket = accept(ListenSocket, NULL, NULL)) != INVALID_SOCKET)
              {
                    //设置套接字 AcceptSocket 为非阻塞模式
                    //这样服务器在调用 WSASends 发送数据时就不会被阻塞
                    NonBlock = 1;
                    if (ioctlsocket(AcceptSocket, FIONBIO, &NonBlock) == SOCKET_ERROR)
                    {
                      printf("ioctlsocket(FIONBIO) failed with error %d\n", WSAGetLastError());
                      return 1;
                    }
                    else
                        printf("ioctlsocket(FIONBIO) is OK!\n");

                    if (CreateSocketInformation(AcceptSocket) == FALSE)
                    {
                        printf("CreateSocketInformation(AcceptSocket) failed!\n");
                        return 1;
                    }
                    else
                        printf("CreateSocketInformation() is OK!\n");
                }
                else
                {
                    if (WSAGetLastError() != WSAEWOULDBLOCK)
                    {
                      printf("accept() failed with error %d\n", WSAGetLastError());
                      return 1;
                    }
                    else
                        printf("accept() is fine!\n");
              }
            }
            //依次处理所有的套接字,SocketInfo 为当前要处理的套接字信息
            for (i = 0; Total > 0 && i < TotalSockets; i++)
            {
              LPSOCKET_INFORMATION SocketInfo = SocketArray[i];

                //判断当前套接字的可读性,即是否有接入的连接请求或者可以接收数据
                if (FD_ISSET(SocketInfo->Socket, &ReadSet))
                {
                    Total--;
                    SocketInfo->DataBuf.buf = SocketInfo->Buffer;
```

```
            SocketInfo->DataBuf.len = DATA_BUFSIZE;
            Flags = 0;
            if (WSARecv(SocketInfo->Socket, &(SocketInfo->DataBuf), 1, &RecvBytes,
&Flags, NULL, NULL) == SOCKET_ERROR)
            {
                if (WSAGetLastError() != WSAEWOULDBLOCK)
                {
                    printf("WSARecv() failed with error %d\n", WSAGetLastError());
                    FreeSocketInformation(i);
                }
                else
                    printf("WSARecv() is OK!\n");

                continue;
            }
            else
            {
                SocketInfo->BytesRECV = RecvBytes;

                //如果接收到 0 个字节,则表示对方关闭连接
                if (RecvBytes == 0)
                {
                    FreeSocketInformation(i);
                    continue;
                }
            }
        }
        //如果当前套接字在 WriteSet 集合中
        //则表明该套接字的内部数据缓冲区中有数据可以发送
        if (FD_ISSET(SocketInfo->Socket, &WriteSet))
        {
            Total--;
            SocketInfo->DataBuf.buf = SocketInfo->Buffer + SocketInfo->BytesSEND;
            SocketInfo->DataBuf.len = SocketInfo->BytesRECV - SocketInfo->BytesSEND;
            if (WSASend(SocketInfo->Socket, &(SocketInfo->DataBuf), 1, &SendBytes, 0,
                NULL, NULL) == SOCKET_ERROR)
            {
                if (WSAGetLastError() != WSAEWOULDBLOCK)
                {
                    printf("WSASend() failed with error %d\n", WSAGetLastError());
                    FreeSocketInformation(i);
                }
                else
                    printf("WSASend() is OK!\n");
                continue;
            }
            else
            {
                SocketInfo->BytesSEND += SendBytes;
                if (SocketInfo->BytesSEND == SocketInfo->BytesRECV)
                {
                    SocketInfo->BytesSEND = 0;
                    SocketInfo->BytesRECV = 0;
                }
```

```
            }
          }
        }
    }
}

BOOL CreateSocketInformation(SOCKET s)
{
    LPSOCKET_INFORMATION SI;

    printf("Accepted socket number %d\n", s);

    if ((SI = (LPSOCKET_INFORMATION) GlobalAlloc(GPTR, sizeof(SOCKET_INFORMATION))) == NULL)
    {
        printf("GlobalAlloc() failed with error %d\n", GetLastError());
        return FALSE;
    }
    else
        printf("GlobalAlloc() for SOCKET_INFORMATION is OK!\n");

    //初始化 SI 的值
    SI->Socket = s;
    SI->BytesSEND = 0;
    SI->BytesRECV = 0;

    SocketArray[TotalSockets] = SI;
    TotalSockets++;
    return(TRUE);
}

void FreeSocketInformation(DWORD Index)
{
    LPSOCKET_INFORMATION SI = SocketArray[Index];
    DWORD i;

    closesocket(SI->Socket);

    printf("Closing socket number %d\n", SI->Socket);

    GlobalFree(SI);

    //调整 SocketArray 的位置,填补队列中的空缺
    for (i = Index; i < TotalSockets; i++)
    {
        SocketArray[i] = SocketArray[i + 1];
    }

    TotalSockets--;
}
```

编译运行程序 2.13,测试步骤如下:

(1) 服务器运行初始界面如图 2.27 所示,图中给出了服务器关键步骤的运行状态。

(2) 启动客户机程序 TcpClient,执行以下命令:

`TcpClient -p:5150 -s:localhost -n:2`

TcpClient 连接服务器后,客户机运行界面如图 2.28 所示,显示了与服务器的交互过程。

图 2.27 select 回送服务器初始界面

(3) 观察 select 服务器的响应情况,界面如图 2.29 所示。再试一试客户机的其他命令方式,例如增大第 3 个数值,即消息的发送次数,观察服务器的反应并做出分析。

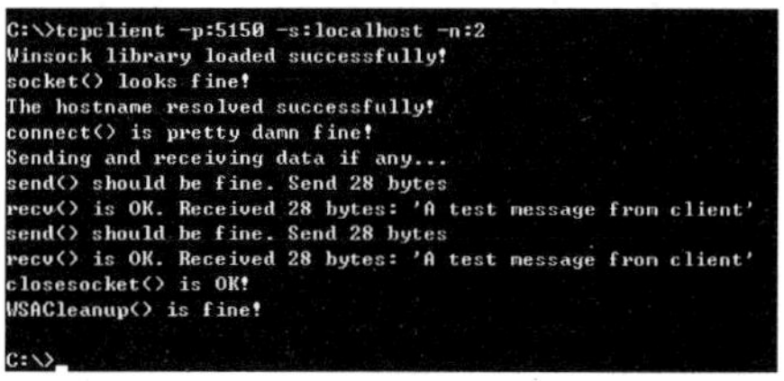

图 2.28 TcpClient 客户机连接 select 服务器后的界面 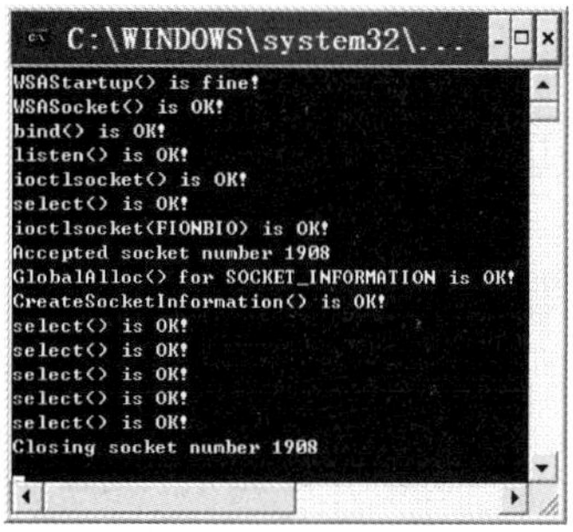　　图 2.29 select 服务器的反馈界面

select() I/O 模型的优势是在一个线程中能够处理多个套接字的 I/O 操作,可以防止阻塞模式下多套接字和多重连接带来的线程剧增问题。其不利的方面是,fd_set 默认可以容纳的最大套接字数是 FD_SETSIZE,而 FD_SETSIZE 在 winsock2.h 中被定义为 64。为了突破这个限制,在程序中可以将 FD_SETSIZE 定义得大一些,但定义的位置应该在 winsock2.h 文件之前。

注意:WinSock2 底层对 fd_set 集合的大小支持最大为 1024,但并不保证这一数字总是有效。

2.5.3　WSAAsyncSelect I/O 模型

WSAAsyncSelect I/O 模型是 WinSock2 基于 Windows 消息机制实现的异步事件通知 I/O 模型,这个模型是在创建套接字后通过调用 WSAAsyncSelect() 函数实现的。WSAAsyncSelect I/O 模型将套接字的事件通知包装成窗体消息发送到窗体的回调函数处理,从而实现对套接字 FD_READ、FD_WRITE 等网络事件的异步响应。WSAAsyncSelect I/O 模型的事件定义见表 2.5。

WSAAsyncSelect I/O 模型和后面介绍的 WSAEventSelect I/O 模型都实现了套接字事件的异步通知机制,但它们不像 Overlapped I/O 及 Completion Port I/O 那样提供异步数据传送。WSAAsyncSelect I/O 模型的优势是在系统开销不大的情况下能够同时处理很多连接,缺点是依赖窗体的消息处理机制,当需要通过一个窗口函数处理成千上万的套接字连接时容易产生瓶颈问题。并且在程序不需要窗体(例如服务程序)时不得不创建一个窗体。

2.4 节的程序 2.9～程序 2.11 采用的即是 WSAAsyncSelect I/O 模型,这个模型特别适合开发基于窗体的应用程序,在窗体过程函数(回调函数)中顺便就把套接字的事件消息处理了。本书第 3 章介绍的 MFC 套接字类 CAsyncSocket 和 CSocket 都是基于 WSAAsyncSelect I/O 模型原理实现的。

下面给出 WSAAsyncSelect I/O 模型的编程模板,省略了窗体程序的其他细节,代码如下:

```
#define WM_SOCKET WM_USER + 1
#include <winsock2.h>
#include <windows.h>

int WINAPI WinMain(HINSTANCE hInstance, HINSTANCE hPrevInstance, LPSTR lpCmdLine, int nCmdShow)
{
    WSADATA wsd;
    SOCKET Listen;
    SOCKADDR_IN InternetAddr;
    HWND Window;

    //创建一个窗口,指定窗口处理函数 ServerWinProc
    Window = CreateWindow();
    //启动 WinSock,并创建一个服务器侦听套接字
    WSAStartup(MAKEWORD(2, 2), &wsd);
    Listen = socket(AF_INET, SOCK_STREAM, IPPROTO_TCP);
    //将套接字绑定到 5150 端口,并开始侦听连接请求
    InternetAddr.sin_family = AF_INET;
    InternetAddr.sin_addr.s_addr = htonl(INADDR_ANY);
    InternetAddr.sin_port = htons(5150);

    bind(Listen, (PSOCKADDR)&InternetAddr, sizeof(InternetAddr));

    //使用上面定义的 WM_SOCKET 宏常量标识套接字的窗口消息通知
    WSAAsyncSelect(Listen, Window, WM_SOCKET, FD_ACCEPT | FD_CLOSE);

    listen(Listen, 5);

    //转换和发送窗口消息,直到应用程序终止
    while (1)
    {
        //...
    }
}

BOOL CALLBACK ServerWinProc(HWND hDlg, UINT wMsg, WPARAM wParam, LPARAM lParam)
{
    SOCKET Accept;

    switch(wMsg)
    {
        case WM_PAINT:
            //处理窗口重绘工作
            break;
```

```
        case WM_SOCKET:
            //判断套接字是否有错误发生
            if (WSAGETSELECTERROR(lParam))
            {
                //显示错误信息并关闭套接字
                closesocket( (SOCKET) wParam);
                break;
            }
            //判断套接字上发生了什么事件
            switch(WSAGETSELECTEVENT(lParam))
            {
                case FD_ACCEPT:
                    //接受一个连接,创建一个连接客户机的套接字 Accept
                    Accept = accept(wParam, NULL, NULL);
                    //定义接受套接字 Accept 的读/写和关闭事件消息
                    WSAAsyncSelect(Accept, hDlg, WM_SOCKET, FD_READ | FD_WRITE | FD_CLOSE);
                    break;
                case FD_READ:
                    //从 wParam 参数指定的套接字中读取数据
                    break;
                case FD_WRITE:
                    //将 wParam 参数指定的套接字准备好发送数据
                    break;
                case FD_CLOSE:
                    //关闭连接
                    closesocket((SOCKET)wParam);
                    break;
            }
            break;
    }
    return TRUE;
}
```

读者参照这个模板,再回头读一读程序 2.9～程序 2.11,会有茅塞顿开之感。

2.5.4　WSAEventSelect I/O 模型

WSAEventSelect I/O 模型是 WinSock2 提供的另一个好用的异步 I/O 模型,该模型允许在一个或多个套接字上接收以套接字事件为基础的网络事件通知。WinSock2 应用程序可以通过调用 WSAEventSelect 函数将一个事件对象与网络事件集合关联起来,当网络事件发生时,应用程序以套接字事件对象的形式接收网络事件通知。

WSAEventSelect I/O 模型与 WSAAsyncSelect I/O 模型相似,主要差别在于当网络事件发生时通知应用程序的形式不同。虽然两者都是异步的,WSAAsyncSelect I/O 以 Windows 窗体消息的形式通知,需要定义窗体和窗体函数,而 WSAEventSelect I/O 以套接字事件对象的形式通知,不需要创建窗体和窗体函数。

与 select I/O 模型相比,WSAAsyncSelect I/O 与 WSAEventSelect I/O 模型都是事件驱动型的,当网络事件发生时,由系统通知应用程序。而 select I/O 模型是主动型的,应用程序主动调用 select 函数在套接字集合上依次询问是否发生了网络事件。

WSAEventSelect I/O 模型是通过 WSAEventSelect 函数设置的,但在使用这个函数之前,必须先调用 WSACreateEvent 函数创建一个事件对象。

1. WSACreateEvent 函数

该函数的功能是为套接字创建一个套接字事件对象,例如:

```
WSAEVENT WSACreateEvent(void);
```

如果 WSACreateEvent() 函数执行成功,会返回一个事件对象句柄,否则返回 WSA_INVALID_EVENT。返回的事件对象初始状态为未触发状态手工重置。

2. WSAEventSelect 函数

该函数的功能是为套接字注册网络事件。该函数将事件对象与网络事件关联起来,当在该套接字上发生一个或多个网络事件时,应用程序便以事件对象的形式接收这些网络事件通知。例如:

```
int WSAEventSelect(
    _In_    SOCKET s,
    _In_    WSAEVENT hEventObject,
    _In_    long lNetworkEvents
);
```

其中,第 1 个参数 s 代表套接字,第 2 个参数 hEventObject 代表用 WSACreateEvent() 函数创建的套接字事件对象,第 3 个参数 lNetworkEvents 代表套接字网络事件的组合。

如果套接字事件对象和网络事件关联成功,函数返回 0,否则返回 SOCKET_ERROR,可以调用 WSAGetLastError 来获取具体的错误码。

在调用该函数后,套接字自动被设置为非阻塞的工作模式。

当网络事件到来时,与套接字关联的事件对象由"未触发状态"变为"触发状态"。由于它是手工重置事件,应用程序需要手动将事件的状态设置为"未触发状态",这个工作通过调用 WSAResetEvent 函数实现。

3. WSAResetEvent 函数

该函数的功能是设置事件对象的工作状态为"未触发状态"。例如:

```
BOOL WSAResetEvent(WSAEVENT hEvent);
```

该函数的参数为事件对象,如果调用成功返回 TRUE,否则返回 FALSE。

当不再使用事件对象时要将其关闭,这个工作通过调用 WSACloseEvent 函数完成。

4. WSACloseEvent 函数

该函数的功能是关闭打开的事件对象。例如:

```
BOOL WSACloseEvent(WSAEVENT hEvent);
```

该函数只有一个事件对象参数,如果执行成功返回 TRUE,否则返回 FALSE。

5. WSAWaitForMultipleEvents 函数

该函数等待网络事件的发生,网络事件会引起套接字事件状态的变化。该函数用于监视一个或所有套接字事件对象是否变为"已触发状态"。函数原型：

```
DWORD WSAWaitForMultipleEvents(
  _In_   DWORD cEvents,
  _In_   const WSAEVENT *lphEvents,
  _In_   BOOL fWaitAll,
  _In_   DWORD dwTimeout,
  _In_   BOOL fAlertable
);
```

其中，第 1 个参数 cEvents 和第 2 个参数 lphEvents 代表一个 WSAEVENT 事件对象数组，cEvents 是数组中事件对象的数量，lphEvents 是指向事件数组的指针。

WSAWaitForMultipleEvents( ) 函数能够监视的事件对象的最大数量为 WSA_MAXIMUM_WAIT_EVENTS（即 64），所以，对于调用 WSAWaitForMultipleEvents( ) 函数的线程，WSAEventSelect I/O 模型一次最多支持 64 个套接字。如果想基于这个模型处理超过 64 个套接字的工作，则需要创建更多的工作线程。

第 3 个参数 fWaitAll 指定 WSAWaitForMultipleEvents( )函数等待事件通知的方式，如果为 TRUE，那么当 lphEvents 数组中的所有事件对象都处于"已触发状态"时函数才返回，如果为 FALSE，只要一个事件对象处于"已触发状态"就返回。函数返回值指明是哪个事件对象引起了函数返回，在程序中一般将这个参数设置为 FALSE，即一次只处理一个套接字事件对象。

第 4 个参数 dwTimeout 代表 WSAWaitForMultipleEvents( )函数的超时间隔（单位为毫秒）。如果超时，函数将无条件返回；如果超时间隔为 0，函数检查事件对象后会立即返回；如果在指定的超时间隔内没有事件对象就绪，WSAWaitForMultipleEvents( )函数会返回 WSA_WAIT_TIMEOUT；如果超时间隔 dwsTimeout 设置为 WSA_INFINITE，则函数会等待下去直到有事件对象就绪才返回。

第 5 个参数 fAlertable 在使用 WSAEventSelect I/O 模型时应该设置为 FALSE，这个参数主要用于 Overlapped I/O 模型。

当 fWaitAll 为 TRUE 时：

（1）如果返回值为 WSA_TIMEOUT，则表明等待超时。

（2）如果返回值为 WSA_WAIT_EVENT_0，表明所有对象都已变成"触发状态"。

（3）如果返回值为 WAIT_IO_COMPLETION，说明一个或多个完成例程已经排队等待执行。

当 fWaitAll 为 FALSE 时：

（1）如果返回 WSA_WAIT_EVENT_0 到 WSA_WAIT_EVENT_0＋cEvents－1 范围内的值，说明有一个对象变为"触发状态"，它在数组中的下标为：返回值－WSA_EVENT_0。

（2）如果函数调用失败，则返回 WSA_WAIT_FAILED。

例如，下面的代码段用于获取变为"触发状态"的套接字事件对象：

```
Index = WSAWaitForMultipleEvents(...);
MyEvent = EventArray[Index - WSA_WAIT_EVENT_0];
```

6. WSAEnumNetworkEvents 函数

通过 WSAWaitForMultipleEvents 的返回值可以判断发生网络事件的套接字，应用程序如果需要进一步判断在该套接字上究竟发生了什么网络事件,可以通过调用 WSAEnumNetworkEvents 来实现,函数原型:

```
int WSAEnumNetworkEvents(
  _In_  SOCKET s,
  _In_  WSAEVENT hEventObject,
  _Out_ LPWSANETWORKEVENTS lpNetworkEvents
);
```

该函数可以查找发生在套接字上的网络事件,并清除系统内部的网络事件记录,重置事件对象。其参数的含义如下。

- s:发生网络事件的套接字句柄。
- hEventObject:被重置的事件对象句柄(可选)。
- lpNetworkEvents:指向 WSANETWORKEVENTS 网络事件结构的指针。

如果 hEventObject 不为 NULL,则该事件被重置;如果为 NULL,则需要调用 WSAResetEvent 函数设置事件为"非触发状态"。

WSANETWORKEVENTS 结构中包含了发生网络事件的记录和相关错误码,WSANETWORKEVENTS 的结构如下:

```
typedef struct _WSANETWORKEVENTS
{
    long lNetworkEvents;
    int  iErrorCode[FD_MAX_EVENTS];
} WSANETWORKEVENTS, FAR * LPWSANETWORKEVENTS;
```

其中,lNetworkEvents 表示发生的网络事件,iErrorCode 为包含网络事件错误码的数组,错误码与 lNetworkEvents 字段中的网络事件对应。

在应用程序中,使用网络事件错误标识符对 iErrorCode 数组进行索引,检查是否发生了网络错误。这些标识符的命名规则是在对应的网络事件后面添加"_BIT"。例如,对应 FD_READ 的网络事件错误标识符为"FD_READ_BIT"。

7. WSAEventSelect I/O 模型编程模板

下面的代码模板归纳了利用 WSAEventSelect I/O 模型开发一个服务器应用程序的方法:

```
SOCKET SocketArray [WSA_MAXIMUM_WAIT_EVENTS];
WSAEVENT EventArray [WSA_MAXIMUM_WAIT_EVENTS], NewEvent;
SOCKADDR_IN InternetAddr;
SOCKET Accept, Listen;
DWORD EventTotal = 0;
DWORD Index, i;

//建立一个TCP套接字,用于侦听端口 5150
Listen = socket (AF_INET, SOCK_STREAM, 0);

InternetAddr.sin_family = AF_INET;
InternetAddr.sin_addr.s_addr = htonl(INADDR_ANY);
InternetAddr.sin_port = htons(5150);
```

```c
bind(Listen, (PSOCKADDR) &InternetAddr, sizeof(InternetAddr));
NewEvent = WSACreateEvent();
WSAEventSelect(Listen, NewEvent, FD_ACCEPT | FD_CLOSE);
listen(Listen, 5);
SocketArray[EventTotal] = Listen;
EventArray[EventTotal] = NewEvent;
EventTotal++;

while(TRUE)
{
    //在所有套接字上等待网络事件的发生
    Index = WSAWaitForMultipleEvents(EventTotal, EventArray, FALSE, WSA_INFINITE, FALSE);
    Index = Index - WSA_WAIT_EVENT_0;

    //如果有一个以上的信号,遍历所有事件
    for(i = Index; i < EventTotal ;i++)
    {
    Index = WSAWaitForMultipleEvents(1, &EventArray[i], TRUE, 1000, FALSE);
    if ((Index == WSA_WAIT_FAILED) || (Index == WSA_WAIT_TIMEOUT))
        continue;
    else
    {
        Index = i;
        WSAEnumNetworkEvents(SocketArray[Index], EventArray[Index], &NetworkEvents);

        //检查 FD_ACCEPT 消息
        if (NetworkEvents.lNetworkEvents & FD_ACCEPT)
        {
            if (NetworkEvents.iErrorCode[FD_ACCEPT_BIT] != 0)
            {
                printf("FD_ACCEPT failed with error % d\n", NetworkEvents.iErrorCode[FD_ACCEPT_BIT]);
                break;
            }
            //接受新的链接,并将其存入套接字数组
            Accept = accept(SocketArray[Index], NULL, NULL);
            //由于无法处理超过 WSA_MAXIMUM_WAIT_EVENTS 数量的套接字,故关闭接收套接字
            if (EventTotal > WSA_MAXIMUM_WAIT_EVENTS)
            {
                printf("Too many connections");
                closesocket(Accept);
                break;
            }

            NewEvent = WSACreateEvent();
            WSAEventSelect(Accept, NewEvent, FD_READ | FD_WRITE | FD_CLOSE);
            EventArray[EventTotal] = NewEvent;
            SocketArray[EventTotal] = Accept;
            EventTotal++;
            printf("Socket % d connected\n", Accept);
        }
        //处理 FD_READ 通知
        if (NetworkEvents.lNetworkEvents & FD_READ)
        {
```

```
                if (NetworkEvents.iErrorCode[FD_READ_BIT] != 0)
                {
                    printf("FD_READ failed with error %d\n",NetworkEvents.iErrorCode[FD_READ_BIT]);
                    break;
                }
                //从套接字读取数据
                recv(SocketArray[Index - WSA_WAIT_EVENT_0], buffer, sizeof(buffer), 0);
            }
            //处理 FD_WRITE 通知
            if (NetworkEvents.lNetworkEvents & FD_WRITE)
            {
                if (NetworkEvents.iErrorCode[FD_WRITE_BIT] != 0)
                {
                    printf("FD_WRITE failed with error %d\n",NetworkEvents.iErrorCode[FD_WRITE_BIT]);
                    break;
                }
                send(SocketArray[Index - WSA_WAIT_EVENT_0], buffer, sizeof(buffer), 0);
            }

            if (NetworkEvents.lNetworkEvents & FD_CLOSE)
            {
                if (NetworkEvents.iErrorCode[FD_CLOSE_BIT] != 0)
                {
                    printf("FD_CLOSE failed with error %d\n", NetworkEvents.iErrorCode[FD_CLOSE_BIT]);
                    break;
                }
                closesocket(SocketArray[Index]);
                //从 Socket 和 Event 数组中删除套接字,并递减 EventTotal
                CompressArrays(EventArray, SocketArray, &EventTotal);
            }
        }
    }
}
```

程序开始时会创建侦听套接字,利用 WSAEventSelect 函数为套接字关联 FD_ACCEPT 和 FD_CLOSE 网络事件,然后套接字进入侦听状态。在 while 循环中,循环调用 WSAWaitForMultipleEvents 函数等待网络事件的发生,当网络事件发生时函数返回,并通过该函数的返回值得到发生网络事件的套接字,调用 WSAEnumNetworkEvents 函数检查在该套接字上到底发生什么网络事件。

如果发生 FD_ACCEPT 网络事件,则调用 accept 函数接受客户端连接并创建新套接字,将新套接字加入套接字数组,创建事件对象并加入事件数组,事件对象数量加一。

然后调用 WSAEventSelect 函数为新套接字关联事件对象,注册 FD_READ、FD_WRITE 和 FD_CLOSE 网络事件。如果发生 FD_READ 网络事件,则调用 recv 函数接收数据;如果发生 FD_WRITE 网络事件,则调用 send 函数发送数据;如果发生 FD_CLOSE 网络事件,则将新套接字从套接字数组清除,同时将对应事件从事件数组删除,事件对象数量减一,并关闭该套接字。

在应用程序中,在判断发生的各种网络事件之前,首先应判断是否发生了网络错误。

WSAEventSelect 模型的优点是概念简单且不需要创建窗体环境,唯一的不足是单线程最大只能监视 64 个套接字事件对象,虽然可以通过线程池技术弥补这个不足,但是一味地增加线程会消耗系统资源过快,因此其可扩展性不如重叠 I/O 模型。

8. WSAEventSelect I/O 模型服务器编程实例

程序 2.14 给出一个 WSAEventSelect 模型服务器编程实例,服务器在端口 5150 侦听 TCP 连接,回送客户机数据。

程序 2.14 WSAEventSelect I/O 模型回送服务器完整代码

```cpp
//WSAEventSelect I/O模型回送服务器
//WSAEventSelect.cpp
#include <winsock2.h>
#include <windows.h>
#include <stdio.h>
#pragma comment(lib,"ws2_32.lib")
#define PORT 5150
#define DATA_BUFSIZE 8192

typedef struct _SOCKET_INFORMATION {
    CHAR Buffer[DATA_BUFSIZE];
    WSABUF DataBuf;
    SOCKET Socket;
    DWORD BytesSEND;
    DWORD BytesRECV;
} SOCKET_INFORMATION, * LPSOCKET_INFORMATION;

BOOL CreateSocketInformation(SOCKET s);
void FreeSocketInformation(DWORD Event);

DWORD EventTotal = 0;
WSAEVENT EventArray[WSA_MAXIMUM_WAIT_EVENTS];
LPSOCKET_INFORMATION SocketArray[WSA_MAXIMUM_WAIT_EVENTS];

int main(int argc, char ** argv)
{
    SOCKET Listen;
    SOCKET Accept;
    SOCKADDR_IN InternetAddr;
    LPSOCKET_INFORMATION SocketInfo;
    DWORD Event;
    WSANETWORKEVENTS NetworkEvents;
    WSADATA wsaData;
    DWORD Flags;
    DWORD RecvBytes;
    DWORD SendBytes;

    if (WSAStartup(0x0202, &wsaData) != 0)
    {
        printf("WSAStartup() failed with error %d\n", WSAGetLastError());
        return 1;
    }
    else
        printf("WSAStartup() is OK!\n");
```

```c
    if ((Listen = socket(AF_INET, SOCK_STREAM, 0)) == INVALID_SOCKET)
    {
        printf("socket() failed with error % d\n", WSAGetLastError());
        return 1;
    }
    else
        printf("socket() is OK!\n");

    if(CreateSocketInformation(Listen) == FALSE)
        printf("CreateSocketInformation() failed!\n");
    else
        printf("CreateSocketInformation() is OK!\n");

    if (WSAEventSelect(Listen, EventArray[EventTotal - 1], FD_ACCEPT|FD_CLOSE) == SOCKET_ERROR)
    {
        printf("WSAEventSelect() failed with error % d\n", WSAGetLastError());
        return 1;
    }
    else
        printf("WSAEventSelect() is pretty fine!\n");

    InternetAddr.sin_family = AF_INET;
    InternetAddr.sin_addr.s_addr = htonl(INADDR_ANY);
    InternetAddr.sin_port = htons(PORT);

    if (bind(Listen, (PSOCKADDR) &InternetAddr, sizeof(InternetAddr)) == SOCKET_ERROR)
    {
        printf("bind() failed with error % d\n", WSAGetLastError());
        return 1;
    }
    else
        printf("bind() is OK!\n");

    if (listen(Listen, 5))
    {
        printf("listen() failed with error % d\n", WSAGetLastError());
        return 1;
    }
    else
        printf("listen() is OK!\n");

    while(TRUE)
    {
        //等待套接字接收 I/O 通知
         if ((Event = WSAWaitForMultipleEvents(EventTotal, EventArray, FALSE, WSA_INFINITE, FALSE)) == WSA_WAIT_FAILED)
        {
            printf("WSAWaitForMultipleEvents() failed with error % d\n", WSAGetLastError());
                return 1;
        }
        else
            printf("WSAWaitForMultipleEvents() is pretty damn OK!\n");
```

```c
    if (WSAEnumNetworkEvents(SocketArray[Event - WSA_WAIT_EVENT_0]->Socket,
        EventArray[Event - WSA_WAIT_EVENT_0], &NetworkEvents) == SOCKET_ERROR)
    {
        printf("WSAEnumNetworkEvents() failed with error %d\n", WSAGetLastError());
        return 1;
    }
    else
        printf("WSAEnumNetworkEvents() should be fine!\n");

    if (NetworkEvents.lNetworkEvents & FD_ACCEPT)
    {
        if (NetworkEvents.iErrorCode[FD_ACCEPT_BIT] != 0)
        {
            printf("FD_ACCEPT failed with error %d\n", NetworkEvents.iErrorCode[FD_ACCEPT_BIT]);
            break;
        }

        if ((Accept = accept(SocketArray[Event - WSA_WAIT_EVENT_0]->Socket, NULL,
            NULL)) == INVALID_SOCKET)
        {
            printf("accept() failed with error %d\n", WSAGetLastError());
            break;
        }
        else
            printf("accept() should be OK!\n");

        if (EventTotal > WSA_MAXIMUM_WAIT_EVENTS)
        {
            printf("Too many connections - closing socket...\n");
            closesocket(Accept);
            break;
        }

        CreateSocketInformation(Accept);

        if (WSAEventSelect(Accept, EventArray[EventTotal - 1], FD_READ|FD_WRITE|FD_CLOSE)
            == SOCKET_ERROR)
        {
            printf("WSAEventSelect() failed with error %d\n", WSAGetLastError());
            return 1;
        }
        else
            printf("WSAEventSelect() is OK!\n");

        printf("Socket %d got connected...\n", Accept);
    }

    //如果读取和写入事件发生,试着对数据缓冲区读取和写入数据
    if (NetworkEvents.lNetworkEvents & FD_READ || NetworkEvents.lNetworkEvents & FD_WRITE)
    {
        if (NetworkEvents.lNetworkEvents & FD_READ && NetworkEvents.iErrorCode[FD_READ_BIT]
            != 0)
```

```c
        {
            printf("FD_READ failed with error %d\n", NetworkEvents.iErrorCode[FD_READ_BIT]);
            break;
        }
        else
            printf("FD_READ is OK!\n");

        if (NetworkEvents.lNetworkEvents & FD_WRITE && NetworkEvents.iErrorCode[FD_WRITE_BIT] != 0)
        {
            printf("FD_WRITE failed with error %d\n", NetworkEvents.iErrorCode[FD_WRITE_BIT]);
            break;
        }
        else
            printf("FD_WRITE is OK!\n");

        SocketInfo = SocketArray[Event - WSA_WAIT_EVENT_0];

        //当收到的字节数为 0 时读取数据
        if (SocketInfo->BytesRECV == 0)
        {
            SocketInfo->DataBuf.buf = SocketInfo->Buffer;
            SocketInfo->DataBuf.len = DATA_BUFSIZE;

            Flags = 0;

            if (WSARecv(SocketInfo->Socket, &(SocketInfo->DataBuf), 1, &RecvBytes,
                &Flags, NULL, NULL) == SOCKET_ERROR)
            {
                if (WSAGetLastError() != WSAEWOULDBLOCK)
                {
                    printf("WSARecv() failed with error %d\n", WSAGetLastError());
                    FreeSocketInformation(Event - WSA_WAIT_EVENT_0);
                    return 1;
                }
            }
            else
            {
                printf("WSARecv() is working!\n");
                SocketInfo->BytesRECV = RecvBytes;
            }
        }

        //当收到的字节数大于发送的字节数时发送数据
        if (SocketInfo->BytesRECV > SocketInfo->BytesSEND)
        {
            SocketInfo->DataBuf.buf = SocketInfo->Buffer + SocketInfo->BytesSEND;
            SocketInfo->DataBuf.len = SocketInfo->BytesRECV - SocketInfo->BytesSEND;

            if (WSASend(SocketInfo->Socket, &(SocketInfo->DataBuf), 1, &SendBytes, 0,
                NULL, NULL) == SOCKET_ERROR)
            {
                if (WSAGetLastError() != WSAEWOULDBLOCK)
```

```c
                {
                    printf("WSASend() failed with error %d\n", WSAGetLastError());
                    FreeSocketInformation(Event - WSA_WAIT_EVENT_0);
                    return 1;
                }
            }
            else
            {
                printf("WSASend() is fine! Thank you...\n");
                SocketInfo->BytesSEND += SendBytes;
                //收发完成
                if (SocketInfo->BytesSEND == SocketInfo->BytesRECV)
                {
                    SocketInfo->BytesSEND = 0;
                    SocketInfo->BytesRECV = 0;
                }
            }
        }
    }

    if (NetworkEvents.lNetworkEvents & FD_CLOSE)
    {
        if (NetworkEvents.iErrorCode[FD_CLOSE_BIT] != 0)
        {
            printf("FD_CLOSE failed with error %d\n", NetworkEvents.iErrorCode[FD_CLOSE_BIT]);
            break;
        }
        else
            printf("FD_CLOSE is OK!\n");

        printf("Closing socket information %d\n", SocketArray[Event - WSA_WAIT_EVENT_0]->Socket);
        FreeSocketInformation(Event - WSA_WAIT_EVENT_0);
    }
  }
  return 0;
}

BOOL CreateSocketInformation(SOCKET s)
{
  LPSOCKET_INFORMATION SI;

  if ((EventArray[EventTotal] = WSACreateEvent()) == WSA_INVALID_EVENT)
  {
      printf("WSACreateEvent() failed with error %d\n", WSAGetLastError());
      return FALSE;
  }
  else
      printf("WSACreateEvent() is OK!\n");

  if ((SI = (LPSOCKET_INFORMATION) GlobalAlloc(GPTR, sizeof(SOCKET_INFORMATION))) == NULL)
  {
      printf("GlobalAlloc() failed with error %d\n", GetLastError());
```

```
        return FALSE;
    }
    else
        printf("GlobalAlloc() for LPSOCKET_INFORMATION is OK!\n");

    //准备使用SocketInfo结构
    SI -> Socket = s;
    SI -> BytesSEND = 0;
    SI -> BytesRECV = 0;

    SocketArray[EventTotal] = SI;
    EventTotal++;
    return(TRUE);
}

void FreeSocketInformation(DWORD Event)
{
    LPSOCKET_INFORMATION SI = SocketArray[Event];
    DWORD i;

    closesocket(SI -> Socket);
    GlobalFree(SI);

    if(WSACloseEvent(EventArray[Event]) == TRUE)
        printf("WSACloseEvent() is OK!\n\n");
    else
        printf("WSACloseEvent() failed miserabily!\n\n");

    //将套接字和事件从数组删除
    for (i = Event; i < EventTotal; i++)
    {
        EventArray[i] = EventArray[i + 1];
        SocketArray[i] = SocketArray[i + 1];
    }

    EventTotal -- ;
}
```

程序2.14的测试步骤如下:

(1) 启动服务器程序,其初始运行界面如图2.30所示,可见服务器工作正常。

(2) 启动TcpClient客户机程序,在命令行中输入以下命令:

```
TcpClient -p:5150  -s:localhsot  -n:2
```

客户机的运行结果如图2.31所示,即连接到服务器并收到了服务器回送的数据。

(3) 重新观察服务器界面的反应,如图2.32所示。请读者对照程序,自行写出服务器运行的结果分析。

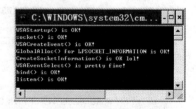

图2.30 WSAEventSelect I/O模型回送服务器初始界面

图 2.31　TcpClient 客户机连接服务器后的界面　　　图 2.32　WSAEventSelect I/O 模型服务器
　　　　　　　　　　　　　　　　　　　　　　　　　　　　响应客户机界面

2.5.5　Overlapped I/O 模型

利用 Overlapped I/O（重叠 I/O）模型，应用程序能一次投递一个或多个 I/O 请求，在系统完成 I/O 操作后通知应用程序。与前面介绍的 4 种 I/O 模型相比，该模型是真正意义上的异步 I/O 模型，它能使 WinSock 应用程序达到更高的性能。

WinSock 重叠 I/O 基于 Windows 重叠 I/O 机制实现。从发送和接收数据的角度来看，重叠 I/O 模型与前面介绍的 Select I/O 模型、WSAAsyncSelect I/O 模型和 WSAEventSelect I/O 模型都不同，因为在上述这 3 个模型中开始读/写数据后还是同步的。例如，在应用程序调用 WSARecv 函数时，都会在 WSARecv 函数内部发生阻塞，直到数据接收完毕后才返回，而重叠 I/O 模型会在调用 WSARecv 后立即返回。

注意：套接字的重叠 I/O 属性不会对套接字的当前工作模式产生影响，创建具有重叠属性的套接字执行重叠 I/O 操作，并不会改变套接字的阻塞模式。套接字的阻塞模式与重叠 I/O 操作不相关，重叠 I/O 模型仅对 WSASend 和 WSARecv 的行为有影响。

1. 重叠 I/O 模型函数

WinSock 主要通过以下函数和一个被称作 WSAOVERLAPPED 的结构实现重叠 I/O 机制：

- WSASend()
- WSASendTo()
- WSARecv()
- WSARecvFrom()
- WSAIoctl()
- WSARecvMsg()

- AcceptEx()
- ConnectEx()
- TransmitFile()
- TransmitPackets()
- DisconnectEx()
- WSANSPIoctl()

上述函数使用 WSAOVERLAPPED 结构作为参数。当这些函数工作于 WSAOVERLAPPED 模式时，其调用会立即返回，而不管套接字处于何种工作模式（阻塞、非阻塞）。上述函数依赖 WSAOVERLAPPED 结构管理 I/O 请求的完成情况，重叠 I/O 采用事件或完成例程通知程序异步操作已完成。另外，前 6 个函数都包括 WSAOVERLAPPED_COMPLETION_ROUTINE 这个参数，这是一个可选指针类型的参数，它指向一个完成例程。

2. WSAOVERLAPPED 结构

WSAOVERLAPPED 结构将事件对象和重叠 I/O 操作关联在一起。例如：

```
typedef struct _WSAOVERLAPPED {
  ULONG_PTR Internal;
  ULONG_PTR InternalHigh;
  union {
    struct {
      DWORD Offset;
      DWORD OffsetHigh;
    };
    PVOID   Pointer;
  };
  HANDLE    hEvent;
} WSAOVERLAPPED, *LPWSAOVERLAPPED;
```

其中，Internal、InternalHigh、Offset、OffsetHigh 和 Pointer 5 个参数由系统使用，hEvent 用于程序关联事件对象。

应用程序可以简单地执行以下 3 个步骤将一个事件对象与套接字关联起来：

(1) 调用 WSACreateEvent 创建事件对象。
(2) 将该事件赋值给 WSAOVERLAPPED 结构的 hEvent 字段。
(3) 使用该重叠结构调用 WSASend 或 WSARecv 函数。

事件对象与 WSAOVERLAPPED 结构关联后，在应用程序中调用 WSAWaitForMultipleEvents 函数等待事件的发生。

WSAGetOverlappedResult 函数用于检索指定套接字上的重叠 I/O 操作结果。函数原型：

```
BOOL WSAAPI WSAGetOverlappedResult(
  _In_   SOCKET s,
  _In_   LPWSAOVERLAPPED lpOverlapped,
  _Out_  LPDWORD lpcbTransfer,
  _In_   BOOL fWait,
  _Out_  LPDWORD lpdwFlags
);
```

其参数的含义如下。
- s：发起重叠操作的套接字。
- lpOverlapped：发起重叠操作的 WSAOVERLAPPED 结构指针。
- lpcbTransfer：实际发送或接收的字节数。
- fWait：函数返回的方式。如果为 TRUE，该函数直到重叠 I/O 完成时才返回；如果为 FALSE 并且 I/O 操作处于等待执行状态，则函数返回 FALSE，用 WSAGetLastError 捕获的错误码为 WSA_IO_INCOMPLETE。
- lpdwFlags：接收完成状态的附加标识，不能为空。

当该函数返回 TRUE 时，表示重叠 I/O 操作已经完成，lpcbTransfer 参数指明实际处理的数据字节数；当该函数返回 FALSE 时，表示重叠 I/O 还未完成。

3. 重叠 I/O 服务器编程模板

下面提供一个重叠 I/O 编程模板，供读者学习，代码如下：

```
#define DATA_BUFSIZE 4096
void main()
{
    WSABUF DataBuf;
    char buffer[DATA_BUFSIZE];
    DWORD EventTotal = 0, RecvBytes = 0, Flags = 0;
    WSAEVENT EventArray[WSA_MAXIMUM_WAIT_EVENTS];
    WSAOVERLAPPED AcceptOverlapped;
    SOCKET ListenSocket, AcceptSocket;

    //步骤(1)
    //开始 WinSock 服务并创建一个侦听套接字
    ...

    //步骤(2)
    //接受到达的链接
    AcceptSocket = accept(ListenSocket, NULL, NULL);

    //步骤(3)
    //建立重叠结构
    EventArray[EventTotal] = WSACreateEvent();

    ZeroMemory(&AcceptOverlapped, sizeof(WSAOVERLAPPED));
    AcceptOverlapped.hEvent = EventArray[EventTotal];

    DataBuf.len = DATA_BUFSIZE;
    DataBuf.buf = buffer;

    EventTotal++;

    //步骤(4)
    //发送一个 WSARecv 请求，以便在套接字上接收数据
    if (WSARecv(AcceptSocket, &DataBuf, 1, &RecvBytes, &Flags, &AcceptOverlapped, NULL) == SOCKET_ERROR)
    {
        if (WSAGetLastError() != WSA_IO_PENDING)
```

```
        {
            //错误处理
        }
    }

    //处理套接字上的重叠接收
    while(TRUE)
    {
        DWORD Index;
        //步骤(5)
        //等候重叠 I/O 调用结束
        Index = WSAWaitForMultipleEvents(EventTotal, EventArray, FALSE, WSA_INFINITE, FALSE);

        //索引应为 0,因为 EventArray 中仅有一个事件

        //步骤(6)
        //重置已触发的事件
        WSAResetEvent(EventArray[Index - WSA_WAIT_EVENT_0]);

        //步骤(7)
        //确定重叠请求的状态
        WSAGetOverlappedResult(AcceptSocket,&AcceptOverlapped,&BytesTransferred, FALSE, &Flags);

        //检查客户机是否已经关闭了连接,如果关闭,则关闭套接字
        if (BytesTransferred == 0)
        {
            printf("Closing socket % d\n", AcceptSocket);
            closesocket(AcceptSocket);
            WSACloseEvent(EventArray[Index - WSA_WAIT_EVENT_0]);
            return;
        }

        //对接收到的数据进行处理
        //DataBuf 中包含收到的数据
        ...

        //步骤(8)
        //在套接字上开启另一个 WSARecv 请求
        Flags = 0;
        ZeroMemory(&AcceptOverlapped, sizeof(WSAOVERLAPPED));

        AcceptOverlapped.hEvent = EventArray[Index - WSA_WAIT_EVENT_0];

        DataBuf.len = DATA_BUFSIZE;
        DataBuf.buf = buffer;

        if (WSARecv(AcceptSocket, &DataBuf, 1, &RecvBytes, &Flags, &AcceptOverlapped, NULL) == SOCKET_ERROR)
        {
            if (WSAGetLastError() != WSA_IO_PENDING)
            {
                //出错处理
            }
        }
    }
}
```

这里进一步将重叠 I/O 程序模板的编程步骤概述如下：
(1) 创建侦听套接字，并在指定端口上开始侦听连接请求。
(2) 接受到达的客户机连接。
(3) 为接受连接的套接字创建一个 WSAOVERLAPPED 结构并为其绑定一个事件对象，同时将事件对象存入一个事件数组，以供 WSAWaitForMultipleEvents() 函数使用。
(4) 借助 WSAOVERLAPPED 参数，使用 WSARecv() 发送一个异步请求。
(5) 调用 WSAWaitForMultipleEvents() 函数监视事件数组，等待事件对象被触发。
(6) 使用 WSAGetOverlappedResult() 判断重叠 I/O 调用的返回结果。
(7) 使用 WSAResetEvent() 复位事件数组中的事件对象，处理已完成的重叠请求。
(8) 用 WSARecv() 开启另一个重叠请求。
(9) 重复步骤(5)~(8)。

对于重叠 I/O 服务器实例的演示，请读者参考课件中附带的程序。

2.5.6 I/O Completion Port 模型

I/O Completion Port(I/O 完成端口)模型是在多处理器系统上处理多个异步 I/O 请求的高效的线程模型。当一个进程创建一个 I/O 完成端口时，系统会创建维护一个队列来处理异步并发 I/O 请求，通过使用 I/O 完成端口结合预分配的线程池，可以更快速、更有效地对客户机作出响应，而不是在收到一个 I/O 请求时才开始创建线程。

一个请求开设一个线程的工作模式，将造成 CPU 在大量的线程间进行切换，开销是很大的。完成端口 I/O 模型避免了单纯的增加线程策略，对于同时到达的 500 个客户机请求不会出现开设 500 个可运行的线程的情况。

1. 完成端口函数

I/O 完成端口的工作机制由一些函数完成，其中最重要的是创建端口函数 CreateIoCompletionPort。

CreateIoCompletionPort 函数负责创建一个 I/O 完成端口，并关联一个或多个文件句柄。这里的文件句柄是一个系统抽象，不仅可以是一个磁盘上的文件，还可以是一个网络端点、TCP 套接字或命名管道等，也可以是任何系统对象，只要它支持重叠 I/O 即可。其他相关的函数如下：

- ConnectNamedPipe
- DeviceIoControl
- LockFileEx
- ReadDirectoryChangesW
- ReadFile
- TransactNamedPipe
- WaitCommEvent
- WriteFile
- WSASendMsg
- WSASendTo

- WSASend
- WSARecvFrom
- WSARecvMsg
- WSARecv

上述函数配合 CreateIoCompletionPort 创建的端口,再加上一个 OVERLAPPED 结构和一个文件句柄实现了完成端口的工作机制。

创建完成端口的函数如下:

```
HANDLE WINAPI CreateIoCompletionPort(
  _In_      HANDLE FileHandle,
  _In_opt_  HANDLE ExistingCompletionPort,
  _In_      ULONG_PTR CompletionKey,
  _In_      DWORD NumberOfConcurrentThreads
);
```

这个函数会完成两个任务:一是创建一个 I/O 完成端口对象;二是将一个设备与一个 I/O 完成端口关联起来。

其参数的含义如下。

- FileHandle:设备句柄,在网络通信中就是套接字。
- ExistingCompletionPort:与设备关联的 I/O 完成端口句柄。当为 NULL 时,系统会创建新的完成端口。
- NumberOfConcurrentThreads:可以为 I/O 完成端口开设的最大线程数。如果该参数为 0,则根据系统中处理器的数量设定并行线程数。如果 ExistingCompletionPort 参数不为 NULL,此参数被忽略。

如果函数调用成功,则返回值是一个 I/O 完成端口的句柄,且分为以下几种情况:

(1) 如果 ExistingCompletionPort 参数为 NULL,则返回值是一个新的句柄。

(2) 如果 ExistingCompletionPort 参数是一个有效的 I/O 完成端口句柄,返回值是相同的句柄。

(3) 如果文件句柄参数是一个有效的句柄,则文件句柄与 I/O 完成端口关联起来。

如果函数失败,返回值是 NULL。如果要得到错误信息,请调用 GetLastError 函数。

2. 完成端口编程模板

创建完成端口 I/O 模型的基本步骤如下:

(1) 创建一个完成端口,可将第 4 个参数设置为 0,以指定根据处理器的数量创建工作线程。

(2) 确定系统处理器的数量。

(3) 根据上一步获得的处理器数量,用 CreateThread()创建为完成端口服务的工作线程。

(4) 创建一个负责侦听的套接字,在指定端口侦听连接请求。

(5) 使用 WSAAccept 函数接受连接请求。

(6) 创建一个数据结构来保存套接字句柄。

(7) 将 WSAAccept 函数返回的套接字关联到 CreateIoCompletionPort()创建的完成

端口上。

(8) 开始在接受的连接上处理 I/O。

(9) 重复步骤(5)~(8)。

根据上述步骤实现的完成端口编程模板如下：

```
HANDLE CompletionPort;
WSADATA wsd;
SYSTEM_INFO SystemInfo;
SOCKADDR_IN InternetAddr;
SOCKET Listen;
int i;

typedef struct _PER_HANDLE_DATA
{
    SOCKET    Socket;
    SOCKADDR_STORAGE   ClientAddr;
    //套接字句柄关联的其他信息
} PER_HANDLE_DATA, * LPPER_HANDLE_DATA;

//加载 WinSock
StartWinsock(MAKEWORD(2,2), &wsd);

//步骤(1)
//创建一个 I/O 完成端口
CompletionPort = CreateIoCompletionPort(INVALID_HANDLE_VALUE, NULL, 0, 0);

//步骤(2)
//确定系统有多少个处理器
GetSystemInfo(&SystemInfo);

//步骤(3)
//基于系统中可用的处理器数量创建工作线程
//对于这个例子,为每个处理器创建一个工作线程
for(i = 0; i < SystemInfo.dwNumberOfProcessors; i++)
{
    HANDLE ThreadHandle;

    //创建一个服务器的工作线程
    //并将完成端口传递到该线程
    ThreadHandle = CreateThread(NULL, 0, ServerWorkerThread, CompletionPort, 0, NULL);
    //关闭线程句柄
    CloseHandle(ThreadHandle);
}

//步骤(4)
//创建一个监听套接字
Listen = WSASocket(AF_INET, SOCK_STREAM, 0, NULL, 0, WSA_FLAG_OVERLAPPED);

InternetAddr.sin_family = AF_INET;
InternetAddr.sin_addr.s_addr = htonl(INADDR_ANY);
InternetAddr.sin_port = htons(5150);
bind(Listen, (PSOCKADDR) &InternetAddr, sizeof(InternetAddr));
```

```cpp
//开始监听
listen(Listen, 5);

while(TRUE)
{
    PER_HANDLE_DATA * PerHandleData = NULL;
    SOCKADDR_IN saRemote;
    SOCKET Accept;
    int RemoteLen;

    //步骤(5)
    //接受客户机连接
    RemoteLen = sizeof(saRemote);
    Accept = WSAAccept(Listen, (SOCKADDR *)&saRemote, &RemoteLen);

    //步骤(6)
    //创建用来和套接字关联的数据结构
    PerHandleData = (LPPER_HANDLE_DATA)GlobalAlloc(GPTR, sizeof(PER_HANDLE_DATA));

    printf("Socket number %d connected\n", Accept);
    PerHandleData->Socket = Accept;
    memcpy(&PerHandleData->ClientAddr, &saRemote, RemoteLen);

    //步骤(7)
    //将套接字和完成端口关联起来
    CreateIoCompletionPort((HANDLE) Accept, CompletionPort, (DWORD) PerHandleData, 0);

    //步骤(8)
    //开始在套接字上处理I/O
    //使用重叠I/O,在套接字上投递一个或多个WSASend或WSARecv调用
    WSARecv(...);
}

DWORD WINAPI ServerWorkerThread(LPVOID lpParam)
{
    //工作线程的内容将在后面讨论
}
```

3. 完成端口实例

程序2.15演示了如何使用I/O完成端口开发一个简单的WinSock回声服务器,应用程序监听端口5150的TCP连接,并将收到的客户机数据回送给客户机。

程序2.15 用完成端口开发回声服务器完整代码

```cpp
//I/O完成端口服务器程序
//程序名:IOComplete.cpp
#include <winsock2.h>
#include <windows.h>
#include <stdio.h>
#pragma comment(lib,"ws2_32.lib")
#define PORT 5150
```

```c
#define DATA_BUFSIZE 8192

//类型定义
typedef struct
{
    OVERLAPPED Overlapped;
    WSABUF DataBuf;
    CHAR Buffer[DATA_BUFSIZE];
    DWORD BytesSEND;
    DWORD BytesRECV;
} PER_IO_OPERATION_DATA, * LPPER_IO_OPERATION_DATA;

//结构定义
typedef struct
{
    SOCKET Socket;
} PER_HANDLE_DATA, * LPPER_HANDLE_DATA;

//原型声明
DWORD WINAPI ServerWorkerThread(LPVOID CompletionPortID);

int main(int argc, char ** argv)
{
    SOCKADDR_IN InternetAddr;
    SOCKET Listen;
    HANDLE ThreadHandle;
    SOCKET Accept;
    HANDLE CompletionPort;
    SYSTEM_INFO SystemInfo;
    LPPER_HANDLE_DATA PerHandleData;
    LPPER_IO_OPERATION_DATA PerIoData;
    int i;
    DWORD RecvBytes;
    DWORD Flags;
    DWORD ThreadID;
    WSADATA wsaData;
    DWORD Ret;

    if ((Ret = WSAStartup((2,2), &wsaData)) != 0)
    {
        printf("WSAStartup() failed with error %d\n", Ret);
        return 1;
    }
    else
        printf("WSAStartup() is OK!\n");

    //设置一个 I/O 完成端口
    if ((CompletionPort = CreateIoCompletionPort(INVALID_HANDLE_VALUE, NULL, 0, 0)) == NULL)
    {
        printf("CreateIoCompletionPort() failed with error %d\n", GetLastError());
        return 1;
    }
    else
        printf("CreateIoCompletionPort() is damn OK!\n");
```

```c
//测试系统中有多少 CPU 处理器
GetSystemInfo(&SystemInfo);

//基于系统可用的处理器创建工作线程
//为每个处理器创建两个线程
for(i = 0; i < (int)SystemInfo.dwNumberOfProcessors * 2; i++)
{
    //创建一个服务器工作线程,并且传递一个完成端口给这个线程
    if ((ThreadHandle = CreateThread(NULL, 0, ServerWorkerThread, CompletionPort, 0, &ThreadID)) == NULL)
    {
        printf("CreateThread() failed with error %d\n", GetLastError());
        return 1;
    }
    else
        printf("CreateThread() is OK!\n");

    //关闭线程句柄
    CloseHandle(ThreadHandle);
}

//创建服务器监听套接字
if ((Listen = WSASocket(AF_INET, SOCK_STREAM, 0, NULL, 0, WSA_FLAG_OVERLAPPED)) == INVALID_SOCKET)
{
    printf("WSASocket() failed with error %d\n", WSAGetLastError());
    return 1;
}
else
    printf("WSASocket() is OK!\n");

InternetAddr.sin_family = AF_INET;
InternetAddr.sin_addr.s_addr = htonl(INADDR_ANY);
InternetAddr.sin_port = htons(PORT);

if (bind(Listen, (PSOCKADDR) &InternetAddr, sizeof(InternetAddr)) == SOCKET_ERROR)
{
    printf("bind() failed with error %d\n", WSAGetLastError());
    return 1;
}
else
    printf("bind() is fine!\n");

//开始监听
if (listen(Listen, 5) == SOCKET_ERROR)
{
    printf("listen() failed with error %d\n", WSAGetLastError());
    return 1;
}
else
    printf("listen() is working...\n");

//接受连接并且交给完成端口处理
while(TRUE)
```

```c
{
    if ((Accept = WSAAccept(Listen, NULL, NULL, NULL, 0)) == INVALID_SDCKET)
    {
        printf("WSAAccept() failed with error %d\n", WSAGetLastError());
        return 1;
    }
    else
        printf("WSAAccept() looks fine!\n");

    //为套接字分配内存
    if ((PerHandleData = (LPPER_HANDLE_DATA) GlobalAlloc(GPTR, sizeof(PER_HANDLE_DATA)))
== NULL)
    {
        printf("GlobalAlloc() failed with error %d\n", GetLastError());
        return 1;
    }
    else
        printf("GlobalAlloc() for LPPER_HANDLE_DATA is OK!\n");

//将套接字与完成端口关联起来
printf("Socket number %d got connected...\n", Accept);
PerHandleData->Socket = Accept;

if (CreateIoCompletionPort((HANDLE) Accept, CompletionPort, (DWORD) PerHandleData, 0) == NULL)
    {
        printf("CreateIoCompletionPort() failed with error %d\n", GetLastError());
        return 1;
    }
else
    printf("CreateIoCompletionPort() is OK!\n");

//创建一个 I/O 套接字信息结构体,为下面调用的 WSARecv 函数服务
if ((PerIoData = (LPPER_IO_OPERATION_DATA) GlobalAlloc(GPTR, sizeof(PER_IO_OPERATION_
DATA))) == NULL)
{
    printf("GlobalAlloc() failed with error %d\n", GetLastError());
    return 1;
}
else
    printf("GlobalAlloc() for LPPER_IO_OPERATION_DATA is OK!\n");

ZeroMemory(&(PerIoData->Overlapped), sizeof(OVERLAPPED));
PerIoData->BytesSEND = 0;
PerIoData->BytesRECV = 0;
PerIoData->DataBuf.len = DATA_BUFSIZE;
PerIoData->DataBuf.buf = PerIoData->Buffer;

Flags = 0;
if (WSARecv(Accept, &(PerIoData->DataBuf), 1, &RecvBytes, &Flags, &(PerIoData->
Overlapped), NULL) == SOCKET_ERROR)
{
    if (WSAGetLastError() != ERROR_IO_PENDING)
    {
        printf("WSARecv() failed with error %d\n", WSAGetLastError());
```

```c
            return 1;
        }
    }
    else
        printf("WSARecv() is OK!\n");
}
}//end main

DWORD WINAPI ServerWorkerThread(LPVOID CompletionPortID)
{
    HANDLE CompletionPort = (HANDLE) CompletionPortID;
    DWORD BytesTransferred;
    LPPER_HANDLE_DATA PerHandleData;
    LPPER_IO_OPERATION_DATA PerIoData;
    DWORD SendBytes, RecvBytes;
    DWORD Flags;

    while(TRUE)
    {
        if (GetQueuedCompletionStatus(CompletionPort, &BytesTransferred,
            (LPDWORD)&PerHandleData, (LPOVERLAPPED *) &PerIoData, INFINITE) == 0)
        {
            printf("GetQueuedCompletionStatus() failed with error % d\n", GetLastError());
            return 0;
        }
        else
            printf("GetQueuedCompletionStatus() is OK!\n");

        //检查套接字是否发生了错误,如果发生了错误,关闭套接字并释放相关内存
        if (BytesTransferred == 0)
        {
            printf("Closing socket % d\n", PerHandleData->Socket);
            if (closesocket(PerHandleData->Socket) == SOCKET_ERROR)
            {
                printf("closesocket() failed with error % d\n", WSAGetLastError());
                return 0;
            }
            else
                printf("closesocket() is fine!\n");

            GlobalFree(PerHandleData);
            GlobalFree(PerIoData);
            continue;
        }

        //如果 BytesRECV 字段等于 0,表示一个 WSARecv 调用刚刚完成
        if (PerIoData->BytesRECV == 0)
        {
            PerIoData->BytesRECV = BytesTransferred;
            PerIoData->BytesSEND = 0;
        }
        else
        {
            PerIoData->BytesSEND + = BytesTransferred;
```

```
        }

        if (PerIoData->BytesRECV > PerIoData->BytesSEND)
        {
            //调用 WSASend()发送,直到所有收到的字节被发送
            ZeroMemory(&(PerIoData->Overlapped), sizeof(OVERLAPPED));
            PerIoData->DataBuf.buf = PerIoData->Buffer + PerIoData->BytesSEND;
            PerIoData->DataBuf.len = PerIoData->BytesRECV - PerIoData->BytesSEND;

            if (WSASend(PerHandleData->Socket, &(PerIoData->DataBuf), 1, &SendBytes, 0,
                &(PerIoData->Overlapped), NULL) == SOCKET_ERROR)
            {
                if (WSAGetLastError() != ERROR_IO_PENDING)
                {
                    printf("WSASend() failed with error %d\n", WSAGetLastError());
                    return 0;
                }
            }
            else
                printf("WSASend() is OK!\n");
        }
        else
        {
            PerIoData->BytesRECV = 0;

            //现在没有多余的数据可以发送,发出另外一个 WSARecv()请求
            Flags = 0;
            ZeroMemory(&(PerIoData->Overlapped), sizeof(OVERLAPPED));
            PerIoData->DataBuf.len = DATA_BUFSIZE;
            PerIoData->DataBuf.buf = PerIoData->Buffer;

                if (WSARecv(PerHandleData->Socket, &(PerIoData->DataBuf), 1, &RecvBytes, &Flags,
                    &(PerIoData->Overlapped), NULL) == SOCKET_ERROR)
            {
                if (WSAGetLastError() != ERROR_IO_PENDING)
                {
                    printf("WSARecv() failed with error %d\n", WSAGetLastError());
                    return 0;
                }
            }
            else
                printf("WSARecv() is OK!\n");
        }
    }
}
```

编译运行程序,其测试步骤如下:

(1) 启动服务器,图 2.33 是服务器启动后的初始运行界面,显示了服务器的运行状态。

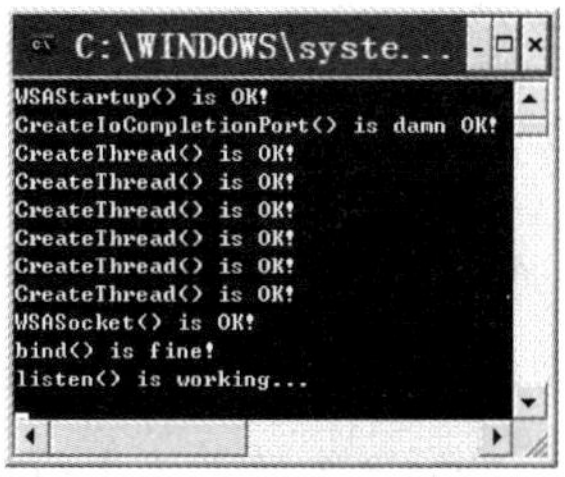

(2) 配合服务器程序进行测试的客户端仍用前面实现的 TcpClient 程序启动客户机,输入以下命令:

图 2.33 完成端口服务器启动后的初始运行界面

```
Tcpclient    -p:5150    -s:localhost    -n:2
```

运行结果如图 2.34 所示,显示了客户机连接服务器后的工作过程。

(3) 观察服务器的反应,运行界面如图 2.35 所示,请读者自行对照程序分析服务器的运行结果。

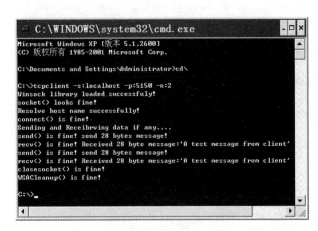 

图 2.34 TcpClient 客户机连接服务器的运行界面   图 2.35 完成服务器响应客户机后的界面

2.5.7 I/O 模型的选择

本节介绍的 6 个 WinSock I/O 开发模型有 Blocking I/O、select I/O、WSAAsyncSelect I/O、WSAEventSelect I/O、Overlapped I/O 以及 I/O Completion Port,在实践中应该如何选择? 每种模型都有其优缺点,都有其适用的领域,套用一句俗语,"没有最好,适合就好"。一般来讲,客户机和服务器的应用需求是不同的,因此在开发模型的选择上也应遵循不同的策略。

1. 客户机

如果客户机管理较少的套接字数量,那么 select I/O 模型、WSAAsyncSelect I/O 模型、WSAEventSelect I/O 模型、重叠 I/O 模型都可胜任。如果开发以窗体为基础的应用程序,需要进行窗口消息管理时,WSAAsyncSelect I/O 模型可能是最佳选择。如果对客户机的性能要求较高,WSAEventSelect I/O 模型、重叠 I/O 模型为较好的选择。

2. 服务器

对于服务器的 I/O 模型,在实践中一般在重叠 I/O 模型和 I/O 完成端口模型之间进行选择,在服务器负载不大时可以优先考虑重叠 I/O 模型。如果服务器需要为大量并发 I/O 请求服务,应考虑使用 I/O 完成端口模型,以获得最佳性能。因为如果用重叠 I/O 模型,WaitForMultipleEvents()会受到 64 个 Event 等待上限的限制,这意味着在一个线程内部,最多只可以同时监控64个重叠I/O操作的完成状态,如果使用多线程方式来满足6400个连接请求,系统就需要开设100个线程为之服务,而维护线程之间的切换将极大地影响系统的运行效率。

就目前实际应用情况来看,完成端口是Windows下性能最好的I/O模型。大型MMO游戏、大型IM即时通信、实时通信和企业管理等并发量大的应用系统基本上都采用了完成端口模型。完成端口提供了最好的伸缩性,往往可以使系统达到最好的性能,它是处理成千上万套接字的首选。

习题 2

1. 窗体编程与控制台编程有何不同?
2. 简述创建一个窗体程序的基本步骤。
3. 什么是窗体回调函数?简述Windows消息驱动机制。
4. WinSock2 API与操作系统有什么关系?
5. 简述WinSock2 API编程基本模型。
6. 在VS2010中创建WinSock2程序的基本步骤有哪些?需要包含和链接哪些文件?
7. 什么是阻塞套接字编程?什么是非阻塞套接字编程?各有何特点?
8. 简述阻塞套接字客户机的编程步骤,简述非阻塞套接字客户机的编程步骤。二者有何不同?
9. 简述阻塞套接字服务器的编程步骤,简述非阻塞套接字服务器的编程步骤。二者有何不同?
10. 简述套接字编程的错误处理方法。
11. 什么是异步套接字?
12. 简述异步套接字客户机的编程步骤。
13. 简述异步套接字服务器的编程步骤。
14. 列举几个服务器响应多客户机并发连接的例子,归纳几种服务器处理并发连接的方法。
15. 简述select I/O模型的优缺点和服务器编程步骤。
16. 简述WSAAsyncSelect I/O模型和WSAEventSelect I/O模型的异同。
17. 简述WSAAsyncSelect I/O模型的编程步骤。
18. 简述WSAEventSelect I/O模型的编程步骤。
19. 简述Overlapped I/O模型的编程步骤。
20. 简述I/O Completion Port模型的编程步骤。

第 3 章 MFC套接字编程

用 WinSock2 API 编程,编程者需要较多地关心窗体的创建、控件的添加、Windows 消息处理逻辑等,编程工作量较大,编程效率通常不及 MFC。但其优点也很明显,"万丈高楼平地起",这种直接基于操作系统 API 开发的程序有更好的执行效率和设计灵活性,是开发系统级网络工具的不二选择。

MFC(Microsoft Foundation Classes,微软基础类库)是将 Windows API 封装成为大量的 C++ 基础类并以 C++ 库的方式供程序员使用的面向对象的开发框架。MFC 带来的好处是,帮助程序员完成使用 SDK 编程时的费时费力的工作,让程序员站在更高的起点,将更多的精力投入到业务逻辑开发而不是界面构建,极大地减轻了 Windows 编程负荷。

对于 MFC 的威力,初学者感受颇深的是用"三招两式"即可成就一个类似 Windows 记事本那样的强大程序,充分体验到了"站在巨人肩膀上"的快乐。

3.1 MFC 套接字编程模型

MFC 的体系结构很精炼,为编写网络通信程序只提供了两种模型,内嵌在 CAsyncSocket 和 CSocket 两个 MFC 类中。所以,学习 MFC 套接字编程,都是从这两个类入手的。

3.1.1 MFC 编程框架

汝果欲学诗,功夫在诗外。虽然 MFC 只提供了两个套接字类,但是用户了解 MFC 的整体编程框架还是非常必要的。在此以 Visual C++ 2010 所带的 MFC 10.0 为例,其完整的类图结构层次如图 3.1~图 3.3 所示,图中带星号★的类为从 MFC 9.0 版开始增加的新类,带菱形符号◆的类为 MFC 10.0 增加的新类。这 3 张图可谓纲举目张、层次分明,系统地展示了 MFC 类库中各类间的组织结构和组织关系,是基于 MFC 编程的导航指南。

图 3.1 给出了基于 CObject 类派生的 MFC 子类。CObject 是多数 MFC 类的根类,MFC 也有一部分类不是派生自 CObject,见图 3.3。

1. 几个重要的类

CObject 类下面有一个重要的类——CCmdTarget,它是描述应用程序结构的基类。CCmdTarget 类下面的 CWinThread、CDocument、CDocTemplate 和 CWnd 子类用于描述

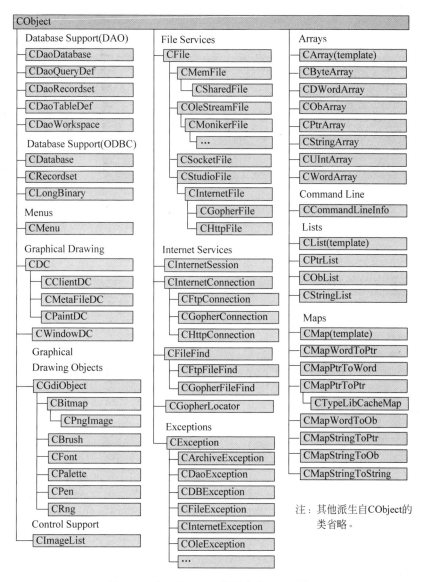

图 3.1 基于 CObject 类派生的 MFC 类

应用程序框架。应用程序类 CWinApp 派生自 CWinThread 类，间接地继承了 CCmdTarget。CWnd 的子类 CFrameWnd、CDialog、CView 和各种 Controls 描述 Windows 可见窗口，包括主窗口、子框窗口、对话框、视图窗口和控件。这些继承关系见图 3.2。

2. 几个 MFC 头文件

- stdafx.h：该文件用来作为预编译头文件，内部包含其他的 MFC 头文件。
- afxwin.h：MFC 程序需要载入它，因为 afxwin.h 及其所包含的文件声明了所有的 MFC 类。此文件内包含 afx.h，afx.h 包含 afxver_.h，afxver_.h 包含 afxv_w32.h，afxv_w32.h 包含 windows.h。
- afxext.h：使用工具栏、状态栏的程序需要包含此文件。

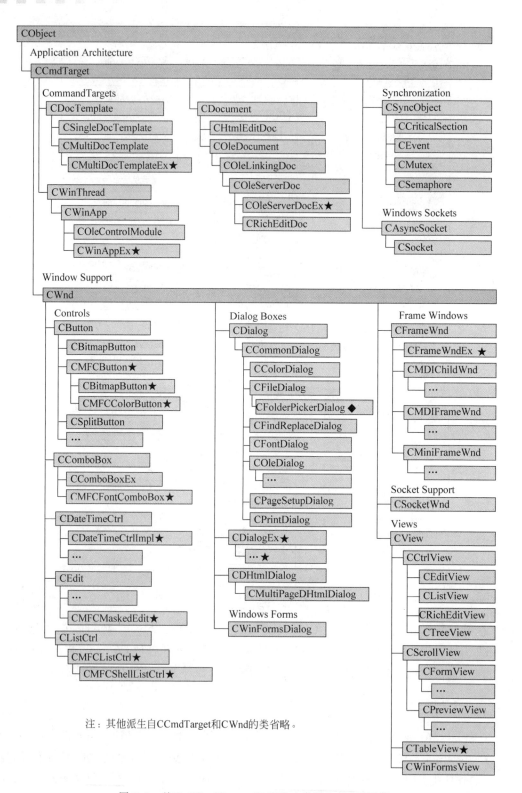

图 3.2　基于 CCmdTarget 和 CWnd 类派生的 MFC 类

- afxdlgs.h：使用通用型对话框(Common Dialog)的 MFC 程序需要包含此文件。
- afxsock.h：MFC 套接字扩展。MFC 通过 afxsock.h 来引用 WinSock1.1 并提供了一些面向对象的封装。

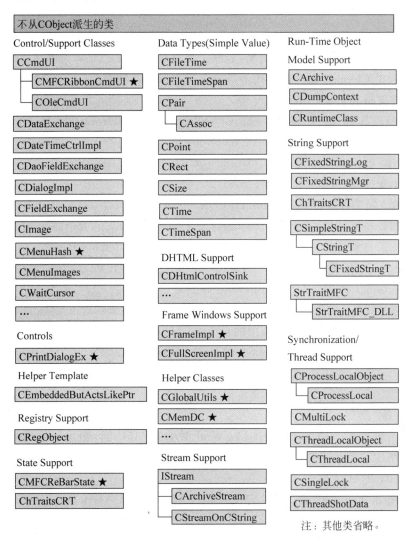

图 3.3　不从 CObject 派生的 MFC 类

3．程序入口 WinMain 和窗口过程 WndProc

MFC 类封装了 Windows API，所以，在 MFC 程序中看不到程序入口函数 WinMain 和窗口回调函数 WndProc。事实上，MFC 把 WinMain 函数封装在 WinApp 类中，把 WndProc 函数封装在 CFrameWnd 类中。也就是说，CWinApp 代表程序本体，CFrameWnd 代表一个主窗口（Frame Window）。

WndProc 是用来处理窗口消息的函数，那么在 CFrameWnd 类中它是如何实现的呢？首先在主窗口头文件中（如程序 3.1 中的 ClientDlg.h）定义要处理的消息（DECLARE_MESSAGE_MAP），然后在主窗口源文件中（如程序 3.1 中的 ClientDlg.cpp）定义该类的消息实现（BEGIN_MESSAGE_MAP、END_MESSAGE_MAP）。参见程序 3.1 中的相关编码。

4. CObject 直接派生的子类

读者从图 3.1 可以看出，直接由 CObject 派生的子类较多，几乎占了 MFC 类的一半以上，大多可以归为控件类型或组件类型，这些子类往往代表程序中某一相对独立或相对完整的组成元素。由 CObject 派生的常用子类可以归为以下几种类型。

（1）控件支持类：如 CImageList 等。

（2）DAO 数据源支持类：如 CDaoWorkspace、CDaoDatabase、CDaoQueryDef、CDaoTableDef、CDaoRecordset、CDaoException 等。

（3）ODBC 数据源支持类：如 CDatabase、CRecordset、CLongBinary 等。

（4）菜单支持类：如 CMenu 等。

（5）文件支持类：如 CFile、CMemFile、CSocketFile、CStdioFile、CInternetFile、CHttpFile 等。

（6）绘图设备支持类：如 CDC、CClientDC、CMetaFileDC、CPaintDC、CWindowDC 等。

（7）绘图工具支持类：如 CBitmap、CBrush、CFont、CPalette、CPen 等。

（8）Internet 服务类：如 CInternetSession、CInternetConnection、CFtpConnection、CHttpConnection、CFileFind、CFtpFileFind 等。

（9）数据结构类：如数组类中的 CArray、CByteArray、CWordArray、CStringArray 等；列表类中的 CList、CStringList 等；映射类中的 CMap、CMapStringToString、CMapStringToOb 等。

（10）异常处理类：如 CException、CArchiveException、CDaoException、CDBException、CFileException、CInternetException 等。

5. CCmdTarget 和 CWnd 子类

图 3.2 给出了基于 CCmdTarget 和 CWnd 派生的 MFC 类，侧重于描述构成程序整体框架和主体结构的类及其关系。

1）CCmdTarget 子类

读者从图 3.2 可以看到，MFC 定义了两个套接字类 CAsyncSocket 和 CSocket 封装 WinSock2 API，CAsyncSocket 是 CCmdTarget 的子类，CSocket 是间接子类。这两个类构成了 MFC 套接字通信的基本编程框架。

CSyncObject、CCriticalSection、CEvent、CMutex、CSemaphore 是 CCmdTarget 的子类或间接子类，构成了 MFC 多线程同步访问的基础框架。

另外两个重要子类 CDocument、CDocTemplate 构成了文档处理的编程框架。CWinThread 及其子类 CWinApp 构成了应用程序的本体框架。总之，直接由 CCmdTarget 派生的子类或间接子类构成了应用程序的编程主框架。

2）CWnd 子类

CWnd 也是 CCmdTarget 派生的子类，主要定义窗体和窗体元素，CWnd 及其子类构成了程序的界面部分。例如，定义窗体框架的类有 CFrameWnd、CMDIFrameWnd、CMiniFrameWnd 等；定义对话框的类有 CDialog、CDialogEx、CFileDialog 等；定义视图的类有 CView、CFormView、CListView、CEditView、CRichEditView、CTreeView、CTableView 等；定

义控件的类有 CButton、CComboBox、CEdit、CListBox、CListCtrl 等。

6. 不从 CObject 派生的 MFC 类

图 3.3 给出了不从 CObject 派生的 MFC 类，这些类比较杂，大多是为了满足某些较为独立的应用设计的。例如 CTime、CFileTime、CPoint、CRect、CImage、CWaitCursor、CMemDC、CArchive 等，以及线程同步访问类 CMultiLock、CSingleLock 等。

7. MFC 类图应用汇总

图 3.1～图 3.3 三张图展示的内容确实很多，如果按照应用领域进一步总结，MFC 类的整体结构可以进一步归纳为图 3.4 所示的树形目录。

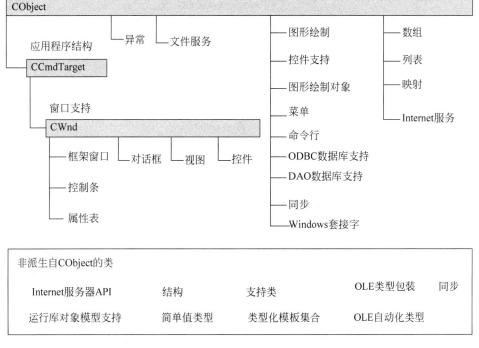

图 3.4 MFC 分类框架

在开发一般的网络程序的过程中，事实上并不需要使用所有的类和成员函数，开发人员只要能熟练应用其中的十几个类即可建立较为完善的程序。这些常用的类有 CObject、CCmdTarget、CWinThread、CWinApp、CWnd、CFrameWnd、CDialog、CView、CStatic、CButton、CListBox、CComboBox、CEdit、CScrollBar、CAsyncSocket、CSocket、CArchive、CSocketFile 等。

总之，MFC 封装了 Win32 API，提供了更高级别的接口，简化了 Windows 编程。同时，MFC 也支持对底层 API 的直接调用，这使得 MFC 很强大。

3.1.2 CAsyncSocket 类编程模型

CAsyncSocket 类是从 MFC 的根类 CObject 派生而来的，对 WinSock API 的封装是简单和直接的，类中的成员函数在形式上也与 WinSock API 极为相似。CAsyncSocket 类在

MFC 中的层次关系如图 3.5 所示。

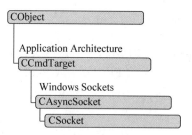

图 3.5　MFC 套接字类的继承关系

CAsyncSocket 类的成员定义如表 3.1 所示。

表 3.1　**CAsyncSocket 类的定义**

构造函数	
CAsyncSocket	创建一个 CAsyncSocket 类对象
Create	创建一个套接字
属性类成员函数	
Attach	将套接字句柄关联到一个 CAsyncSocket 类对象上
Detach	解除套接字和 CAsyncSocket 类对象的关联
FromHandle	通过套接字句柄返回 CAsyncSocket 类对象指针
GetLastError	返回最后一次错误的错误码
GetPeerName	获取一个已经建立了连接的套接字对应的远端主机地址
GetPeerNameEx	获取一个已经建立了连接的套接字对应的远端主机地址(IPv6)
GetSockName	获取套接字的本地名称
GetSockNameEx	获取套接字的本地名称(针对 IPv6 地址族)
GetSockOpt	获取套接字选项值
SetSockOpt	设置套接字选项值
操作类成员函数	
Accept	接受连接请求
AsyncSelect	选择感兴趣的事件
Bind	将套接字和本地端口绑定
Close	关闭套接字
Connect	与远端的套接字建立连接
IOCtl	控制套接字的工作模式
Listen	设置套接字处于侦听状态,等待客户机连接
Receive	通过当前套接字接收远端套接字发来的数据
ReceiveFrom	从数据报套接字接收数据及获取发送方的地址信息
ReceiveFromEx	从数据报套接字接收数据及获取发送方的地址信息(IPv6)
Send	通过当前套接字向建立连接的远端套接字发送数据
SendTo	向指定地址发送数据
SendToEx	向指定地址发送数据(针对 IPv6 地址族)
ShutDown	断开套接字的发送(Send)或接收(Receive)操作
Socket	定义一个套接字句柄

续表

可重载的事件函数	
OnAccept	当收到建立连接的请求时自动调用的处理函数
OnClose	当连接的远端套接字关闭时自动调用的处理函数
OnConnect	当连接函数返回时自动调用的处理函数
OnOutOfBandData	当一个接收套接字有带外数据可读时自动调用的处理函数
OnReceive	当有新的数据到达时自动调用的处理函数
OnSend	当有数据要发送时自动调用的处理函数
操作符重载	
operator =	为一个 CAsyncSocket 对象赋值
operator SOCKET	获取 CAsyncSocket 对象的 SOCKET 句柄
数据成员	
m_hSocket	定义 CAsyncSocket 对象的套接字句柄

表 3.2 给出了利用 CAsyncSocket 类在客户机和服务器编程的一般步骤。

表 3.2 客户机和服务器使用 CAsyncSocket 类编程的步骤对照

步骤	服 务 器	客 户 机
1	//创建服务器侦听套接字对象 CAsyncSocket sockListen;	//创建客户机套接字对象 CAsyncSocket sockClient;

2	//创建 SOCKET 句柄,绑定到指定端口
	sockListen.Create(nPort);
		//创建 SOCKET 句柄,自动选择本地可用端口
		sockClient.Create();

3	//启动监听,时刻准备接受客户连接请求
	sockListen.Listen();	

4		//请求连接到服务器
		sockClient.Connect(strAddr,nPort);

5	//创建一个新的服务器套接字对象
	CAsyncSocket sockServer;
	//接受新连接
	sockListen.Accept(sockServer);	

6	//接收数据
	sockServer.Receive(pBuf,nLen);
	或
	//发送数据
	sockServer.Send(pBuf,nLen);
	或两者
		//发送数据
		sockClient.Send(pBuf,nLen);
		或
		//接收数据
		sockClient.Receive(pBuf,nLen);
		或两者

7	//禁用服务器套接字的某些操作
	sockServer.ShutDown();
		//禁用客户机套接字的某些操作
		sockClient.ShutDown();

8	//关闭服务器套接字
	sockServer.Close();
		//关闭客户机套接字
		sockClient.Close();

9	//关闭服务器侦听套接字
	sockListen.Close();	

3.1.3 CSocket 类编程模型

CSocket 类派生自 CAsyncSocket,提供了比 CAsyncSocket 类抽象级别更高的套接字支持。CSocket 类与 CSocketFile 类和 CArchive 类一起工作完成数据收/发的协同模型如图 3.6 所示。

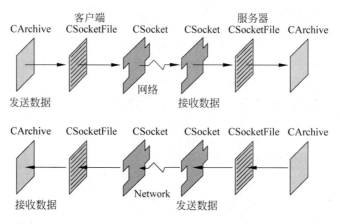

图 3.6　CArchive、CSocketFile 和 CSocket 三者协同工作模型

CSocketFile 类从 CFile 派生，但 CSocketFile 类并不支持 CFile 类的所有功能。CSocketFile 对象与 CSocket 对象绑定，建立数据传输通道。CArchive 不能绑定到标准的 CFile 对象（CFile 通常与磁盘文件相关联），而是与 CSocketFile 对象绑定建立数据传输通道。

图 3.6 的协同模型使编程者不必管理套接字的细节，只要创建 CSocket、CSocketFile 和 CArchive 对象并绑定三者之间的关系，就相当于创建了一条从应用程序直达网络传输层的数据通道。

这里打一个比方，发送数据时，程序把数据交给（写入）CArchive 这位"大哥"，CArchive "大哥"自行交给与它绑定的 CSocketFile "二哥"，CSocketFile "二哥"自行把来自"大哥"的数据交给与它绑定的 CSocket "三哥"，CSocket "三哥"再交给网络传输层去处理。接收数据是其反方向操作。即收/发数据，程序只跟 CArchive "大哥"打交道。

CSocket 对象有两种工作状态，即异步（非阻塞）和同步（阻塞）。当处于异步（非阻塞）状态时，套接字可以从 MFC 框架接收异步通知。然而，在操作过程中接收或发送数据时，套接字又会临时变为同步（阻塞）状态。这意味着在同步操作（收发数据）完成之前，套接字不会接收异步通知。

表 3.3 以对照方式描述 CSocket 类在服务器和客户机的编程步骤。

表 3.3　使用 CSocket 类在客户机和服务器编程的步骤对照

步骤	服 务 器	客 户 机
1	//创建服务器侦听套接字对象 CSocket sockListen;	//创建客户机套接字对象 CSocket sockClient;

2	//创建 SOCKET 句柄，绑定指定端口
	sockListen.Create(nPort);
		//创建 SOCKET 句柄，自动选择本地可用端口
		sockClient.Create();

3	//启动服务器端侦听，时刻准备接受连接
	sockListen.Listen();	

续表

步骤	服务器	客户机

4		//向服务器发起连接请求
		sockClient.Connect(strAddr,nPort);

5	//创建一个新的服务器套接字对象
	CSocket sockServer;
	//接受客户机连接
	sockListen.Accept(sockServer);	

6	//创建一个与套接字关联的文件对象 CSocketFile file(&sockServer);	//创建一个与套接字关联的文件对象 CSocketFile file(&sockClient);
7	//在服务器创建与套接字文件对象关联的归档对象,用于输入或输出 CArchive arIn(&file,CArchive::load); 或 CArchive arOut(&file,CArchive::store); 或两者	//在客户机创建与套接字文件对象关联的归档对象,用于输入或输出 CArchive arIn(&file,CArchive::load); 或 CArchive arOut(&file,CArchive::store); 或两者

8	//使用归档对象传输数据
	arIn >> dwValue;//读取数据
	或
	arOut << dwValue;//输出数据
		//使用归档对象传输数据
		arIn >> dwValue;//读取数据
		或
		arOut << dwValue;//输出数据

9	//关闭服务器端套接字对象
	sockServer.Close();
	sockListen.Close();
		//关闭客户机套接字对象
		sockClient.Close();

在此需要说明以下几点:

(1) 表中的 nPort 是端口号,strAddr 是 IP 地址的字符串形式。

(2) 创建服务器套接字时必须始终指定一个端口,以便客户机可以连接,有时也需要指定地址。创建客户机套接字时使用默认参数,表示使用任何可用端口。

(3) 在服务器端调用 Accept 时,需要定义一个新套接字对象以接受客户机连接,必须首先创建该对象,但不对它调用 Create。

(4) CArchive 和 CSocketFile 对象在超出作用域范围时将被关闭。CSocket 对象在超出作用域范围或被删除时,对象的析构函数将对此套接字对象调用 Close 成员函数。

(5) 表 3.3 中显示的调用顺序适用于流式套接字。数据报套接字是无连接的,不需要 Connect、Listen 和 Accept 调用。如果使用 CAsyncSocket 类,则数据报套接字使用 CAsyncSocket::SendTo 和 ReceiveFrom 成员函数。CArchive 不适用于数据报,如果套接字用数据报通信,则不要使用 CSocket。如果想将 CSocket 用于数据报套接字,必须像使用 CAsyncSocket 那样使用该类,即不与 CArchive 和 CSocketFile 协同工作。因为数据报是不可靠的,不保证安全送达,并且可能重复或顺序不对,它们不能与 CArchive 的序列化工作模式兼容。

(6) 创建一个 CSocketFile 对象,将 CSocket 对象与它关联起来。

(7) 创建一个 CArchive 对象,用于加载(接收)或存储(发送)数据。CArchive 对象与 CSocketFile 对象相关联。

(8) 使用 CArchive 对象在客户端套接字与服务器套接字之间传递数据，不管是加载（接收）还是存储（发送），给定的 CArchive 对象只在一个方向上传递数据，故一般需要使用两个 CArchive 对象，一个用于发送数据，一个用于接收数据。

3.1.4 派生套接字类

编程者在设计项目的通信方案时，一般需要根据 CAsyncSocket 或 CSocket 派生自己的套接字类，通过重写虚成员函数 OnReceive、OnSend、OnAccept、OnConnect 和 OnClose 等进行功能扩展和定制。

上述虚函数也称为 CAsyncSocket 和 CSocket 套接字类的通知函数。这些通知函数都是回调函数，MFC 框架调用它们将重要事件通知给套接字对象。这些通知函数的含义如下。

- OnReceive：通知此套接字缓冲区中有需要接收的数据。
- OnSend：通知此套接字现在可以发送数据。
- OnAccept：通知此侦听套接字可以接受挂起的或新到的连接请求。
- OnConnect：通知此连接套接字其连接尝试已完成，可能成功，也可能存在错误。
- OnClose：通知此套接字它连接的远端套接字已关闭。

一个较为特殊的通知函数是 OnOutOfBandData。此通知函数告诉接收套接字、发送套接字有"带外"数据要发送。带外数据是逻辑上独立的通道，与每一对已连接的流式套接字相关联。带外通道通常用于发送"紧急"数据，MFC 套接字支持传递带外数据。通过 CAsyncSocket 可以使用带外通道，但对于 CSocket 类最好不要使用它。更简便的方法是创建另一个套接字来传递紧急数据。

如果从 CAsyncSocket 类派生新类，必须为新类感兴趣的网络事件重写通知函数。如果从 CSocket 类派生类，则可以选择是否重写感兴趣的通知函数。在不重写 CSocket 自身带有的通知函数时，通知函数默认不执行任何操作。当套接字被通知有感兴趣的事件（如存在要读取的数据）时，通知函数就会自动调用执行。例如，当套接字得到读取数据的通知时，OnReceive 会自动执行，可在 OnReceive 函数中调用 Receive 方法及时读取数据。

3.1.5 MFC 套接字类的阻塞/非阻塞模式

对于主机字节顺序和网络字节顺序的转换以及阻塞、非阻塞等问题，如果使用 CAsyncSocket 类或其派生类，需要编程者亲自编程处理这些细节问题。如果使用 CSocket 类或其派生类，则不需要考虑，因为 CSocket 类对字节顺序之类的问题自行做了转换和封装。

套接字可以处于"阻塞模式"或"非阻塞模式"。当处于阻塞（或同步）模式时，套接字的函数必须等到完成自己的操作才返回。例如，对 Receive 成员函数的调用可能需要任意长的时间才能完成，因为它要等待发送应用程序发来数据（使用 CSocket 或使用带阻塞的 CAsyncSocket 即如此）。如果 CAsyncSocket 对象处于非阻塞模式（异步操作），调用会立即返回，而当前错误码（可使用 GetLastError 成员函数检索）为 WSAEWOULDBLOCK，它指出由于模式的原因，调用若不立即返回将阻塞（CSocket 不返回 WSAEWOULDBLOCK，该类为编程者自动管理阻塞）。

Win32 操作系统使用抢占式多任务处理技术并提供多线程运行方式，编程者应该将套接字放在单独的工作线程。线程中的套接字可以在不妨碍应用程序其他活动的情况下阻塞，这样就不必在阻塞上花费计算时间了。

对 CAsyncSocket 应避免使用阻塞操作，而应使用异步操作。例如，在异步操作中，从调用 Receive 后接收到 WSAEWOULDBLOCK 错误码的那一刻开始，将一直等到 OnReceive 成员函数被调用以通知用户可以再次读取。

无论是 CAsyncSocket 还是 CSocket，通过回调套接字的通知函数（例如 OnReceive）来完成异步调用的机制被广泛地应用于编程实践。

在默认情况下，CAsyncSocket 支持异步调用，编程者必须使用回调通知函数自行管理阻塞。CSocket 类是同步的，但它能利用 Windows 消息机制为编程者管理阻塞。

3.2 CAsyncSocket 类编程实例

CAsyncSocket 类封装了 Windows Sockets API，如果编程者要使用这个类，需要了解网络通信细节，要自行负责处理阻塞、字节顺序的差异以及 Unicode 和多字节字符集 (MBCS) 字符串之间的转换。如果编程者想简化这些问题，可以使用 CSocket 类。

使用 CAsyncSocket 对象，需要首先调用它的构造函数，然后调用 Create 函数创建底层套接字句柄（SOCKET 类型）。对于服务器套接字调用 Listen 函数，客户机套接字调用 Connect 函数。服务器套接字侦听到连接请求后，调用 Accept 函数。

3.2.1 点对点通信功能和技术要点

读者还记得第 2 章的程序 2.9 和程序 2.10 实现的点对点通信系统吗？通过对比学习，经常可以让事情事半功倍，请读者在做完程序 3.1 和程序 3.2 后一定要回头进行比较。

本节运用 MFC CAsyncSocket 类设计实现一个简单的 C/S 模式的点对点通信程序，客户机和服务器程序通过网络交换字符串信息，并在各自的窗口列表中显示，服务器只支持与一个客户机聊天。其技术要点如下：

（1）运用 VS2010 创建 MFC 客户机项目和服务器项目，理解 MFC 编程框架；
（2）从 CAsyncSocket 类派生自己的 MFC 套接字类；
（3）理解派生的 MFC 套接字类与 MFC 框架的关系；
（4）重点学习流式套接字对象的使用；
（5）处理网络事件的方法。

3.2.2 创建客户机

编程环境使用 VC++ 2010，创建客户机的步骤如下。

1. 使用 MFC 应用程序向导创建客户机程序框架

（1）启动 VS2010，选择"文件→新建→项目"命令，弹出"新建项目"对话框，如图 3.7 所示。设定模板为 MFC，项目类型为"MFC 应用程序"，项目名称、解决方案名称为 Client，并指定项目保存位置，然后单击"确定"按钮进入 MFC 应用程序向导。

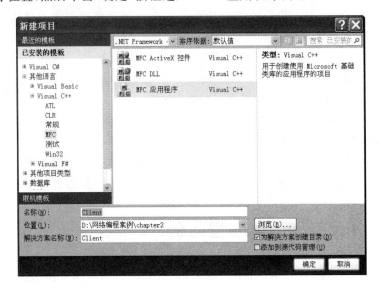

图 3.7　新建客户机项目

（2）在 MFC 应用程序向导的第一步将应用程序类型设置为"基于对话框"，如图 3.8 所示。

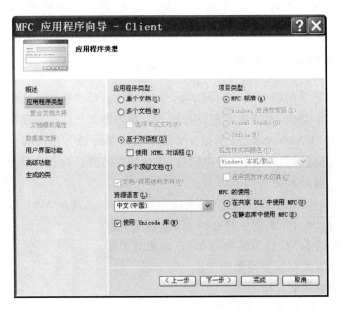

图 3.8　设置应用程序类型

（3）在 MFC 应用程序向导的第二步设置用户界面功能，保留默认值，如图 3.9 所示。

（4）在 MFC 应用程序向导的第三步设置高级功能，选择"Windows 套接字"复选框，如图 3.10 所示。

（5）在 MFC 应用程序向导的最后一步观察生成的类 CClientApp 和 CClientDlg，如

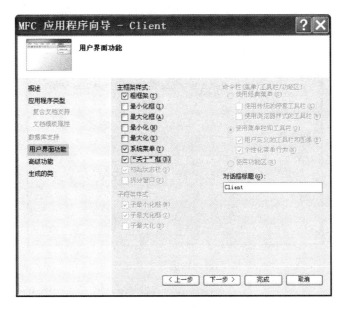

图 3.9　设置用户界面

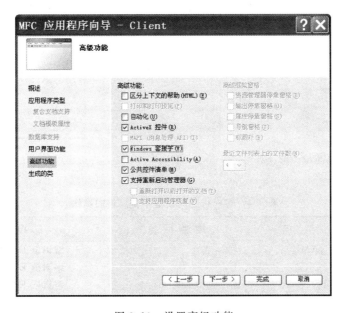

图 3.10　设置高级功能

图 3.11 所示。

（6）单击"完成"按钮，完成应用程序框架的创建，生成的解决方案如图 3.12 所示。

2．为客户机对话框添加控件，构建程序主界面

在资源视图中展开 Dialog 资源条目，双击 IDD_CLIENT_DIALOG，在工作区中会出现一个对话框，借助工具箱中的控件将程序主界面设计成如图 3.13 所示的布局。

图 3.13 中各控件的定义如表 3.4 所示。

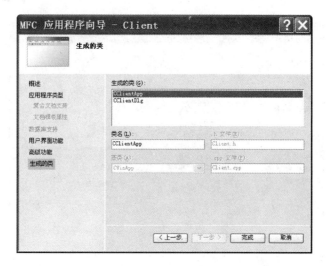

图 3.11 由向导生成的类

图 3.12 项目创建后生成的解决方案

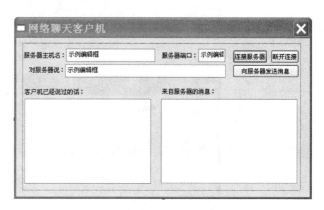

图 3.13 客户机程序主对话框布局

表 3.4 客户机主对话框中各控件的属性

控件 ID	控件标题	控件类型
IDC_EDIT_SERVERNAME	无	编辑框 Edit Control
IDC_EDIT_SERVERPORT	无	编辑框 Edit Control
IDC_EDIT_TOSERVER	无	编辑框 Edit Control
IDC_LIST_SENT	无	列表框 List Box
IDC_LIST_RECEIVED	无	列表框 List Box
IDC_BUTTON_CONNECT	连接服务器	按钮 Button Control
IDC_BUTTON_DISCONNECT	断开连接	按钮 Button Control
IDC_BUTTON_SEND	向服务器发送消息	按钮 Button Control
IDC_STATIC1	服务器主机名：	静态文本 Static Text
IDC_STATIC2	服务器端口：	静态文本 Static Text
IDC_STATIC3	对服务器说：	静态文本 Static Text
IDC_STATIC4	客户机已经说过的话：	静态文本 Static Text
IDC_STATIC5	来自服务器的消息：	静态文本 Static Text

3．为对话框中的控件对象定义相应的成员变量

在解决方案资源管理器中的项目名称 Client 上右击，在快捷菜单中选择"类向导"命令，进入 MFC 类向导，如图 3.14 所示。

切换到"成员变量"选项卡，根据表 3.5 中成员变量的定义，用"添加变量"按钮定义成员变量。图 3.14 展示的是为文本框控件 IDC_EDIT_SERVERPORT 定义成员变量。

图 3.14　用 MFC 类向导为控件定义成员变量

图 3.15 显示的是控件成员变量定义完成后的界面。

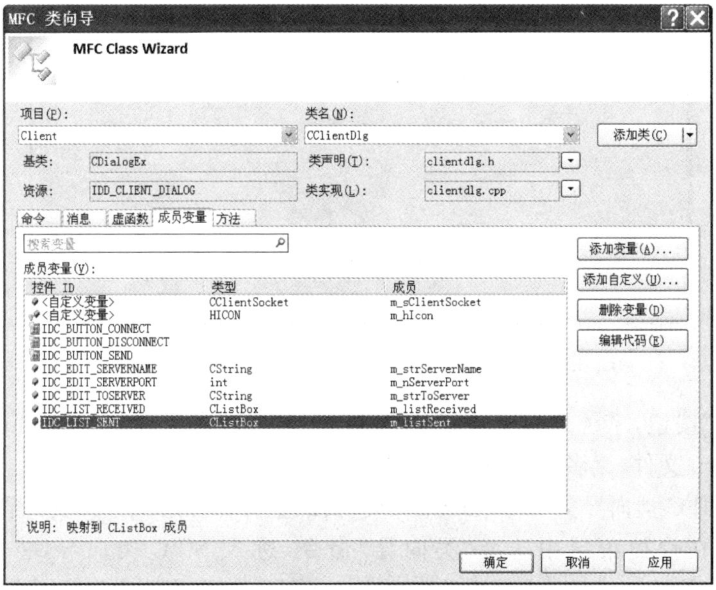

图 3.15　控件成员变量定义完成

MFC 类向导会自动在 ClientDlg.h 和 ClientDlg.cpp 中完成变量的定义和初始化。

表 3.5 为 CClientDlg 类增加控件成员变量

控件 ID	对应成员变量名称	变量类型	取值范围
IDC_EDIT_SERVERNAME	m_strServerName	CString	
IDC_EDIT_SERVERPORT	m_nServerPort	int	1024～49 151
IDC_EDIT_TOSERVER	m_strToServer	CString	
IDC_LIST_SENT	m_listSent	CListBox	
IDC_LIST_RECEIVED	m_listReceived	CListBox	

4. 创建从 CAsyncSocket 类派生的子类 CClientSocket，处理与服务器的通信

（1）客户机应创建自己的套接字类，负责与服务器的通信。这个套接字类应当从 CAsyncSocket 类派生，并且能够将套接字事件传递给对话框类 CClientDlg，在对话框类中编程者可以自定义套接字事件处理函数。

在图 3.12 所示的解决方案资源管理器中右击项目名称 Client，在快捷菜单中选择"添加→类"命令，进入 MFC 添加类向导，设定类名为 CClientSocket、基类为 CAsyncSocket，如图 3.16 所示。

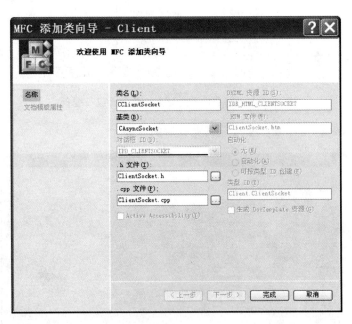

图 3.16 用 MFC 添加类向导创建客户机套接字类

单击"完成"按钮，系统会自动生成 CClientSocket 类对应的头文件 ClientSocket.h 和 ClientSocket.cpp 文件，读者在解决方案资源管理器中可以观察到这个变化。

（2）使用 MFC 类向导完善 CClientSocket 类的定义。在解决方案资源管理器中右击项目名称 Client，在快捷菜单中选择"类向导"命令，进入 MFC 类向导，将类名称选择为 CClientSocket。然后切换到"虚函数"选项卡，分别从左下角的"虚函数"列表框中选择 OnClose、OnConnect、OnReceive 3 个虚函数，单击"添加函数"按钮，将这 3 个虚函数添加到

"已重写的虚函数"列表框中。这样,套接字类 CClientSocket 就完成了对上述 3 个虚函数的重载,定义结果如图 3.17 所示。

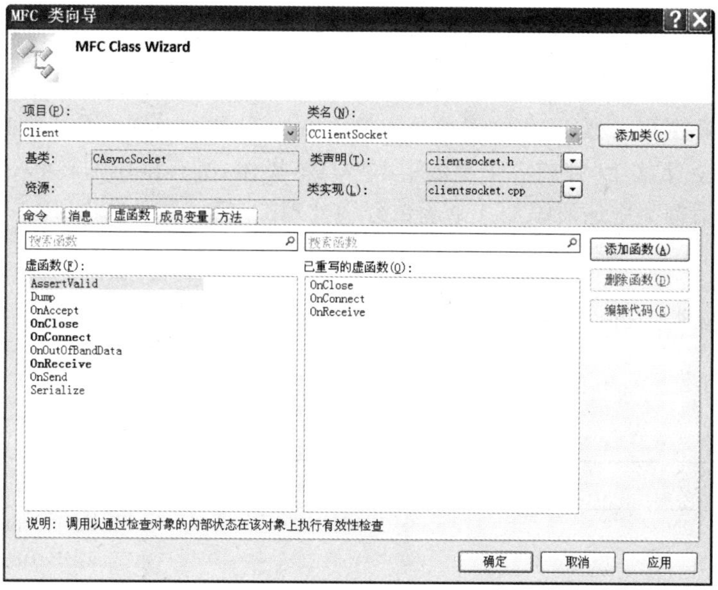

图 3.17 用 MFC 类向导为自定义套接字类重载 3 个虚函数

上述操作会自动在 ClientSocket.h 和 ClientSocket.cpp 文件中添加相应的代码定义,对于详情读者可参见程序 3.1。

(3) 为套接字类 CClientSocket 添加一般的成员函数和成员变量。在 MFC 类向导中切换到"成员变量"选项卡,为套接字类添加一个私有的成员变量,它是指向对话框类 CClientDlg 的指针。其代码如下:

```
private:
CClientDlg * m_pDlg;
```

切换到"方法"选项卡,再添加一个成员函数,其代码如下:

```
public:
void setParentDlg(CClientDlg * pDlg);
```

上述操作同样会反映到 ClientSocket.h 中,生成变量和函数的声明;反映到 ClientSocket.cpp 文件中,生成函数的框架代码。如果用户特别熟练,也可以不借助向导编码,直接在文件中编辑添加。

(4) 手工添加其他代码。对于 ClientSocket.h,在文件开头添加对话框类 CClientDlg 的声明,其代码如下:

```
class CClientDlg;
```

对于 ClientSocket.cpp 文件,有以下 4 处添加。
① 在文件头,添加对话框类的头文件:

```
#include "ClientDlg.h"
```

② 在构造函数中，添加对话框指针成员变量的初始化代码：

m_pDlg = NULL;

③ 在析构函数中，添加对话框指针成员变量的置空代码：

m_pDlg = NULL;

④ 为成员函数 OnConnect、OnReceive、OnClose、setParentDlg 添加业务逻辑代码，详情参见程序 3.1。事实上，在前 3 个函数中不做具体操作，所有操作均转到对话框类中进行处理，下面在对话框类中还要添加 3 个函数分别处理 OnConnect、OnReceive、OnClose 应该完成的操作。

5．为对话框类 CClientDlg 中的 3 个按钮控件添加单击事件处理函数

函数名称的定义参见表 3.6。

表 3.6　为 CClientDlg 类中的按钮控件添加事件响应函数

控件 ID	消息	成员函数（响应函数）
IDC_BUTTON_CONNECT	BN_CLICKED	OnClickedButtonConnect
IDC_BUTTON_DISCONNECT	BN_CLICKED	OnClickedButtonDisconnect
IDC_BUTTON_SEND	BN_CLICKED	OnClickedButtonSend

这一步操作可以用 MFC 类向导自动完成，如图 3.18 所示，选择类名为 CClientDlg，然后切换到"命令"选项卡，在左下角选择按钮控件对应的 ID，在中间的消息列表框中选择消息 BN_CLICKED，单击"添加处理程序"按钮，添加成员函数到下面的列表框中。之后单击"确定"按钮，全部操作会自动反映到 ClientDlg.h 和 ClientDlg.cpp 中，详情参见程序 3.1。

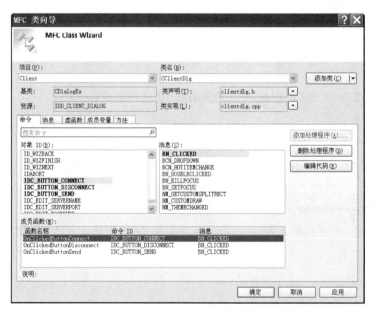

图 3.18　为 CClientDlg 类添加按钮单击事件处理函数

6. 为 CClientDlg 类添加与套接字关联的成员变量和成员函数

用 MFC 类向导添加成员变量,其代码如下:

```
public:
CClientSocket m_sClientSocket;
```

用 MFC 类向导添加下面 3 个成员函数:

```
void onConnect(void);        //对应处理套接字的 OnConnect 事件函数
void onReceive(void);        //对应处理套接字的 OnReceive 事件函数
void onClose(void);          //对应处理套接字的 OnClose 事件函数
```

完成后,MFC 类向导如图 3.19 所示。上述操作会自动反映到 ClientDlg.h 和 ClientDlg.cpp 中,详情参见程序 3.1。

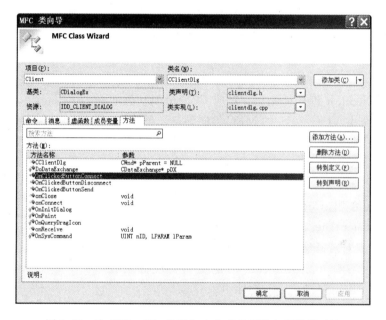

图 3.19 为 CClientDlg 类添加 3 个成员函数与套接字对接

7. 手工添加部分代码

在 ClientDlg.h 文件头部添加对于 ClientSocket.h 的包含命令,获得对套接字的访问支持,其代码如下:

```
#include "ClientSocket.h"
```

在 ClientDlg.cpp 文件中添加对控件成员变量的初始化代码:

```
BOOL CClientDlg::OnInitDialog()
{
 //系统自动生成的代码此处省略
 //TODO: 在此添加额外的初始化代码
 m_strServerName = "localhost";      //客户机要连接的服务器主机名
 m_nServerPort = 1024;                //服务器端口
 UpdateData(FALSE);                   //用控件成员变量更新控件界面
```

```
    m_sClientSocket.setParentDlg(this);         //设置套接字绑定的对话框指针变量
    GetDlgItem(IDC_EDIT_TOSERVER)->EnableWindow(FALSE);    //禁用发送消息文本框
    GetDlgItem(IDC_BUTTON_DISCONNECT)->EnableWindow(FALSE); //禁用断开按钮
    GetDlgItem(IDC_BUTTON_SEND)->EnableWindow(FALSE);      //禁用发送按钮
    return TRUE;
}
```

8. 添加事件函数和成员函数业务逻辑代码

在 ClientDlg. cpp 中完善 CClientDlg 的事件处理函数和成员函数代码，在 ClientSocket. cpp 文件中完善 CClientSocket 的事件处理函数代码，详情参见程序 3.1。

3.2.3 客户机代码分析

为了缩减篇幅、突出重点，对于由 MFC 类向导自动生成的框架代码大多省略，对于用户添加的代码详细列出。程序完成后的解决方案资源管理器如图 3.20 所示，该图中给出了构成项目的文件清单和程序结构。

应用程序 Client. h 和 Client. cpp 对应 CClientApp 类的定义和实现，完全由 VC++ 2010 的 MFC 类向导自动创建，它们是整个项目的入口文件，编程者不需做任何改动。Resource. h、stdafx. h、stdafx. cpp、targetver. h 等由系统自动生成，不需要改动。

下面重点给出 ClientSocket. h、ClientSocket. cpp、ClientDlg. h 和 ClientDlg. cpp 这 4 个文件的清单。

程序 3.1　点对点通信客户机完整代码

派生的套接字类 CClientSocket 的定义和实现分别在 ClientSocket. h、ClientSocket. cpp 文件中。

图 3.20　项目完成后的解决方案资源管理器

(1) ClientSocket. h 头文件清单：

```
//CClientSocket 客户机套接字类的定义

#pragma once
class CClientDlg;
class CClientSocket : public CAsyncSocket
{
public:
    CClientSocket();
    virtual ~CClientSocket();
    virtual void OnConnect(int nErrorCode);      //响应 OnConnect 事件
    virtual void OnReceive(int nErrorCode);      //响应 OnReceive 事件
    virtual void OnClose(int nErrorCode);        //响应 OnClose 事件
private:
    CClientDlg * m_pDlg;
public:
    void setParentDlg(CClientDlg * pDlg);
};
```

(2) ClientSocket.cpp 文件清单:

```cpp
//ClientSocket.cpp: 实现文件

#include "stdafx.h"
#include "Client.h"
#include "ClientSocket.h"
#include "ClientDlg.h"
//CClientSocket
CClientSocket::CClientSocket()
{
    m_pDlg = NULL;
}
CClientSocket::~CClientSocket()
{
    m_pDlg = NULL;
}
//CClientSocket 成员函数
void CClientSocket::OnConnect(int nErrorCode)
{
    //调用 CClientDlg 类的 onConnect()函数
    CAsyncSocket::OnConnect(nErrorCode);
    if (nErrorCode == 0) m_pDlg -> onConnect();
}

void CClientSocket::OnReceive(int nErrorCode)
{
    //调用 CClientDlg 类的 onReceive()函数
    CAsyncSocket::OnReceive(nErrorCode);
    if (nErrorCode == 0) m_pDlg -> onReceived();
}
void CClientSocket::OnClose(int nErrorCode)
{
    //调用 CClientDlg 类的 onClose()函数
    CAsyncSocket::OnClose(nErrorCode);
    if (nErrorCode == 0) m_pDlg -> onClose();
}
void CClientSocket::setParentDlg(CClientDlg * pDlg)
{
    m_pDlg = pDlg;
}
```

对话框类 CClientDlg 的定义和实现分别在 ClientDlg.h 和 ClientDlg.cpp 中。

(3) ClientDlg.h 文件清单:

```cpp
//ClientDlg.h：头文件

#pragma once
#include "ClientSocket.h"
//CClientDlg 对话框
class CClientDlg : public CDialogEx
{
public:
    CClientSocket m_sClientSocket;
```

```cpp
    CClientDlg(CWnd* pParent = NULL);                  //标准构造函数

//对话框数据
    enum { IDD = IDD_CLIENT_DIALOG };

    protected:
    virtual void DoDataExchange(CDataExchange* pDX);    //DDX/DDV 支持

protected:
    HICON m_hIcon;

    //生成的消息映射函数
    virtual BOOL OnInitDialog();
    afx_msg void OnSysCommand(UINT nID, LPARAM lParam);
    afx_msg void OnPaint();
    afx_msg HCURSOR OnQueryDragIcon();
    DECLARE_MESSAGE_MAP()
public:
    CString m_strServerName;
    CString m_strToServer;
    CListBox m_listReceived;
    CListBox m_listSent;
    int m_nServerPort;
    afx_msg void OnClickedButtonConnect();
    afx_msg void OnClickedButtonDisconnect();
    afx_msg void OnClickedButtonSend();

    void onConnect(void);
    void onReceived(void);
    void onClose(void);
};
```

(4) ClientDlg.cpp 文件清单：

```cpp
//ClientDlg.cpp: 实现文件

#include "stdafx.h"
#include "Client.h"
#include "ClientDlg.h"
#include "afxdialogex.h"

//用于应用程序"关于"菜单项的 CAboutDlg 对话框
class CAboutDlg : public CDialogEx
{
public:
    CAboutDlg();

//对话框数据
    enum { IDD = IDD_ABOUTBOX };

    protected:
    virtual void DoDataExchange(CDataExchange* pDX);    //DDX/DDV 支持

protected:
    DECLARE_MESSAGE_MAP()
```

```cpp
};

CAboutDlg::CAboutDlg() : CDialogEx(CAboutDlg::IDD)
{
}

void CAboutDlg::DoDataExchange(CDataExchange* pDX)
{
    CDialogEx::DoDataExchange(pDX);
}

BEGIN_MESSAGE_MAP(CAboutDlg, CDialogEx)
END_MESSAGE_MAP()


//CClientDlg 对话框
CClientDlg::CClientDlg(CWnd* pParent /* = NULL*/)
    : CDialogEx(CClientDlg::IDD, pParent)
{
    m_hIcon = AfxGetApp()->LoadIcon(IDR_MAINFRAME);
    m_strServerName = _T("");
    m_strToServer = _T("");
    m_nServerPort = 0;
}

void CClientDlg::DoDataExchange(CDataExchange* pDX)
{
    CDialogEx::DoDataExchange(pDX);
    DDX_Text(pDX, IDC_EDIT_SERVERNAME, m_strServerName);
    DDX_Text(pDX, IDC_EDIT_TOSERVER, m_strToServer);
    DDX_Control(pDX, IDC_LIST_RECEIVED, m_listReceived);
    DDX_Control(pDX, IDC_LIST_SENT, m_listSent);
    DDX_Text(pDX, IDC_EDIT_SERVERPORT, m_nServerPort);
    DDV_MinMaxInt(pDX, m_nServerPort, 1024, 49151);
}

BEGIN_MESSAGE_MAP(CClientDlg, CDialogEx)
    ON_WM_SYSCOMMAND()
    ON_WM_PAINT()
    ON_WM_QUERYDRAGICON()
    ON_BN_CLICKED(IDC_BUTTON_CONNECT, &CClientDlg::OnClickedButtonConnect)
    ON_BN_CLICKED(IDC_BUTTON_DISCONNECT, &CClientDlg::OnClickedButtonDisconnect)
    ON_BN_CLICKED(IDC_BUTTON_SEND, &CClientDlg::OnClickedButtonSend)
END_MESSAGE_MAP()

//CClientDlg 消息处理程序
BOOL CClientDlg::OnInitDialog()
{
    CDialogEx::OnInitDialog();

    //将"关于"菜单项添加到系统菜单中

    //IDM_ABOUTBOX 必须在系统命令范围内
    ASSERT((IDM_ABOUTBOX & 0xFFF0) == IDM_ABOUTBOX);
```

```cpp
        ASSERT(IDM_ABOUTBOX < 0xF000);

        CMenu* pSysMenu = GetSystemMenu(FALSE);
        if (pSysMenu != NULL)
        {
            BOOL bNameValid;
            CString strAboutMenu;
            bNameValid = strAboutMenu.LoadString(IDS_ABOUTBOX);
            ASSERT(bNameValid);
            if (!strAboutMenu.IsEmpty())
            {
                pSysMenu->AppendMenu(MF_SEPARATOR);
                pSysMenu->AppendMenu(MF_STRING, IDM_ABOUTBOX, strAboutMenu);
            }
        }

        //设置此对话框的图标,当应用程序主窗口不是对话框时,框架将自动执行此操作
        SetIcon(m_hIcon, TRUE);          //设置大图标
        SetIcon(m_hIcon, FALSE);         //设置小图标

        //TODO: 在此添加额外的初始化代码
        m_strServerName = "localhost";
        m_nServerPort = 1024;
        UpdateData(FALSE);
        m_sClientSocket.setParentDlg(this);
        GetDlgItem(IDC_EDIT_TOSERVER)->EnableWindow(FALSE);
        GetDlgItem(IDC_BUTTON_DISCONNECT)->EnableWindow(FALSE);
        GetDlgItem(IDC_BUTTON_SEND)->EnableWindow(FALSE);
        return TRUE;                     //除非将焦点设置到控件,否则返回 TRUE
}

void CClientDlg::OnSysCommand(UINT nID, LPARAM lParam)
{
    if ((nID & 0xFFF0) == IDM_ABOUTBOX)
    {
        CAboutDlg dlgAbout;
        dlgAbout.DoModal();
    }
    else
    {
        CDialogEx::OnSysCommand(nID, lParam);
    }
}

//如果向对话框添加最小化按钮,则需要下面的代码
//来绘制该图标。对于使用文档/视图模型的 MFC 应用程序,
//这将由框架自动完成

void CClientDlg::OnPaint()
{
    if (IsIconic())
    {
```

```
        CPaintDC dc(this);              //用于绘制的设备上下文

        SendMessage(WM_ICONERASEBKGND, reinterpret_cast<WPARAM>(dc.GetSafeHdc()), 0);

        //使图标在工作区矩形中居中
        int cxIcon = GetSystemMetrics(SM_CXICON);
        int cyIcon = GetSystemMetrics(SM_CYICON);
        CRect rect;
        GetClientRect(&rect);
        int x = (rect.Width() - cxIcon + 1) / 2;
        int y = (rect.Height() - cyIcon + 1) / 2;

        //绘制图标
        dc.DrawIcon(x, y, m_hIcon);
    }
    else
    {
        CDialogEx::OnPaint();
    }
}

//当用户拖动最小化窗口时系统调用此函数取得光标显示
HCURSOR CClientDlg::OnQueryDragIcon()
{
    return static_cast<HCURSOR>(m_hIcon);
}

void CClientDlg::OnClickedButtonConnect()
{
    //TODO: 在此添加控件通知处理程序代码
    UpdateData(TRUE);
    GetDlgItem(IDC_BUTTON_CONNECT)->EnableWindow(FALSE);
    GetDlgItem(IDC_EDIT_SERVERNAME)->EnableWindow(FALSE);
    GetDlgItem(IDC_EDIT_SERVERPORT)->EnableWindow(FALSE);
    m_sClientSocket.Create();
    m_sClientSocket.Connect(m_strServerName,m_nServerPort);
}

void CClientDlg::OnClickedButtonDisconnect()
{
    //TODO: 在此添加控件通知处理程序代码
    onClose();
}

void CClientDlg::OnClickedButtonSend()
{
    //TODO: 在此添加控件通知处理程序代码
    int nMsgLen;
    int nSentLen;
    UpdateData(TRUE);
    if(!m_strToServer.IsEmpty())
```

```cpp
        {
            nMsgLen = m_strToServer.GetLength() * sizeof(m_strToServer);
            nSentLen = m_sClientSocket.Send(m_strToServer,nMsgLen);
            if (nSentLen!= SOCKET_ERROR) { //发送成功
                m_listSent.AddString(m_strToServer);
                UpdateData(FALSE);
            } else {
                AfxMessageBox(LPCTSTR("客户机向服务器发送信息出现错误!"),MB_OK|MB_ICONSTOP);
            }
            m_strToServer.Empty();
            UpdateData(FALSE);

        }
}

//客户机已经连接到服务器上
void CClientDlg::onConnect(void)
{
    GetDlgItem(IDC_EDIT_TOSERVER)->EnableWindow(TRUE);
    GetDlgItem(IDC_BUTTON_DISCONNECT)->EnableWindow(TRUE);
    GetDlgItem(IDC_BUTTON_SEND)->EnableWindow(TRUE);

}

void CClientDlg::onReceived(void)
{
    TCHAR buff[4096];
    int nBufferSize = 4096;
    int nReceivedLen;
    CString strReceived;

    nReceivedLen = m_sClientSocket.Receive(buff,nBufferSize);
    if(nReceivedLen!= SOCKET_ERROR)
    {
        buff[nReceivedLen] = _T('\0');
        CString szTemp(buff);
        strReceived = szTemp;
        m_listReceived.AddString(strReceived);
        UpdateData(FALSE);
    }else {
        AfxMessageBox(LPCTSTR("客户机从服务器接收信息出现错误!"),MB_OK|MB_ICONSTOP);
    }
}

void CClientDlg::onClose(void)
{
    m_sClientSocket.Close();
    GetDlgItem(IDC_EDIT_TOSERVER)->EnableWindow(FALSE);
    GetDlgItem(IDC_BUTTON_DISCONNECT)->EnableWindow(FALSE);
    GetDlgItem(IDC_BUTTON_SEND)->EnableWindow(FALSE);
```

```
//清除两个列表框信息
while (m_listSent.GetCount()!= 0) m_listSent.DeleteString(0);
while (m_listReceived.GetCount()!= 0) m_listSent.DeleteString(0);
GetDlgItem(IDC_EDIT_SERVERNAME)->EnableWindow(TRUE);
GetDlgItem(IDC_EDIT_SERVERPORT)->EnableWindow(TRUE);
GetDlgItem(IDC_BUTTON_CONNECT)->EnableWindow(TRUE);
}
```

为了降低调试的复杂性，建议读者每完成一个步骤即进行编译测试，最后进行综合测试，运行界面如图 3.21 所示。在完成后面的服务器编程后再联合测试。

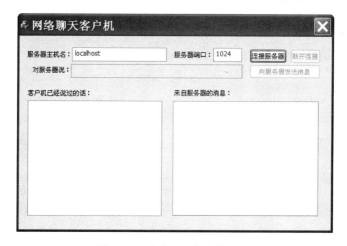

图 3.21　客户机运行初始界面

3.2.4　创建服务器

服务器项目的创建步骤与客户机类似，下面进行简要介绍。

1. 使用 MFC 应用程序向导创建服务器程序框架

（1）启动 VS2010，选择"文件→新建→项目"命令，弹出"新建项目"对话框，设定模板为 MFC，项目类型为"MFC 应用程序"，项目名称、解决方案名称为 Server，并指定项目保存位置，然后单击"确定"按钮，进入 MFC 应用程序向导。

（2）在 MFC 应用程序向导的第一步，将应用程序类型设定为"基于对话框"。

（3）在 MFC 应用程序向导的第二步，设置用户界面初始选项。

（4）在 MFC 应用程序向导的第三步，设置高级功能，在此选择"Windows 套接字"复选框。

（5）在 MFC 应用程序向导的最后一步，完成 CServerApp 和 CServerDlg 类的自动创建，生成的解决方案如图 3.22 所示。其中，ServerSocket.h 和 ServerSocket.cpp 是后面利用 MFC 类向导添加的。

2. 为服务器对话框添加控件，构建程序主界面

在资源视图中展开 Dialog 资源条目，双击 IDD_SERVER_DIALOG，在工作区中会出

现一个对话框,借助工具箱中的控件,将程序主界面设计成如图 3.23 所示的布局。

图 3.22　服务器项目解决方案　　　　图 3.23　服务器程序主对话框界面

图 3.23 中各控件的定义如表 3.7 所示。

表 3.7　服务器程序主对话框中各控件的属性

控 件 ID	控 件 标 题	控 件 类 型
IDC_EDIT_SERVERNAME	无	编辑框 Edit Control
IDC_EDIT_SERVERPORT	无	编辑框 Edit Control
IDC_EDIT_TOCLIENT	无	编辑框 Edit Control
IDC_LIST_SENT	无	列表框 List Box
IDC_LIST_RECEIVED	无	列表框 List Box
IDC_BUTTON_LISTEN	开始监听	按钮 Button Control
IDC_BUTTON_CLOSELISTEN	断开监听	按钮 Button Control
IDC_BUTTON_SEND	向客户机发送消息	按钮 Button Control
IDC_STATIC1	服务器主机名:	静态文本 Static Text
IDC_STATIC2	服务器端口:	静态文本 Static Text
IDC_STATIC3	对客户机说:	静态文本 Static Text
IDC_STATIC4	已发送的消息:	静态文本 Static Text
IDC_STATIC5	来自客户端的消息:	静态文本 Static Text

3. 为对话框中的控件对象定义相应的成员变量

在解决方案资源管理器中的项目名称 Server 上右击,在快捷菜单中选择"类向导"命令,进入 MFC 类向导。

切换到"成员变量"选项卡,用"添加变量"按钮为表 3.8 中的编辑类控件定义成员变量。图 3.24 展示的是成员变量定义完成后的界面。

控件成员变量的定义结果如表 3.8 所示。上述操作会自动在 ServerDlg.h 和 ServerDlg.cpp 中完成变量的定义和初始化,详情参见程序 3.2。

图 3.24 用 MFC 类向导为控件定义成员变量

表 3.8 为 CServerDlg 类添加对应控件的成员变量

控件 ID	对应成员变量名称	变量类型	取 值 范 围
IDC_EDIT_SERVERNAME	m_strServerName	CString	
IDC_EDIT_SERVERPORT	m_nServerPort	int	1024～49 151
IDC_EDIT_TOSERVER	m_strToServer	CString	
IDC_LIST_SENT	m_listSent	CListBox	
IDC_LIST_RECEIVED	m_listReceived	CListBox	

4．创建从 CAsyncSocket 类派生的子类 CServerSocket，处理与客户机的通信

（1）服务器应创建自己的套接字类，负责与客户机的通信。这个套接字类应当从 CAsyncSocket 类派生，并且能够将套接字事件传递给对话框类 CServerDlg，在对话框类中编程者可以自行定义套接字事件处理函数。

在如图 3.22 所示的解决方案资源管理器中右击项目名称 Server，在快捷菜单中选择"添加→类"命令，进入 MFC 添加类向导，设定类名为 CServerSocket、基类为 CAsyncSocket，如图 3.25 所示。

单击"完成"按钮，系统会自动生成 CServerSocket 类对应的头文件 ServerSocket.h 和 ServerSocket.cpp 文件。在图 3.22 所示的解决方案资源管理器中读者可以观察到这个变化。

（2）使用 MFC 类向导完善 CServerSocket 类的定义。在解决方案资源管理器中右击项目名称 Server，在快捷菜单中选择"类向导"命令，进入 MFC 类向导对话框，将类名称选择为 CServerSocket。然后切换到"虚函数"选项卡，分别从左下角的"虚函数"列表框中选择 OnClose、OnAccept、OnReceive 3 个虚函数，单击"添加函数"按钮，将这 3 个虚函数添加到

图 3.25　用 MFC 添加类向导创建服务器套接字类

"已重写的虚函数"列表框中。这样，就为自己的套接字类 CServerSocket 完成了对上述 3 个虚函数的重载，定义结果如图 3.26 所示。

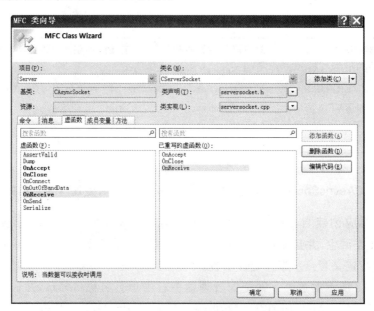

图 3.26　用 MFC 类向导为自定义套接字类重载 3 个虚函数

上述操作会自动在 ServerSocket.h 和 ServerSocket.cpp 文件中添加相应的代码定义，详情可参见程序 3.2。

（3）为套接字类 CServerSocket 添加一般的成员函数和成员变量。在 MFC 类向导中切换到"成员变量"选项卡，为套接字类添加一个私有的成员变量（如图 3.27），它是指向对话框类

图 3.27　为服务器套接字类添加成员变量

CServerDlg 的指针。

其代码如下:

```
private:
CServerDlg* m_pDlg;
```

切换到"方法"选项卡,再添加一个成员函数,其代码如下:

```
public:
void setParentDlg(CServerDlg* pDlg);
```

上述操作同样会反映到 ServerSocket.h 中,生成变量和函数的声明;反映到 ServerSocket.cpp 文件中,生成函数的框架代码。

(4) 手工添加其他代码。对于 ServerSocket.h,在文件开头添加对话框类 CServerDlg 的声明,其代码如下:

```
class CServerDlg;
```

对于 ServerSocket.cpp 文件,有以下 4 处添加。

① 在文件头,添加对话框类的头文件:

```
#include "ServerDlg.h"
```

② 在构造函数中,添加对话框指针成员变量的初始化代码:

```
m_pDlg = NULL;
```

③ 在析构函数中,添加对话框指针成员变量的置空代码:

```
m_pDlg = NULL;
```

④ 为成员函数 OnAccept、OnReceive、OnClose、setParentDlg 添加业务逻辑代码,详情参见程序 3.2。与客户机一样,在前 3 个函数中不做具体操作,所有操作均转到对话框类中进行处理。在对话框类中要添加 3 个函数分别处理 OnAccept、OnReceive、OnClose 这 3 个函数应该完成的操作。

5. 为对话框类 CServerDlg 中的 3 个按钮控件添加单击事件处理函数

函数名称的定义参见表 3.9。

表 3.9 为 CServerDlg 类中的按钮控件添加事件响应函数

控件 ID	消息	成员函数(响应函数)
IDC_BUTTON_LISTEN	BN_CLICKED	OnClickedButtonListen
IDC_BUTTON_CLOSELISTEN	BN_CLICKED	OnClickedButtonCloselisten
IDC_BUTTON_SEND	BN_CLICKED	OnClickedButtonSend

这一步操作可以用 MFC 类向导自动完成。如图 3.28 所示,选择类名为 CServerDlg,切换到"命令"选项卡,在左下角选择按钮控件对应的 ID,在中间消息列表框中选择消息 BN_CLICKED,单击"添加处理程序"按钮,添加成员函数到下面的列表框中。然后单击"确定"按钮,则所有操作会自动反映到 ServerDlg.h 和 ServerDlg.cpp 中。

图 3.28　为 CServerDlg 类添加按钮单击事件处理函数

6. 为 CServerDlg 类添加与套接字关联的成员变量和成员函数

用 MFC 类向导添加成员变量，其代码如下：

```
CServerSocket m_sServerSocket;        //服务器侦听套接字
CServerSocket m_sClientSocket;        //服务器用来与客户机连接的套接字
```

注意：为了完成与客户机的通信，在服务器端需要定义两个套接字对象，其在表 3.2 中有描述。

用 MFC 类向导添加下面 3 个成员函数：

```
void onClose(void);                   //对应处理套接字的 OnClose 事件函数
void onAccept(void);                  //对应处理套接字的 OnAccept 事件函数
void onReceive(void);                 //对应处理套接字的 OnReceive 事件函数
```

借助向导完成的操作会自动反映到 ServerDlg.h 和 ServerDlg.cpp 中。

7. 手工添加部分代码

在 ServerDlg.h 文件头部添加对于 ServerSocket.h 的包含命令，以获得对套接字的访问支持，其代码如下：

```
#include "ServerSocket.h"
```

在 ServerDlg.cpp 文件中添加对控件成员变量的初始化代码：

```
BOOL CServerDlg::OnInitDialog()
{
 //系统自动生成的代码此处省略

 //TODO: 在此添加额外的初始化代码
 m_strServerName = "localhost";
 m_nServerPort = 1024;
 UpdateData(FALSE);
 m_sServerSocket.setParentDlg(this);
 m_sClientSocket.setParentDlg(this);
 return TRUE;                          //除非将焦点设置到控件,否则返回 TRUE
}
```

8. 添加事件函数和成员函数业务逻辑代码

在 ServerDlg.cpp 中完善 CServerDlg 的事件处理函数和成员函数代码,在 ServerSocket.cpp 文件中完善 CServerSocket 的事件处理函数代码,详情参见程序 3.2。

3.2.5 服务器代码分析

同客户机一样,应用程序 Server.h 和 Server.cpp 对应 CServerApp 类的定义和实现,完全由 VC++ 2010 的 MFC 类向导自动创建,它们是整个项目的入口文件,编程者不需做任何改动。Resource.h、stdafx.h、stdafx.cpp、targetver.h 等由系统自动生成,不需要改动。

下面重点给出 ServerSocket.h、ServerSocket.cpp、ServerDlg.h 和 ServerDlg.cpp 这 4 个文件的编码清单。

程序 3.2　点对点通信服务器完整代码

派生的套接字类 CServerSocket 的定义和实现分别在 ServerSocket.h、ServerSocket.cpp 文件中。

(1) ServerSocket.h 头文件清单:

```
#pragma once

//CServerSocket 命令目标
class CServerDlg;
class CServerSocket : public CAsyncSocket
{
public:
 CServerSocket();
 virtual ~CServerSocket();
 virtual void OnAccept(int nErrorCode);
 virtual void OnClose(int nErrorCode);
 virtual void OnReceive(int nErrorCode);
private:
 CServerDlg* m_pDlg;
public:
 void setParentDlg(CServerDlg* pDlg);
};
```

(2) ServerSocket.cpp 文件清单:

```cpp
//ServerSocket.cpp: 实现文件

#include "stdafx.h"
#include "Server.h"
#include "ServerSocket.h"
#include "ServerDlg.h"

CServerSocket::CServerSocket()
{
 m_pDlg = NULL;
}

CServerSocket::~CServerSocket()
{
 m_pDlg = NULL;
}
//CServerSocket 成员函数
void CServerSocket::OnAccept(int nErrorCode)
{
 //TODO: 在此添加专用代码或调用基类
 CAsyncSocket::OnAccept(nErrorCode);
 if(nErrorCode == 0) m_pDlg->onAccept();
}
void CServerSocket::OnClose(int nErrorCode)
{
 //TODO: 在此添加专用代码或调用基类
 CAsyncSocket::OnClose(nErrorCode);
 if(nErrorCode == 0) m_pDlg->onClose();
}
void CServerSocket::OnReceive(int nErrorCode)
{
 //TODO: 在此添加专用代码或调用基类
 CAsyncSocket::OnReceive(nErrorCode);
 if(nErrorCode == 0) m_pDlg->onReceive();
}
void CServerSocket::setParentDlg(CServerDlg * pDlg)
{
 m_pDlg = pDlg;
}
```

(3) ServerDlg.h 文件清单:

```cpp
//ServerDlg.h: 头文件

#pragma once
#include "ServerSocket.h"

//CServerDlg 对话框
class CServerDlg : public CDialogEx
{
public:
CServerDlg(CWnd * pParent = NULL);    //标准构造函数
//对话框数据
```

```cpp
    enum { IDD = IDD_SERVER_DIALOG };

    protected:
    virtual void DoDataExchange(CDataExchange* pDX);    //DDX/DDV 支持

    protected:
     HICON m_hIcon;
     //生成的消息映射函数
     virtual BOOL OnInitDialog();
     afx_msg void OnSysCommand(UINT nID, LPARAM lParam);
     afx_msg void OnPaint();
     afx_msg HCURSOR OnQueryDragIcon();
     DECLARE_MESSAGE_MAP()
//添加的成员变量和成员函数声明
public:
    CString m_strServerName;
    int m_nServerPort;
    CString m_strToClient;
    CListBox m_listReceived;
    CListBox m_listSent;
    afx_msg void OnClickedButtonCloselisten();
    afx_msg void OnClickedButtonListen();
    afx_msg void OnClickedButtonSend();
    CServerSocket m_sServerSocket;       //服务器侦听套接字
    CServerSocket m_sClientSocket;       //服务器用来与客户机连接的套接字
    void onClose(void);                  //对应处理套接字的 OnClose 事件函数
    void onAccept(void);                 //对应处理套接字的 OnAccept 事件函数
    void onReceive(void);                //对应处理套接字的 OnReceive 事件函数
};
```

（4）ServerDlg.cpp 文件清单：

```cpp
//ServerDlg.cpp: 实现文件

#include "stdafx.h"
#include "Server.h"
#include "ServerDlg.h"
#include "afxdialogex.h"

//用于应用程序"关于"菜单项的 CAboutDlg 对话框
class CAboutDlg : public CDialogEx
{
public:
    CAboutDlg();

//对话框数据
    enum { IDD = IDD_ABOUTBOX };
    protected:
    virtual void DoDataExchange(CDataExchange* pDX);    //DDX/DDV 支持

protected:
    DECLARE_MESSAGE_MAP()
};

CAboutDlg::CAboutDlg() : CDialogEx(CAboutDlg::IDD)
```

```
{}

void CAboutDlg::DoDataExchange(CDataExchange* pDX)
{
    CDialogEx::DoDataExchange(pDX);
}

BEGIN_MESSAGE_MAP(CAboutDlg, CDialogEx)
END_MESSAGE_MAP()

//CServerDlg 对话框

CServerDlg::CServerDlg(CWnd* pParent /* = NULL */)
  : CDialogEx(CServerDlg::IDD, pParent)
{
    m_hIcon = AfxGetApp()->LoadIcon(IDR_MAINFRAME);
    m_strServerName = _T("");
    m_nServerPort = 0;
    m_strToClient = _T("");
}

void CServerDlg::DoDataExchange(CDataExchange* pDX)
{
 CDialogEx::DoDataExchange(pDX);
 DDX_Text(pDX, IDC_EDIT_SERVERNAME, m_strServerName);
 DDX_Text(pDX, IDC_EDIT_SERVERPORT, m_nServerPort);
 DDV_MinMaxInt(pDX, m_nServerPort, 1024, 49151);
 DDX_Text(pDX, IDC_EDIT_TOCLIENT, m_strToClient);
 DDX_Control(pDX, IDC_LIST_RECEIVED, m_listReceived);
 DDX_Control(pDX, IDC_LIST_SENT, m_listSent);
}

BEGIN_MESSAGE_MAP(CServerDlg, CDialogEx)
    ON_WM_SYSCOMMAND()
    ON_WM_PAINT()
    ON_WM_QUERYDRAGICON()
    ON_BN_CLICKED(IDC_BUTTON_CLOSELISTEN, &CServerDlg::OnClickedButtonCloselisten)
    ON_BN_CLICKED(IDC_BUTTON_LISTEN, &CServerDlg::OnClickedButtonListen)
    ON_BN_CLICKED(IDC_BUTTON_SEND, &CServerDlg::OnClickedButtonSend)
END_MESSAGE_MAP()


//CServerDlg 消息处理程序
BOOL CServerDlg::OnInitDialog()
{
 CDialogEx::OnInitDialog();

    //将"关于"菜单项添加到系统菜单中

    //IDM_ABOUTBOX 必须在系统命令范围内
    ASSERT((IDM_ABOUTBOX & 0xFFF0) == IDM_ABOUTBOX);
    ASSERT(IDM_ABOUTBOX < 0xF000);

    CMenu* pSysMenu = GetSystemMenu(FALSE);
```

```cpp
    if (pSysMenu != NULL)
    {
        BOOL bNameValid;
        CString strAboutMenu;
        bNameValid = strAboutMenu.LoadString(IDS_ABOUTBOX);
        ASSERT(bNameValid);
        if (!strAboutMenu.IsEmpty())
        {
            pSysMenu->AppendMenu(MF_SEPARATOR);
            pSysMenu->AppendMenu(MF_STRING, IDM_ABOUTBOX, strAboutMenu);
        }
    }

    //设置此对话框的图标. 当应用程序主窗口不是对话框时,框架将自动
    //执行此操作
    SetIcon(m_hIcon, TRUE);             //设置大图标
    SetIcon(m_hIcon, FALSE);            //设置小图标

    //TODO: 在此添加额外的初始化代码
    m_strServerName = "localhost";
    m_nServerPort = 1024;
    UpdateData(FALSE);
    m_sServerSocket.setParentDlg(this);
    m_sClientSocket.setParentDlg(this);
    return TRUE;                        //除非将焦点设置到控件,否则返回 TRUE
}

void CServerDlg::OnSysCommand(UINT nID, LPARAM lParam)
{
    if ((nID & 0xFFF0) == IDM_ABOUTBOX)
    {
        CAboutDlg dlgAbout;
        dlgAbout.DoModal();
    }
    else
    {
        CDialogEx::OnSysCommand(nID, lParam);
    }
}

//如果向对话框添加最小化按钮,则需要下面的代码
//来绘制该图标。对于使用文档/视图模型的 MFC 应用程序,
//这将由框架自动完成
void CServerDlg::OnPaint()
{
    if (IsIconic())
    {
        CPaintDC dc(this);              //用于绘制的设备上下文

        SendMessage(WM_ICONERASEBKGND, reinterpret_cast<WPARAM>(dc.GetSafeHdc()), 0);

        //使图标在工作区矩形中居中
        int cxIcon = GetSystemMetrics(SM_CXICON);
        int cyIcon = GetSystemMetrics(SM_CYICON);
```

```cpp
        CRect rect;
        GetClientRect(&rect);
        int x = (rect.Width() - cxIcon + 1) / 2;
        int y = (rect.Height() - cyIcon + 1) / 2;

        //绘制图标
        dc.DrawIcon(x, y, m_hIcon);
    }
    else
    {
        CDialogEx::OnPaint();
    }
}

//当用户拖动最小化窗口时系统调用此函数取得光标
HCURSOR CServerDlg::OnQueryDragIcon()
{
    return static_cast<HCURSOR>(m_hIcon);
}

void CServerDlg::OnClickedButtonCloselisten()
{
    //TODO: 在此添加控件通知处理程序代码
    onClose();
}

void CServerDlg::OnClickedButtonListen()
{
//TODO: 在此添加控件通知处理程序代码
UpdateData(TRUE);
GetDlgItem(IDC_BUTTON_LISTEN)->EnableWindow(FALSE);
GetDlgItem(IDC_EDIT_SERVERNAME)->EnableWindow(FALSE);
GetDlgItem(IDC_EDIT_SERVERPORT)->EnableWindow(FALSE);
m_sServerSocket.Create(m_nServerPort);
m_sServerSocket.Listen();

GetDlgItem(IDC_EDIT_TOCLIENT)->EnableWindow(TRUE);
GetDlgItem(IDC_BUTTON_CLOSELISTEN)->EnableWindow(TRUE);
GetDlgItem(IDC_BUTTON_SEND)->EnableWindow(TRUE);

}

void CServerDlg::OnClickedButtonSend()
{
//TODO: 在此添加控件通知处理程序代码
int nMsgLen;
int nSentLen;
UpdateData(TRUE);
if(!m_strToClient.IsEmpty())
    {
        nMsgLen = m_strToClient.GetLength() * sizeof(m_strToClient);
        nSentLen = m_sClientSocket.Send(m_strToClient,nMsgLen);
        if (nSentLen!= SOCKET_ERROR) { //发送成功
            m_listSent.AddString(m_strToClient);
```

```
            UpdateData(FALSE);
        } else {
            AfxMessageBox(LPCTSTR("服务器向客户机发送信息出现错误!"),MB_OK|MB_ICONSTOP);
        }
    m_strToClient.Empty();
    UpdateData(FALSE);
    }
}
//从套接字的 OnClose 事件函数转到此处执行
void CServerDlg::onClose(void)
{
 m_listReceived.AddString(CString("服务器收到了 OnClose 消息"));
 m_sClientSocket.Close();
 m_sServerSocket.Close();
 GetDlgItem(IDC_EDIT_TOCLIENT)->EnableWindow(FALSE);
 GetDlgItem(IDC_BUTTON_CLOSELISTEN)->EnableWindow(FALSE);
 GetDlgItem(IDC_BUTTON_SEND)->EnableWindow(FALSE);
 GetDlgItem(IDC_EDIT_SERVERNAME)->EnableWindow(TRUE);
 GetDlgItem(IDC_EDIT_SERVERPORT)->EnableWindow(TRUE);
 GetDlgItem(IDC_BUTTON_LISTEN)->EnableWindow(TRUE);
}
//从套接字的 OnAccept 事件函数转到此处执行
void CServerDlg::onAccept(void)
{
 m_listReceived.AddString(CString("服务器收到了 OnAccept 消息"));
 m_sServerSocket.Accept(m_sClientSocket);
 GetDlgItem(IDC_EDIT_TOCLIENT)->EnableWindow(TRUE);
 GetDlgItem(IDC_BUTTON_SEND)->EnableWindow(TRUE);
 GetDlgItem(IDC_BUTTON_CLOSELISTEN)->EnableWindow(TRUE);
}
//从套接字的 OnReceive 事件函数转到此处执行
void CServerDlg::onReceive(void)
{
 TCHAR buff[4096];
 int nBufferSize = 4096;
 int nReceivedLen;
 CString strReceived;
 m_listReceived.AddString(CString("服务器收到了 OnReceive 消息"));
 nReceivedLen = m_sClientSocket.Receive(buff,nBufferSize);
 if(nReceivedLen!= SOCKET_ERROR)
 {
     buff[nReceivedLen] = _T('\0');
     CString szTemp(buff);
     strReceived = szTemp;
     m_listReceived.AddString(strReceived);
     UpdateData(FALSE);
 }else {
     AfxMessageBox(LPCTSTR("服务器从客户机接收信息出现错误!"),MB_OK|MB_ICONSTOP);
 }
}
```

服务器程序 3.2 的运行结果如图 3.29 所示。

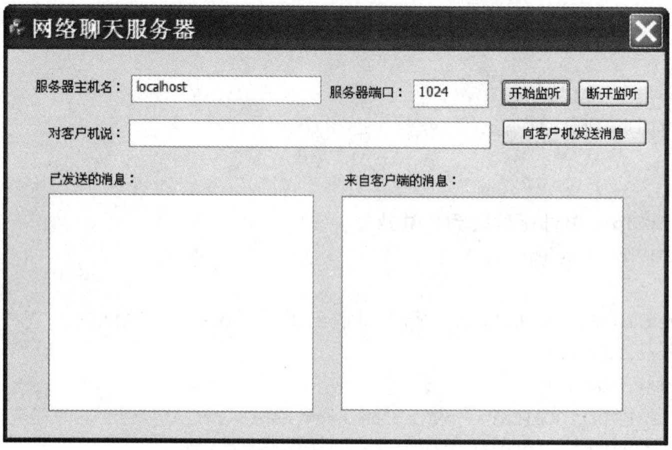

图 3.29 服务器运行初始界面

3.2.6 点对点通信客户机与服务器联合测试

读者可以在同一台计算机上测试客户机与服务器的通信过程,图 3.30 是某一次对话的联合测试结果,其测试步骤如下:

(1) 启动客户机和服务器程序,其初始运行界面分别如图 3.21 和图 3.29 所示。

(2) 单击服务器的"开始监听"按钮,然后切换到客户机程序,单击"连接服务器"按钮。

图 3.30 客户机与服务器交互界面截图

客户机成功连接服务器后，在服务器端的列表框中会显示"服务器收到了 OnAccept 消息"，这表示服务器接受了客户机连接。

（3）从服务器给客户机发送几条短消息，再从客户机给服务器发送几条短消息，或者交互问答。客户机会将发出的消息和来自服务器的消息列表显示，服务器也是如此。而且每当有新数据到达服务器，服务器还会显示"服务器收到了 OnReceive 消息"，这意味着服务器连接套接字的 OnReceive 通知函数被执行。

（4）单击客户机的"断开连接"按钮，测试双方反应；单击服务器的"断开监听"按钮，测试双方反应。

在网络上的不同主机之间进行测试，需要修改服务器主机名或地址。这个实例美中不足的是只能实现客户机和服务器的一对一通信，服务器不能同时处理多个客户端连接。

将程序 3.1 和程序 2.9 比较，将程序 3.2 和程序 2.10 比较，写出对比分析结果，大家一定会有许多新的发现。对于如何让服务器处理多客户机连接的问题，相信 3.3 节的 CSocket 类编程实例可以给读者带来新的启发。

3.3　CSocket 类编程实例

本节给出一个使用 CSocket 类的编程实例，该实例演示了 CArchive 对象＋CSocketFile 对象＋CSocket 对象协同收/发数据的工作机制。

3.3.1　聊天室功能和技术要点

聊天室的基本功能如下：
（1）要求服务器能与多个客户机建立连接，同时为多个客户机服务。
（2）服务器相当于聊天室的大厅，它发布所有客户机的发言，并将客户机发言转发给其他客户机，从而间接实现客户机之间的通信。
（3）服务器动态统计进入聊天室的客户机数目，当有新客户机加入或退出时，实时更新在线客户数量。

项目完成后，可以在局域网上多人模拟联合测试，相互对话，体验程序的性能。建议读者将服务器程序 3.3 和程序 2.11 进行对比学习。

本实例的技术要点如下：
（1）借助 VS2010 的 MFC 应用程序向导创建程序框架。
（2）从 CSocket 类派生用户自定义的套接字类。
（3）通过 CArchive 类、CSocketFile 类、CSocket 类实现网络数据交换。
（4）本例实现了多客户机并发的群聊功能，在服务器端需要用链表动态管理与客户机连接的套接字，实时更新服务器和客户机群的界面显示。

3.3.2　创建聊天室服务器

聊天室服务器的创建与 3.2 节点对点通信服务器的创建类似，下面进行简要介绍。

1. 使用 MFC 应用程序向导创建服务器程序框架

(1) 启动 VS2010,选择"文件→新建→项目"命令,弹出"新建项目"对话框。设定模板为 MFC,项目类型为"MFC 应用程序",项目名称、解决方案名称为 Server,指定项目保存位置,然后单击"确定"按钮,进入 MFC 应用程序向导。

(2) 在 MFC 应用程序向导的第一步,将应用程序类型设定为"基于对话框"。

(3) 在 MFC 应用程序向导的第二步,设置用户界面的初始选项。

(4) 在 MFC 应用程序向导的第三步,设置高级功能,在此选择"Windows 套接字"复选框。

(5) 在 MFC 应用程序向导的最后一步,完成 CServerApp 和 CServerDlg 类的自动创建,生成的解决方案如图 3.31 所示。其中,ServerSocket.h、ServerSocket.cpp、ClientSocket.h、ClientSocket.cpp、Message.h、Message.cpp 是后面利用 MFC 类向导添加的,分别对应 CServerSocket、CClientSocket、CMessage 3 个类的定义和实现。

2. 创建一个消息类 CMessage,用于表示服务器与客户机之间通信的消息结构

联合使用 CArchive 类、CSocketFile 类、CSocket 类实现网络数据的交换。其中,CArchive 类要求将可序列化对象写入 CSocketFile 对象或从中读取可序列化对象,因此需要定义一个消息类,表示客户机与服务器通信的消息结构,该类需要从 CObject 类派生。其创建方法如下:

在图 3.31 所示的服务器项目解决方案视图中右击项目名称 Server,在快捷菜单中选择"添加→类"命令,在弹出的对话框中设定类模板为"MFC 类",单击"添加"按钮,在 MFC 添加类向导中完成 CMessage 类的定义,如图 3.32 所示。

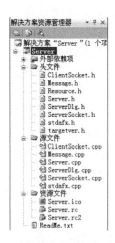

图 3.31 服务器项目解决方案

图 3.32 CMessage 类的定义

在图 3.31 中大家可以看到自动生成的 Message.h 和 Message.cpp 文件。用 MFC 类向导为 CMessage 类添加成员变量和成员函数,其代码如下:

```
CString m_strMessage;                    //字符串消息
BOOL m_bClosed;                          //是否关闭
virtual void Serialize(CArchive& ar);    //重载基类序列化函数
```

详情参见程序 3.3 文件清单。

3. 为服务器对话框添加控件,构建程序主界面

在资源视图中展开 Dialog 资源条目,双击 IDD_SERVER_DIALOG,在工作区中会出现一个对话框,借助工具箱中的控件,将程序主界面设计成如图 3.33 所示的布局。

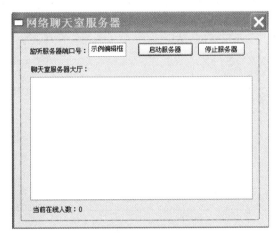

图 3.33 聊天室服务器主界面

对照表 3.10 设置各控件的属性。

表 3.10 聊天室服务器程序主对话框中各控件的属性

控件 ID	控件 标 题	控件 类 型
IDC_EDIT_SERVERPORT	无	编辑框 Edit Control
IDC_LIST_SROOM	无	列表框 List Box
IDC_BUTTON_START	启动服务器	按钮 Button Control
IDC_BUTTON_STOP	停止服务器	按钮 Button Control
IDC_STATIC1	聊天室服务器大厅:	静态文本 Static Text
IDC_STATIC2	监听服务器端口号:	静态文本 Static Text
IDC_STATIC_ONLINE	当前在线人数:0	静态文本 Static Text

4. 为对话框中的控件对象定义相应的成员变量

在解决方案资源管理器中的项目名称 Server 上右击,在快捷菜单中选择"类向导"命令,进入 MFC 类向导。

切换到"成员变量"选项卡,用"添加变量"按钮为表 3.11 中的编辑类控件定义成员变量。图 3.34 展示的是完成成员变量定义后的界面。

表 3.11 聊天室服务器程序主对话框中控件的成员变量

控件 ID	对应成员变量名称	变量类型	取值范围
IDC_EDIT_SERVERPORT	m_nServerPort	int	1024～49 151
IDC_LIST_SROOM	m_listSroom	CListBox	
IDC_STATIC_ONLINE	m_staOnline	CStatic	

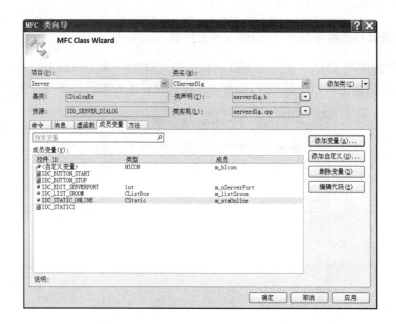

图 3.34 定义服务器对话框中控件的成员变量

5. 创建从 CSocket 类派生的子类 CServerSocket 和 CClientSocket，处理与客户机的通信

（1）服务器应创建自己的套接字类，负责与客户机的通信。这个套接字类应当从 CSocket 类派生，并且能够将套接字事件传递给对话框类 CServerDlg，在对话框类中编程者可以自定义套接字事件处理函数。

与服务器程序 3.2 不同的是，这里需要派生两个套接字类——CServerSocket 和 CClientSocket。CServerSocket 用于侦听来自客户机的连接请求，需要为它添加 OnAccept 事件处理函数；CClientSocket 用于与客户机建立连接并交换数据，需要为它添加 OnReceive 事件处理函数。这两个类都需要添加一个指向主对话框类的指针变量。

在图 3.31 所示的解决方案资源管理器中右击项目名称 Server，在快捷菜单中选择"添加→类"命令，进入 MFC 添加类向导，设定类名为 CServerSocket、基类为 CSocket，如图 3.35 所示。

单击"完成"按钮，系统会自动生成 CServerSocket 类对应的头文件 ServerSocket.h 和 ServerSocket.cpp 文件。在图 3.31 所示的解决方案资源管理器中读者可以观察到这个变化。

（2）使用 MFC 类向导完善 CServerSocket 类的定义。在解决方案资源管理器中右击项目名称 Server，在快捷菜单中选择"类向导"命令，进入 MFC 类向导，将类名称选择为 CServerSocket，然后切换到"虚函数"选项卡，从左下角的"虚函数"列表框中选择虚函数

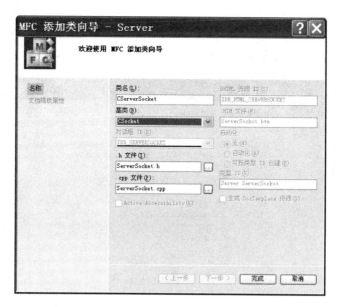

图 3.35　在服务器端定义派生类 CServerSocket

OnAccept,单击"添加函数"按钮,将这个虚函数添加到"已重写的虚函数"列表框中。这样,就为自己的套接字类 CServerSocket 完成了对 OnAccept 虚函数的重载,定义结果如图 3.36 所示。

图 3.36　用 MFC 类向导为 CServerSocket 重载 OnAccept 虚函数

上述操作会自动在 ServerSocket.h 和 ServerSocket.cpp 文件中添加相应的代码定义,详情可参见程序 3.3。

(3) 为套接字类 CServerSocket 添加成员变量。在图 3.36 所示的 MFC 类向导中切换到"成员变量"选项卡,为套接字添加一个私有的成员变量,它是指向对话框类 CServerDlg 的指针,其代码如下:

```
private:
CServerDlg* m_pDlg;                    //指向服务器对话框类的指针
```

(4) 同样,利用 MFC 添加类向导派生 CClientSocket 类,如图 3.37 所示。

图 3.37　在 Server 项目中派生 CClientSocket 类

利用 MFC 类向导为 CClientSocket 类添加以下成员变量,如图 3.38 所示。

```
CServerDlg* m_pDlg;                //定义指向主对话框类的指针
CSocketFile* m_pFile;              //定义指向 CSocketFile 对象的指针
CArchive* m_pArchiveIn;            //定义用于输入的 CArchive 对象指针
CArchive* m_pArchiveOut;           //定义用于输出的 CArchive 对象指针
```

图 3.38　为 CClientSocket 类添加成员变量

利用 MFC 类向导添加以下成员函数,如图 3.39 所示。

```
void Init(void);                         //初始化
void SendMessage(CMessage * pMsg);       //发送消息
void ReceiveMessage(CMessage * pMsg);    //接收消息
//重载回调函数,当套接字收到数据时,自动调用此函数
virtual void OnReceive(int nErrorCode);
```

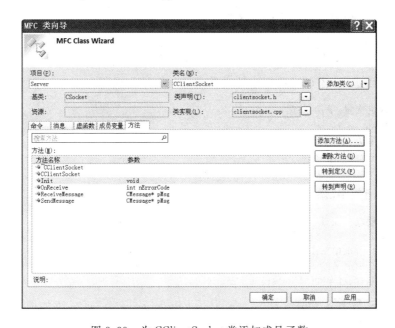

图 3.39　为 CClientSocket 类添加成员函数

利用 MFC 类向导完成上述操作,自动生成的代码会反映到 ClientSocket.h 和 ClientSocket.cpp 文件,详情参见程序 3.3 文件清单。

(5) 手工添加其他代码。

对于 ServerSocket.h,在文件开头添加对话框类 CServerDlg 的声明,其代码如下:

```
class CServerDlg;                //声明服务器对话框类
```

对于 ServerSocket.cpp 文件,有以下 4 处添加。

① 在文件头,添加对话框类的头文件:

```
#include "ServerDlg.h"           //手动添加
```

② 在构造函数中,添加对话框指针成员变量的初始化代码:

```
m_pDlg = NULL;
```

③ 在析构函数中,添加对话框指针成员变量的置空代码:

```
m_pDlg = NULL;
```

④ 为成员函数 OnAccept 添加业务逻辑代码,详情参见程序 3.3。事实上,在 OnAccept 函数中不做具体操作,只包含语句"m_pDlg->onAccept();"。

这个语句控制程序逻辑转到对话框类中进行处理,后面在对话框类的 onAccept() 函数中完成具体的业务处理。

对于ClientSocket.h,在文件开头添加对话框类CServerDlg和消息类CMessage的声明,其代码如下:

```
class CServerDlg;                    //声明服务器对话框类
class CMessage;
```

对于ClientSocket.cpp文件,有以下4处添加。

① 在文件头,添加对话框类的头文件:

```
#include "ServerDlg.h"              //手动添加包含语句
#include "Message.h"                //手动添加包含语句
```

② 在构造函数中,添加对话框指针成员变量的初始化代码:

```
//初始化成员变量,手动添加
m_pDlg = pDlg;
m_pFile = NULL;
m_pArchiveIn = NULL;
m_pArchiveOut = NULL;
```

③ 在析构函数中,添加对话框指针成员变量的置空代码:

```
//置空或释放成员变量,手动添加
m_pDlg = NULL;
if (m_pFile! = NULL) delete m_pFile;
if (m_pArchiveIn! = NULL) delete m_pArchiveIn;
if (m_pArchiveOut! = NULL) delete m_pArchiveOut;
```

④ 为成员函数Init、OnReceive、SendMessage、ReceiveMessage添加业务逻辑代码,详情参见程序3.3。

6. 为对话框类CServerDlg中的两个按钮控件添加单击事件处理函数

函数定义参见表3.12。

表3.12　聊天室服务器程序主对话框中按钮控件的事件响应函数

控件ID	消　　息	成员函数(响应函数)
IDC_BUTTON_START	BN_CLICKED	OnClickedButtonStart
IDC_BUTTON_STOP	BN_CLICKED	OnClickedButtonStop

这一步操作可以用MFC类向导自动完成。如图3.40所示,选择类名为CServerDlg,然后切换到"命令"选项卡,在左下角选择按钮控件对应的ID,在中间消息列表框中选择消息BN_CLICKED,单击"添加处理程序"按钮,添加成员函数到下面的列表框中。接着单击"确定"按钮,则所有操作会自动反映到ServerDlg.h和ServerDlg.cpp中,详情参见程序3.3。

7. 为CServerDlg类添加与套接字关联的成员变量和成员函数

用MFC类向导添加成员变量,其代码如下:

```
CServerSocket * m_pServerSocket;    //侦听套接字指针变量
CPtrList m_ClientsList;             //在线客户机链表
```

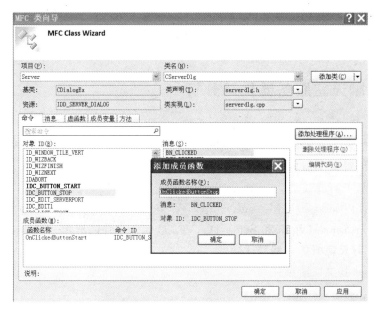

图 3.40 为 ServerDlg 类定义按钮单击事件响应函数

用 MFC 类向导添加下面的 3 个成员函数：

```
void onAccept(void);//处理客户机连接请求,从 CServerSocket 类的 OnAccept 函数转到此处执行
void onReceive(CClientSocket* pSocket);//获取客户机发送的数据,从 CClientSocket 类的
                                      //OnReceive 函数转到此处执行
void sendToClients(CMessage* pMsg);    //服务器向所有客户机转发消息
```

借助向导完成的操作会自动反映到 ServerDlg.h 和 ServerDlg.cpp 中。

8．手工添加部分代码

在 ServerDlg.h 文件头部添加对于 ServerSocket.h 的包含命令，以获得对套接字的访问支持，其代码如下：

```
#include "ServerSocket.h"
#include "Message.h"              //手动添加包含语句
```

在 ServerDlg.cpp 文件中添加对控件成员变量的初始化代码：

```
BOOL CServerDlg::OnInitDialog()
{
//系统自动生成的代码此处省略

//TODO: 在此处添加额外的初始化代码
m_nServerPort = 10000;
UpdateData(FALSE);                          //用成员变量值更新界面
GetDlgItem(IDC_BUTTON_STOP)->EnableWindow(FALSE);
return TRUE;                                //除非将焦点设置到控件,否则返回 TRUE
}
```

9．手工添加事件函数和成员函数业务逻辑代码

在 Message.cpp 中完善 CMessage 的成员函数代码，在 ServerSocket.cpp 文件中完善

CServerSocket 的事件处理函数代码,在 ClientSocket.cpp 文件中完善 CClientSocket 的事件处理函数代码,在 ServerDlg.cpp 中完善 CServerDlg 的事件处理函数和成员函数代码,详情参见程序 3.3。

3.3.3 聊天室服务器代码分析

如图 3.31 解决方案视图所展示的那样,应用程序 Server.h 和 Server.cpp 对应 CServerApp 类的定义和实现,完全由 VC++ 2010 的 MFC 类向导自动创建,它们是整个项目的入口文件,编程者不需做任何改动。Resource.h、stdafx.h、stdafx.cpp、targetver.h 等由系统自动生成,不需要改动。

下面重点给出 Message.h、Message.cpp、ServerSocket.h、ServerSocket.cpp、ClientSocket.h、ClientSocket.cpp、ServerDlg.h 和 ServerDlg.cpp 这 8 个文件的清单。

程序 3.3 聊天室服务器完整代码

(1) Message.h 文件清单:

```
//CMessage 定义

#pragma once
class CMessage : public CObject
{
public:
    CMessage();
    virtual ~CMessage();
    CString m_strMessage;               //字符串消息
    BOOL m_bClosed;                     //是否关闭
    virtual void Serialize(CArchive& ar);  //重载基类序列化函数
};
```

(2) Message.cpp 文件清单:

```
//Message.cpp: 实现文件

#include "stdafx.h"
#include "Server.h"
#include "Message.h"

CMessage::CMessage()
{
    m_strMessage = _T("");              //类向导自动添加
    m_bClosed = FALSE;                  //手动添加
}
CMessage::~CMessage()
{}

//CMessage 成员函数
//类向导自动添加
void CMessage::Serialize(CArchive& ar)
{
    if (ar.IsStoring())
    {                                   //发送数据代码,手动添加
        ar <<(WORD)m_bClosed;
```

```
        ar << m_strMessage;
    }
    else
    {                                    //接收数据代码,手动添加
        WORD wd;
        ar >> wd;
        m_bClosed = (BOOL)wd;
        ar >> m_strMessage;
    }
}
```

(3) ServerSocket.h 文件清单:

```
//CServerSocket 定义

#pragma once
class CServerDlg;                        //声明服务器对话框类
class CServerSocket : public CSocket
{
public:
    CServerSocket(CServerDlg * pDlg);    //添加入口参数
    virtual ~CServerSocket();
    //回调函数,当套接字收到连接请求时,自动调用此函数
    virtual void OnAccept(int nErrorCode);
    CServerDlg * m_pDlg; //指向服务器对话框类的指针
};
```

(4) ServerSocket.cpp 文件清单:

```
//ServerSocket.cpp: 实现文件

#include "stdafx.h"
#include "Server.h"
#include "ServerSocket.h"
#include "ServerDlg.h"                   //手动添加
CServerSocket::CServerSocket(CServerDlg * pDlg)
{
    m_pDlg = pDlg;                       //初始化成员变量
}


CServerSocket::~CServerSocket()
{
    m_pDlg = NULL;
}


//CServerSocket 成员函数
void CServerSocket::OnAccept(int nErrorCode)
{
    //TODO: 在此添加专用代码或调用基类
    CSocket::OnAccept(nErrorCode);
    m_pDlg->onAccept();                  //调用主对话框中的处理函数
}
```

(5) ClientSocket.h 文件清单:

//CClientSocket 定义

```cpp
#pragma once
class CServerDlg;
class CMessage;

class CClientSocket : public CSocket
{
public:
    CClientSocket(CServerDlg* pDlg);        //为构造函数增加入口参数
    virtual ~CClientSocket();
    //重载回调函数,当套接字收到数据时,自动调用此函数
    virtual void OnReceive(int nErrorCode);
    CServerDlg* m_pDlg;                     //定义指向主对话框类的指针
    CSocketFile* m_pFile;                   //定义指向 CSocketFile 对象的指针
    CArchive* m_pArchiveIn;                 //定义指向输入 CArchive 对象的指针
    CArchive* m_pArchiveOut;                //定义指向输出 CArchive 对象的指针
    void SendMessage(CMessage* pMsg);       //发送消息
    void ReceiveMessage(CMessage* pMsg);    //接收消息
    void Init(void);                        //初始化
};
```

(6) ClientSocket.cpp 文件清单:

```cpp
//ClientSocket.cpp: 实现文件

#include "stdafx.h"
#include "Server.h"
#include "ClientSocket.h"
#include "ServerDlg.h"          //手动添加包含语句
#include "Message.h"            //手动添加包含语句

//CClientSocket

CClientSocket::CClientSocket(CServerDlg* pDlg)//增加入口参数,手动添加
{                                             //初始化成员变量,手动添加
    m_pDlg = pDlg;
    m_pFile = NULL;
    m_pArchiveIn = NULL;
    m_pArchiveOut = NULL;
}

CClientSocket::~CClientSocket()
{
    //置空或释放成员变量,手动添加
    m_pDlg = NULL;
    if (m_pFile!= NULL) delete m_pFile;
    if (m_pArchiveIn!= NULL) delete m_pArchiveIn;
    if (m_pArchiveOut!= NULL) delete m_pArchiveOut;
}

//CClientSocket 成员函数
//套接字收到数据时,自动调用此函数
void CClientSocket::OnReceive(int nErrorCode)
{
    //TODO: 在此添加专用代码或调用基类
```

```
    CSocket::OnReceive(nErrorCode);
    m_pDlg->onReceive(this);              //调用主对话框中的处理函数,手动添加
}

void CClientSocket::Init(void)
{                                          //手动添加初始化代码
    m_pFile = new CSocketFile(this,TRUE);
    m_pArchiveIn = new CArchive(m_pFile,CArchive::load);
    m_pArchiveOut = new CArchive(m_pFile,CArchive::store);
}
//发送消息
void CClientSocket::SendMessage(CMessage* pMsg)
{
    //手动添加
    if (m_pArchiveOut!= NULL)
    {
        pMsg->Serialize(*m_pArchiveOut);
        m_pArchiveOut->Flush();
    }
}
//接收消息
void CClientSocket::ReceiveMessage(CMessage* pMsg)
{
    pMsg->Serialize(*m_pArchiveIn);
}
```

(7) ServerDlg.h 文件清单：

```
//ServerDlg.h: 头文件

#pragma once
#include "ServerSocket.h"
#include "ClientSocket.h"

class CMessage;

//CServerDlg 对话框
class CServerDlg : public CDialogEx
{
public:
    CServerDlg(CWnd* pParent = NULL);     //标准构造函数
//对话框数据
    enum { IDD = IDD_SERVER_DIALOG };
protected:
    virtual void DoDataExchange(CDataExchange* pDX);  //DDX/DDV 支持

protected:
    HICON m_hIcon;

    //生成的消息映射函数
    virtual BOOL OnInitDialog();
    afx_msg void OnSysCommand(UINT nID, LPARAM lParam);
    afx_msg void OnPaint();
    afx_msg HCURSOR OnQueryDragIcon();
    DECLARE_MESSAGE_MAP()
```

```cpp
//以下代码通过类向导自动添加
public:
 int m_nServerPort;
 CListBox m_listSroom;
 CStatic m_staOnline;
 afx_msg void OnClickedButtonStart();
 afx_msg void OnClickedButtonStop();
 CServerSocket * m_pServerSocket;        //侦听套接字指针变量
 CPtrList m_ClientsList;                 //在线客户机链表
 void onAccept(void);
 //处理客户机连接请求,从 CServerSocket 类的 OnAccept 函数转到此处执行
 void onReceive(CClientSocket * pSocket); //获取客户机发送的数据,从 CClientSocket 类的
                                          //OnReceive 函数转到此处执行
 void sendToClients(CMessage * pMsg);    //服务器向所有客户机转发消息
};
```

(8) ServerDlg.cpp 文件清单:

```cpp
//ServerDlg.cpp: 实现文件

#include "stdafx.h"
#include "Server.h"
#include "ServerDlg.h"
#include "afxdialogex.h"
#include "Message.h"                      //手动添加包含语句

//用于应用程序"关于"菜单项的 CAboutDlg 对话框
class CAboutDlg : public CDialogEx
{
public:
 CAboutDlg();
//对话框数据
 enum { IDD = IDD_ABOUTBOX };
 protected:
 virtual void DoDataExchange(CDataExchange * pDX);     //DDX/DDV 支持
 protected:
 DECLARE_MESSAGE_MAP()
};


CAboutDlg::CAboutDlg() : CDialogEx(CAboutDlg::IDD)
{}


void CAboutDlg::DoDataExchange(CDataExchange * pDX)
{
 CDialogEx::DoDataExchange(pDX);
}


BEGIN_MESSAGE_MAP(CAboutDlg, CDialogEx)
END_MESSAGE_MAP()


//CServerDlg 对话框
CServerDlg::CServerDlg(CWnd * pParent /* = NULL */)
 : CDialogEx(CServerDlg::IDD, pParent)
{
 m_hIcon = AfxGetApp()->LoadIcon(IDR_MAINFRAME);
```

```cpp
    m_nServerPort = 0;                                  //类向导添加的成员变量初始化代码
    m_pServerSocket = NULL;                             //手动添加
}

void CServerDlg::DoDataExchange(CDataExchange* pDX)
{
    CDialogEx::DoDataExchange(pDX);
    DDX_Text(pDX, IDC_EDIT_SERVERPORT, m_nServerPort);
    DDV_MinMaxInt(pDX, m_nServerPort, 1024, 49151);
    DDX_Control(pDX, IDC_LIST_SROOM, m_listSroom);
    DDX_Control(pDX, IDC_STATIC_ONLINE, m_staOnline);
}

BEGIN_MESSAGE_MAP(CServerDlg, CDialogEx)
    ON_WM_SYSCOMMAND()
    ON_WM_PAINT()
    ON_WM_QUERYDRAGICON()
    ON_BN_CLICKED(IDC_BUTTON_START, &CServerDlg::OnClickedButtonStart)
    ON_BN_CLICKED(IDC_BUTTON_STOP, &CServerDlg::OnClickedButtonStop)
END_MESSAGE_MAP()

//CServerDlg 消息处理程序
BOOL CServerDlg::OnInitDialog()
{
    CDialogEx::OnInitDialog();

    //将"关于"菜单项添加到系统菜单中

    //IDM_ABOUTBOX 必须在系统命令范围内
    ASSERT((IDM_ABOUTBOX & 0xFFF0) == IDM_ABOUTBOX);
    ASSERT(IDM_ABOUTBOX < 0xF000);
    CMenu* pSysMenu = GetSystemMenu(FALSE);
    if (pSysMenu != NULL)
    {
        BOOL bNameValid;
        CString strAboutMenu;
        bNameValid = strAboutMenu.LoadString(IDS_ABOUTBOX);
        ASSERT(bNameValid);
        if (!strAboutMenu.IsEmpty())
        {
            pSysMenu->AppendMenu(MF_SEPARATOR);
            pSysMenu->AppendMenu(MF_STRING, IDM_ABOUTBOX, strAboutMenu);
        }
    }

    //设置此对话框的图标,当应用程序主窗口不是对话框时,框架将自动执行此操作
    SetIcon(m_hIcon, TRUE);                             //设置大图标
    SetIcon(m_hIcon, FALSE);                            //设置小图标

    //TODO: 在此添加额外的初始化代码
    m_nServerPort = 10000;
    UpdateData(FALSE);                                  //用成员变量值更新界面
    GetDlgItem(IDC_BUTTON_STOP)->EnableWindow(FALSE);
    return TRUE;                                        //除非将焦点设置到控件,否则返回 TRUE
```

```cpp
    }

    void CServerDlg::OnSysCommand(UINT nID, LPARAM lParam)
    {
        if ((nID & 0xFFF0) == IDM_ABOUTBOX)
        {
            CAboutDlg dlgAbout;
            dlgAbout.DoModal();
        }
        else
        {
            CDialogEx::OnSysCommand(nID, lParam);
        }
    }

    //如果向对话框添加最小化按钮,则需要下面的代码
    //来绘制该图标.对于使用文档/视图模型的 MFC 应用程序,
    //这将由框架自动完成
    void CServerDlg::OnPaint()
    {
        if (IsIconic())
        {
            CPaintDC dc(this); //用于绘制的设备上下文

            SendMessage(WM_ICONERASEBKGND, reinterpret_cast<WPARAM>(dc.GetSafeHdc()), 0);

            //使图标在工作区矩形中居中
            int cxIcon = GetSystemMetrics(SM_CXICON);
            int cyIcon = GetSystemMetrics(SM_CYICON);
            CRect rect;
            GetClientRect(&rect);
            int x = (rect.Width() - cxIcon + 1)/2;
            int y = (rect.Height() - cyIcon + 1)/2;

            //绘制图标
            dc.DrawIcon(x, y, m_hIcon);
        }
        else
        {
            CDialogEx::OnPaint();
        }
    }

    //当用户拖动最小化窗口时,系统调用此函数取得光标显示
    HCURSOR CServerDlg::OnQueryDragIcon()
    {
        return static_cast<HCURSOR>(m_hIcon);
    }

    //单击启动服务器按钮的事件处理函数
    void CServerDlg::OnClickedButtonStart()
    {
        //TODO: 在此添加控件通知处理程序代码
        UpdateData(TRUE);                                    //获得用户输入给成员变量
```

```cpp
//创建服务器套接字对象,用于在指定端口侦听
m_pServerSocket = new CServerSocket(this);
if (!m_pServerSocket->Create(m_nServerPort))
{
    //错误处理
    delete m_pServerSocket;
    m_pServerSocket = NULL;
    AfxMessageBox(LPCTSTR("创建服务器侦听套接字出现错误!"));
    return;
}
//启动服务器侦听套接字,可以随时接收来自客户机的请求
if (!m_pServerSocket->Listen())
{
    //错误处理
    delete m_pServerSocket;
    m_pServerSocket = NULL;
    AfxMessageBox(LPCTSTR("启动服务器侦听套接字出现错误!"));
    return;
}
GetDlgItem(IDC_EDIT_SERVERPORT)->EnableWindow(FALSE);
GetDlgItem(IDC_BUTTON_START)->EnableWindow(FALSE);
GetDlgItem(IDC_BUTTON_STOP)->EnableWindow(TRUE);
}

//单击停止服务器按钮的事件处理函数
void CServerDlg::OnClickedButtonStop()
{
    //TODO: 在此添加控件通知处理程序代码
    CMessage msg;
    msg.m_strMessage = "服务器已停止侦听服务!";
    delete m_pServerSocket;                            //释放服务器侦听套接字
    m_pServerSocket = NULL;
    //清除客户机连接列表
    while(!m_ClientsList.IsEmpty())
    {
        //向每一个客户机发送"服务器已停止侦听服务!"消息并从列表中删除连接,释放资源
        CClientSocket * pSocket = (CClientSocket *)m_ClientsList.RemoveHead();
        pSocket->SendMessage(&msg);
        delete pSocket;
    }
    //清除服务器聊天室大厅
    while(m_listSroom.GetCount()!= 0)
        m_listSroom.DeleteString(0);
    GetDlgItem(IDC_EDIT_SERVERPORT)->EnableWindow(TRUE);
    GetDlgItem(IDC_BUTTON_START)->EnableWindow(TRUE);
    GetDlgItem(IDC_BUTTON_STOP)->EnableWindow(FALSE);
}

//服务器处理来自客户机的连接请求并在服务器端维护一个连接列表
void CServerDlg::onAccept(void)
{
    //创建服务器端连接客户机的套接字
    CClientSocket * pSocket = new CClientSocket(this);
    if (m_pServerSocket->Accept(*pSocket))
```

```cpp
    {
        //建立客户机连接,加入客户机连接列表
        pSocket->Init();
        m_ClientsList.AddTail(pSocket);
        //更新在线人数
        CString strTemp;
        strTemp.Format(_T("当前在线人数: %d"),m_ClientsList.GetCount());
        m_staOnline.SetWindowTextW(strTemp);
    }else
    {
        delete pSocket;
        pSocket = NULL;
    }
}

//服务器处理来自客户机的消息
void CServerDlg::onReceive(CClientSocket * pSocket)
{
    static CMessage msg;

    do {
        pSocket->ReceiveMessage(&msg);                          //接收消息
        m_listSroom.AddString(msg.m_strMessage);                //加入服务器列表框
        sendToClients(&msg);                                    //转发给所有客户机
        //如果客户机关闭,从连接列表中删除服务器端与之会话的连接套接字
        if (msg.m_bClosed)
        {
            pSocket->Close();
            POSITION pos,temp;
            for(pos = m_ClientsList.GetHeadPosition();pos!= NULL;)
            {
                temp = pos;
                CClientSocket * pTempSocket = (CClientSocket * )m_ClientsList.GetNext(pos);
                if (pTempSocket == pSocket)
                {
                    m_ClientsList.RemoveAt(temp);
                    CString strTemp;
                    //更新在线人数
                    strTemp.Format(_T("当前在线人数: %d"),m_ClientsList.GetCount());
                    m_staOnline.SetWindowTextW(strTemp);
                    break;
                }//结束 if 判断
            }//结束 for 循环
            delete pSocket;
            pSocket = NULL;
            break;
        }//if 判断
    }while(!pSocket->m_pArchiveIn->IsBufferEmpty());
}

//服务器向所有客户机转发来自某一客户机的消息
void CServerDlg::sendToClients(CMessage * pMsg)
{
    for (POSITION pos = m_ClientsList.GetHeadPosition();pos!= NULL;)
```

```
    {
        CClientSocket * pSocket = (CClientSocket * )m_ClientsList.GetNext(pos);
        pSocket -> SendMessageW(pMsg);
    }
}
```

服务器程序运行的初始界面如图 3.41 所示。

图 3.41　服务器程序运行初始界面

3.3.4　创建聊天室客户机

聊天室客户机的创建步骤与程序 3.1 类似,编程环境使用 VC++ 2010,下面简要介绍创建客户机的步骤。

1. 使用 MFC 应用程序向导创建客户机程序框架

(1) 启动 VS2010,选择"文件→新建→项目"命令,弹出"新建项目"对话框。设定模板为 MFC,项目类型为"MFC 应用程序",项目名称、解决方案名称为 Client,并指定项目保存位置,然后单击"确定"按钮,进入 MFC 应用程序向导。

(2) 在 MFC 应用程序向导的第一步,将应用程序类型设定为"基于对话框"。

(3) 在 MFC 应用程序向导的第二步,设置用户界面选项。

(4) 在 MFC 应用程序向导的第三步,设置高级功能,在此选择"Windows 套接字"复选框。

(5) 在 MFC 应用程序向导的最后一步,观察生成的类 CClientApp 和 CClientDlg。然后单击"完成"按钮,完成应用程序框架的创建,生成 Client 项目解决方案。

2. 为客户机对话框添加控件,构建程序主界面

在资源视图中展开 Dialog 资源条目,双击 IDD_CLIENT_DIALOG,在工作区中会出现一个对话框,借助工具箱中的控件,将程序主界面设计成如图 3.42 所示的布局。

图 3.42 中各控件的定义如表 3.13 所示。

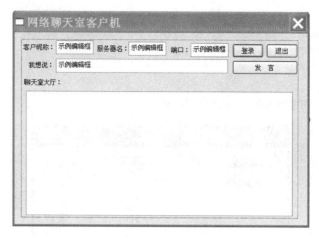

图 3.42 客户机程序界面布局

表 3.13 聊天室客户机程序主对话框中控件的属性

控 件 ID	控 件 标 题	控 件 类 型
IDC_EDIT_USERNAME		编辑框 Edit Control
IDC_EDIT_SERVERNAME		编辑框 Edit Control
IDC_EDIT_SERVERPORT		编辑框 Edit Control
IDC_EDIT_SPEAKING		编辑框 Edit Control
IDC_LIST_CROOM		列表框 List Box
IDC_BUTTON_LOGIN	登录	按钮 Button Control
IDC_BUTTON_LOGOUT	退出	按钮 Button Control
IDC_BUTTON_SPEAK	发言	按钮 Button Control
IDC_STATIC1	客户昵称：	静态文本 Static Text
IDC_STATIC2	服务器名：	静态文本 Static Text
IDC_STATIC3	端口：	静态文本 Static Text
IDC_STATIC4	我想说：	静态文本 Static Text
IDC_STATIC5	聊天室大厅：	静态文本 Static Text

3. 为对话框中的控件对象定义相应的成员变量

用 MFC 类向导为表 3.14 中的控件定义成员变量，完成后如图 3.43 所示。

表 3.14 聊天室客户机程序主对话框中控件的成员变量

控件 ID	成员变量名称	变量类型	取值范围
IDC_EDIT_USERNAME	m_strUserName	CString	
IDC_EDIT_SERVERNAME	m_strServerName	CString	
IDC_EDIT_SERVERPORT	m_nServerPort	int	1024～49 151
IDC_EDIT_SPEAKING	m_strSpeaking	CString	
IDC_LIST_CROOM	m_listCRoom	CListBox	

4. 创建从 CSocket 类派生的子类 CClientSocket，处理与服务器的通信

（1）客户机应创建自己的套接字类，负责与服务器的通信。这个套接字类应当从

CSocket 类派生,并且能够将套接字事件传递给对话框类 CClientDlg,在对话框类中编程者可以自定义套接字事件处理函数。

在解决方案资源管理器中右击项目名称 Client,在快捷菜单中选择"添加→类"命令,进入 MFC 添加类向导,设定类名为 CClientSocket、基类为 CSocket,单击"完成"按钮,系统会自动生成 CClientSocket 类对应的头文件 ClientSocket.h 和 ClientSocket.cpp 文件。在解决方案资源管理器中用户可以观察到这个变化。

(2) 使用 MFC 类向导完善 CClientSocket 类的定义。在解决方案资源管理器中右击项目名称 Client,在快捷菜单中选择"类向导"命令,进入 MFC 类向导,将类名称选择为 CClientSocket,然后切换到"虚函数"选项卡,从左下角的"虚函数"列表框中选择虚函数 OnReceive,单击"添加函数"按钮,将这个虚函数添加到"已重写的虚函数"列表框中。这样,就为自己的套接字类 CClientSocket 完成了 OnReceive 虚函数的重载。

上述操作会自动在 ClientSocket.h 和 ClientSocket.cpp 文件中添加相应的代码定义,详情可参见程序 3.4。

(3) 为套接字类 CClientSocket 添加一般的成员函数和成员变量。为套接字添加一个私有的成员变量,它是指向对话框类 CClientDlg 的指针,其代码如下:

```
private:
CClientDlg*  m_pDlg;
```

(4) 手工添加其他代码。对于 ClientSocket.h,在文件开头添加对话框类 CClientDlg 的声明,其代码如下:

```
class CClientDlg;                                    //对话框类声明,手动添加
```

对于 ClientSocket.cpp 文件,有以下 4 处添加。

① 在文件头,添加对话框类的头文件:

```
#include "ClientDlg.h"                              //手动添加的包含语句
```

② 在构造函数中,添加对话框指针成员变量的初始化代码:

```
m_pDlg = NULL;
```

③ 在析构函数中,添加对话框指针成员变量的置空代码:

```
m_pDlg = NULL;
```

④ 为成员函数 OnReceive 添加业务逻辑代码:

```
//事件处理函数,当客户端套接字收到 FD_READ 消息时执行此函数
void CClientSocket::OnReceive(int nErrorCode)
{
 //TODO: 在此添加专用代码或调用基类
 CSocket::OnReceive(nErrorCode);
 //调用 CClientDlg 类的 onReceive()函数处理
 if (nErrorCode == 0) m_pDlg->onReceive();
}
```

5. 为对话框类 CClientDlg 中的控件添加事件处理函数

函数定义参见表 3.15。

表 3.15　聊天室客户机程序主对话框中控件的事件响应函数

控件 ID	消　　息	成员函数（响应函数）
IDC_BUTTON_LOGIN	BN_CLICKED	OnClickedButtonLogin
IDC_BUTTON_LOGOUT	BN_CLICKED	OnClickedButtonLogout
IDC_BUTTON_SPEAK	BN_CLICKED	OnClickedButtonSpeak
IDD_CLIENT_DIALOG	WM_DESTROY	OnDestroy

上述操作仍可用 MFC 类向导自动完成。

6. 为 CClientDlg 类添加与套接字关联的成员变量和成员函数

用 MFC 类向导添加以下成员变量，完成后如图 3.43 所示。

```
CClientSocket* m_pSocket;
CSocketFile* m_pFile;
CArchive* m_pArchiveIn;
CArchive* m_pArchiveOut;
```

用 MFC 类向导添加下面 3 个成员函数：

```
void onReceive(void);
void ReceiveMessage(void);
void SendMyMessage(CString& strMessage, BOOL bClosed)
```

图 3.43　用 MFC 类向导添加控件成员变量和自定义成员变量

7. 创建一个消息类 CMessage，用于表示客户机与服务器通信的消息结构

联合使用 CArchive 类、CSockFile 类、CSocket 类实现网络数据的交换。由于 CArchive 类要求将可序列化对象写入 CSockFile 对象或从中读取可序列化对象，因此需要定义一个消息类，表示客户机与服务器通信的数据结构，该类需要从 CObject 类派生，用 MFC 添加

类向导可以轻松完成 CMessage 类的定义。

8. 添加事件函数和成员函数业务逻辑代码

在 Message.cpp 中完善 CMessage 的成员函数代码，在 ClientDlg.cpp 中完善 CClientDlg 的事件处理函数和成员函数代码，在 ClientSocket.cpp 文件中完善 CClientSocket 的事件处理函数代码，详情参见程序 3.4。

3.3.5 聊天室客户机代码分析

程序 3.4 聊天室客户机完整代码

(1) Message.h 文件清单：

```cpp
//CMessage 定义

#pragma once

class CMessage : public CObject
{
public:
    CMessage();
    virtual ~CMessage();
    CString m_strMessage;
    BOOL m_bClosed;
    virtual void Serialize(CArchive& ar);
};
```

(2) Message.cpp 文件清单：

```cpp
//Message.cpp: 实现文件

#include "stdafx.h"
#include "Client.h"
#include "Message.h"

CMessage::CMessage()
{
    m_strMessage = _T("");
    m_bClosed = FALSE;
}

CMessage::~CMessage()
{}

//CMessage 成员函数
void CMessage::Serialize(CArchive& ar)
{
    if (ar.IsStoring())
    {                                                   //发送数据
        ar <<(WORD)m_bClosed;
        ar << m_strMessage;
    }
    else
```

```cpp
    {                                          //接收数据
        WORD wd;
        ar >> wd;
        m_bClosed = (BOOL)wd;
        ar >> m_strMessage;
    }
}
```

(3) ClientSocket.h 文件清单:

```cpp
//CClientSocket 定义

#pragma once
class CClientDlg;                              //对话框类声明,手动添加
class CClientSocket : public CSocket
{
public:
    CClientSocket(CClientDlg * pDlg);          //为构造函数添加入口参数,手动添加
    virtual ~CClientSocket();
    //下面两行由类向导生成
    CClientDlg * m_pDlg;                       //成员变量
    virtual void OnReceive(int nErrorCode);
};
```

(4) ClientSocket.cpp 文件清单:

```cpp
//ClientSocket.cpp: 实现文件

#include "stdafx.h"
#include "Client.h"
#include "ClientSocket.h"
#include "ClientDlg.h"                         //手动添加的包含语句

CClientSocket::CClientSocket(CClientDlg * pDlg)
{
    m_pDlg = pDlg;
}
CClientSocket::~CClientSocket()
{
    m_pDlg = NULL;
}

//CClientSocket 成员函数
//事件处理函数,当客户端套接字收到 FD_READ 消息时执行此函数
void CClientSocket::OnReceive(int nErrorCode)
{
    //TODO: 在此添加专用代码或调用基类
    CSocket::OnReceive(nErrorCode);
    //调用 CClientDlg 类的相应函数处理
    if (nErrorCode == 0) m_pDlg->onReceive();
}
```

(5) ClientDlg.h 文件清单:

//ClientDlg.h: 头文件

```cpp
#pragma once
#include "ClientSocket.h"                          //手动添加包含语句

//CClientDlg 对话框
class CClientDlg : public CDialogEx
{
public:
    CClientDlg(CWnd* pParent = NULL);              //标准构造函数
//对话框数据
    enum { IDD = IDD_CLIENT_DIALOG };
    protected:
    virtual void DoDataExchange(CDataExchange* pDX);//DDX/DDV 支持

protected:
    HICON m_hIcon;
    //生成的消息映射函数
    virtual BOOL OnInitDialog();
    afx_msg void OnSysCommand(UINT nID, LPARAM lParam);
    afx_msg void OnPaint();
    afx_msg HCURSOR OnQueryDragIcon();
    DECLARE_MESSAGE_MAP()
public:
    //以下代码通过类向导添加
    CString m_strServerName;
    int m_nServerPort;
    CString m_strSpeaking;
    CString m_strUserName;
    CListBox m_listCRoom;
    afx_msg void OnClickedButtonLogin();
    afx_msg void OnClickedButtonLogout();
    afx_msg void OnClickedButtonSpeak();
    afx_msg void OnDestroy();
    CClientSocket* m_pSocket;
    CSocketFile* m_pFile;
    CArchive* m_pArchiveIn;
    CArchive* m_pArchiveOut;
    void onReceive(void);
    void ReceiveMessage(void);
    void SendMyMessage(CString& strMessage,BOOL bClosed);
};
```

(6) ClientDlg.cpp 文件清单：

```cpp
//ClientDlg.cpp: 实现文件

#include "stdafx.h"
#include "Client.h"
#include "ClientDlg.h"
#include "afxdialogex.h"
#include "ClientSocket.h"                          //手动添加包含语句
#include "Message.h"

//用于应用程序"关于"菜单项的 CAboutDlg 对话框
class CAboutDlg : public CDialogEx
{
```

```cpp
public:
    CAboutDlg();
//对话框数据
    enum { IDD = IDD_ABOUTBOX };
    protected:
    virtual void DoDataExchange(CDataExchange* pDX);    //DDX/DDV 支持
protected:
    DECLARE_MESSAGE_MAP()
};

CAboutDlg::CAboutDlg() : CDialogEx(CAboutDlg::IDD)
{}

void CAboutDlg::DoDataExchange(CDataExchange* pDX)
{
    CDialogEx::DoDataExchange(pDX);
}

BEGIN_MESSAGE_MAP(CAboutDlg, CDialogEx)
END_MESSAGE_MAP()

//CClientDlg 对话框
CClientDlg::CClientDlg(CWnd* pParent /* = NULL */)
    : CDialogEx(CClientDlg::IDD, pParent)
{
    m_hIcon = AfxGetApp()->LoadIcon(IDR_MAINFRAME);
    //类向导自动添加的初始化代码
    m_strServerName = _T("");
    m_nServerPort = 0;
    m_strSpeaking = _T("");
    m_strUserName = _T("");
    //手动添加的初始化代码
    m_pSocket = NULL;
    m_pFile = NULL;
    m_pArchiveIn = NULL;
    m_pArchiveOut = NULL;
}

void CClientDlg::DoDataExchange(CDataExchange* pDX)
{
    CDialogEx::DoDataExchange(pDX);
    DDX_Text(pDX, IDC_EDIT_SERVERNAME, m_strServerName);
    DDX_Text(pDX, IDC_EDIT_SERVERPORT, m_nServerPort);
    DDV_MinMaxInt(pDX, m_nServerPort, 1024, 49151);
    DDX_Text(pDX, IDC_EDIT_SPEAKING, m_strSpeaking);
    DDX_Text(pDX, IDC_EDIT_USERNAME, m_strUserName);
    DDX_Control(pDX, IDC_LIST_CROOM, m_listCRoom);
}

BEGIN_MESSAGE_MAP(CClientDlg, CDialogEx)
    ON_WM_SYSCOMMAND()
    ON_WM_PAINT()
    ON_WM_QUERYDRAGICON()
    ON_BN_CLICKED(IDC_BUTTON_LOGIN, &CClientDlg::OnClickedButtonLogin)
```

```cpp
    ON_BN_CLICKED(IDC_BUTTON_LOGOUT, &CClientDlg::OnClickedButtonLogout)
    ON_BN_CLICKED(IDC_BUTTON_SPEAK, &CClientDlg::OnClickedButtonSpeak)
    ON_WM_DESTROY()
END_MESSAGE_MAP()

//CClientDlg 消息处理程序
BOOL CClientDlg::OnInitDialog()
{
    CDialogEx::OnInitDialog();
    //将"关于"菜单项添加到系统菜单中
    //IDM_ABOUTBOX 必须在系统命令范围内
    ASSERT((IDM_ABOUTBOX & 0xFFF0) == IDM_ABOUTBOX);
    ASSERT(IDM_ABOUTBOX < 0xF000);

    CMenu* pSysMenu = GetSystemMenu(FALSE);
    if (pSysMenu != NULL)
    {
        BOOL bNameValid;
        CString strAboutMenu;
        bNameValid = strAboutMenu.LoadString(IDS_ABOUTBOX);
        ASSERT(bNameValid);
        if (!strAboutMenu.IsEmpty())
        {
            pSysMenu->AppendMenu(MF_SEPARATOR);
            pSysMenu->AppendMenu(MF_STRING, IDM_ABOUTBOX, strAboutMenu);
        }
    }
    //设置此对话框的图标。当应用程序主窗口不是对话框时,框架将自动执行此操作
    SetIcon(m_hIcon, TRUE);                          //设置大图标
    SetIcon(m_hIcon, FALSE);                         //设置小图标
    //TODO: 在此添加额外的初始化代码
    //手动添加以下初始化代码
    m_strUserName = _T("智慧树");
    m_strServerName = _T("localhost");
    m_nServerPort = 10000;
    UpdateData(FALSE);                               //更新对应控件数据
    GetDlgItem(IDC_EDIT_SPEAKING)->EnableWindow(FALSE);
    GetDlgItem(IDC_BUTTON_LOGOUT)->EnableWindow(FALSE);
    GetDlgItem(IDC_BUTTON_SPEAK)->EnableWindow(FALSE);
    return TRUE;                    //除非将焦点设置到控件,否则返回 TRUE
}

void CClientDlg::OnSysCommand(UINT nID, LPARAM lParam)
{
    if ((nID & 0xFFF0) == IDM_ABOUTBOX)
    {
        CAboutDlg dlgAbout;
        dlgAbout.DoModal();
    }
    else
    {
        CDialogEx::OnSysCommand(nID, lParam);
    }
}
```

```cpp
//如果向对话框添加最小化按钮,则需要下面的代码
//来绘制该图标。对于使用文档/视图模型的 MFC 应用程序,
//这将由框架自动完成
void CClientDlg::OnPaint()
{
    if (IsIconic())
    {
        CPaintDC dc(this);              //用于绘制的设备上下文
        SendMessage(WM_ICONERASEBKGND, reinterpret_cast<WPARAM>(dc.GetSafeHdc()), 0);

        //使图标在工作区矩形中居中
        int cxIcon = GetSystemMetrics(SM_CXICON);
        int cyIcon = GetSystemMetrics(SM_CYICON);
        CRect rect;
        GetClientRect(&rect);
        int x = (rect.Width() - cxIcon + 1)/2;
        int y = (rect.Height() - cyIcon + 1)/2;

        //绘制图标
        dc.DrawIcon(x, y, m_hIcon);
    }
    else
    {
        CDialogEx::OnPaint();
    }
}

//当用户拖动最小化窗口时,系统调用此函数取得光标显示
HCURSOR CClientDlg::OnQueryDragIcon()
{
    return static_cast<HCURSOR>(m_hIcon);
}
//以下所有函数的框架由类向导生成,其实现代码需要手动添加
void CClientDlg::OnClickedButtonLogin()
{
    //TODO: 在此添加控件通知处理程序代码
    m_pSocket = new CClientSocket(this);//创建套接字
    if (!m_pSocket->Create())
    {
        //错误处理
        delete m_pSocket;
        m_pSocket = NULL;
        AfxMessageBox(_T("创建连接服务器的套接字错误,登录失败!"));
        return;
    }
    if (!m_pSocket->Connect(m_strServerName, m_nServerPort))
    {
        //错误处理
        delete m_pSocket;
        m_pSocket = NULL;
        AfxMessageBox(_T("连接服务器错误,登录失败!"));
        return;
    }
    m_pFile = new CSocketFile(m_pSocket);
```

```cpp
        m_pArchiveIn = new CArchive(m_pFile,CArchive::load);
        m_pArchiveOut = new CArchive(m_pFile,CArchive::store);
        //向服务器发送消息,表明新客户进入聊天室
        UpdateData(TRUE);                    //更新控件成员变量
        CString strTemp;
        strTemp = m_strUserName + _T(": 昂首挺胸进入聊天室!!!");
        SendMyMessage(strTemp,FALSE);

        GetDlgItem(IDC_EDIT_SPEAKING)->EnableWindow(TRUE);
        GetDlgItem(IDC_BUTTON_LOGOUT)->EnableWindow(TRUE);
        GetDlgItem(IDC_BUTTON_SPEAK)->EnableWindow(TRUE);

        GetDlgItem(IDC_EDIT_USERNAME)->EnableWindow(FALSE);
        GetDlgItem(IDC_EDIT_SERVERNAME)->EnableWindow(FALSE);
        GetDlgItem(IDC_EDIT_SERVERPORT)->EnableWindow(FALSE);
        GetDlgItem(IDC_BUTTON_LOGIN)->EnableWindow(FALSE);


}
//单击"退出"按钮的响应函数
void CClientDlg::OnClickedButtonLogout()
{
        //TODO: 在此添加控件通知处理程序代码
        CString strTemp;
        strTemp = m_strUserName + _T(": 大步流星离开聊天室……");
        SendMyMessage(strTemp,TRUE);
        //删除对象,释放空间
        delete m_pArchiveIn;
        delete m_pArchiveOut;
        delete m_pFile;
        delete m_pSocket;
        m_pArchiveIn = NULL;
        m_pArchiveOut = NULL;
        m_pFile = NULL;
        m_pSocket = NULL;

        //清除聊天室内容
        while (m_listCRoom.GetCount()!= 0)
            m_listCRoom.DeleteString(0);
        GetDlgItem(IDC_EDIT_SPEAKING)->EnableWindow(FALSE);
        GetDlgItem(IDC_BUTTON_LOGOUT)->EnableWindow(FALSE);
        GetDlgItem(IDC_BUTTON_SPEAK)->EnableWindow(FALSE);

        GetDlgItem(IDC_EDIT_USERNAME)->EnableWindow(TRUE);
        GetDlgItem(IDC_EDIT_SERVERNAME)->EnableWindow(TRUE);
        GetDlgItem(IDC_EDIT_SERVERPORT)->EnableWindow(TRUE);
        GetDlgItem(IDC_BUTTON_LOGIN)->EnableWindow(TRUE);
}

//单击"发言"按钮的响应函数
void CClientDlg::OnClickedButtonSpeak()
{
        //TODO: 在此添加控件通知处理程序代码
        UpdateData(TRUE);                    //更新控件成员变量,取回用户输入的数据
        if (!m_strSpeaking.IsEmpty())        //发言输入框不为空
```

```cpp
        {
            SendMyMessage(m_strUserName + "大声说：" + m_strSpeaking,FALSE);
            m_strSpeaking = _T("");
            UpdateData(FALSE);                    //更新用户界面,将发言框清空
        }
}
//关闭客户机时的善后处理函数
void CClientDlg::OnDestroy()
{
    CDialogEx::OnDestroy();
    //TODO: 在此处添加消息处理程序代码
    if ((m_pSocket!= NULL) && (m_pFile!= NULL) && (m_pArchiveOut!= NULL))
    {
        CMessage msg;
        CString strTemp;
        strTemp = _T("广而告之：") + m_strUserName + _T("所在客户机已关闭");
        msg.m_strMessage = strTemp;
        msg.m_bClosed = TRUE;
        msg.Serialize(*m_pArchiveOut);
        m_pArchiveOut->Flush();

        //删除对象,释放空间
        delete m_pArchiveIn;
        delete m_pArchiveOut;
        delete m_pFile;
        m_pArchiveIn = NULL;
        m_pArchiveOut = NULL;
        m_pFile = NULL;

        if (m_pSocket!= NULL)
        {
            BYTE buffer[100];
            m_pSocket->ShutDown();
            while (m_pSocket->Receive(buffer,100)> 0);
        }
        delete m_pSocket;
        m_pSocket = NULL;
    }
}

//当套接字收到FD_READ消息时,它的OnReceive函数调用此函数
void CClientDlg::onReceive(void)
{
    do {
        ReceiveMessage();              //接收消息
        if (m_pSocket == NULL) return;
    }while(!m_pArchiveIn->IsBufferEmpty());

}

//接收消息处理函数
void CClientDlg::ReceiveMessage(void)
{
    CMessage msg;
```

```
    try {
        msg.Serialize( * m_pArchiveIn);                    //接收
        m_listCRoom.AddString(msg.m_strMessage);           //显示在聊天室大厅
    }catch(CFileException e) {
        //错误处理
        CString strTemp;
        strTemp = _T("与服务器连接已断开,连接关闭!");
        m_listCRoom.AddString(strTemp);
        msg.m_bClosed = TRUE;
        m_pArchiveOut->Abort();
        //删除对象,释放空间
        delete m_pArchiveIn;
        delete m_pArchiveOut;
        delete m_pFile;
        delete m_pSocket;
        m_pArchiveIn = NULL;
        m_pArchiveOut = NULL;
        m_pFile = NULL;
        m_pSocket = NULL;
    }
}

//发送消息的处理函数
void CClientDlg::SendMyMessage(CString& strMessage,BOOL bClosed)
{
    if (m_pArchiveOut!= NULL) {
        CMessage msg;
        msg.m_strMessage = strMessage;
        msg.m_bClosed = bClosed;
        msg.Serialize( * m_pArchiveOut);
        m_pArchiveOut->Flush();
    }
}
```

编译测试,客户机运行初始界面如图 3.44 所示。

图 3.44　聊天室客户机运行初始界面

3.3.6 聊天室客户机与服务器联合测试

聊天室客户机与服务器联合测试效果如图 3.45 所示,其测试步骤如下:

(1) 启动服务器,其初始运行界面如图 3.41 所示。
(2) 启动客户机,其初始运行界面如图 3.44 所示。
(3) 再启动一个客户机程序,将客户昵称改为"大风车",以区别前一客户机"智慧树"。
(4) 单击服务器界面上的"启动服务器"按钮,服务器开始工作,服务器上的列表框相当于聊天室大厅,会反映客户机的活动情况。
(5) 分别单击"智慧树"客户机和"大风车"客户机上的"登录"按钮,用户可以看到客户机聊天窗口中的信息提示,这个信息也会反映到服务器上。
(6) 接下来,客户机群可以"七嘴八舌",各抒己见。

图 3.45 网络聊天室联合测试界面

如果读者以极大的耐心和细致完成了程序 3.3 和程序 3.4 的联合测试,相信此时心头会涌出一种"会当凌绝顶,一览众山小"的豪迈之感。

习题 3

1. 什么是 MFC 编程?简述 MFC 编程的基本框架。
2. 简述 MFC 套接字编程与 WinSock API 编程的不同。
3. 为什么说 MFC 套接字类是对 WinSock API 的封装?
4. MFC 提供的两个套接字类 CAsyncSocket 和 CSocket 有何不同?
5. 简述客户机使用 CAsyncSocket 类的编程步骤。

6. 简述服务器使用 CAsyncSocket 类的编程步骤。

7. 简述客户机使用 CSocket 类的编程步骤。

8. 简述服务器使用 CSocket 类的编程步骤。

9. 聊天室程序的服务器端是如何处理多客户连接的？是否有更好的办法？

10. 根据 QQ 软件的特点，改善网络聊天程序的设计。

11. 将程序 3.1 与程序 2.9 进行比较，将程序 3.2 与程序 2.10 进行比较，写出对比分析结果。

12. 将程序 3.3 与程序 2.11 进行比较，写出对比分析结果。

第 4 章 Windows Internet 编程

WinInet(Windows Internet)API 是微软公司提供的面向互联网应用(主要是 FTP 应用和 HTTP 应用)的编程接口,是微软庞大的网络编程框架中的一个分支。那么关于 FTP 和 HTTP 之类的应用,可否用前面的 WinSock API 或 MFC 套接字来解决呢？可以,但会相当麻烦,因为程序员要用套接字技术实现 FTP 和 HTTP 协议的若干细节,而现在这些复杂的细节都被 WinInet API 进行了抽象和封装,大幅降低了 Windows Internent 网络编程的复杂性。

4.1 WinInet API 编程

WinInet API 不支持服务器编程,服务器编程可以使用微软提供的另一网络编程框架——Windows HTTP API(WinHTTP API)。WinInet API 编程面向 C/C++ 程序员,需要对 FTP 和 HTTP 协议有一个基本的了解。借助于 WinInet API,编程者不必了解底层 WinSock、TCP/IP 和特定 Internet 协议的细节就可以编写出高水平的 Internet 客户端程序,如 FTP 客户机或浏览器等。

4.1.1 WinInet HINTERNET 句柄

WinInet API 函数定位网络资源时会返回一个特有的句柄类型——HINTERNET,WinInet 函数创建、使用的句柄都是 HINTERNET 类型的,HINTERNET 句柄与其他文件操作类句柄不同,不能互换使用。例如,用 CreateFile 函数返回的句柄不能传递给 InternetReadFile 函数使用。梳理 WinInet API 函数创建和使用 HINTERNET 句柄的次序,有助于用户理解 WinInet API 函数编程脉络。

1. HINTERNET 句柄层次

WinInet API 函数创建和使用 HINTERNET 句柄的层次关系如图 4.1 所示。InternetOpen 返回的句柄是根句柄。InternetConnect 函数返回的是二级句柄,FtpOpenFile、FtpFindFirstFile、HttpOpenRequest 返回的是叶子句柄。对于 Windows XP、Windows Server 2003 R2 及更早版本的 Windows 而言,GopherOpenFile 和 GopherFindFirstFile 返回的也是叶子句柄。考虑到 Gopher 协议已经"淡出"应用,下面的讨论将不再关注 Gopher 的有关内容。总之,图 4.1 中所示的每一个 WinInet API 函数都会返回一个 HINTERNET 句柄以定位资源。

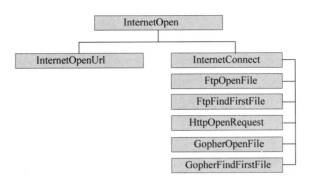

图 4.1　WinInet API 的 HINTERNET 句柄层次关系

InternetOpenUrl 函数返回 HINTERNET 句柄,可以被图 4.2 中所示的关联函数使用,图中深色背景框里的函数都能返回 HINTERNET 句柄,空白框里的函数则只能使用关联函数返回的 HINTERNET 句柄,自身不能创建句柄。

InternetQueryDataAvailable、InternetReadFile 和 InternetSetFilePointer 函数使用 InternetOpenUrl 函数创建的 HINTERNET 句柄。

2．FTP 句柄层次

图 4.3 展示了需要使用 InternetConnect 函数创建的 HINTERNET 句柄的 FTP 函数,图中深色背景框的两个函数都能创建句柄,空白框里的函数不能创建 HINTERNET 句柄。

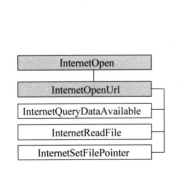

图 4.2　InternetOpenUrl 关联的函数

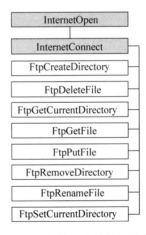

图 4.3　FTP 协议函数的句柄层次之一

FtpCreateDirectory、FtpDeleteFile、FtpGetCurrentDirectory、FtpGetFile、FtpPutFile、FtpRemoveDirectory、FtpRenameFile 和 FtpSetCurrentDirectory 函数使用 InternetConnect 函数创建的 HINTERNET 句柄。

能够返回 HINTERNET 句柄的两个 FTP 函数如图 4.4 所示。在该图中,返回句柄函数已被加了深色背景框,空白框里的函数使用其关联函数创建的句柄。

InternetFindNextFile 函数依赖 FtpFindFirstFile 函数创建的句柄,InternetReadFile 和

InternetWriteFile 依赖 FtpOpenFile 创建的句柄。

3. HTTP 句柄层次

HTTP 函数的 HINTERNET 句柄层次关系如图 4.5 所示，深色背景框里的函数表示能够创建 HINTERNET 句柄，空白框里的函数只能使用与它关联的函数创建的句柄。

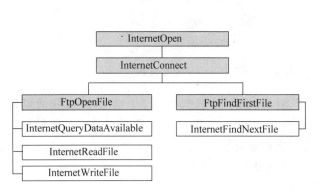

图 4.4　FTP 协议函数的句柄层次之二

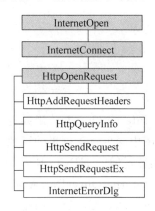

图 4.5　HTTP 协议函数句柄层次之一

HttpAddRequestHeaders、HttpQueryInfo、HttpSendRequest、HttpSendRequestEx、InternetErrorDlg 函数依赖 HttpOpenRequest 函数返回的句柄。

HttpOpenRequest 函数创建的 HINTERNET 请求句柄，经 HttpSendRequest 请求函数成功处理后，才可以被 InternetQueryDataAvailable、InternetReadFile 和 InternetSetFilePointer 函数所使用，如图 4.6 所示。

图 4.7 展示了另一组层次关系，HttpSendRequestEx 函数返回的句柄可以被 HttpEndRequest、InternetReadFileEx、InternetWriteFile 函数所使用；HttpEndRequest 函数返回的句柄可以被 InternetReadFile、InternetSetFilePointer、InternetQueryDataAvailable 函数所使用。

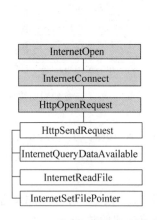

图 4.6　HTTP 协议函数句柄层次之二

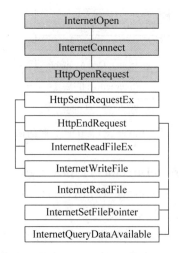

图 4.7　HTTP 协议函数句柄层次之三

编程者根据图 4.1～图 4.7 给出的 HINTERNET 句柄层次关系，可以大致理清 WinInet API 函数之间的联系。

4.1.2 WinInet 通用 API

尽管 FTP 和 HTTP 协议访问 Internet 的方法不同，但有几个函数两者是通用的，归类如下。

(1) Internet 资源下载：InternetReadFile、InternetSetFilePointer、InternetFindNextFile、InternetQueryDataAvailable 函数。

(2) 设置异步操作：InternetSetStatusCallback 函数。

(3) 查询更改选项：InternetSetOption 和 InternetQueryOption 函数。

(4) 关闭 HINTERNET 句柄：InternetCloseHandle 函数。

(5) 锁定和解锁资源文件：InternetLockRequestFile 和 InternetUnlockRequestFile 函数。

表 4.1 列出了上述函数的简单功能描述，这些函数都是在 FTP 和 HTTP 编程中需要用到的，能处理不同类型的 HINTERNET 句柄。

表 4.1 WinInet API 通用函数

函 数	功 能
InternetFindNextFile	继续文件的枚举或搜索，需要依赖 FtpFindFirstFile、InternetOpenUrl 函数创建的句柄
InternetLockRequestFile	允许用户锁定文件，需要依赖 FtpOpenFile、HttpOpenRequest、InternetOpenUrl 函数创建的句柄
InternetQueryDataAvailable	查询可供下载的数据量，需要依赖 FtpOpenFile、HttpOpenRequest 函数创建的句柄
InternetQueryOption	查询 Internet 设置
InternetReadFile	读取 URL 数据，需要依赖 InternetOpenUrl、FtpOpenFile、HttpOpenRequest 函数创建的句柄
InternetSetFilePointer	设置文件指针，需要依赖 InternetOpenUrl（用 HTTP URL）、HttpOpenRequest（用 GET 方法）函数创建的句柄
InternetSetOption	配置 Internet 设置
InternetSetStatusCallback	设置一个接收状态信息的回调函数，分配一个回调函数给指定的 HINTERNET 句柄
InternetUnlockRequestFile	解锁被 InternetLockRequestFile 锁定的文件

上述函数的使用大致可以归为两类，一类用来从 Internet 读取文件，一类用来查找和定位文件。

1. 读取文件

InternetReadFile 函数用于从 Internet 下载 HINTERNET 句柄定位的资源文件，HINTERNET 句柄需要先用 InternetOpenUrl、FtpOpenFile 或 HttpOpenRequest 创建返回。该函数的语法如下：

```
BOOL InternetReadFile(
  _In_   HINTERNET hFile,
  _Out_  LPVOID lpBuffer,
  _In_   DWORD dwNumberOfBytesToRead,
  _Out_  LPDWORD lpdwNumberOfBytesRead
);
```

第 1 个参数是调用 InternetOpenUrl、FtpOpenFile 或 HttpOpenRequest 返回的句柄。

第 2 个参数是指针类型,指向接收数据的缓冲区。

第 3 个参数指定要读取的字节数。

第 4 个参数是指针类型,指向实际读取的字节数。

WinInet 使用 InternetQueryDataAvailable 和 InternetReadFile 完成资源下载。InternetOpenUrl、FtpOpenFile 函数创建的 HINTERNET 句柄,或 HttpOpenRequest 函数创建的 HINTERNET 句柄经 HttpSendRequest 函数返回后,传递给 InternetQueryDataAvailable 函数作为参数可以返回目标资源的大小(字节数)。

下面给出的程序 4.1 实现了目标资源的下载与显示,目标资源用 hResource 句柄定位,下载结果显示在 intCtrlID 文本框中。Dumper 是一个通用例程,编程者几乎不用对其进行修改即可将其用到自己的程序里。

程序 4.1 Internet 数据下载通用例程 1

```
int WINAPI Dumper(HWND hX, int intCtrlID, HINTERNET hResource)
{
    LPTSTR    lpszData;              //数据缓冲区
    DWORD     dwSize;                //缓冲区大小
    DWORD     dwDownloaded;          //下载的长度
    DWORD     dwSizeSum = 0;         //在文本框中的数据大小
    LPTSTR    lpszHolding;           //暂存数据缓冲区

    //将光标换成等待形状(沙漏)
    SetCursor(LoadCursor(NULL,IDC_WAIT));

    //这个循环用于读取数据
    do
    {
        //调用 InternetQueryDataAvailable 确定可供下载的数据量
        if(!InternetQueryDataAvailable(hResource,&dwSize,0,0))
        {
            ErrorOut(hX,GetLastError(),TEXT("InternetReadFile"));
            SetCursor(LoadCursor(NULL,IDC_ARROW));
            return FALSE;
        }
        else
        {
            //定义数据缓冲区
            lpszData = new TCHAR[dwSize+1];

            //从 HINTERNET 句柄读取数据
            if(!InternetReadFile(hResource,(LPVOID)lpszData,
                        dwSize,&dwDownloaded))
            {
```

```
            ErrorOut(hX,GetLastError(),TEXT("InternetReadFile"));
            delete[] lpszData;
            break;
        }
        else
        {
            //添加一个 NULL 到数据缓冲区的末尾
            lpszData[dwDownloaded] = '\0';

            //分配暂存缓冲区
            lpszHolding = new TCHAR[dwSizeSum + dwDownloaded + 1];

            //检查是否有数据写入文本框中
            if (dwSizeSum != 0)
            {
                //返回存储在文本框中的数据
                GetDlgItemText(hX, intCtrlID,
                            (LPTSTR)lpszHolding,
                            dwSizeSum);

                //在文本框中数据的最后添加一个 NULL
                lpszHolding[dwSizeSum] = '\0';
            }
            else
            {
                //使暂存缓冲区保持一个空字符串
                lpszHolding[0] = '\0';
            }

            size_t cchDest = dwSizeSum + dwDownloaded +
                        dwDownloaded + 1;
            LPTSTR pszDestEnd;
            size_t cchRemaining;

            //添加新的数据到暂存缓冲区
            HRESULT hr = StringCchCatEx(lpszHolding, cchDest,
                                lpszData, &pszDestEnd,
                                &cchRemaining,
                                STRSAFE_NO_TRUNCATION);
            if(SUCCEEDED(hr))
            {
                //写暂存缓冲区的数据到文本框
                SetDlgItemText(hX,intCtrlID,(LPTSTR)lpszHolding);

                //删除这两个缓冲区
                delete[] lpszHolding;
                delete[] lpszData;

                //更新文本框数据大小
                dwSizeSum = dwSizeSum + dwDownloaded + 1;

                //检查剩余数据的大小,如果是零,停止下载进程
                if (dwDownloaded == 0)
                {
```

```
                    break;
                }
                else
                {
                    //TODO:插入错误处理代码
                }
            }
        }
    }
    while(TRUE);

    //关闭 HINTERNET 句柄
    InternetCloseHandle(hResource);

    //将光标换成箭头形状
    SetCursor(LoadCursor(NULL,IDC_ARROW));

    //返回
    return TRUE;
}
```

InternetReadFile 函数读取所有可用数据时返回零值,应用程序可以根据 InternetReadFile 的这个特点构造一个循环来反复下载数据,直到所有数据下载成功为止。

程序 4.2 仍然是一个从 Internet 读取数据并且显示在 intCtrlID 文本框中的通用例程,读者可以将程序 4.2 与程序 4.1 对照学习,看有哪些不同。

程序 4.2　Internet 数据下载通用例程 2

```
int WINAPI Dump(HWND hX, int intCtrlID, HINTERNET hResource)
{
    DWORD dwSize = 0;
    LPTSTR lpszData;
    LPTSTR lpszOutPut;
    LPTSTR lpszHolding = TEXT("");
    int nCounter = 1;
    int nBufferSize = 0;
    DWORD BigSize = 8000;

    //将光标换成等待形状
    SetCursor(LoadCursor(NULL,IDC_WAIT));

    //开始循环读取数据
    do
    {
        //分配缓冲区
        lpszData = new TCHAR[BigSize + 1];

        //读取数据
        if(!InternetReadFile(hResource,
                    (LPVOID)lpszData,
                    BigSize,&dwSize))
        {
            ErrorOut(hX,GetLastError(),TEXT("InternetReadFile"));
```

```cpp
            delete []lpszData;
            break;
    }
}
else
{
        //添加一个NULL到缓冲区的最后
        lpszData[dwSize] = '\0';

        //检查是否所有的数据被读取
        if (dwSize == 0)
        {
                //将最终数据写到文本框
                SetDlgItemText(hX,intCtrlID,lpszHolding);

                //删除现有的缓冲区
                delete [] lpszData;
                delete [] lpszHolding;
                break;
        }

        //确定缓冲区的大小能够放下新的数据
        nBufferSize = (nCounter * BigSize) + 1;

        //增加缓冲区数目
        nCounter++;

        //分配输出缓冲区
        lpszOutPut = new TCHAR[nBufferSize];

        //确保缓冲区不是初始缓冲区
        if(nBufferSize != int(BigSize + 1))
        {
                //在暂存缓冲区中复制数据
                StringCchCopy(lpszOutPut,nBufferSize,lpszHolding);
                //TODO:添加错误处理代码

                //将新的缓冲区与输出缓冲区连接
                StringCchCat(lpszOutPut, nBufferSize, lpszData);
                //TODO:添加错误处理代码

                //删除暂存缓冲区
                delete [] lpszHolding;
        }
        else
        {
                //复制数据缓冲区
                StringCchCopy(lpszOutPut, nBufferSize, lpszData);
                //TODO:添加错误处理代码
        }

        //分配暂存缓冲区
        lpszHolding = new TCHAR[nBufferSize];

        //复制输出缓冲区到暂存缓冲区
```

```
                    memcpy(lpszHolding,lpszOutPut,nBufferSize);

                    //删除其他缓冲区
                    delete [] lpszData;
                    delete [] lpszOutPut;

                }

        }
        while (TRUE);

        //关闭 HINTERNET 句柄
        InternetCloseHandle(hResource);

        //将光标换成箭头形状
        SetCursor(LoadCursor(NULL,IDC_ARROW));

        //返回
        return TRUE;
}
```

2. 查找文件

查找文件的方法是，先用 FtpFindFirstFile 或 InternetOpenUrl 函数返回 Internet 资源的 HINTERNET 句柄，然后将这个句柄作为参数传递给 InternetFindNextFile 函数返回下一个文件，持续调用 InternetFindNextFile 函数直到出现 ERROR_NO_MORE_FILES 错误为止，这个错误说明遍历文件目录工作结束，错误信息可调用 GetLastError 函数捕获。

程序 4.3 演示了如何获取 FTP 文件目录并显示在 lstDirectory 列表框中，其中使用的 hConnect 句柄通过 InternetConnect 函数建立 FTP 会话获得。

程序 4.3　获取 FTP 文件目录并显示通用例程

```
bool WINAPI DisplayDir( HWND hX,
                int lstDirectory,
                HINTERNET hConnect,
                DWORD dwFlag )
{
    WIN32_FIND_DATA pDirInfo;
    HINTERNET hDir;
    TCHAR DirList[MAX_PATH];

    //将光标换成等待形状
    SetCursor(LoadCursor(NULL,IDC_WAIT));

    //重置列表框
    SendDlgItemMessage(hX, lstDirectory,LB_RESETCONTENT,0,0);

    //查找第一个文件
    hDir = FtpFindFirstFile (hConnect, TEXT ("*.*"),
                    &pDirInfo, dwFlag, 0);
    if (!hDir)
    {
```

```c
        //检查错误是否是因为没有文件
        if (GetLastError()   == ERROR_NO_MORE_FILES)
        {
            //提醒用户
            MessageBox(hX, TEXT("There are no files here!!!"),
                    TEXT("Display Dir"), MB_OK);

            //关闭 HINTERNET 句柄
            InternetCloseHandle(hDir);

            //将光标换成箭头形状
            SetCursor(LoadCursor(NULL,IDC_ARROW));

            //返回
            return TRUE;
        }
        else
        {
            //调用错误处理程序
            ErrorOut (hX, GetLastError (), TEXT("FindFirst error: "));

            //关闭 HINTERNET 句柄
            InternetCloseHandle(hDir);

            //将光标换成箭头形状
            SetCursor(LoadCursor(NULL,IDC_ARROW));

            //返回
            return FALSE;
        }
    }
    else
    {

        //将文件名写入一个字符串
        StringCchPrintf(DirList, MAX_PATH, pDirInfo.cFileName);

        //检查文件的类型
        if (pDirInfo.dwFileAttributes == FILE_ATTRIBUTE_DIRECTORY)
        {
            //添加 <DIR>表示这是一个用户目录
            StringCchCat(DirList, MAX_PATH, TEXT(" <DIR> "));
            //TODO:添加错误处理代码
        }

        //添加文件名或目录到列表框
        SendDlgItemMessage(hX, lstDirectory, LB_ADDSTRING,
                    0, (LPARAM)DirList);
    }
    do
    {
        //查找下一个文件
        if (!InternetFindNextFile (hDir, &pDirInfo))
        {
            if ( GetLastError() == ERROR_NO_MORE_FILES )
```

```
                {
                        //关闭HINTERNET句柄
                        InternetCloseHandle(hDir);

                        //将光标换成箭头形状
                        SetCursor(LoadCursor(NULL,IDC_ARROW));

                        //返回
                        return TRUE;
                }
                else
                {
                        //处理错误
                        ErrorOut (hX, GetLastError(),
                                TEXT("InternetFindNextFile"));

                        //关闭HINTERNET句柄
                        InternetCloseHandle(hDir);

                        //将光标换成箭头形状
                        SetCursor(LoadCursor(NULL,IDC_ARROW));

                        //返回
                        return FALSE;
                }
        }
        else
        {
                //将文件名写入一个字符串
                StringCchPrintf(DirList, MAX_PATH, pDirInfo.cFileName);

                //检查文件的类型
                if(pDirInfo.dwFileAttributes == FILE_ATTRIBUTE_DIRECTORY)
                {
                        //添加<DIR>表示这是一个用户目录
                        StringCchCat(DirList, MAX_PATH, TEXT(" <DIR> "));
                        //TODO:添加与错误处理代码
                }

                //添加文件名或目录到列表框
                SendDlgItemMessage(hX, lstDirectory, LB_ADDSTRING,
                                0, (LPARAM)DirList);
        }
}
while ( TRUE);

}
```

4.1.3 关闭 HINTERNET 句柄

所有层次的 HINTERNET 句柄都可以使用 InternetCloseHandle 函数关闭,程序应该根据 HINTERNET 句柄的次序依次调用 InternetCloseHandle 函数,最后关闭 HINTERNET 根句柄。其示例代码如下：

```
HINTERNET hRootHandle, hOpenUrlHandle;
hRootHandle = InternetOpen( TEXT("Example"),
                            INTERNET_OPEN_TYPE_DIRECT,
                            NULL,
                            NULL, 0);

hOpenUrlHandle = InternetOpenUrl(hRootHandle,
    TEXT("http://www.server.com/default.htm"), NULL, 0,
    INTERNET_FLAG_RAW_DATA,0);

//先关闭 InternetOpenUrl 创建的句柄，才能关闭 InternetOpen 创建的句柄
InternetCloseHandle(hOpenUrlHandle);

//关闭 InternetOpen 创建的句柄
InternetCloseHandle(hRootHandle);
```

4.2　WinInet FTP 编程

　　WinInet 提供了一组操作 FTP 服务器上的文件和目录的函数。在客户机与服务器建立会话之前，一般先用 InternetOpen 函数获取根句柄 HINTERNET，然后用 InternetConnect 函数创建 FTP 会话句柄。

　　可以对 FTP 服务器实现的操作如下：

　　(1) 进入、退出目录。

　　(2) 遍历、创建、删除和重命名目录。

　　(3) 重命名、上传、下载和删除文件。

4.2.1　FTP API 简介

　　WinInet 提供的 FTP API 如表 4.2 所示。FtpGetCurrentDirectory 和 FtpSetCurrentDirectory 根据 InternetConnect 返回的句柄提供目录导航服务，进入或退出子目录。

　　目录文件的检索遍历使用 FtpFindFirstFile 和 InternetFindNextFile 联合完成。

　　FtpFindFirstFile 使用 InternetConnect 返回的句柄找到匹配检索条件的第一个文件或子目录，InternetFindNextFile 使用 FtpFindFirstFile 返回的句柄继续检索下一个文件或子目录，程序反复使用 InternetFindNextFile 直至没有文件目录可以检索为止。

　　FtpCreateDirectory 用于创建新目录，目录名称用字符串形式在参数中指定，可以是相对路径或绝对路径，句柄参数需要先用 InternetConnect 创建返回。

　　FtpRenameFile 用于修改目录或文件名称，参数可用相对路径或绝对路径指定文件或目录。

　　上传文件使用 FtpPutFile 或 FtpOpenFile 函数，其中，FtpOpenFile 需要与 InternetWriteFile 一起使用。FtpPutFile 适合上传本地已经存在的文件，FtpOpenFile 和 InternetWriteFile 适合将数据直接上传到 FTP 服务器上的文件中。

　　下载或读取文件使用 FtpGetFile 或 FtpOpenFile 函数，其中，FtpOpenFile 需要与

InternetReadFile 联合使用。FtpGetFile 用于从 FTP 服务器下载文件，FtpOpenFile 和 InternetReadFile 能够控制信息的下载进程。

FtpDeleteFile 删除 FTP 服务器上的文件，文件可以用相对路径或绝对路径形式指定，在使用 FtpDeleteFile 之前需要用 InternetConnect 获取文件句柄。

表 4.2 WinInet 提供的 FTP API

FTP 函数	功 能 描 述
FtpCreateDirectory	在服务器上创建新目录
FtpDeleteFile	从服务器上删除一个文件
FtpFindFirstFile	在服务器当前目录中开始检索第一个文件或子目录
FtpGetCurrentDirectory	获取服务器的当前目录
FtpGetFile	从服务器下载文件
FtpOpenFile	打开服务器文件用于读或写
FtpPutFile	上传文件到服务器
FtpRemoveDirectory	删除服务器目录
FtpRenameFile	重命名服务器文件
FtpSetCurrentDirectory	切换服务器的当前目录
InternetWriteFile	向服务器上打开的文件中写数据

4.2.2 FTP 服务器文件目录遍历

遍历 FTP 服务器目录需要使用 FtpFindFirstFile 函数创建的句柄，这个句柄是 InternetConnect 函数返回句柄的子句柄。FtpFindFirstFile 定位第一个文件或子目录并将数据以 WIN32_FIND_DATA 结构形式返回，接着使用 InternetFindNextFile 直到返回 ERROR_NO_MORE_FILES 为止。

用户可以通过检查 WIN32_FIND_DATA 结构中的 dwFileAttributes 成员值是否为 FILE_ATTRIBUTE_DIRECTORY 来判断 FtpFindFirstFile 或 InternetFindNextFile 返回的是否是子目录。

如果客户程序修改了服务器目录，或服务器目录定时发生变化，应当将 FtpFindFirstFile 函数参数标识设置为 INTERNET_FLAG_NO_CACHE_WRITE 和 INTERNET_FLAG_RELOAD，以确保返回的目录是最新的。

完成目录遍历之后，必须调用 InternetCloseHandle 关闭用 FtpFindFirstFile 创建的句柄，在关闭期间，不能继续使用 InternetConnect 创建的句柄调用 FtpFindFirstFile 函数，否则会返回 ERROR_FTP_TRANSFER_IN_PROGRESS 错误。

下面的程序 4.4 遍历 FTP 服务器目录并在列表框中显示，hConnection 参数指定的句柄由 InternetConnect 函数返回。

程序 4.4 遍历 FTP 服务器目录并在列表框中显示

```
#include <windows.h>
#include <strsafe.h>
#include <WinInet.h>

#pragma comment(lib, "WinInet.lib")
```

```c
#pragma comment(lib, "user32.lib")

#define  FTP_FUNCTIONS_BUFFER_SIZE MAX_PATH + 8

BOOL WINAPI DisplayFtpDir(
                          HWND hDlg,
                          HINTERNET hConnection,
                          DWORD dwFindFlags,
                          int nListBoxId )
{
  WIN32_FIND_DATA dirInfo;
  HINTERNET       hFind;
  DWORD           dwError;
  BOOL            retVal = FALSE;
  TCHAR           szMsgBuffer[FTP_FUNCTIONS_BUFFER_SIZE];
  TCHAR           szFName[FTP_FUNCTIONS_BUFFER_SIZE];

  SendDlgItemMessage( hDlg, nListBoxId, LB_RESETCONTENT, 0, 0 );
  hFind = FtpFindFirstFile( hConnection, TEXT( "*.*" ),
                            &dirInfo, dwFindFlags, 0 );
  if ( hFind == NULL )
  {
    dwError = GetLastError();
    if( dwError == ERROR_NO_MORE_FILES )
    {
      StringCchCopy( szMsgBuffer, FTP_FUNCTIONS_BUFFER_SIZE,
        TEXT( "No files found at FTP location specified." ) );
      retVal = TRUE;
      goto DisplayDirError_1;
    }
    StringCchCopy( szMsgBuffer, FTP_FUNCTIONS_BUFFER_SIZE,
      TEXT( "FtpFindFirstFile failed." ) );
    goto DisplayDirError_1;
  }

  do
  {
    if( FAILED( StringCchCopy( szFName, FTP_FUNCTIONS_BUFFER_SIZE,
                dirInfo.cFileName ) ) ||
        ( ( dirInfo.dwFileAttributes & FILE_ATTRIBUTE_DIRECTORY ) &&
        ( FAILED( StringCchCat( szFName, FTP_FUNCTIONS_BUFFER_SIZE,
          TEXT( "<DIR>" ) ) ) ) ) )
    {
      StringCchCopy( szMsgBuffer, FTP_FUNCTIONS_BUFFER_SIZE,
        TEXT( "Failed to copy a file or directory name." ) );
      retVal = FALSE;
      goto DisplayDirError_2;
    }
    SendDlgItemMessage( hDlg, nListBoxId, LB_ADDSTRING,
                        0, (LPARAM) szFName );
  } while( InternetFindNextFile( hFind, (LPVOID) &dirInfo ) );

  if( ( dwError = GetLastError() ) == ERROR_NO_MORE_FILES )
  {
```

```
      InternetCloseHandle(hFind);
      return( TRUE );
    }
    StringCchCopy( szMsgBuffer, FTP_FUNCTIONS_BUFFER_SIZE,
      TEXT( "FtpFindNextFile failed." ) );

DisplayDirError_2:
    InternetCloseHandle( hFind );
DisplayDirError_1:
    MessageBox( hDlg,
      (LPCTSTR) szMsgBuffer,
      TEXT( "DisplayFtpDir() Problem" ),
      MB_OK | MB_ICONERROR );
    return( retVal );
}
```

4.2.3 FTP 服务器目录导航

FtpGetCurrentDirectory 和 FtpSetCurrentDirectory 函数联合能够完成服务器目录的导航操作。其中，FtpGetCurrentDirectory 用于返回服务器的当前目录，目录名称中包含根目录。FtpSetCurrentDirectory 用于改变服务器当前的工作目录，参数中指定的目录信息可以是相对路径或绝对路径。例如，如果当前路径是"public/info"，参数指定的相对路径是"ftp/example"，那么 FtpSetCurrentDirectory 最终设定的路径为"public/info/ftp/example"。

程序 4.5 中的 hConnection 句柄参数仍然由 InternetConnect 函数返回，新的目录名称由父对话框中的文本框指定，文本框的 IDC 作为参数传递给 nDirNameId。程序 4.5 最后调用了程序 4.4 进行新目录的遍历和显示。

程序 4.5　更改当前目录并显示

```
BOOL WINAPI ChangeFtpDir( HWND hDlg,
                          HINTERNET hConnection,
                          int nDirNameId,
                          int nListBoxId )
{
    DWORD dwSize;
    TCHAR szNewDirName[FTP_FUNCTIONS_BUFFER_SIZE];
    TCHAR szOldDirName[FTP_FUNCTIONS_BUFFER_SIZE];
    TCHAR * szFailedFunctionName;

    dwSize = FTP_FUNCTIONS_BUFFER_SIZE;

    if( !GetDlgItemText( hDlg, nDirNameId, szNewDirName, dwSize ) )
    {
      szFailedFunctionName = TEXT( "GetDlgItemText" );
      goto ChangeFtpDirError;
    }

    if ( !FtpGetCurrentDirectory( hConnection, szOldDirName, &dwSize ))
    {
      szFailedFunctionName = TEXT( "FtpGetCurrentDirectory" );
      goto ChangeFtpDirError;
```

```
    }

    if( !SetDlgItemText( hDlg, nDirNameId, szOldDirName ) )
    {
      szFailedFunctionName = TEXT( "SetDlgItemText" );
      goto ChangeFtpDirError;
    }

    if( !FtpSetCurrentDirectory( hConnection, szNewDirName ) )
    {
      szFailedFunctionName = TEXT( "FtpSetCurrentDirectory" );
      goto ChangeFtpDirError;
    }
    return( DisplayFtpDir( hDlg, hConnection, 0, nListBoxId ) );

ChangeFtpDirError:
    InternetErrorOut( hDlg, GetLastError(), szFailedFunctionName );
    DisplayFtpDir( hDlg, hConnection, INTERNET_FLAG_RELOAD, nListBoxId);
    return( FALSE );
}
```

4.2.4　创建和删除 FTP 服务器目录

WinInet 提供了在 FTP 服务器上创建和删除目录的函数，在使用这些函数前用户需要具有服务器操作权限并登录服务器。在使用 FtpCreateDirectory 函数之前，用户需要首先获取一个拥有创建目录权限的 FTP 会话句柄。下面的代码示例中的 hFtpSession 由 InternetConnect 函数返回，当前目录假定为根目录。

```
/* 在当前根目录下创建子目录 test */
FtpCreateDirectory( hFtpSession, "test" );

/* 在 test 子目录中创建 example 子目录 */
FtpCreateDirectory( hFtpSession, "\\test\\example" );
```

下面的代码演示了 FtpRemoveDirectory 的两种用法，且当前目录为根目录，根目录中包含 test 子目录，test 中包含 example 子目录。

```
/* 从 test 目录中删除子目录 example 及其包含的所有文件和子目录 */
FtpRemoveDirectory(hFtpSession,"\\test\\example");

/* 从根目录中删除 test 子目录及其包含的所有文件和子目录 */
FtpRemoveDirectory(hFtpSession, "test");
```

程序 4.6 在 FTP 服务器上创建新目录，目录名称由父对话框中的文本框指定，文本框的 IDC 作为参数传递给 nDirNameId，hConnection 句柄由 InternetConnect 返回，最后调用 DisplayFtpDir 显示目录列表。

程序 4.6　在 FTP 服务器上创建新目录

```
BOOL WINAPI CreateFtpDir( HWND hDlg, HINTERNET hConnection,
                 int nDirNameId, int nListBoxId )
{
    TCHAR szNewDirName[FTP_FUNCTIONS_BUFFER_SIZE];
```

```
    if( !GetDlgItemText( hDlg, nDirNameId,
                szNewDirName,
                FTP_FUNCTIONS_BUFFER_SIZE ) )
    {
      MessageBox( hDlg,
            TEXT( "Error: Directory Name Must Be Specified" ),
            TEXT( "Create FTP Directory" ),
            MB_OK | MB_ICONERROR );
      return( FALSE );
    }

    if( !FtpCreateDirectory( hConnection, szNewDirName ) )
    {
      InternetErrorOut( hDlg, GetLastError(),
                TEXT( "FtpCreateDirectory" ) );
      return( FALSE );
    }

    return( DisplayFtpDir( hDlg, hConnection,
                 INTERNET_FLAG_RELOAD,
                 nListBoxId ) );
}
```

程序 4.7 从 FTP 服务器上删除目录，目录名称由父对话框中的文本框指定，文本框的 IDC 作为参数传递给 nDirNameId，hConnection 句柄由 InternetConnect 返回，最后调用 DisplayFtpDir 显示目录列表。

程序 4.7　从 FTP 服务器上删除目录

```
BOOL WINAPI RemoveFtpDir( HWND hDlg, HINTERNET hConnection,
              int nDirNameId, int nListBoxId )
{
  TCHAR szDelDirName[FTP_FUNCTIONS_BUFFER_SIZE];

  if( !GetDlgItemText( hDlg, nDirNameId, szDelDirName,
            FTP_FUNCTIONS_BUFFER_SIZE ) )
  {
    MessageBox( hDlg,
          TEXT( "Error: Directory Name Must Be Specified" ),
          TEXT( "Remove FTP Directory" ),
          MB_OK | MB_ICONERROR );
    return( FALSE );
  }

  if( !FtpRemoveDirectory( hConnection, szDelDirName ) )
  {
    InternetErrorOut( hDlg, GetLastError(),
              TEXT( "FtpRemoveDirectory" ) );
    return( FALSE );
  }

  return( DisplayFtpDir( hDlg, hConnection,
               INTERNET_FLAG_RELOAD, nListBoxId ) );
}
```

4.2.5 从 FTP 服务器上获取文件

从 FTP 服务器上获取文件有以下 3 种方法：

(1) 联合使用 InternetOpenUrl 和 InternetReadFile 读取文件。
(2) 联合使用 FtpOpenFile 和 InternetReadFile 读取文件。
(3) 使用 FtpGetFile 下载文件。

关于前两种使用 InternetReadFile 函数的编程方法，请参见程序 4.1 和程序 4.2。

如果目标文件的 URL 可用，客户程序可以调用 InternetOpenUrl 连接到这个 URL，然后使用 InternetReadFile 控制文件下载的进程。

如果客户机已经通过 InternetConnect 与服务器建立 FTP 会话，那么使用 FtpOpenFile 打开已经存在的文件，然后使用 InternetReadFile 下载文件。

如果客户机下载时不需要对下载进程进行控制，则使用 FtpGetFile 指定远程文件名和本地文件名后下载更为简单。下面给出的程序 4.8 从远程服务器下载文件到本地存储，文件名通过父对话框中的文本框获得，文本框的 IDC 传递给 nFtpFileNameId 参数，下载文件的本地存储名称从父对话框中的文本框获得，这个文本框的 IDC 传递给 nLocalFileNameId 参数，hConnection 句柄仍然由 InternetConnect 返回。

程序 4.8　从远程服务器下载文件

```
BOOL WINAPI GetFtpFile( HWND hDlg, HINTERNET hConnection,
                int nFtpFileNameId, int nLocalFileNameId )
{
  TCHAR szFtpFileName[FTP_FUNCTIONS_BUFFER_SIZE];
  TCHAR szLocalFileName[FTP_FUNCTIONS_BUFFER_SIZE];
  DWORD dwTransferType;
  TCHAR szBoxTitle[] = TEXT( "Download FTP File" );
  TCHAR szAsciiQuery[] =
    TEXT("Do you want to download as ASCII text?(Default is binary)");
  TCHAR szAsciiDone[] =
    TEXT( "ASCII Transfer completed successfully..." );
  TCHAR szBinaryDone[] =
    TEXT( "Binary Transfer completed successfully..." );

  if( !GetDlgItemText( hDlg, nFtpFileNameId, szFtpFileName,
                FTP_FUNCTIONS_BUFFER_SIZE ) ||
      !GetDlgItemText( hDlg, nLocalFileNameId, szLocalFileName,
                FTP_FUNCTIONS_BUFFER_SIZE ) )
  {
    MessageBox( hDlg,
            TEXT( "Target File or Destination File Missing" ),
            szBoxTitle,
            MB_OK | MB_ICONERROR );
    return( FALSE );
  }

  dwTransferType = ( MessageBox( hDlg,
                      szAsciiQuery,
                      szBoxTitle,
```

```
                    MB_YESNO ) == IDYES ) ?
            FTP_TRANSFER_TYPE_ASCII : FTP_TRANSFER_TYPE_BINARY;
  dwTransferType |= INTERNET_FLAG_RELOAD;

  if( !FtpGetFile( hConnection, szFtpFileName, szLocalFileName, FALSE,
          FILE_ATTRIBUTE_NORMAL, dwTransferType, 0 ) )
  {
    InternetErrorOut( hDlg, GetLastError(), TEXT( "FtpGetFile" ) );
    return( FALSE );
  }

  MessageBox( hDlg, ( dwTransferType ==
              (FTP_TRANSFER_TYPE_ASCII | INTERNET_FLAG_RELOAD)) ?
              szAsciiDone : szBinaryDone, szBoxTitle, MB_OK );
  return( TRUE );
}
```

4.2.6 上传文件到 FTP 服务器

上传文件到 FTP 服务器有以下两种方法：
（1）联合使用 FtpOpenFile 和 InternetWriteFile 上传。
（2）使用 FtpPutFile 上传。

如果客户机上传的数据不是以文件的形式提供的，那么应当使用 FtpOpenFile 在 FTP 服务上创建并打开一个新文件，然后使用 InternetWriteFile 函数向文件中写入数据。如果存在上传的本地文件，那么使用 FtpPutFile 将文件直接从本地上传到远程 FTP 服务器。

下面的程序 4.9 将本地文件复制到远程 FTP 服务器。本地文件名由父对话框中的文本框获得，文本框的 IDC 传递给参数 nLocalFileNameId，文件上传 FTP 服务器后的文件名仍由父对话框中的文本框获得，文本框的 IDC 传递给 nFtpFileNameId 参数，hConnection 句柄由 InternetConnect 返回。

程序 4.9　上传文件到 FTP 服务器

```
BOOL WINAPI PutFtpFile( HWND hDlg, HINTERNET hConnection,
                int nFtpFileNameId, int nLocalFileNameId )
{
  TCHAR szFtpFileName[FTP_FUNCTIONS_BUFFER_SIZE];
  TCHAR szLocalFileName[FTP_FUNCTIONS_BUFFER_SIZE];
  DWORD dwTransferType;
  TCHAR szBoxTitle[] = TEXT( "Upload FTP File" );
  TCHAR szASCIIQuery[] =
    TEXT("Do you want to upload as ASCII text? (Default is binary)");
  TCHAR szAsciiDone[] =
    TEXT( "ASCII Transfer completed successfully..." );
  TCHAR szBinaryDone[] =
    TEXT( "Binary Transfer completed successfully..." );

  if( !GetDlgItemText( hDlg, nFtpFileNameId, szFtpFileName,
              FTP_FUNCTIONS_BUFFER_SIZE ) ||
      !GetDlgItemText( hDlg, nLocalFileNameId, szLocalFileName,
              FTP_FUNCTIONS_BUFFER_SIZE ) )
```

```
    {
        MessageBox( hDlg,
                    TEXT("Target File or Destination File Missing"),
                    szBoxTitle,
                    MB_OK | MB_ICONERROR );
        return( FALSE );
    }

    dwTransferType =
        ( MessageBox( hDlg,
                      szASCIIQuery,
                      szBoxTitle,
                      MB_YESNO ) == IDYES ) ?
          FTP_TRANSFER_TYPE_ASCII : FTP_TRANSFER_TYPE_BINARY;

    if( !FtpPutFile( hConnection,
                     szLocalFileName,
                     szFtpFileName,
                     dwTransferType,
                     0 ) )
    {
        InternetErrorOut( hDlg, GetLastError(), TEXT( "FtpGetFile" ) );
        return( FALSE );
    }

    MessageBox( hDlg,
                ( dwTransferType == FTP_TRANSFER_TYPE_ASCII ) ?
                    szAsciiDone : szBinaryDone, szBoxTitle, MB_OK );
    return( TRUE );
}
```

4.2.7 从 FTP 服务器上删除文件

调用 FtpDeleteFile 函数从服务器上删除文件,在删除文件之前用户必须具有删除权限。程序 4.10 演示了如何从 FTP 服务器上删除文件,被删除的文件名称从父对话框中的文本框获取,文本框的 IDC 传递给 nFtpFileNameId 参数。

程序 4.10　从 FTP 服务器上删除文件

```
BOOL WINAPI DeleteFtpFile( HWND hDlg, HINTERNET hConnection,
                           int nFtpFileNameId )
{
    TCHAR szFtpFileName[FTP_FUNCTIONS_BUFFER_SIZE];
    TCHAR szBoxTitle[] = TEXT( "Delete FTP File" );

    if( !GetDlgItemText( hDlg, nFtpFileNameId, szFtpFileName,
                         FTP_FUNCTIONS_BUFFER_SIZE ) )
    {
        MessageBox( hDlg, TEXT( "File Name Must Be Specified!" ),
                    szBoxTitle, MB_OK | MB_ICONERROR );
        return( FALSE );
    }
```

```
    if( !FtpDeleteFile( hConnection, szFtpFileName ) )
    {
      InternetErrorOut( hDlg,
                 GetLastError(),
                 TEXT( "FtpDeleteFile" ) );
      return( FALSE );
    }

    MessageBox( hDlg,
          TEXT( "File has been deleted" ),
          szBoxTitle,
          MB_OK );
    return( TRUE );
}
```

4.2.8 FTP 服务器目录或文件的重命名

对于目录或文件的重命名使用 FtpRenameFile 函数，FtpRenameFile 函数用以 NULL 结尾的字符串表示绝对目录名或相对目录名，第一个字符串参数指定旧的目录名或文件名，第二个字符串参数指定新的目录名或文件名。程序 4.11 演示了重命名过程，文件或目录的当前名称由父对话框中的文本框获取，文本框的 IDC 传递给 nOldFileNameId 参数，新名称仍由父对话框中的文本框获取，文本框的 IDC 传递给 nNewFileNameId 参数，hConnection 参数使用的句柄由 InternetConnect 函数返回。重命名函数完成后并不自动刷新目录列表，所以用户需要在程序中单独做刷新操作。

程序 4.11 FTP 服务器目录或文件的重命名

```
BOOL WINAPI RenameFtpFile( HWND hDlg, HINTERNET hConnection,
                 int nOldFileNameId, int nNewFileNameId )
{
  TCHAR szOldFileName[FTP_FUNCTIONS_BUFFER_SIZE];
  TCHAR szNewFileName[FTP_FUNCTIONS_BUFFER_SIZE];
  TCHAR szBoxTitle[] = TEXT( "Rename FTP File" );

  if( !GetDlgItemText( hDlg, nOldFileNameId, szOldFileName,
              FTP_FUNCTIONS_BUFFER_SIZE ) ||
     !GetDlgItemText( hDlg, nNewFileNameId, szNewFileName,
              FTP_FUNCTIONS_BUFFER_SIZE ) )
  {
    MessageBox( hDlg,
          TEXT( "Both the current and new file names must be supplied" ),
          szBoxTitle,
          MB_OK | MB_ICONERROR );
    return( FALSE );
  }

  if( !FtpRenameFile( hConnection, szOldFileName, szNewFileName ) )
  {
    MessageBox( hDlg,
          TEXT( "FtpRenameFile failed" ),
          szBoxTitle,
          MB_OK | MB_ICONERROR );
```

```
        return( FALSE );
    }
    return( TRUE );
}
```

4.3 WinInet HTTP 编程

WinInet 提供了一组函数用于访问 World Wide Web(WWW)，WWW 需要通过 HTTP 协议访问，HTTP API 对 HTTP 协议进行了抽象和封装。

4.3.1 HTTP API 基本操作

在前面曾用图 4.5 展示了 HTTP 函数间的关联，这些用于 WWW 访问的 WinInet 函数可以归纳为以下几种：

(1) 建立 WWW 连接。
(2) 打开一个请求。
(3) 添加请求头。
(4) 发送请求。
(5) 发送数据到服务器。
(6) 获取请求的信息。
(7) 从 WWW 下载资源。

表 4.3 给出了 HTTP 会话常用的函数及其功能描述。

表 4.3 HTTP 会话常用的函数

函 数	功 能 描 述
HttpAddRequestHeaders	添加 HTTP 请求头到一个 HTTP 请求句柄，请求句柄由 HttpOpenRequest 创建
HttpOpenRequest	打开一个 HTTP 请求，需要的句柄由 InternetConnect 函数提供
HttpQueryInfo	返回一个 HTTP 请求的查询信息，需要的句柄由 HttpOpenRequest 或 InternetOpenUrl 提供
HttpSendRequest	发送指定的 HTTP 请求到 HTTP 服务器，需要的句柄由 HttpOpenRequest 提供
InternetErrorDlg	用预定义的对话框显示错误信息，需要的句柄由 HttpSendRequest 提供

1. 建立 WWW 连接

建立 WWW 连接，必须使用 InternetConnect 函数，该函数用于建立一个到指定站点的 FTP 或 HTTP 会话。该函数使用的根句柄 hInternet 由 InternetOpen 创建，InternetConnect 设定参数 dwService 的值为 INTERNET_SERVICE_HTTP，以保证建立的是 HTTP 会话。

InternetConnect 函数的语法如下：

```
HINTERNET InternetConnect(
    _In_  HINTERNET hInternet,
```

```
    _In_    LPCTSTR lpszServerName,
    _In_    INTERNET_PORT nServerPort,
    _In_    LPCTSTR lpszUsername,
    _In_    LPCTSTR lpszPassword,
    _In_    DWORD dwService,
    _In_    DWORD dwFlags,
    _In_    DWORD_PTR dwContext
);
```

下面给出的程序 4.12 演示了建立 WWW 连接需要完成的步骤。

程序 4.12 建立 WWW 连接

```
HINTERNET hOpenHandle,  hConnectHandle, hResourceHandle;
DWORD dwError, dwErrorCode;
HWND hwnd = GetConsoleWindow();

hOpenHandle = InternetOpen(TEXT("Example"),
                    INTERNET_OPEN_TYPE_PRECONFIG,
                    NULL, NULL, 0);

hConnectHandle = InternetConnect(hOpenHandle,
                    TEXT("www.server.com"),
                    INTERNET_INVALID_PORT_NUMBER,
                    NULL,
                    NULL,
                    INTERNET_SERVICE_HTTP,
                    0,0);

hResourceHandle = HttpOpenRequest(hConnectHandle, TEXT("GET"),
                        TEXT("/premium/default.htm"),
                        NULL, NULL, NULL,
                        INTERNET_FLAG_KEEP_CONNECTION, 0);
resend:
HttpSendRequest(hResourceHandle, NULL, 0, NULL, 0);

//用 dwErrorCode 存储与调用
//HttpSendRequest 相关的错误代码

dwErrorCode = hResourceHandle ? ERROR_SUCCESS : GetLastError();

dwError = InternetErrorDlg(hwnd, hResourceHandle, dwErrorCode,
                    FLAGS_ERROR_UI_FILTER_FOR_ERRORS |
                    FLAGS_ERROR_UI_FLAGS_CHANGE_OPTIONS |
                    FLAGS_ERROR_UI_FLAGS_GENERATE_DATA,
                    NULL);

if (dwError == ERROR_INTERNET_FORCE_RETRY)
    goto resend;

//在此处可以插入从 hResourceHandle 读取数据的代码
```

2. 打开一个请求

HttpOpenRequest 函数用于打开一个 HTTP 请求并返回一个 HINTERNET 句柄供其

他 HTTP 函数使用。与 FtpOpenFile 和 InternetOpenUrl 函数不同的是，HttpOpenRequest 函数在被调用时并不将请求发送到 Internet，发送请求建立会话的工作由 HttpSendRequest 函数接着完成。

HttpOpenRequest 函数的主要作用是创建一个请求句柄，其语法如下：

```
HINTERNET HttpOpenRequest(
    _In_  HINTERNET hConnect,
    _In_  LPCTSTR lpszVerb,
    _In_  LPCTSTR lpszObjectName,
    _In_  LPCTSTR lpszVersion,
    _In_  LPCTSTR lpszReferer,
    _In_  LPCTSTR *lplpszAcceptTypes,
    _In_  DWORD dwFlags,
    _In_  DWORD_PTR dwContext
);
```

HttpOpenRequest 函数的用法示例如下：

```
hHttpRequest = HttpOpenRequest( hHttpSession, "GET", "", NULL, "", NULL, 0, 0);
```

3. 添加请求头

HttpAddRequestHeaders 函数用于向请求句柄头部添加一个或多个请求头信息，在使用这个函数前需要先用 HttpOpenRequest 函数打开请求，添加请求头可以满足某些需要精确地控制向 HTTP 服务器发送请求信息的应用场合。该函数的语法如下：

```
BOOL HttpAddRequestHeaders(
    _In_  HINTERNET hRequest,
    _In_  LPCTSTR lpszHeaders,
    _In_  DWORD dwHeadersLength,
    _In_  DWORD dwModifiers
);
```

其用法示例参见程序 4.12。

4. 发送请求

HttpSendRequest 函数用于建立到指定服务器的连接并发送请求，使用的 HINTERNET 句柄由 HttpOpenRequest 函数创建。HttpSendRequest 函数的发送方式为 PUT 或 POST。其语法如下：

```
BOOL HttpSendRequest(
    _In_  HINTERNET hRequest,
    _In_  LPCTSTR lpszHeaders,
    _In_  DWORD dwHeadersLength,
    _In_  LPVOID lpOptional,
    _In_  DWORD dwOptionalLength
);
```

HttpSendRequest 函数发送请求后，客户程序才可以使用 InternetReadFile、InternetQueryDataAvailable、InternetSetFilePointer 函数从服务器获取信息。其用法示例参见程序 4.12。

5. 发送数据到服务器

如果要向服务器发送数据，HttpOpenRequest 函数的 lpszVerb 参数必须指定为 POST 或 PUT，并将存放发送数据缓冲区的地址传递给 lpOptional 参数，将 dwOptionalLength 设置为缓冲区数据的长度。

使用 InternetWriteFile 函数发送数据，HINTERNET 句柄需要由 HttpSendRequestEx 函数创建。

InternetWriteFile 函数用于向服务器文件写数据，其语法如下：

```
BOOL InternetWriteFile(
  _In_   HINTERNET hFile,
  _In_   LPCVOID lpBuffer,
  _In_   DWORD dwNumberOfBytesToWrite,
  _Out_  LPDWORD lpdwNumberOfBytesWritten
);
```

6. 获取请求的信息

HttpQueryInfo 函数负责从 HTTP 请求获取信息，参数句柄 HINTERNET 由 HttpOpenRequest 或 InternetOpenUrl 函数创建。其语法如下：

```
BOOL HttpQueryInfo(
  _In_     HINTERNET hRequest,
  _In_     DWORD dwInfoLevel,
  _Inout_  LPVOID lpvBuffer,
  _Inout_  LPDWORD lpdwBufferLength,
  _Inout_  LPDWORD lpdwIndex
);
```

7. 从 WWW 下载资源

在使用 HttpOpenRequest 函数打开一个请求，并使用 HttpSendRequest 函数发送请求到服务器后，就可以使用 InternetReadFile、InternetQueryDataAvailable、InternetSetFilePointer 函数从 HTTP 服务器获取信息了。

大家还记得前面给出的程序 4.1 吗？这个程序正是使用上述函数实现了目标资源的下载。

4.3.2 HTTP Cookies 编程

HTTP Cookies 提供了一种将服务器信息保存到客户机的机制，共有两种类型的 Cookie Header，一种是 Set-Cookie Header，另一种是 Cookie Header。Set-Cookie Header 是服务器响应客户 HTTP 请求时发送给客户机的，而 Cookie Header 是客户机随着 HTTP 请求发送给服务器的。

Set-Cookie Header 的格式如下：

```
Set-Cookie: <name>=<value>[;<name>=<value>]...
[;expires=<date>][;domain=<domain_name>]
```

```
[; path=<some_path>][; secure][; httponly]
```

服务器用上述字符串键值对将数据保存到客户机。

Cookie Header 的格式如下:

```
Cookie: <name>=<value> [;<name>=<value>]...
```

InternetSetCookie 和 InternetGetCookie 用来创建和管理 Cookie。其中,前者设置指定 URL 的 Cookie,后者获取指定 URL 及其所有父级 URL 的 Cookie。

1. 读取 Cookie

用户需要注意的是,在设置或获取 Cookie 前不需要调用 InternetOpen 函数。拥有过期日期的 Cookies 存放在用户账户下的目录中,如 Users\"username"\AppData\Roaming\Microsoft\Windows\Cookies 目录,低权限用户的 Cookies 存放在 Users\"username"\AppData\Roaming\Microsoft\Windows\Cookies\Low 目录下,不设置过期日期的 Cookies 存放在内存中,只对创建它们的进程可见。

InternetGetCookie 函数的语法如下:

```
BOOL InternetGetCookie(
  _In_    LPCTSTR lpszUrl,
  _In_    LPCTSTR lpszCookieName,
  _Out_   LPTSTR lpszCookieData,
  _Inout_ LPDWORD lpdwSize
);
```

下面的程序 4.13 演示了 InternetGetCookie 函数的用法。

程序 4.13 读取 Cookie

```
TCHAR szURL[256];              //用缓冲区保存 URL
LPTSTR lpszData = NULL;        //用缓冲区保存 Cookie 数据
DWORD dwSize = 0;              //缓冲区的大小

//通过插入代码来检索 URL

retry:

//第一次调用 InternetGetCookie 将得到下载 Cookie 数据所需的缓冲区的大小
if (!InternetGetCookie(szURL, NULL, lpszData, &dwSize))
{
    //如果长度不够则重新分配缓冲区
    if (GetLastError() == ERROR_INSUFFICIENT_BUFFER)
    {
        //分配必要的缓冲区
        lpszData = new TCHAR[dwSize];

        //再次调用
        goto retry;
    }
    else
    {
        //插入错误处理代码
```

```
        }
    }
    else
    {
        //通过插入代码来显示 Cookie 数据

        //释放分配的缓冲区
        delete[]lpszData;
    }
```

2．设置 Cookie

通过 InternetSetCookie 函数可以设置持久 Cookie 和会话 Cookie。持久 Cookie 拥有一个过期日期，存放在用户账户路径 Users\"username"\AppData\Roaming\Microsoft\Windows\Cookies 目录中，低权限用户的 Cookie 存放在 Users\"username"\AppData\Roaming\Microsoft\Windows\Cookies\Low 目录中。会话 Cookie 只能存放于内存并被创建它的进程所访问。创建 Cookie 的格式如下：

NAME = VALUE

过期日期的格式如下：

DAY, DD - MMM - YYYY HH:MM:SS GMT

其中，DAY 代表星期几，它是 3 个字母的缩写，DD 代表当月的几号，MMM 是月份的字母缩写，YYYY 代表年份，HH:MM:SS 代表时：分：秒。

下面给出的程序 4.14 演示了使用 InternetSetCookie 函数创建会话 Cookie 和持久 Cookie 的方法。

程序 4.14　创建会话 Cookie 和持久 Cookie

```
BOOL bReturn;

//创建会话 Cookie
bReturn = InternetSetCookie(TEXT("http://www.adventure_works.com"), NULL,
        TEXT("TestData = Test"));

//创建持久 Cookie
bReturn = InternetSetCookie(TEXT("http://www.adventure_works.com"), NULL,
        TEXT("TestData = Test; expires = Sat,01 - Jan - 2000 00:00:00 GMT"));
```

4.3.3　HTTP Authentication 编程

如果客户机通过 HTTP 访问服务器需要经过验证，服务器会返回状态码 401 给客户机，如果通过代理服务器访问，则返回状态码 407 给客户机。这些状态码是随响应头一起发送的，代理服务器验证的响应头为 Proxy-Authenticate，服务器验证的响应头为 WWW-Authenticate。例如，"WWW-Authenticate:Basic Realm = "example""就是服务器返回给客户机的一个需要验证操作的响应头。

客户机在访问服务器时可以把验证信息加入到响应头中，例如，客户机在收到服务器的响应头"WWW-Authenticate:Basic Realm＝"example""后会再次发送请求并在请求中加入

"Authorization：Basic＜username：password＞"这个验证信息。它有以下两种验证模式。

（1）基本验证模式：用户名和密码以明文方式发送。

（2）问题提问模式：客户需要回答服务器的提问。

表 4.4 列出了 Windows 支持的两种验证类型。

表 4.4 HTTP 验证类型

验 证 模 型	类型	需要的 DLL	功 能 描 述
Basic(cleartext)	基本	Wininet.dll	使用 Base64 编码加密包含用户名和密码的字符串
Digest	提问	Digest.dll	服务器返回客户机一个随机数字符串，服务器检查客户提交的用户名、密码和随机数字符串是否匹配

用户可以使用 InternetErrorDlg 或者 InternetSetOption 函数处理 HTTP 验证。程序 4.15 演示了如何用 InternetErrorDlg 函数处理 HTTP 验证，程序 4.16 演示了如何用 InternetSetOption 函数处理 HTTP 验证。

程序 4.15 用 InternetErrorDlg 处理 HTTP 验证

```
HINTERNET hOpenHandle,  hConnectHandle, hResourceHandle;
DWORD dwError, dwErrorCode;
HWND hwnd = GetConsoleWindow();

hOpenHandle = InternetOpen(TEXT("Example"),
                    INTERNET_OPEN_TYPE_PRECONFIG,
                    NULL, NULL, 0);

hConnectHandle = InternetConnect(hOpenHandle,
                    TEXT("www.server.com"),
                    INTERNET_INVALID_PORT_NUMBER,
                    NULL,
                    NULL,
                    INTERNET_SERVICE_HTTP,
                    0,0);

hResourceHandle = HttpOpenRequest(hConnectHandle, TEXT("GET"),
                    TEXT("/premium/default.htm"),
                    NULL, NULL, NULL,
                    INTERNET_FLAG_KEEP_CONNECTION, 0);

resend:

HttpSendRequest(hResourceHandle, NULL, 0, NULL, 0);

//用 dwErrorCode 存储与调用
//HttpSendRequest 相关的错误代码

dwErrorCode = hResourceHandle ? ERROR_SUCCESS : GetLastError();

dwError = InternetErrorDlg(hwnd, hResourceHandle, dwErrorCode,
                    FLAGS_ERROR_UI_FILTER_FOR_ERRORS |
                    FLAGS_ERROR_UI_FLAGS_CHANGE_OPTIONS |
                    FLAGS_ERROR_UI_FLAGS_GENERATE_DATA,
```

```
                    NULL);

if (dwError == ERROR_INTERNET_FORCE_RETRY)
    goto resend;
```

//在此处可以插入从 hResourceHandle 读取数据的代码

程序 4.16 用 InternetSetOption 处理 HTTP 验证

```
HINTERNET hOpenHandle,  hResourceHandle, hConnectHandle;
DWORD dwStatus;
DWORD dwStatusSize = sizeof(dwStatus);
char strUsername[64], strPassword[64];

//通常情况下,hOpenHandle、hResourceHandle 和 hConnectHandle 需要注意返回的顺序

hOpenHandle = InternetOpen(TEXT("Example"),
                    INTERNET_OPEN_TYPE_PRECONFIG,
                    NULL, NULL, 0);
hConnectHandle = InternetConnect(hOpenHandle,
                        TEXT("www.server.com"),
                        INTERNET_INVALID_PORT_NUMBER,
                        NULL,
                        NULL,
                        INTERNET_SERVICE_HTTP,
                        0,0);

hResourceHandle = HttpOpenRequest(hConnectHandle, TEXT("GET"),
                        TEXT("/premium/default.htm"),
                        NULL, NULL, NULL,
                        INTERNET_FLAG_KEEP_CONNECTION,
                        0);

resend:

HttpSendRequest(hResourceHandle, NULL, 0, NULL, 0);

HttpQueryInfo(hResourceHandle, HTTP_QUERY_FLAG_NUMBER |
            HTTP_QUERY_STATUS_CODE, &dwStatus, &dwStatusSize, NULL);

switch (dwStatus)
{
    //cchUserLength 是 strUsername 的长度
    //cchPasswordLength 是 strPassword 的长度
    DWORD cchUserLength, cchPasswordLength;

    case HTTP_STATUS_PROXY_AUTH_REQ:   //代理服务器要求身份验证
        //通过插入代码来设置 strUsername 和 strPassword

        //通过插入代码安全地确定 cchUserLength 和 cchPasswordLength
        //插入适当的错误处理代码
        InternetSetOption(hResourceHandle,
                        INTERNET_OPTION_PROXY_USERNAME,
                        strUsername,
                        cchUserLength + 1);
```

```
            InternetSetOption(hResourceHandle,
                        INTERNET_OPTION_PROXY_PASSWORD,
                        strPassword,
                        cchPasswordLength + 1);
            goto resend;
            break;

        case HTTP_STATUS_DENIED:                //服务器需要验证
            //通过插入代码来设置 strUsername 和 strPassword

            //通过插入代码安全地确定 cchUserLength 和 cchPasswordLength
            //插入适当的错误处理代码
            InternetSetOption(hResourceHandle, INTERNET_OPTION_USERNAME,
                        strUsername, cchUserLength + 1);
            InternetSetOption(hResourceHandle, INTERNET_OPTION_PASSWORD,
                        strPassword, cchPasswordLength + 1);
            goto resend;
            break;
    }
    //在此处可以插入从 hResourceHandle 读取数据的代码
```

4.3.4　HTTP URL 编程

统一资源定位符（Uniform Resource Locator，URL）的一般形式如下：

<URL 的访问方式>://<主机>:<端口>/<路径>

URL 的访问方式有 HTTP、HTTPS、FTP 等，<主机>一般用域名表示。表 4.5 列出了常用的 HTTP URL 编程函数。

表 4.5　常用的 HTTP URL 编程函数

函　　数	功　能　描　述
InternetCanonicalizeUrl	将 URL 地址规范化
InternetCombineUrl	将一个绝对地址和一个相对地址组合成一个新的 URL
InternetCrackUrl	将一个 URL 地址的各部分分解到一个 URL_COMPONENTS 结构中
InternetCreateUrl	将 URL 地址的各组成部分合成一个 URL 地址
InternetOpenUrl	根据 URL 地址打开 FTP 或 HTTP 资源并返回资源句柄

FTP 和 HTTP 服务器上的资源可以直接被 InternetOpenUrl、InternetReadFile 和 InternetFindNextFile 函数访问。InternetOpenUrl 负责为客户机建立一个到 URL 指定资源的连接，连接成功后，如果目标资源是一个文件，则使用 InternetReadFile 可以下载这个文件；如果目标资源是一个目录，则使用 InternetFindNextFile 可以遍历这个目录。

InternetOpenUrl 函数的语法如下：

```
HINTERNET InternetOpenUrl(
  _In_   HINTERNET hInternet,
  _In_   LPCTSTR lpszUrl,
  _In_   LPCTSTR lpszHeaders,
```

```
    _In_   DWORD dwHeadersLength,
    _In_   DWORD dwFlags,
    _In_   DWORD_PTR dwContext
);
```

InternetOpenUrl 使用的 HINTERNET 句柄由 InternetOpen 创建。InternetQueryDataAvailable、InternetFindNextFile、InternetReadFile 和 InternetSetFilePointer 这些函数都使用由 InternetOpenUrl 创建的句柄。

关于上述函数的编程方法,请读者参见程序 4.1 和程序 4.2。

4.3.5 获取 HTTP 请求的头部信息

对于获取一个 HTTP 请求的头部信息,可以使用 HttpQueryInfo 函数。

程序 4.17 演示了 HttpQueryInfo 函数借助 HTTP_QUERY_RAW_HEADERS_CRLF 常量获取 HTTP 请求的头部信息的方法。

程序 4.17 用 HttpQueryInfo 获取 HTTP 请求的头部信息

```
//使用一个常量检索标题
BOOL SampleCodeOne(HINTERNET hHttp)
{
    LPVOID lpOutBuffer = NULL;
    DWORD dwSize = 0;

retry:

    //这个调用将在第一次调用时失败
    //因为没有分配缓冲区
    if(!HttpQueryInfo(hHttp,HTTP_QUERY_RAW_HEADERS_CRLF,
        (LPVOID)lpOutBuffer,&dwSize,NULL))
    {
        if (GetLastError() == ERROR_HTTP_HEADER_NOT_FOUND)
        {
            //请求头不存在的错误处理
            return TRUE;
        }
        else
        {
            //检查缓冲区不足
            if (GetLastError() == ERROR_INSUFFICIENT_BUFFER)
            {
                //分配必要的缓冲区
                lpOutBuffer = new char[dwSize];

                //重新调用
                goto retry;
            }
            else
            {
                //错误处理代码
                if (lpOutBuffer)
                {
                    delete [] lpOutBuffer;
```

```
                }
                return FALSE;
            }
        }
    }

    if (lpOutBuffer)
    {
        delete [] lpOutBuffer;
    }

    return TRUE;
}
```

习题 4

1. 什么是 WinInet API 编程？它与 WinSock API 编程有何不同？
2. 什么是 HINTERNET 句柄？句柄的层次关系是如何定义的？
3. 创建 HINTERNET 根句柄的函数是哪个？创建二级 HINTERNET 句柄的函数有哪些？
4. WinInet API 提供的 FTP 操作函数有哪些？简述各种函数之间的关系。
5. WinInet API 提供的 HTTP 操作函数有哪些？简述各种函数之间的关系。
6. WinInet API 能进行服务器端编程吗？为什么？
7. 简述用 FTP 函数上传文件、下载文件的方法。
8. 列举两种从 Internet 上读取文件的方法。

第 5 章 MFC Internet 编程

WinInet API 提供了对 FTP 和 HTTP 的抽象和封装,编程者即使不了解 WinSock、TCP/IP 及其他网络协议的底层细节也能高效地开发网络程序。WinInet API 基于 Win32 API 接口开发网络应用,即使 FTP、HTTP 协议有所变化,也可保持已有程序的稳定性。

Visual C++ 提供了两种使用 WinInet API 的模式,一种是第 4 章介绍的直接调用 Windows SDK 的 Win32 编程模式,一种是本章介绍的基于 MFC WinInet Classes 的编程模式。

5.1 MFC WinInet 概述

MFC WinInet 采用面向对象技术对 WinInet API 进一步抽象和封装,使得 Web 客户机编程更为简洁高效。

5.1.1 MFC WinInet 基本类

学习 MFC WinInet 编程,首先要了解、掌握 MFC WinInet 基本类。图 3.1 中的 Internet Services、File Services 和 Exceptions 3 个子框架描述了 MFC WinInet 基本类,现将这些类之间的层次关系归纳整理为图 5.1。

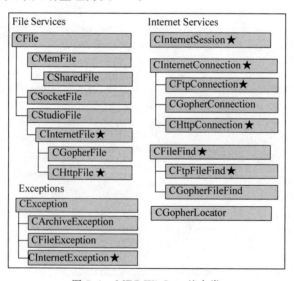

图 5.1 MFC WinInet 基本类

图 5.1 中带★的类为 MFC WinInet 基本类,主要有以下几个:
- CInternetSession
- CInternetConnection
- CFtpConnection
- CHttpConnection
- CInternetFile
- CHttpFile
- CFileFind
- CFtpFileFind
- CInternetException

由于 Gopher 协议基本过时,所以上面略去了与 Gopher 相关的类。下面简单介绍 CInternetSession 类,对于其他类的用法请参阅 MSDN。

CInternetSession 的基本功能是创建并初始化 Internet 会话,也可连接到代理服务器,其父类是 CObject。如果需要在整个应用中保持 Internet 连接,可以为 CWinApp 类创建一个 CInternetSession 成员。Internet 会话一旦建立,即可调用 OpenURL 方法。如果 OpenURL 打开的是本地文件,OpenURL 将返回一个指向 CStdioFile 对象的指针。如果 OpenURL 在 Internet 服务器上打开一个文件,即可从服务器上读取信息。CInternetSession 类的成员定义如表 5.1 所示。

表 5.1　CInternetSession 类的成员

构造函数	
CInternetSession	创建一个 CInternetSession 对象
属性	
EnableStatusCallback	启用状态回调函数
GetFtpConnection	建立到 FTP 服务器的连接并登录
GetHttpConnection	建立到 HTTP 服务器的连接并登录
OpenURL	分析并打开 URL 指定的资源文件,返回一个文件指针
ServiceTypeFromHandle	返回 Internet 服务的类型
SetOption	设置 Internet 会话选项
函数	
Close	Internet 会话退出时关闭 Internet 连接
GetContext	为 Internet 或应用会话获得上下文的值
GetCookie	返回指定 URL 的 Cookie 及其所有父 URL
GetCookieLength	获取存储在缓冲区中的 Cookie 的长度
SetCookie	为指定的 URL 设置 Cookie
重载函数	
OnStatusCallback	当状态回调有效时,更新操作状态
操作符	
operator HINTERNET	当前 Internet 会话的句柄

5.1.2 MFC WinInet 类之间的关联

在使用 MFC WinInet 基本类进行客户机编程时,需要注意某些操作之间的依赖关系,下面按照 URL 类操作、FTP 类操作和 HTTP 类操作 3 个方面予以归纳,如表 5.2～表 5.4 所示。

表 5.2 与 URL 相关的一些操作(不分 FTP 或 HTTP)

操 作	先行操作步骤
建立一个连接	创建 CInternetSession 对象,这是整个客户程序的基础
打开 URL	建立连接之后才能调用 CInternetSession::OpenURL
从 URL 读数据	打开 URL,然后调用 CInternetFile::Read
设置 Internet 选项	建立连接,然后调用 CInternetSession::SetOption
重载状态回调函数	建立连接,调用 CInternetSession::EnableStatusCallback,然后重载 CInternetSession::OnStatusCallback 函数处理调用

表 5.3 FTP 客户机操作

操 作	先行操作步骤
建立 FTP 连接	创建 CInternetSession 对象作为客户程序基础,调用 CInternetSession::GetFtpConnection 创建 CFtpConnection 连接对象
查找第一个资源	创建 FTP 连接,然后创建 CFtpFileFind 对象,调用 CFtpFileFind::FindFile 函数
检索所有资源	找到第一个资源,调用 CFtpFileFind::FindNextFile 直到返回 FALSE
打开 FTP 文件	先完成 FTP 连接的建立,然后调用 CFtpConnection::OpenFile 创建一个 CInternetFile 对象
读取 FTP 文件	用读模式打开一个 FTP 文件,然后调用 CInternetFile::Read 读取数据
写数据到 FTP 文件	用写模式打开一个 FTP 文件,然后调用 CInternetFile::Write 写入数据
在客户机设置当前 FTP 服务器目录	建立 FTP 连接,然后调用 CFtpConnection::SetCurrentDirectory
在客户机获取当前 FTP 服务器目录	建立 FTP 连接,然后调用 CFtpConnection::GetCurrentDirectory

表 5.4 HTTP 客户机操作

操 作	先行操作步骤
建立 HTTP 连接	创建 CInternetSession 对象作为客户程序基础,调用 CInternetSession::GetHttpConnection 创建一个 CHttpConnection 连接对象
打开 HTTP 文件	建立 HTTP 连接,然后调用 CHttpConnection::OpenRequest 创建一个 CHttpFile 文件对象,接下来调用 CHttpFile::AddRequestHeaders 和 CHttpFile::SendRequest 将请求提交到服务器
读取 HTTP 文件	打开 HTTP 文件,然后调用 CInternetFile::Read 读取数据
读取 HTTP 请求头	建立 HTTP 连接,然后调用 CHttpConnection::OpenRequest 创建 CHttpFile 对象,最后调用 CHttpFile::QueryInfo

5.1.3　MFC WinInet 客户机编程步骤

编写 Internet 客户机程序的一般步骤如下：

（1）创建 Internet 会话，用 CInternetSession 类完成会话对象的创建。

（2）为了完成与服务器的通信，用 CInternetConnection 类创建一个连接对象。在创建连接时，需要根据客户应用类型（FTP 或 HTTP）使用不同的方法：

```
CInternetSession::GetFtpConnection
CInternetSession::GetHttpConnection
```

上述两种方法只是创建了连接对象，还不能在服务器上打开文件进行读/写操作。

（3）如果要读/写文件，必须用 CInternetFile（或其子类 CHttpFile）创建一个文件实例。读取数据的简便方法是用 CInternetSession::OpenURL 方法打开目标资源。OpenURL 方法返回一个 CInternetFile 对象。CInternetSession::OpenURL 不限定通信协议，FTP、HTTP 均可。使用 CInternetSession::OpenURL 也能打开本地文件，只不过返回的文件句柄用 CStdioFile 类型取代了 CInternetFile 类型。

（4）如果客户机创建的 Internet 会话不需要读/写数据，只是从 FTP 服务器上删除一个文件，则不需要创建 CInternetFile 文件对象。

（5）创建 CInternetFile 文件对象通常有两种办法，如果使用 CInternetSession::OpenURL 打开服务器连接，则 OpenURL 返回一个 CStdioFile 文件句柄；如果使用 CInternetSession::GetFtpConnection 或 GetHttpConnection 打开服务器连接，则必须再使用 CFtpConnection::OpenFile 或 CHttpConnection::OpenRequest 打开文件，并分别返回 CInternetFile 文件句柄或 CHttpFile 文件句柄。

总之，采用 OpenURL 或 GetConnection 方法处理客户机连接，操作步骤略有不同。下面给出的程序 5.1～程序 5.3 演示了客户机编程的基本步骤和方法。为了简化代码，这 3 个程序工作于控制台模式，并且省略了异常处理。

程序 5.1　创建一个最简单的浏览器

```
#include <afxinet.h>

void DisplayPage(LPCTSTR pszURL)
{
  CInternetSession session(_T("My Session"));
  CStdioFile* pFile = NULL;
  CHAR szBuff[1024];
  //在控制台上打印 Web 页
  pFile = session.OpenURL(pszURL);
  while (pFile->Read(szBuff, 1024) > 0)
  {
    printf_s("%1023s", szBuff);
  }
  delete pFile;
  session.Close();
}
```

程序 5.2 用 HTTP 下载一个 Web 页面并显示

```cpp
//这段代码还演示 try/catch 异常处理
#include <afxinet.h>

void DisplayHttpPage(LPCTSTR pszServerName, LPCTSTR pszFileName)
{
    CInternetSession session(_T("My Session"));
    CHttpConnection* pServer = NULL;
    CHttpFile* pFile = NULL;
    try
    {
        CString strServerName;
        INTERNET_PORT nPort = 80;
        DWORD dwRet = 0;

        pServer = session.GetHttpConnection(pszServerName, nPort);
        pFile = pServer->OpenRequest(CHttpConnection::HTTP_VERB_GET, pszFileName);
        pFile->SendRequest();
        pFile->QueryInfoStatusCode(dwRet);

        if (dwRet == HTTP_STATUS_OK)
        {
            CHAR szBuff[1024];
            while (pFile->Read(szBuff, 1024) > 0)
            {
                printf_s("%1023s", szBuff);
            }
        }
        delete pFile;
        delete pServer;
    }
    catch (CInternetException* pEx)
    {
        //从 WinInet 捕捉错误
        TCHAR pszError[64];
        pEx->GetErrorMessage(pszError, 64);
        _tprintf_s(_T("%63s"), pszError);
    }
    session.Close();
}
```

程序 5.3 用 FTP 下载一个文件

```cpp
#include <afxinet.h>

void GetFtpFile(LPCTSTR pszServerName, LPCTSTR pszRemoteFile, LPCTSTR pszLocalFile)
{
    CInternetSession session(_T("My FTP Session"));
    CFtpConnection* pConn = NULL;

    pConn = session.GetFtpConnection(pszServerName);
```

```
//获取文件
if (!pConn->GetFile(pszRemoteFile, pszLocalFile))
{
  //显示错误
}
delete pConn;
session.Close();
}
```

5.1.4 MFC WinInet 经典编程模型

MFC WinInet 主要用于 Internet 客户机编程，在编写一般的 Internet 客户程序、一般的 FTP 客户程序、一般的 HTTP 客户程序方面都有规律可循，现将这 3 个方面的编程方法归纳为表 5.5～表 5.7，可以将它们视作 MFC WinInet 的经典编程模型。

表 5.5　Internet 客户机经典编程步骤

步骤	目标	编程方法	执行结果
1	开始会话	创建 CInternetSession 对象	建立到服务器的会话对象
2	设置选项	CInternetSession::SetOption	如果不成功返回 FALSE
3	启用回调函数监视会话状态	CInternetSession::EnableStatusCallback	重载回调函数 CInternetSession::OnStatusCallback 实现用户逻辑
4	连接到目标资源	CInternetSession::OpenURL	OpenURL 返回一个文件句柄指向目标资源
5	读取文件	CInternetFile::Read	根据缓冲区大小每次读取指定字节数的数据
6	处理异常	CInternetException	处理各种 Internet 异常
7	结束会话	释放 CInternetSession 对象	自动清除打开的文件句柄和连接，释放资源

表 5.6　FTP 客户机经典编程步骤

步骤	目标	编程方法	执行结果
1	开始 FTP 会话	创建 CInternetSession 对象	建立到服务器的会话对象
2	连接到 FTP 服务器	CInternetSession::GetFtpConnection	返回 CFtpConnection 对象
3	设置 FTP 服务器的当前目录	CFtpConnection::SetCurrentDirectory.	变更服务器的当前目录
4	找到目录中的第一个文件	CFtpFileFind::FindFile	找到目录中的第一个文件或子目录，如果目录为空则返回 FALSE
5	找到下一个文件	CFtpFileFind::FindNextFile	找到下一个文件或子目录，如果没有下一个则返回 FALSE
6	打开文件	CFtpConnection::OpenFile，文件名由 FindFile 或 FindNextFile 返回	打开 FindFile 或 FindNextFile 找到的文件以准备读/写，返回一个 CInternetFile 对象
7	读/写文件	CInternetFile::Read 和 CInternetFile::Write	借助一个缓冲区，每次向文件读/写指定字节数的数据
8	处理异常	CInternetException	处理各种 Internet 异常
9	结束 FTP 会话	释放 CInternetSession 对象	自动清除打开的文件句柄和连接，释放资源

表 5.7　HTTP 客户机经典编程步骤

步骤	目　标	编 程 方 法	执 行 结 果
1	开始会话	创建 CInternetSession 对象	建立到服务器的会话对象
2	连接到 HTTP 服务器	CInternetSession::GetHttpConnection	返回 CHttpConnection 对象
3	打开 HTTP 请求	CHttpConnection::OpenRequest	返回 CHttpFile 对象
4	发送 HTTP 请求	CHttpFile::AddRequestHeaders 和 CHttpFile::SendRequest	请求被发送到服务器寻找文件，如果没有找到文件返回 FALSE
5	读取文件	CHttpFile	借助一个缓冲区，每次从文件读取指定字节数的数据
6	处理异常	CInternetException	处理各种 Internet 异常
7	结束 HTTP 会话	释放 CInternetSession 对象	自动清除打开的文件句柄和连接，释放资源

5.2　简易 FTP 客户机编程实例

FTP 是 TCP/IP 网络上的两台计算机之间传送文件的协议，它是 Internet 上最早使用的协议之一。FTP 客户机编程是指设计能够与 FTP 服务器交换文件的客户端程序。

5.2.1　FTP 客户机/服务器模型

FTP 客户机/服务器的工作模型如图 5.2 所示。客户机连接服务器后建立两个传输信道：一个是控制信道，用来交换命令信息；另一个是数据信道，用来交换数据信息。客户机和服务器都有两个模块分别用来处理这两类信息，一个模块称作 DTP（Data Transfer Process），另一个模块称作 PI（Protocol Interpreter）。

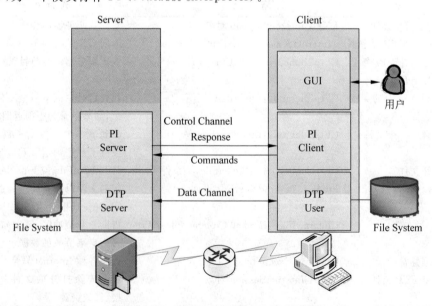

图 5.2　FTP 客户机/服务器工作模型

（1）DTP模块负责管理数据交换信道，服务器端的DTP称作SERVER-DTP，客户机端的DTP称作USER-DTP。

（2）PI模块负责在控制信道间交换FTP命令和控制数据信道，服务器端和客户机端的PI工作模式不同：SERVER-PI负责侦听来自USER-PI的命令，建立与客户机的连接，发送响应给客户机并控制SERVER-DTP的运行。而USER-PI负责建立到FTP服务器的连接，发送FTP命令，接收来自SERVER-PI的响应并控制USER-DTP的运行。

关于FTP的命令和响应请参见RFC 959，正如本章一开始指出的那样，用MFC WinInet类编写Internet程序，即便不了解协议内容，也可以做出漂亮的网络程序，这些MFC类封装了协议细节，使编程者可以更好地关注业务逻辑的设计。

5.2.2 功能定义与技术要点

有很多功能强大的FTP客户机（如CuteFTP、免费开源的FileZilla等）广泛应用于互联网和企业内部网。本节设计完成的简易FTP客户机，其内含的FTP协议模型和操作原理与CuteFTP、FileZilla等是一致的。该程序的初始运行界面如图5.3所示。客户机可以选择登录的FTP服务器，使用的登录名和密码。一旦与服务器建立连接，即显示服务器当前目录列表，列表包括文件名、修改日期和大小。实现的操作包括进入子目录、返回上一级目录、重命名文件、删除文件、上传文件和下载文件等。

图5.3　简易FTP客户机运行初始界面

简易FTP客户机设计与实现的技术要点如下：

（1）如何用VS2010创建MFC Win32项目。
（2）如何创建一个Internet会话，即创建CInternetSession对象。
（3）如何建立与FTP服务器的连接，即创建CFtpConnection对象。
（4）登录成功后，如何检索当前目录下的文件和子目录并显示文件信息。
（5）如何进入和退出子目录并显示子目录文件列表。
（6）如何重命名文件和删除文件。
（7）如何上传文件和下载文件。

5.2.3 FTP 服务器的搭建

为了配合简易 FTP 客户机的功能测试,需要先搭建一个 FTP 服务器。FTP 服务器软件有很多,知名的有 Serv-U、免费开源的 FileZilla Server 等。FileZilla Server 是一款非常轻量级的 FTP 服务器软件,架设 FTP 服务器步骤简单,且功能全面,本节实例使用 FileZilla Server 搭建 FTP 服务器,搭建步骤如下。

1. 下载 FileZilla Server 软件

读者自行登录 FileZilla 官方网站(网址为 https://filezilla-project.org/),在其首页上可以看到 FileZilla 客户机和服务器的下载链接,选择 Windows 版的 FileZilla Server 下载。这里下载的是截止到 2013 年 8 月的最新版,服务器版本号为 0.9.41,文件名是 FileZilla_Server-0_9_41.exe,文件大小只有 1.54MB。

2. 安装 FileZilla Server

双击运行 FileZilla_Server-0_9_41.exe 程序,开始安装进程。第一步同意软件协议;第二步选择安装类型为标准安装;第三步设置软件安装位置,在此不用修改,直接采用默认值;第四步设置服务器启动类型,选择手动方式,同时指定服务器管理程序使用的端口,原值为 14147,不用修改;第五步设置服务器界面的启动方式,保留默认值不用修改。做完上述配置后,单击 Install 按钮开始安装,安装完成后,关闭提示框。FileZilla Server 的初次启动界面如图 5.4 所示。

图 5.4 FileZilla Server 的初次启动界面

3. 配置 FileZilla Server 服务器

如图 5.4 所示,选择 Always connect to this server 复选框,设定管理员密码,例如"123456",然后单击 OK 按钮,在工作区中会显示以下信息:

```
Connecting to server...
Connected, waiting for authentication
Logged on
```

选择 Edit→Settings 命令,可以在弹出的对话框中进一步配置服务器的工作参数,如图 5.5 所示。

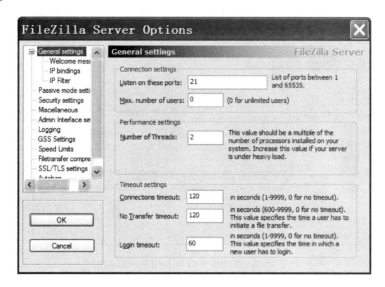

图 5.5　配置 FileZilla Server 服务器的工作参数

4．创建新用户

选择 Edit→Users 命令,弹出配置用户对话框,创建一个服务器新用户,用户名为"dxz"、密码为"123",配置界面如图 5.6 所示。

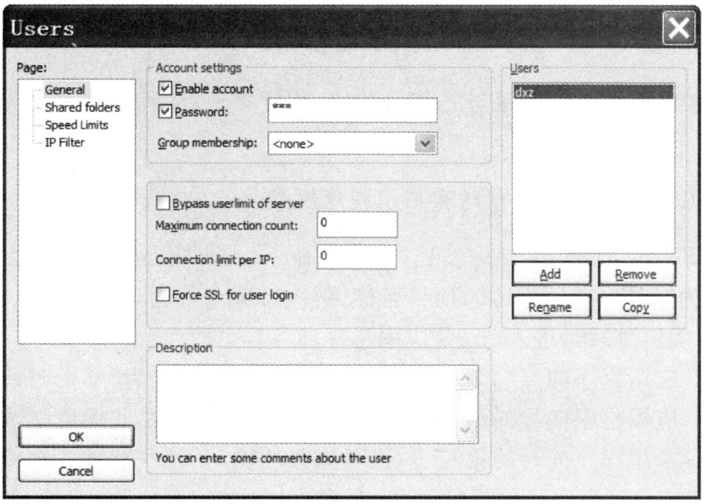

图 5.6　创建并配置新用户

5. 配置共享文件夹和访问权限

在图 5.6 中单击左侧的 Shared folders 选项切换到共享文件夹配置界面，设定共享文件夹，此处指定"E:\网络编程"，并设置为 Home 目录，然后为 dxz 用户选择文件操作权限和目录操作权限，如图 5.7 所示。单击 OK 按钮，至此，服务器配置及用户配置工作全部完成。待后面的简易 FTP 客户机程序完成之后，登录本服务器进行联合测试即可。

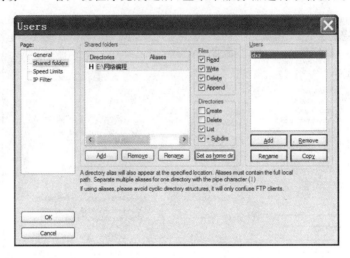

图 5.7 设置共享文件夹和用户访问权限

6. 解决中文乱码问题

FileZilla Server 用的是 UTF-8 编码，Windows 系统一般采用 GBK，所以用非 FileZilla Client 登录服务器会出现中文乱码。解决办法是从网上下载 Tommy 的补丁 FileZillaPV，注意对照服务器版本下载。下载补丁后，停掉服务器，覆盖安装目录中的 FileZilla server.exe，再重启服务器即可。

5.2.4 简易 FTP 客户机的创建步骤

简易 FTP 客户机的创建步骤与之前的 MFC 程序类似，编程环境使用 VC++ 2010，创建客户机的步骤如下。

1. 使用 MFC 应用程序向导创建客户机程序框架

（1）启动 VS2010，选择"文件→新建→项目"命令，弹出"新建项目"对话框，设定模板为 MFC，项目类型为"MFC 应用程序"，项目名称、解决方案名称为 FtpClient，并指定项目保存位置，然后单击"确定"按钮，进入 MFC 应用程序向导。

（2）在 MFC 应用程序向导的第一步，将应用程序类型设定为"基于对话框"。

（3）在 MFC 应用程序向导的第二步，设置用户界面选项，在此保留默认选项。

（4）在 MFC 应用程序向导的第三步，设置高级功能，在此保留默认选项。

（5）在 MFC 应用程序向导的最后一步，观察生成的类 CFtpClientApp 和 CFtpClientDlg。然后单击"完成"按钮，完成应用程序框架的创建，生成 FtpClient 项目解决方案，如图 5.8 所示。

2. 添加包含语句

在 FtpClientDlg.h 文件的首部添加包含语句"♯include "Afxinet.h""，以获得对 MFC WinInet 类的编程支持。

3. 为客户机对话框添加控件，构建程序主界面

在资源视图中展开 Dialog 资源条目，然后双击 IDD_FTPCLIENT_DIALOG，在工作区中会出现一个对话框，借助工具箱中的控件，将程序主界面设计成如图 5.9 所示的布局。

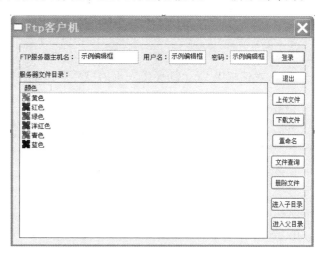

图 5.8 FTP 客户机项目解决方案　　　　图 5.9 FTP 客户机主对话框界面

图 5.9 中各控件的定义如表 5.8 所示。

表 5.8 FTP 客户机程序主对话框中控件的属性

控件 ID	控件标题	控件类型
IDC_EDIT_SERVERNAME	无	编辑框 Edit Control
IDC_EDIT_USERNAME	无	编辑框 Edit Control
IDC_EDIT_PASSWORD	无	编辑框 Edit Control
IDC_LIST_DIRECTORY	无	列表框 MFC CListCtrl
IDC_BUTTON_LOGIN	登录	按钮 Button Control
IDC_BUTTON_LOGOUT	退出	按钮 Button Control
IDC_BUTTON_UPLOAD	上传文件	按钮 Button Control
IDC_BUTTON_DOWNLOAD	下载文件	按钮 Button Control
IDC_BUTTON_RENAME	重命名	按钮 Button Control
IDC_BUTTON_QUERY	文件查询	按钮 Button Control
IDC_BUTTON_DELETE	删除文件	按钮 Button Control
IDC_BUTTON_SUBDIR	进入子目录	按钮 Button Control
IDC_BUTTON_PARENTDIR	进入父目录	按钮 Button Control
IDC_STATIC1	FTP 服务器主机名：	静态文本 Static Text
IDC_STATIC2	用户名：	静态文本 Static Text
IDC_STATIC3	密码：	静态文本 Static Text
IDC_STATIC4	服务器文件目录：	静态文本 Static Text

4. 为对话框中的控件对象定义相应的成员变量

用 MFC 类向导为表 5.9 中的控件定义成员变量。

表 5.9　FTP 客户机程序主对话框中控件的成员变量

控件 ID	对应成员变量名称	变量类型
IDC_EDIT_SERVERNAME	m_strServerName	CString
IDC_EDIT_USERNAME	m_strUserName	CString
IDC_EDIT_PASSWORD	m_strPassword	CString
IDC_LIST_DIRECTORY	m_listDirectory	CListCtrl

5. 为对话框类 CFtpClientDlg 中的控件添加事件响应处理函数

函数定义参见表 5.10。

表 5.10　FTP 客户机程序主对话框中按钮控件的事件响应函数

控件 ID	消　息	成员函数（响应函数）
IDC_BUTTON_LOGIN	BN_CLICKED	OnClickedButtonLogin
IDC_BUTTON_LOGOUT	BN_CLICKED	OnClickedButtonLogout
IDC_BUTTON_UPLOAD	BN_CLICKED	OnBnClickedButtonUpload
IDC_BUTTON_DOWNLOAD	BN_CLICKED	OnBnClickedButtonDownload
IDC_BUTTON_RENAME	BN_CLICKED	OnBnClickedButtonRename
IDC_BUTTON_QUERY	BN_CLICKED	OnBnClickedButtonQuery
IDC_BUTTON_DELETE	BN_CLICKED	ClickedButtonDelete
IDC_BUTTON_SUBDIR	BN_CLICKED	OnBnClickedButtonSubdir
IDC_BUTTON_PARENTDIR	BN_CLICKED	OnBnClickedButtonParentdir

上述操作仍用 MFC 类向导辅助完成。

6. 添加一个对话框类 CNewNameDlg，用于更改文件名

在资源视图中设计一个改名的对话框，然后用 MFC 添加类向导完成 CNewNameDlg 类的定义。

7. 为 CFtpClientDlg 类添加成员变量初始化代码

在 CFtpClientDlg 类的构造函数中添加成员变量的初始化代码，设定服务器名、用户名和密码的初始值：

```
m_strServerName = _T("127.0.0.1");
m_strUserName = _T("anonymous");
m_strPassword = _T("");
m_pFTPSession = NULL;
m_pConnection = NULL;
m_pFileFind = NULL;
```

8. 为 CFtpClientDlg 类添加成员函数

借助 MFC 类向导为 CFtpClientDlg 类添加成员函数：

```
//遍历目录
void DisplayContent(LPCTSTR lpctstr,CString currentDir = _T("/"));
void Download(void);                //下载文件
void Upload(void);                  //上传文件
void Rename(void);                  //文件改名
void DeleteFile(void);              //删除文件
void DisplaySubDir(void);           //显示子目录
CString GetParentDirectory(CString str);  //返回父目录
void DisplayParentDir(void);        //显示父目录
//连接服务器
BOOL Connect(CString serverName, CString userName, CString password);
```

9. 添加事件函数和成员函数业务逻辑代码

在 NewNameDlg.cpp 中完善 CNewNameDlg 的成员函数代码,在 FtpClientDlg.cpp 中完善 CFtpClientDlg 的事件处理函数和成员函数代码。

5.2.5 主要代码

对于简易 FTP 客户机程序的文件清单,请读者从清华大学出版社的教学服务资源网上下载。下面给出上传、下载、遍历目录这 3 个典型模块的实现代码。

程序 5.4 遍历目录

```
//显示服务器当前目录下的所有文件与子目录
void CFtpClientDlg::DisplayContent(LPCTSTR lpctstr,CString currentDir)
{
UpdateData(TRUE);
Connect(m_strServerName,m_strUserName,m_strPassword);
m_pConnection->SetCurrentDirectory(currentDir);
m_listDirectory.DeleteAllItems();
m_pFileFind = new CFtpFileFind(m_pConnection);
BOOL bFound;
bFound = m_pFileFind->FindFile(lpctstr);
if (!bFound)
{
    m_pFileFind->Close();
    m_pFileFind = NULL;
    AfxMessageBox(_T("没有找到文件!"),MB_OK | MB_ICONSTOP);
    return;
}

CString strFileName;
CString strFileTime;
CString strFileLength;

while(bFound)
```

```cpp
{
    bFound = m_pFileFind->FindNextFile();

    strFileName = m_pFileFind->GetFileName();
    FILETIME ft;
    m_pFileFind->GetLastWriteTime(&ft);
    CTime FileTime(ft);
    strFileTime = FileTime.Format("%y-%m-%d");
    if(m_pFileFind->IsDirectory())
    {
        //如果是目录用<子目录>代替
        strFileLength = "<子目录>";
    }
    else
    {
        //得到文件大小
        ULONGLONG fileSize = m_pFileFind->GetLength();

        if(fileSize<1024)
        {
            strFileLength.Format(_T("%d Bytes"),fileSize);
        }
        else if(fileSize<(1024*1024))
        {
            strFileLength.Format(_T("%3.3f KB"),fileSize/1024.0);
        }else if(fileSize<(1024*1024*1024))
        {
            strFileLength.Format(_T("%3.3f MB"),fileSize/(1024*1024.0));
        }else
        {
            strFileLength.Format(_T("%1.3f GB"),
                fileSize/(1024.0*1024*1024));
        }//结束 if fileSize
    }//结束 if
    int column = 0;
      m_listDirectory.InsertItem(column,strFileName,0);
    m_listDirectory.SetItemText(column,1,strFileTime);
      m_listDirectory.SetItemText(column,2,strFileLength);
    column++;
}//结束 while
UpdateData(FALSE);
}
```

程序 5.5　下载文件

```cpp
void CFtpClientDlg::Download(void)
{
int index = m_listDirectory.GetNextItem(-1,LVNI_SELECTED);
if(index==-1)
{
        AfxMessageBox(_T("请首先选择要下载的文件!"),MB_OK | MB_ICONQUESTION);
```

```cpp
    }
    else
    {
        //得到选择项的类型
        CString strType = m_listDirectory.GetItemText(index,2);
        if (strType!= "<子目录>")                    //选择的是文件
        {
            CString strDestName;
            CString strSourceName;
            //得到所要下载的文件名
            strSourceName = m_listDirectory.GetItemText(index,0);

            CFileDialog dlg(FALSE,_T(""),strSourceName);
            if (dlg.DoModal() == IDOK)
            {
                //获得下载文件在本地机上存储的路径和名称
                strDestName = dlg.GetPathName();
                //调用CFtpConnect类中的GetFile函数下载文件
                if (m_pConnection->GetFile(strSourceName,strDestName))
                    AfxMessageBox(_T("下载成功!"),MB_OK|MB_ICONINFORMATION);
                else
                    AfxMessageBox(_T("下载失败!"),MB_OK|MB_ICONSTOP);
            }
        }
        else
        {
            //选择的是目录
            AfxMessageBox(_T("不能下载目录!\n请重选!"),MB_OK|MB_ICONSTOP);
        }
    }
}
```

程序 5.6 上传文件

```cpp
void CFtpClientDlg::Upload(void)
{
    CString strSourceName;
    CString strDestName;
    CFileDialog dlg(TRUE,_T(""),_T("*.*"));
    if (dlg.DoModal() == IDOK)
    {
        //获得待上传的本地文件路径和文件名
        strSourceName = dlg.GetPathName();
        strDestName = dlg.GetFileName();

        //调用CFtpConnect类中的PutFile函数上传文件
        if (m_pConnection->PutFile(strSourceName,strDestName))
            AfxMessageBox(_T("上传成功"),MB_OK|MB_ICONINFORMATION);
        else
            AfxMessageBox(_T("上传失败"),MB_OK|MB_ICONSTOP);
    }
}
```

```
        DisplayContent(_T("*"));
}
```

创建完成简易FTP客户机项目之后,编译运行的初始界面如图5.3所示。

5.2.6 系统测试

将前面创建的简易FTP客户机与服务器做联合测试,测试步骤如下:
(1) 启动 FileZilla Server。
(2) 运行简易FTP客户机,初始界面如图5.3所示。
(3) 登录 FileZilla Server。

服务器地址不用修改,将用户名改为"dxz",将密码改为"123",然后单击"登录"按钮,成功登录后的界面如图5.10所示,列表框中显示了根目录下所有的文件和子目录。

图5.10 登录FTP服务器后的初始界面

(4) 进行各项测试,如上传、下载、删除、改名等,此处不再一一演示。

5.3 HTTP浏览器编程实例

WWW编程(Web编程)一般指服务器端的开发工作,因为客户端只需要一个浏览器就足够了。与Web服务器编程相关的技术一般单独归为Web编程系列,本书不做讨论。证明MFC功能强大的另一个经典例子是设计浏览器,这是本节的主题。

5.3.1 浏览器/服务器工作模型

Web客户机与Web服务器通信采用HTTP协议,由RFC 2616定义的HTTP/1.1版协议,在互联网上得到了广泛的应用。HTTP使用底层TCP/IP协议建立到服务器的连接,工作原理如图5.11所示。在此以客户机访问网易首页为例,其大致要经历以下7个步骤:

(1) 用户在浏览器中输入一个网址,例如"http://www.163.com"。

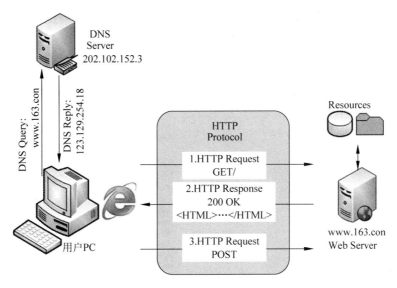

图 5.11 B/S模式工作模型

(2) Web 浏览器通过查询 DNS 服务器获得 www.163.com 的 IP 地址，例如 123.129.254.18。

(3) Web 浏览器建立到 123.129.254.18:80 服务器的 TCP/IP 连接。

(4) 成功建立 TCP/IP 连接后，浏览器使用 HTTP 协议发送 HTTP 请求。

这里对 HTTP 协议的请求头和响应头分别做一下简单分析。用 HttpAnalyzerFull_V7 工具捕获的访问 www.163.com 网站首页的 HTTP 请求头的结构如图 5.12 所示，图中省略了 Cookie 太长的部分。

Request Headers	Value
(Request-Line)	GET /special/0077jt/error_isp.html HTTP/1.1
Host	www.163.com
Connection	Keep-Alive
Cookie	_ntes_nnid=dced09962f298a595dc 3403a19b2ef,1377908395312;

图 5.12 访问 www.163.com 的 HTTP 请求头

第 1 行包含 GET 命令、指定的访问方式和使用的 HTTP 协议及版本号 1.1，第 2 行到第 4 行指定主机名、连接方式和 Cookie。

(5) 服务器响应客户机。

捕获的响应头结构如图 5.13 所示。

第 1 行表示响应状态行，Web 服务器回送一个 HTTP 响应码，这里的 200 表示接受请求，响应成功。其他一些 HTTP 响应码，例如 404 表示请求的文件没有找到，403 表示禁止访问。第 2 行往后指定回送的内容类型、时间、服务器等信息。响应头后面紧跟响应的 HTML 文件内容。

(6) 数据传输。响应的内容跨越互联网通过 IP 寻址到达客户机，浏览器的任务就是解析收到的 HTML 文档并显示。

(7) 断开与服务器的连接。HTTP 协议是一种无状态协议，所谓无状态协议，就是客户机连接到服务器后发送一个请求，获得一个响应，然后立即断开与服务器的连接。

为了提高会话效率，HTTP/1.1 一般在 HTTP 请求的头部设定连接类型为 keep-alive，这样下一个 HTTP 请求就不用重新建立 TCP/IP 连接了，可以直接发送。

图 5.14 给出的是用 HttpAnalyzerFull_V7 工具捕获的访问 www.microsoft.com 的 HTTP 请求头和响应头的结构信息。

Response Headers	Value
(Status-Line)	HTTP/1.1 200 OK
Expires	Sat, 31 Aug 2013 01:12:31 GMT
Date	Sat, 31 Aug 2013 01:10:31 GMT
Server	nginx
Content-Type	text/html; charset=GBK
Transfer-Encoding	chunked
Vary	Accept-Encoding
Cache-Control	max-age=120
X-Via	1.1 sdyt37:8105 (Cdn Cache Server V2.0), 1.1 zb19:9080 (Cdn Cache Server V2.0)
Connection	keep-alive

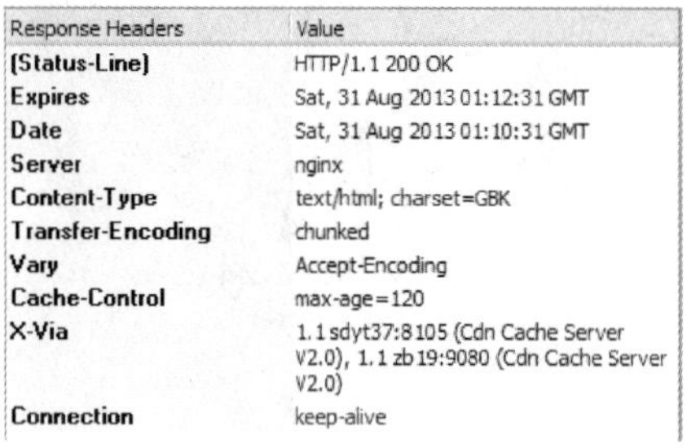

图 5.13　www.163.com 响应头结构

Request Headers	Value
(Request-Line)	GET / HTTP/1.1
Host	www.microsoft.com
Cookie	WT_NVR=0=/:1=zh-cn|en-us:2=zł /download|msj/archive; MC1=V=4&GUID=ec7d0e6b61888c

Response Headers	Value
(Status-Line)	HTTP/1.1 200 OK
Cache-Control	no-cache
Content-Type	text/html
Last-Modified	Mon, 16 Mar 2009 20:35:26 GMT
Accept-Ranges	bytes
ETag	"67991fbd76a6c91:0"
Server	Microsoft-IIS/8.0
X-Powered-By	ASP.NET
Date	Sat, 31 Aug 2013 03:01:24 GMT
Content-Length	1020

图 5.14　访问 www.microsoft.com 的请求头和响应头

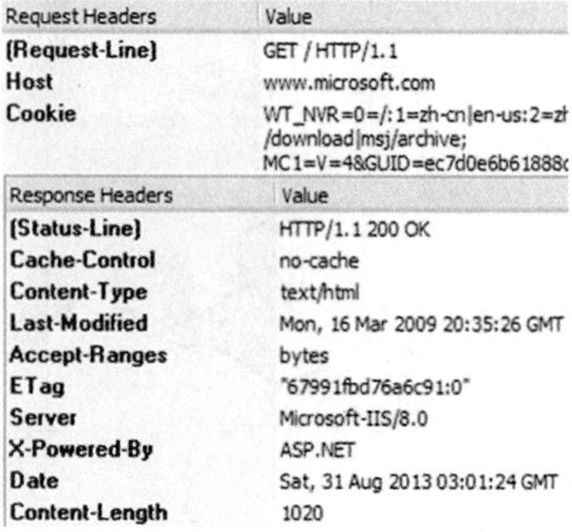

5.3.2　MFC CHtmlView 编程模型

除了使用图 5.1 中给出的 MFC WinInet 类开发 Web 客户程序以外，MFC 封装的 CHtmlView 类用于在 MFC 文档/视图结构的程序框架中提供浏览器控件的功能。MFC 提供了单文档类型(SDI)和多文档类型(MDI)两种应用程序编程框架，编程框架将文档和视图有机地结合在一起，形成了文档/视图结构的高效开发模式。编程框架中的视图对象都是派生自某一层次的视图类，如图 5.15 所示，这些视图类都在 CView 的基础上进行了若干扩展和定制。如果程序的视图由 CHtmlView 类派生，则派生视图可以浏览网站上的 Web 页面、本地文件以及网络上的文件。CHtmlView 类支持超链接和 URL 导航，并能记录历史访问列表。换而言之，这几乎等于在视图中内嵌了一个小型浏览器。CHtmlView 类的派生关系如图 5.15 所示。

CHtmlView 类的常用成员函数描述如表 5.11 所示。

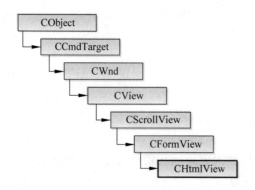

图 5.15　CHtmlView 类的继承层次

表 5.11　CHtmlView 类的常用成员函数

成员函数名称	成员函数功能
Create	创建浏览器控件
ExecWB	执行命令
GetAddressBar	确定 Internet Explorer 对象的地址栏是否可见
GetApplication	调用该成员函数检索应用程序支持的自动化对象
GetBusy	检索下载或其他操作是否正在进行
GetContainer	检索 Web 浏览器控件的容器
GetFullName	检索全名
GetFullScreen	指示浏览器控件是否全屏模式
GetHeight	检索主窗口的高度
GetHtmlDocument	检索有效的 HTML 文档
GetLeft	检索主窗口左边缘的屏幕坐标
GetLocationName	检索当前浏览器显示资源的名称
GetLocationURL	检索当前浏览器显示资源的 URL
GetMenuBar	检索菜单栏
GetOffline	检索控件是否处于脱机状态
GetParentBrowser	检索父窗口
GetProperty	检索属性的当前值
GetReadyState	检索浏览器对象的就绪状态
GetSource	获取网页的 HTML 源代码
GetStatusBar	获取窗体的状态栏
GetTheaterMode	检索浏览器控件是否处于 Theater 模式
GetToolBar	获取工具栏
GetTop	获取主窗口上边缘的屏幕坐标
GetTopLevelContainer	检索当前对象是否为浏览器控件的顶级容器
GetType	获取文档对象的类型名称
GetVisible	获取对象是否可见
GetWidth	获取主窗口的宽度
GoBack	导航到历史记录列表中的上一项
GoForward	导航到历史记录列表中的下一项
GoHome	导航到当前 Home 或启动页
GoSearch	导航到当前搜索页
LoadFromResource	在浏览器控件中加载资源
Navigate	导航到 URL 确定的资源
Navigate2	导航到 URL 确定的资源
OnBeforeNavigate2	在特定浏览器导航之前发生
OnDocumentComplete	当文档处于 READYSTATE_COMPLETE 状态时调用
OnDownloadBegin	当导航操作开始时调用
OnDownloadComplete	当完成导航操作时调用
OnFullScreen	当全屏属性更改时调用
OnGetHostInfo	检索 Internet Explorer 或 MSHTML 主机信息
OnMenuBar	当 MenuBar 属性更改时调用
OnNavigateComplete2	当超链接完成时调用

续表

成员函数名称	成员函数功能
OnNavigateError	当超链接导航失败时调用
OnNewWindow2	当用一个新窗口显示资源时调用
OnProgressChange	当程序更新下载操作的进度时调用
OnPropertyChange	当用 PutProperty 方法更改属性值时调用
OnQuit	当应用程序退出时调用
OnShowContextMenu	当显示上下文菜单时调用
OnShowUI	当显示菜单和工具栏时调用
OnStatusBar	当 StatusBar 属性更改时调用
OnStatusTextChange	当状态栏中的文本与浏览器控件更改时调用
OnTheaterMode	当 TheaterMode 属性更改时调用
OnTitleChange	当文档标题更改时调用
OnToolBar	当工具栏属性更改时调用
OnUpdateUI	通知宿主某些控件的顺序发生了变化
Refresh	重新加载当前文件
Refresh2	重新加载当前文件
SetAddressBar	设置 Internet Explorer 对象的地址栏
SetFullScreen	设置控件是否全屏模式
SetHeight	设置主窗口的高度
SetLeft	设置主窗口的水平位置
SetMenuBar	设置控件的菜单栏
SetOffline	设置控件是否处于脱机状态
SetStatusBar	设置 Internet Explorer 的状态栏
SetTheaterMode	设置浏览器控件的 Theater 模式
SetToolBar	设置控件的工具栏
SetTop	设置主窗口的垂直位置
SetVisible	设置对象是否可见
SetWidth	设置主窗口的宽度
Stop	终止正在打开文件的操作

其中，导航到目标资源有 Navigate 和 Navigate2 两种方式，Navigate2 自身又有 3 种用法。现将其语法显示如下，对于其详细用法请读者参阅 MSDN。

```
void Navigate(
  LPCTSTR URL,
  DWORD dwFlags = 0,
  LPCTSTR lpszTargetFrameName = NULL,
  LPCTSTR lpszHeaders = NULL,
  LPVOID lpvPostData = NULL,
  DWORD dwPostDataLen = 0
);

void Navigate2(
  LPITEMIDLIST pIDL,
  DWORD dwFlags = 0,
  LPCTSTR lpszTargetFrameName = NULL
```

);
void Navigate2(
    LPCTSTR lpszURL,
    DWORD dwFlags = 0,
    LPCTSTR lpszTargetFrameName = NULL,
    LPCTSTR lpszHeaders = NULL,
    LPVOID lpvPostData = NULL,
    DWORD dwPostDataLen = 0
);
void Navigate2(
    LPCTSTR lpszURL,
    DWORD dwFlags,
    CByteArray& baPostedData,
    LPCTSTR lpszTargetFrameName = NULL,
    LPCTSTR lpszHeader = NULL
);

5.3.3 MFCIE 的功能和技术要点

本节的目标是用 CHtmlView 类实现一个浏览器程序，在 VS2010 中创建的项目名称为 MFCIE。MFCIE 实现的功能完全类似微软公司的 IE 浏览器，用户可以使用这个自制的浏览器访问任何网站、下载文件、提交表单、打开本地文件等。网址可以通过 CReBar 控件创建的工具条输入并导航到目标资源，可以在主窗口中单击各种超链接。

这个实例实现了浏览器的一些常用操作，例如立即转到主页或后退到上一页面，设置字体大小等。MFCIE 也实现了收藏夹的基本操作。用 MFCIE 访问人民网首页的结果如图 5.16 所示。

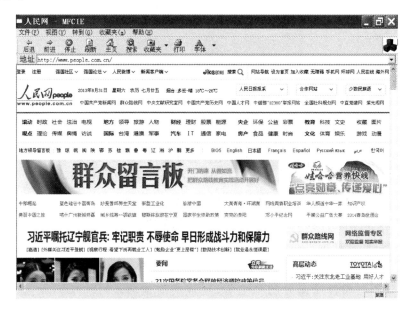

图 5.16　用自制的浏览器 MFCIE 访问人民网

MFCIE 项目的技术要点如下:

(1) 用 MFC 应用程序向导创建文档/视图结构的框架程序。

(2) CHtmlView 类的用法,如 GoHome、Navigate2、GoBack、GoForward、GoSearch、Stop、Refresh、ExecWB 成员函数的使用等。

(3) CToolBarCtrl 类、CReBar 类、CAnimateCtrl 类、CComboBoxEx 类的用法。

5.3.4 MFCIE 的创建步骤

1. 利用 MFC 应用程序向导创建 MFCIE 应用程序框架

(1) 启动 VS2010,选择"文件→新建→项目"命令,弹出"新建项目"对话框,设定模板为 MFC,项目类型为"MFC 应用程序",项目名称、解决方案名称为 MFCIE,并指定项目保存位置,然后单击"确定"按钮,进入 MFC 应用程序向导。

(2) 在 MFC 应用程序向导的第一步,将应用程序类型设定为"单个文档",并选择"文档/视图结构支持"复选框,如图 5.17 所示。

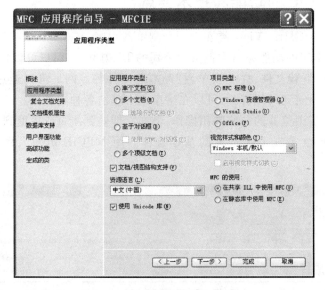

图 5.17 设定应用程序类型

(3) 在 MFC 应用程序向导的第二步,设置复合文档支持为无。

(4) 在 MFC 应用程序向导的第三步,设置文档模板属性如图 5.18 所示。

(5) 在 MFC 应用程序向导的第四步,设置数据库支持为无。

(6) 在 MFC 应用程序向导的第五步,在用户界面功能模板中设置命令栏样式为"使用经典菜单",并选择"使用浏览器样式的工具栏"复选框,如图 5.19 所示。

(7) 在 MFC 应用程序向导的第六步,对于高级功能不做修改。

(8) 在 MFC 应用程序向导的第七步,生成类时应将 CMFCIEView 的基类设置为 CHtmlView,其他 3 个类不做修改,如图 5.20 所示。

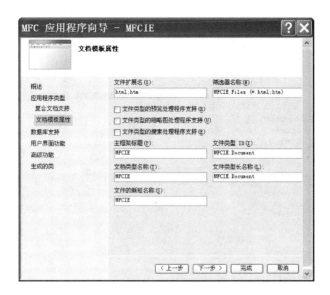

图 5.18　设置文档模板属性

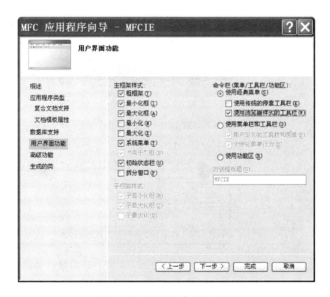

图 5.19　设置程序界面风格

单击"完成"按钮，MFC 应用程序向导生成的解决方案如图 5.21 所示，生成的应用程序框架包含以下 4 个类。

(1) 应用程序类：CMFCIEApp，对应 MFCIE.h 和 MFCIE.cpp。
(2) 框架类：CMainFrame，对应 MainFrm.h 和 MainFrm.cpp。
(3) 文档类：CMFCIEDoc，对应 MFCIEDoc.h 和 MFCIEDoc.cpp。
(4) 视图类：CMFCIEView，对应 MFCIEView.h 和 MFCIEView.cpp。

现在编译运行项目，已经可以连接到微软公司的 Visual Studio 网站，如图 5.22 所示，这都有赖于 CHtmlView 类的功能封装。

下面要做的就是基于向导的工作完成程序的个性化定制和业务逻辑设计。

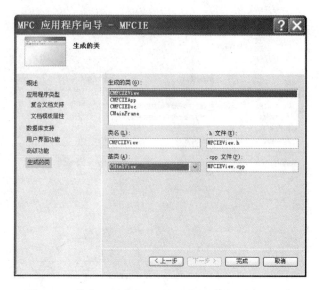

图 5.20 将 CMFCIEView 的基类设置为 CHtmlView

图 5.21 MFCIE 项目的解决方案

图 5.22 MFC 向导自动完成的设计

2. 修改菜单和定制菜单

在资源视图中展开 Menu 资源条目，双击 IDR_MAINFRAME，进入菜单编辑器，根据表 5.12 完成菜单的修改。

表 5.12 菜单的修改

菜单项控件 ID	菜单项名称	主菜单
ID_GO_BACK	后退	转到
D_GO_FORWARD	前进	转到
ID_GO_START_PAGE	主页	转到
ID_GO_SEARCH_THE_WEB	搜索	转到

续表

菜单项控件 ID	菜单项名称	主菜单
ID_VIEW_FONTS_LARGEST	字体最大	视图→字体
ID_VIEW_FONTS_LARGE	字体较大	视图→字体
ID_VIEW_FONTS_MEDIUM	字体中	视图→字体
ID_VIEW_FONTS_SMALL	字体较小	视图→字体
ID_VIEW_FONTS_SMALLEST	字体最小	视图→字体
ID_VIEW_STOP	停止	视图
ID_VIEW_REFRESH	刷新	视图
IDR_FAVORITES_POPUP	收藏夹	视图
IDR_FONT_POPUP	字体	视图

3. 修改和定制工具栏、状态栏

在 MainFrm.h 和 MainFrm.cpp 文件中使用以下 3 个类完成工具栏和状态栏的设定。

```
CStatusBar    m_wndStatusBar;
CToolBar      m_wndToolBar;
CReBar        m_wndReBar;
```

4. 为菜单项添加单击事件处理函数

当用户选择菜单命令或单击工具栏上的快捷按钮时,需要转到相应的处理函数执行业务逻辑。进入 MFC 类向导,选择 CMFCIEView 类为当前类,然后切换到"命令"选项卡,在左下角选择控件对应的 ID,在中间的消息列表框中选择消息 COMMAND,单击"添加处理程序"按钮,添加成员函数到下面的列表框中。单击"确定"按钮,则所有操作会自动反映到 MFCIEView.h 和 MFCIEView.cpp 中。完成的事件处理函数如表 5.13 所示。

表 5.13 添加菜单项事件处理函数

菜单项控件 ID	消息类型	消息响应成员函数
ID_GO_BACK	COMMAND	OnGoBack()
D_GO_FORWARD	COMMAND	OnGoForward()
ID_GO_START_PAGE	COMMAND	OnGoStartPage()
ID_GO_SEARCH_THE_WEB	COMMAND	OnGoSearchTheWeb()
ID_VIEW_FONTS_LARGEST	COMMAND	OnViewFontsLargest()
ID_VIEW_FONTS_LARGE	COMMAND	OnViewFontsLarge()
ID_VIEW_FONTS_MEDIUM	COMMAND	OnViewFontsMedium()
ID_VIEW_FONTS_SMALL	COMMAND	OnViewFontsSmall()
ID_VIEW_FONTS_SMALLEST	COMMAND	OnViewFontsSmallest()
ID_VIEW_STOP	COMMAND	OnViewStop()
ID_VIEW_REFRESH	COMMAND	OnViewRefresh()

5. 在 MFCIEView.cpp 中添加事件函数和成员函数业务逻辑代码

```
//打开文件

void CMfcieView::OnFileOpen()
{
CString str;
str.LoadString(IDS_FILETYPES);
CFileDialog fileDlg(TRUE, NULL, NULL, OFN_HIDEREADONLY, str);
if(fileDlg.DoModal() == IDOK)
    Navigate2(fileDlg.GetPathName(), 0, NULL);
}
//几个简单操作的实现函数
void CMfcieView::OnGoBack()
{
  GoBack();                              //后退
}
void CMfcieView::OnGoForward()
{
  GoForward();                           //前进
}
void CMfcieView::OnGoSearchTheWeb()
{
  GoSearch();                            //检索
}
void CMfcieView::OnGoStartPage()
{
  GoHome();                              //转到主页
}
void CMfcieView::OnViewStop()
{
  Stop();                                //停止
}
void CMfcieView::OnViewRefresh()
{
  Refresh();                             //刷新
}
```

对于字体大小的控制使用 ExecWB()函数实现；对于工具栏等的实现代码请读者从清华大学出版社的教学服务网上下载项目源文件进行查看。

5.3.5　MFCIE 功能测试

现在用这款自制的浏览器上网冲浪,大家可以感觉到它一点也不逊色于 IE、Firefox、Opera 和 Safari 等知名的商业化浏览器,看看图 5.16 访问人民网的结果,再试试其他一些网站。图 5.23 所示为在访问凤凰网时出现了一点异样,虽然单击"是"或"否"按钮不影响浏览,但用户总是会有疑问的。

再来试试搜狐、新浪、网易等门户网站,都没有问题。图 5.23 中的 BUG 是浏览器对网站使用的 JavaScript 脚本支持不够的结果。一种解决方法是使用 CHtmlView 类的 SetSilent 方法屏蔽不支持的脚本,即在 MFCIEView.cpp 中修改 OnInitialUpdate()函数,

图 5.23　访问凤凰网时出现的 BUG

在尾部加入一行 SetSilent 代码：

```
void CMfcieView::OnInitialUpdate()
{
//最初进入首页
CHtmlView::OnInitialUpdate();
CString strCmdLine(AfxGetApp()->m_lpCmdLine);
if(strCmdLine == _T(""))
{
    GoHome();
}
else
{
    Navigate(strCmdLine);
}
SetSilent(true);
}
```

重新编译运行，访问凤凰网的 BUG 消失。

习题 5

1. MFC WinInet 包括哪些类？
2. 简述 MFC WinInet 类之间的关系。
3. 简述 MFC WinInet 客户机编程的一般步骤。
4. 简述 FTP 客户机编程的一般步骤。
5. 简述 HTTP 客户机编程的一般步骤。
6. 简述 HTTP 协议请求头和响应头的结构信息。
7. 简述 CHtmlView 类的继承关系，描述用 CHtmlView 类创建 Web 浏览器的步骤。
8. 简述 FTP 客户机程序上传文件和下载文件的步骤。

第 6 章

SMTP/POP3 编程

电子邮件是互联网最基本的应用服务之一，其便捷、高效、低廉的通信方式为现代经济社会的发展带来了勃勃生机。本章讲述电子邮件编程，包括发送邮件和接收邮件两部分内容。如果要实现 Outlook Express、Foxmail 这样的电子邮件客户端程序，用户需要首先了解、掌握 SMTP 协议和 POP3 协议的通信原理。

6.1 SMTP 协议

SMTP 即简单邮件传输协议，它是一组用于由源地址到目的地址传送邮件的规则，规定信件的发送和中转方式。SMTP 协议属于 TCP/IP 协议族，RFC 821 对 SMTP 协议作出了具体规定，了解和掌握 SMTP 协议的工作原理是编写发送邮件程序的基本要求。下面简要介绍 SMTP 协议的工作模型、命令码、响应码等知识。

6.1.1 SMTP 工作模型

SMTP 协议基于图 6.1 所示的模型通信，邮件的发送者和接收者之间建立了双向的传输信道，以交换约定的命令和应答的方式完成邮件数据的传输。该协议的原理很简单：一个客户端计算机向服务器发送命令，服务器向客户端计算机返回一些信息。客户端发送的命令以及服务器的回应都是字符串。

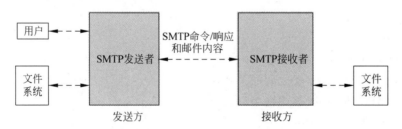

图 6.1 SMTP 工作模型

SMTP 发送邮件的过程如下：

邮件传输通道建立后，SMTP 发送者发送 MAIL 命令指明邮件发送者。如果 SMTP 接收者可以接收邮件则返回 OK 应答。SMTP 发送者再发出 RCPT 命令确认邮件是否能接收到。如果 SMTP 接收者接收，则返回 OK 应答；如果不能接收到，则发出拒绝接收应答

（但不终止整个邮件操作），双方将如此重复多次。接收者接收全部邮件内容后会收到一个特别的字符序列，如果接收者成功地处理了邮件，则返回 OK 应答。

可以借助 Telnet 程序来演示 SMTP 工作原理，下面以向 163 的 SMTP 服务器发送一封邮件为例进行说明。在 Windows 命令窗口中启动 Telnet 程序，远程主机指定为 smtp.163.com，端口号指定为 25，其交互过程如下：

```
c:\telnet                                    //启动程序
Microsoft Telnet>                            //进入 Telnet 会话模式
Microsoft Telnet> open smtp.163.com 25       //建立到 163 邮件服务器的连接
服务器响应：220 163.com Anti-spam GT for Coremail System (163com[20121016])
```

连接成功后，进入 SMTP 会话模式，SMTP 会话过程和步骤如下：

```
发送方发送：HELO smtp.163.com
接收方响应：250 OK
发送方发送：AUTH LOGIN
接收方响应：334 dXNlcm5hbWU6
发送方发送：dXBzdW5ueTIwMDhAMTYzLmNvbQ== （upsunny2008@163.com 的 Base64 编码）
接收方响应：334 UGFzc3dvcmQ6
发送方发送：enp6MjAxMw== （邮箱密码 zzz2013 的 Base64 编码）
接收方响应：235 Authentication successful
发送方发送：MAIL FROM:upsunny2008@163.com
接收方响应：250 Mail OK
发送方发送：RCPT TO:upsunny2008@163.com
接收方响应：250 Mail OK
发送方发送：DATA
接收方响应：354 Please start mail input.
发送方发送：Hello,Morning!
发送方发送：Are you buzy?
发送方发送：Good bye!
发送方发送：.
接收方响应：250 Mail queued for delivery.
QUIT
```

上述 SMTP 会话的命令交互过程如图 6.2 所示。

图 6.2　向 smtp.163.com 发送一封邮件的会话过程

这是一个简单的发送邮件的会话过程，当用户使用 Outlook Express 等客户软件发送邮件时，在后台进行的交互也是这样一个过程，当然，SMTP 协议为了处理复杂的邮件发送情况（如附件等），定义了很多扩展命令及规定。打开 163 信箱，用户可以看到这封由 Telnet 辛苦完成的邮件已经到达。信件内容如下：

```
Hello,Morning!
Are you busy?
Good bye!
```

6.1.2 SMTP 命令解析

SMTP 命令控制邮件传输的进程，SMTP 命令是由命令码和其后的参数域组成的。命令码由 4 个字母组成，不区分大小写，命令码和参数由一个或多个空格分开。

下面列出的是 SMTP 基本命令：

```
HELO <SP> <domain> <CRLF>
MAIL <SP> FROM:<reverse-path> <CRLF>
RCPT <SP> TO:<forward-path> <CRLF>
DATA <CRLF>
RSET <CRLF>
SEND <SP> FROM:<reverse-path> <CRLF>
SOML <SP> FROM:<reverse-path> <CRLF>
SAML <SP> FROM:<reverse-path> <CRLF>
VRFY <SP> <string> <CRLF>
EXPN <SP> <string> <CRLF>
HELP [<SP> <string>] <CRLF>
NOOP <CRLF>
QUIT <CRLF>
TURN <CRLF>
```

关于这些命令的用法，请读者参阅 RFC 821 文档。

6.1.3 SMTP 响应状态码

SMTP 命令操作开始后，命令或参数能否被接收方接受，必须返回相应的应答，这些应答的开头部分都会带一个 3 位的状态码。观察图 6.2 给出的会话过程，凑巧返回的都是成功响应。

下面给出一个 SMTP 会话实例：在 Alpha.ARPA 主机的 Smith 发送邮件给 Beta.ARPA 主机的 Jones、Green 和 Brown，这里假定主机 Alpha 与主机 Beta 直接相连，S 表示发送方，R 表示接收方。双方的会话过程如下：

```
S: MAIL FROM:<Smith@Alpha.ARPA>
R: 250 OK
S: RCPT TO:<Jones@Beta.ARPA>
R: 250 OK
S: RCPT TO:<Green@Beta.ARPA>
R: 550 No such user here
S: RCPT TO:<Brown@Beta.ARPA>
```

```
R: 250 OK
S: DATA
R: 354 Start mail input; end with <CRLF>.<CRLF>
S: Blah blah blah...
S: ...
S: <CRLF>.<CRLF>
R: 250 OK
```

可以看出邮件被 Jones 和 Brown 接收，而 Green 在 Beta.ARPA 主机上没有邮箱。

对 SMTP 命令的响应保证了"发送 SMTP 一方"知道"接收 SMTP 一方"的状态。

SMTP 响应的 3 位应答码的每一位都有特定的含义，从第 1 位到第 3 位，发送方可以逐步确定接收方应答的含义，如表 6.1 所示。

表 6.1 SMTP 响应码的含义

第 1 位应答码的含义	
1yz	部分完成应答，命令被接受，但是要求的操作被中止，原因在应答码中。发送方应该再次发送另一命令指明是否继续操作，或者放弃操作
2yz	全部完成应答，要求的操作已经完成，可以开始另一个新的请求
3yz	部分完成应答，需要发送方提供进一步的信息。命令被接受，但是要求的操作被中止，需要接收进一步的信息，发送方应该发送另一条命令指明进一步的信息
4yz	暂时未完成应答，命令未被接受，要求的操作也未执行，但是发生错误的状态是暂时的，可以再一次请求操作
5yz	永久未完成应答，命令未被接受，要求的操作未完成，重复发送命令不起作用
第 2 位应答码的含义	
x0z	此类型的应答是用于语法错误的
x1z	此类型的应答是用于请求信息的，如状态或帮助信息
x2z	此类型的应答是关于传输信道的
x3z	未使用
x4z	未使用
x5z	此类型的应答是关于邮件系统的状态消息的
第 3 位应答码包含更详细的信息，下面给出常用应答码的含义	
501	参数格式错误
502	命令不可实现
503	错误的命令序列
504	命令参数不可实现
211	系统状态或系统帮助响应
214	帮助信息
220	服务就绪
221	服务关闭传输信道
421	服务未就绪，关闭传输信道（当必须关闭时，此应答可以作为对任何命令的响应）
250	要求的邮件操作完成
251	用户非本地，将按照前向路径<forward-path>转发
450	要求的邮件操作未完成，邮箱不可用（例如邮箱忙）
550	要求的邮件操作未完成，邮箱不可用（例如邮箱未找到或不可访问）
451	放弃要求的操作；处理过程中出错

续表

第3位应答码包含更详细的信息，下面给出常用应答码的含义	
551	用户非本地，将尝试前向路径<forward-path>
452	系统存储不足，要求的操作未执行
552	存储分配过量，要求的操作未执行
553	邮箱名不可用，要求的操作未执行(例如邮箱格式错误)
354	开始邮件输入，以<CRLF>.<CRLF>结束
554	操作失败

6.2 POP3 协议

客户端接收邮件可以用两种协议方式：一种是 POP3(Post Office Protocol Version 3)，即邮局协议的第 3 个版本，由 RFC 1939 定义；另一种是 IMAP4(Internet Mail Access Protocol Version 4)，即 Internet 邮件访问协议的第 4 个版本，由 RFC 3501 定义。本节主要讨论 POP3 协议的基本原理。

6.2.1 POP3 工作模型

POP3 协议支持"离线"邮件处理，POP3 协议默认端口为 110，底层传输协议使用 TCP。其接收邮件的过程如下：

(1) 电子邮件客户端连接服务器，下载所有未阅读的电子邮件。这种离线访问模式是一种存储转发服务，将邮件从邮件服务器端传送到个人终端机上。

(2) 一旦邮件发送到终端机上，邮件服务器上的邮件将会被删除，也可以"只下载邮件，服务器端并不删除"。

图 6.3 描述了 POP3 客户机与 POP3 服务器的会话过程，这期间有 3 种重要的状态转换，即认证状态、处理状态和更新状态。

(1) 认证状态：当客户机请求与服务器建立连接时，客户机向服务器发送自己的身份(这里指的是账户和密码)，服务器进行校验，客户端处于认证状态。

(2) 处理状态：如果服务器认证成功，则客户端由认证状态转入处理状态。在处理状态，客户机可以使用 POP 命令列出未读邮件、删除邮件、下载邮件等。

(3) 更新状态：如果客户端发出 QUIT 命令，则由处理状态转入更新状态。更新状态将那些作删除标记的邮件删除。更新状态完成后，客户机重新进入认证状态，确认身份后断开与服务器的连接。

其会话过程如图 6.3 所示。

图 6.3 客户机与 POP3 服务器的会话过程

6.2.2 POP3 命令解析

与 SMTP 协议一样，POP3 协议也是由若干命令和响应消息组成的。POP3 客户机与服务器的会话通过 POP3 命令和响应完成。POP3 命令采用命令行形式，由命令码和参数组成。服务器响应由一个命令行或多个命令行组成，响应开头文本为＋OK，表示命令执行成功，若为－ERR，表示命令执行失败。下面将 POP3 命令的基本用法和功能归纳为表 6.2。

表 6.2 POP3 命令的用法和功能描述

命令	参数	状态	功 能 描 述
USER	username	认证	用户名认证，此命令与下面的 PASS 命令若都成功，将导致状态转换
PASS	password	认证	密码认证
APOP	NameDigest	认证	Digest 是 MD5 消息摘要
STAT	无	处理	请求服务器发回关于邮箱的统计资料，如邮件总数和总字节数
UIDL	[Msg#]	处理	返回邮件的唯一标识符，POP3 会话的每一个标识符都是唯一的
LIST	[Msg#]	处理	返回邮件数量和每个邮件的大小
RETR	[Msg#]	处理	返回由参数标识的邮件的所有文本
DELE	[Msg#]	处理	服务器将由参数标识的邮件标记为删除，由 QUIT 命令执行
RSET	None	处理	服务器将重置所有标记为删除的邮件，用于撤销 DELE 命令
TOP	[Msg#]	处理	服务器将返回由参数标识的邮件的前 n 行内容，n 必须是正整数
NOOP	无	处理	服务器返回一个肯定的响应
QUIT	无	更新	由处理状态转到更新状态，再返回认证状态

6.2.3 用 POP3 命令与 163 邮箱会话

下面给出一个用 Windows 自带的 Telnet 程序登录 163 的 POP3 服务器，使用 POP3 命令访问个人邮箱的会话实例，以帮助读者更好地理解 POP3 的工作原理，下面加下划线的部分为命令行输入。

(1) 进入控制台窗口，输入 Telnet 命令，回车后屏幕上显示以下命令提示符：

Microsoft Telnet>

(2) 用 open 命令建立到服务器的连接，命令行如下：

<u>open pop.163.com 110</u>

控制台上显示：

正在连接到 pop.163.com...
＋OK Welcome to coremail Mail Pop3 Server <163coms[8db726ec93e9d4e3e9a2fd3d31b05251s]>

(3) 验证用户名和密码：

<u>USER upsunny2008</u>

```
+OK core mail
PASS zzz2013
```

用户名和密码不需要 Base64 编码，成功登录后返回的信息如下：

```
+OK 1776 message(s) [1083569821 byte(s)]
```

这条消息指明了邮件总数和大小。

```
STAT
+OK 1776 1083569821
```

使用 STAT 命令查看邮箱状态，返回的也是邮件总数和大小。上述命令的执行过程如图 6.4 所示。

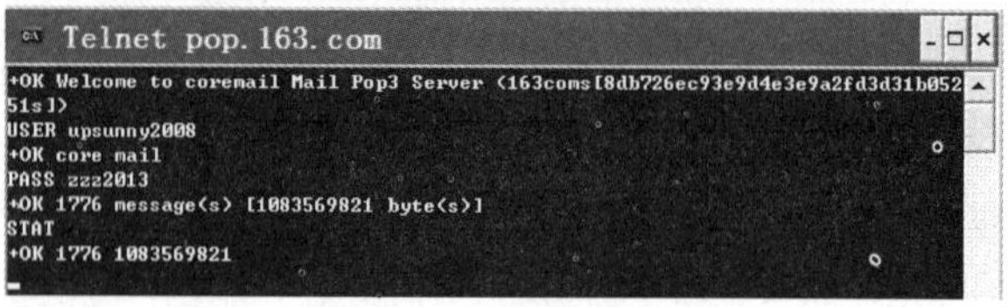

图 6.4　成功登录 163 服务器并执行 STAT 命令

(4) 显示邮件列表：

```
LIST
```

用 LIST 命令显示邮件列表，返回的是邮件序号和大小。图 6.5 是控制台上最后一屏的显示，即邮箱中共有 1776 封邮件，每一封邮件后面的数字表示邮件的大小(字节数)。

(5) 用 TOP 命令查看指定邮件的邮件头，0 表示查看整个邮件头，其他正整数表示限制返回多少行。例如：

```
TOP 1 0
```

图 6.6 给出的是 TOP 命令的执行结果，可以看到发件人、收件人、发件日期、主题、编码版本、内容类型、优先级等信息一目了然，这是一封回复邮件。

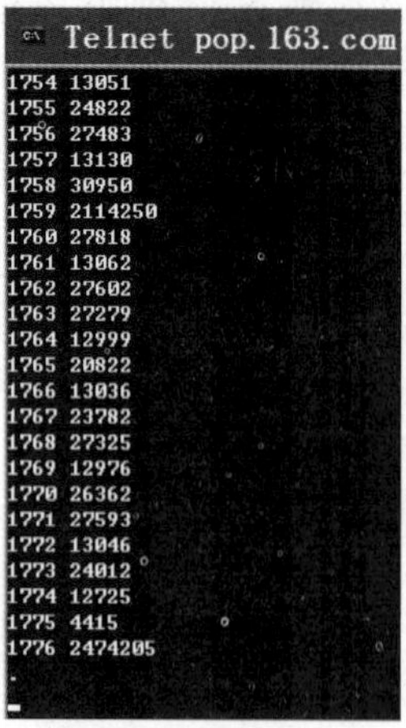

图 6.5　用 LIST 命令显示邮件列表 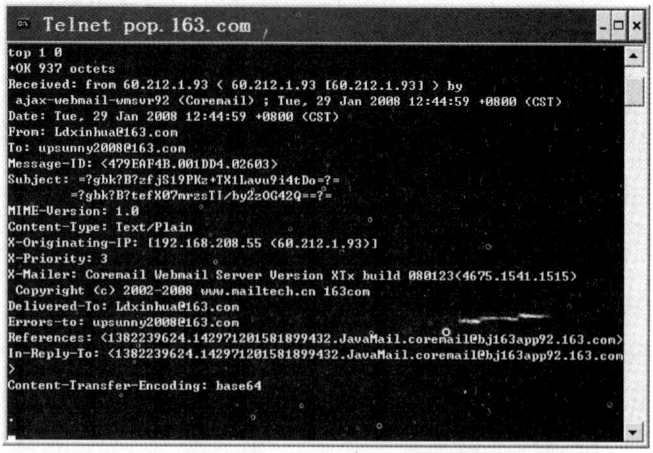　　图 6.6　用 TOP 命令查看第 1 封邮件的邮件头

(6) 从服务器获取指定邮件：

<u>RETR 1</u>

RETR 命令的执行结果如图 6.7 所示，可见邮件正文以单独一行"."结束。

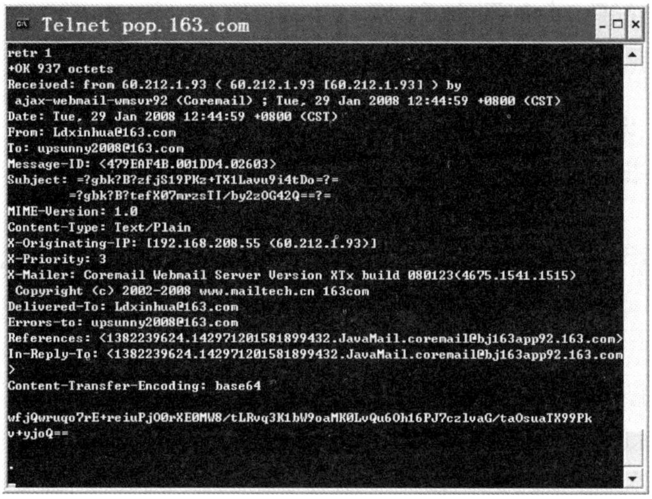

图 6.7 用 RETR 获取第 1 封邮件到本地

(7) 删除邮件：

<u>DELE 1776</u>

以上代码表示删除第 1776 封邮件，其响应信息如下：

+ OK core mail

用 STAT 命令查看邮箱状态：

<u>STAT</u>

其返回信息如下：

+ OK 1775 1081095616

(8) 退出：

<u>QUIT</u>
+ OK core mail

通过上述一系列演示，目的是告诉读者要与远程 POP3 服务器对话，需要使用 POP3 的官方语言（协议语言）。当然，这些工作都可以通过编程让 Outlook Express 和 Foxmail 之类的程序去代劳。

6.3 MIME 邮件扩展

多用途互联网邮件扩展 MIME(Multipurpose Internet Mail Extensions)是一个互联网标准，它扩展了电子邮件标准，使其能够支持非 ASCII 字符和二进制格式附件等多种格式的邮件消息。这个标准被定义在 RFC 2045、RFC 2046、RFC 2047、RFC 2048、RFC 2049 等 RFC 中。MIME 规定了用于表示各种数据类型的符号化方法。另外,HTTP 协议使用了 MIME 的框架,使得 MIME 被广泛地应用于互联网的信息传输服务。

6.3.1 MIME 对电子邮件协议的扩展

1982 年产生的 RFC 821 定义了一个在 Internet 上传输文本邮件的标准格式。RFC 821 获得了巨大的成功,但由于时代的原因,RFC 821 没有考虑对多媒体文件的支持,远远不能适应后来互联网的发展。其主要制约如下:

RFC 821 规定电子邮件仅限于传输 7 位 US-ASCII 文本,无法传送非英语字符,如中文、俄文等其他国家和地区的语言符号;无法传递可执行文件、音/视频文件、DOC 文件等非文本文件。为了能用电子邮件传输各种消息,RFC 2045-2049 对互联网邮件标准进行了扩展,形成了 MIME 解决方案。MIME 不仅适用于电子邮件传输,也被成功地应用到 HTTP 协议中,使得浏览器可以下载、阅读多种媒体类型。

按照 MIME 标准构建的邮件称为 MIME 邮件,有时也称 MIME 实体。MIME 与原有邮件协议的结合原则包括以下几个方面:

(1) 不改动 SMTP 和 POP3 协议的原有内容,继续使用原有协议框架传输数据。

(2) 邮件包括信头和主体两个部分,MIME 在邮件中添加新定义的信头字段,并扩展了邮件主体的结构。

(3) 为非 ACSII 码消息定义编码规则,解决传输非 ASCII 消息的问题。即在发送端将非 ASCII 消息转换为符合 RFC 821 的文本格式,仍然通过标准的 SMTP/POP3 协议传输,在接收端,邮件接收代理(接收程序)将其还原(解码)为原来的非 ASCII 消息,从而实现了 MIME 邮件的传递。

因此,MIME 邮件对 RFC 821 邮件的扩展体现在以下 3 个方面。

(1) 扩展信头字段:新定义的信头字段指定了 MIME 的版本、邮件内容的类型、编码方式、邮件的标识和描述等信息。

(2) 扩展信体结构:给出了多媒体信息和邮件附件的表示方法,在 RFC 821 中,对信体结构没有定义。

(3) 定义了 MIME 编码方法:可将其他格式的内容转换为 RFC 821 ASCII 文本格式。

至此,按照 MIME 规范可以构造非常复杂的邮件,邮件的正文支持多媒体,并且允许邮件携带附件传输。

6.3.2 MIME 对邮件信头的扩展

MIME 定义了 5 个新的信头字段,可以与原有信头字段一样,用在 RFC 821 邮件的首部。

1. MIME 版本

格式:MIME-Version:1.0 <CRLF>

此字段标识 MIME 版本号。如果是 MIME 邮件，必须包含此信头字段，如果无此行，说明邮件格式为 RFC 821 邮件。

2．邮件唯一标识

格式：Content-ID：唯一标识信件的字符串＜CRLF＞

此字段提供一种唯一地标识 MIME 实体（邮件）的方法，与 RFC 821 中的 Message-ID 字段类似。借助这个字段，用户可以在一个 MIME 邮件中引用其他的 MIME 邮件。如果邮件的内容类型为 Message/External-body，则需要使用此字段，对于其他类型，这个字段是可选的。

3．邮件内容描述

格式：Content-Description：描述文本＜CRLF＞

描述文本是可读的字符串，用于简要说明 MIME 邮件的内容或主题。

4．MIME 邮件的内容类型

格式：Content-Type：主类别标识符/子类别标识符［；参数列表］＜CRLF＞
例如：Content-Type：Text/Plain；Charset＝"gb2312" ＜CRLF＞
此字段指明 MIME 邮件所包含的数据类型，不同类型对应不同的邮件结构。

5．内容传送编码方式

格式：Content-Transfer-Encoding：编码方式标识符＜CRLF＞
此字段指定对邮件主体的编码、解码方法。

6.3.3　MIME 邮件的内容类型

格式：Content-Type：主类别标识符/子类别标识符［；参数列表］＜CRLF＞
每个 MIME 类型由两部分组成，前面是数据的主类别，例如声音（audio）、图像（image）等，后面定义具体的种类。常见的 MIME 类型如下。

- text/html：超文本标记语言文本，扩展名为.htm、.html。
- text/plain：普通文本，扩展名为.txt。
- application/rtf：RTF 文本，扩展名为.rtf。
- image/gif：GIF 图形，扩展名为.gif。
- image/jpeg：JPEG 图形，扩展名为.jpeg、.jpg。
- audio/basic：au 声音文件，扩展名为.au。
- audio/midi、audio/x-midi：MIDI 音乐文件，扩展名为.mid、.midi。
- audio/x-pn-realaudio：RealAudio 音乐文件，扩展名为.ra、.ram。
- video/mpeg：MPEG 文件，扩展名为.mpg、.mpeg。

- video/x-msvideo：AVI 文件,扩展名为 .avi。
- application/x-gzip：GZIP 文件,扩展名为 .gz。
- application/x-tar：TAR 文件,扩展名为 .tar。

对照图 6.7,用 RETR 获取第 1 封邮件到本地,可以看到邮件的类型:

Content-Type: text/plain

6.3.4 Base64 编码

Base64 是 MIME 邮件中常用的编码方式之一,其主要思想是将输入的数据编码成只含有'A'~'Z'、'a'~'z'、'0'~'9'、'+'、'/'这 64 个可打印字符的串,故称为 Base64。

Base64 是一种用 64 个可打印字符来表示二进制数据的编码方法。由于 2 的 6 次方等于 64,所以每 6 个位元为一个单元,对应某个可打印字符。3 个字节有 24 个位元,对应于 4 个 Base64 单元,即 3 个字节需要用 4 个可打印字符来表示。

完整的 Base64 定义见 RFC 1421 和 RFC 2045。编码后的数据比原始数据略长,为原来的 4/3 倍。在电子邮件中,根据 RFC 821 的规定,每 76 个字符需要加上一个回车换行符。在解码时,这个回车换行符要去掉,可以估算编码后数据的长度大约为原来的 135.1%。

Base64 的编码过程如下:

每次取 3 个字节的输入数据,先后放入一个 24 位的输入缓冲区中,先来的字节占高位。数据不足 3 个字节时,输入缓冲区中剩下的位用 0 补足。然后,每次取出 6 个位,按照其值选择"ABCDEFGHIJKLMNOPQRSTUVWXYZabcdefghijklmnopqrstuvwxyz0123456789+/"中的字符作为编码后的输出。重复上述步骤,直到输入数据全部转换完成。

如果最后剩下两个字节的输入数据,在编码结果后面加一个"=";如果最后剩下一个字节的输入数据,编码结果后面加两个"=";如果正好 3 个字节一组转换完成,编码结果后面什么都不加。表 6.3 演示了字符串"Man"的 Base64 编码过程。

表 6.3 用 Base64 算法将 Man 的 3 个字母进行编码

文本	M							a							n						
ASCII 编码	77							97							110						
二进制位	0	1	0	0	1	1	0	1	0	1	1	0	0	0	0	1	0	1	1	1	0
索引	19					22					5					46					
Base64 编码	T					W					F					u					

在表 6.3 中,Base64 算法将 3 个字符"Man"编码为 4 个字符"TWFu"。再看图 6.7 中收到的邮件正文部分,显示的两行内容都是邮件正文的 Base64 码。

本章后面两节给出的收发邮件实例,都需要使用 Base64 的编码和解码算法。表 6.4 给出了 Base64 编码的字符索引表。

表 6.4 Base64 编码字符索引表

值	字符	值	字符	值	字符	值	字符
0	A	16	Q	32	g	48	w
1	B	17	R	33	h	49	x
2	C	18	S	34	i	50	y
3	D	19	T	35	j	51	z
4	E	20	U	36	k	52	0
5	F	21	V	37	l	53	1
6	G	22	W	38	m	54	2
7	H	23	X	39	n	55	3
8	I	24	Y	40	o	56	4
9	J	25	Z	41	p	57	5
10	K	26	a	42	q	58	6
11	L	27	b	43	r	59	7
12	M	28	c	44	s	60	8
13	N	29	d	45	t	61	9
14	O	30	e	46	u	62	+
15	P	31	f	47	v	63	/

这个表的定义很有规律,首先使用 26 个大写英文字母,用"A"代表 0,用"B"代表 1,以此类推。然后是 26 个小写英文字母,接下来是 0~9 共 10 个数字,最后用"+"代表 62,用"/"代表 63。这些字符都是可打印字符,在经过网关转换时编码不会被破坏,它们能在互联网上"畅通无阻"。

6.4 SMTP 协议编程实例

本节根据 SMTP 协议原理,实现一个简易的 SMTP 客户机程序,这个简易程序能够向 SMTP 服务器发送电子邮件,SMTP 服务器收到邮件后再将邮件转发到目标服务器的邮箱里存放。

6.4.1 SMTP 发送邮件工作模型

假定用户在 163 邮件服务器上注册了邮箱 upsunny2008@163.com,要用这个邮箱向其他邮箱发送一封邮件,假设目标邮箱为 yantaidxz@sohu.com,其工作原理如图 6.8 所示。以 163 邮箱向搜狐邮箱发送邮件为例,发送过程大致分为以下 5 个步骤。

第 1 步:用户启动简易 SMTP 发送邮件程序(类似 Outlook Express、Foxmail 客户程序),填写发件人信息、收件人信息、邮件标题、邮件正文和添加附件后,单击"发送邮件"按钮。

第 2 步:客户程序与 smtp.163.com 服务器通过若干 SMTP 命令交互应答,实现邮件的传递,邮件到达 smtp.163.com 服务器。在这期间,邮件发送前要进行 MIME 编码,要对 smtp.163.com 进行 DNS 解析等。

第 3 步：smtp.163.com 服务器的 SMTP 接收程序完成邮件的接收和缓存，立即向 smtp.sohu.com 服务器的 SMTP 接收程序转发，进入第 4 步的会话和互动。

第 4 步：smtp.163.com 服务器的 SMTP 发送程序和 smtp.sohu.com 服务器的 SMTP 接收程序经过若干步 SMTP 命令交互应答，完成邮件的传送。

第 5 步：smtp.sohu.com 服务器上的 SMTP 程序将邮件传送至 yantaidxz@sohu.com 邮箱保存。至此，发送邮件的工作全部完成。

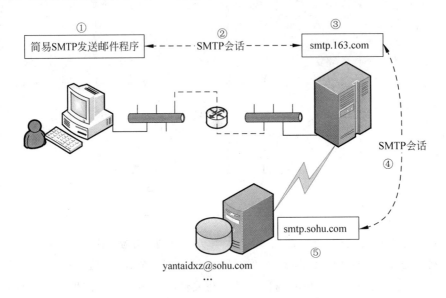

图 6.8　SMTP 发送邮件工作模型

SMTP 扮演的角色有两种：发送 SMTP 和接收 SMTP。其具体工作过程为：接收 SMTP 在接到用户的邮件请求后，判断此邮件是否为本地邮件，若是直接投送到用户的邮箱，否则向 DNS 查询远端邮件服务器的 MX 记录，并建立与远端接收 SMTP 之间的一个双向传送通道，此后 SMTP 命令由发送 SMTP 发出，由接收 SMTP 接收，而应答则反方向传送。

6.4.2　功能和技术要点

简易 SMTP 客户程序运行的初始界面如图 6.9 所示。程序的基本功能为：发信人可以指定使用的发信人邮箱、SMTP 服务器、端口等发信人信息；填写收信人邮箱、抄送、暗送等；撰写邮件，包括邮件标题、邮件正文和附件；单击"发送邮件"按钮开始发送邮件。

本例的技术要点如下：

(1) 运用 VS2010 创建 SMTP 客户机项目，理解 MFC 编程框架。

(2) 从 CAsyncSocket 类派生自己的 MFC 套接字类，实现网络的 SMTP 会话。

(3) 理解派生的 CSmtpSocket 类与 MFC 框架的关系，灵活运用 Windows 消息驱动机制。

(4) 理解 Base64 编码、解码的机制。

(5) 通过状态转换来控制 SMTP 会话命令的交换顺序。

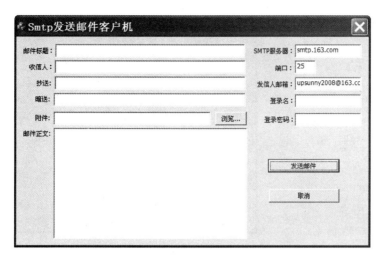

图 6.9　简易 SMTP 客户程序初始界面

6.4.3　项目创建步骤

1. 使用 MFC 应用程序向导创建客户机程序框架

（1）启动 VS2010，选择"文件→新建→项目"命令，弹出"新建项目"对话框，设定模板为 MFC，项目类型为"MFC 应用程序"，项目名称、解决方案名称为 SmtpClient，并指定项目保存位置，然后单击"确定"按钮，进入 MFC 应用程序向导。

（2）在 MFC 应用程序向导的第一步，将应用程序类型设定为"基于对话框"。

（3）在 MFC 应用程序向导的第二步，设置用户界面选项，在此设置对话框标题为"Smtp 发送邮件客户机"。

（4）在 MFC 应用程序向导的第三步，设置高级功能，在此选择"Windows 套接字"复选框。

（5）在 MFC 应用程序向导的最后一步，观察生成的类 CSmtpClientApp 和 CSmtpClientDlg，然后单击"完成"按钮，完成应用程序框架的创建，生成 SmtpClient 项目解决方案，如图 6.10 所示。项目中的 Base64.h、Base64.cpp、SmtpSocket.h 和 SmtpSocket.cpp 由后续步骤添加。

2. 创建一个通用类 CBase64，实现 Base64 编码和解码

用 MFC 添加类向导添加一个 CBase64 类的基本框架，生成 Base64.h 文件和 Base64.cpp 文件，其编码、解码的代码请读者参见程序 6.1。

3. 为客户机对话框添加控件，构建程序主界面

在资源视图中展开 Dialog 资源条目，双击 IDD_SMTPCLIENT_DIALOG，在工作区中会出现一个对话框，借助工具箱中的控件，将程序主界面设计成如图 6.11 所示的布局。

图 6.10 SMTP 客户机项目解决方案

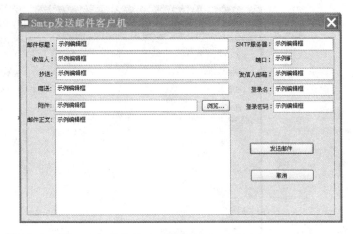

图 6.11 简易 SMTP 客户机主对话框界面

根据表 6.5 修改图 6.11 所示的界面中各控件的属性。

表 6.5 SMTP 客户机程序主对话框中各控件的属性

控件 ID	控件标题	控件类型
IDC_EDIT_TITLE	无	编辑框 Edit Control
IDC_EDIT_RECEIVER	无	编辑框 Edit Control
IDC_EDIT_COPYTO	无	编辑框 Edit Control
IDC_EDIT_BCC	无	编辑框 Edit Control
IDC_EDIT_ATTACH	无	编辑框 Edit Control
IDC_EDIT_BODY	无	编辑框 Edit Control
IDC_EDIT_SMTPSERVER	无	编辑框 Edit Control
IDC_EDIT_SERVERPORT	无	编辑框 Edit Control
IDC_EDIT_SENDER	无	编辑框 Edit Control
IDC_EDIT_USERNAME	无	编辑框 Edit Control
IDC_EDIT_PASSWORD	无	编辑框 Edit Control
IDC_BUTTON_ATTACH	浏览	按钮 Button Control
IDC_BUTTON_SEND	发送邮件	按钮 Button Control
IDC_BUTTON_CANCEL	取消	按钮 Button Control
IDC_STATIC1	邮件标题：	静态文本 Static Text
IDC_STATIC2	收信人：	静态文本 Static Text
IDC_STATIC3	抄送：	静态文本 Static Text
IDC_STATIC4	暗送：	静态文本 Static Text
IDC_STATIC5	附件：	静态文本 Static Text
IDC_STATIC6	邮件正文：	静态文本 Static Text
IDC_STATIC7	SMTP 服务器：	静态文本 Static Text
IDC_STATIC8	端口：	静态文本 Static Text
IDC_STATIC9	发信人邮箱：	静态文本 Static Text
IDC_STATIC10	登录名：	静态文本 Static Text
IDC_STATIC11	登录密码：	静态文本 Static Text

4. 为对话框中的控件对象定义相应的成员变量

用 MFC 类向导为表 6.6 中的控件定义成员变量。

表 6.6 SMTP 客户机程序主对话框中控件的成员变量

控件 ID	对应成员变量名称	变量类型
IDC_EDIT_TITLE	m_strTitle	CString
IDC_EDIT_RECEIVER	m_strReceiver	CString
IDC_EDIT_COPYTO	m_strCopyTo	CString
IDC_EDIT_BCC	m_strBcc	CString
IDC_EDIT_ATTACH	m_strAttach	CString
IDC_EDIT_BODY	m_strBody	CString
IDC_EDIT_SMTPSERVER	m_strSmtpServer	CString
IDC_EDIT_SERVERPORT	m_nServerPort	int
IDC_EDIT_SENDER	m_strSender	CString
IDC_EDIT_USERNAME	m_strUserName	CString
IDC_EDIT_PASSWORD	m_strPassword	CString

5. 创建从 CAsyncSocket 类派生的子类 CSmtpSocket，处理与远程 SMTP 服务器的通信

客户机应创建自己的套接字类，负责与服务器的通信。这个套接字类应从 CAsyncSocket 类派生，并且能够将套接字事件传递给对话框类 CSmtpClientDlg。在对话框类中编程者可以自定义套接字事件处理函数，添加方法请参见第 3 章给出的程序 3.1。

MFC 类向导会自动生成 CSmtpSocket 类对应的头文件 ClientSocket.h 和实现文件 ClientSocket.cpp，在图 6.10 所示的解决方案资源管理器中用户可以观察到这个变化。

使用 MFC 类向导完善 CSmtpSocket 类的定义。在解决方案资源管理器中右击项目名称 SmtpClient，在快捷菜单中选择"类向导"命令，进入 MFC 类向导，将类名称选择为 CSmtpSocket，然后切换到"虚函数"选项卡，分别从左下角的"虚函数"列表框中选择 OnClose、OnConnect、OnReceive 3 个虚函数，单击"添加函数"按钮，将这 3 个虚函数添加到"已重写的虚函数"列表框中。这样，用户就为自己的套接字类 CSmtpSocket 完成了上述 3 个虚函数的重载。

上述操作会自动在头文件 ClientSocket.h 和实现文件 ClientSocket.cpp 中添加相应的代码定义。其他操作步骤与程序 3.1 类似。

6. 为对话框类 CSmtpClientDlg 中的控件添加事件响应函数

其函数定义请读者参见表 6.7。

表 6.7 SMTP 客户机程序按钮控件的事件响应函数

控件 ID	消　息	成员函数（响应函数）
IDC_BUTTON_ATTACH	BN_CLICKED	OnClickedButtonAttach
IDC_BUTTON_SEND	BN_CLICKED	OnClickedButtonSend
IDC_BUTTON_CANCEL	BN_CLICKED	OnClickedButtonCancel

上述操作仍用 MFC 类向导辅助完成。

7. 为 CSmtpClientDlg 类添加成员变量初始化代码

详情参见项目源文件清单。

8. 为 CSmtpClientDlg 类添加成员函数

详情参见项目源文件清单。

6.4.4 主要代码

对于简易 SMTP 客户机项目的源码请读者参考本书附带的课件，可从清华大学出版社的教学资源服务网上下载，这里只列出 Base64 编码、解码的程序设计。

程序 6.1 Base64 编码、解码程序

（1）Base64.h 文件：

```cpp
#pragma once
class CBase64
{
public:
CBase64();
virtual ~CBase64();
//方法
virtual void Encode(const PBYTE, DWORD);
virtual void Decode(const PBYTE, DWORD);
virtual void Encode(LPCTSTR sMessage);
virtual void Decode(LPCTSTR sMessage);
virtual LPSTR DecodedMessage() const;
virtual LPSTR EncodedMessage() const;
virtual LONG DecodedMessageSize() const;
virtual LONG EncodedMessageSize() const;
protected:
//内部类
class TempBucket
{
public:
    BYTE nData[4];
    BYTE nSize;
    void Clear() { ::ZeroMemory(nData, 4); nSize = 0; };
};
//变量
PBYTE m_pDBuffer;
PBYTE m_pEBuffer;
DWORD m_nDBufLen;
DWORD m_nEBufLen;
DWORD m_nDDataLen;
DWORD m_nEDataLen;
static char m_DecodeTable[256];
static BOOL m_Init;
//方法
virtual void   AllocEncode(DWORD);
```

```cpp
virtual void    AllocDecode(DWORD);
virtual void    SetEncodeBuffer(const PBYTE pBuffer, DWORD nBufLen);
virtual void    SetDecodeBuffer(const PBYTE pBuffer, DWORD nBufLen);
virtual void    _EncodeToBuffer(const TempBucket &Decode, PBYTE pBuffer);
virtual ULONG   _DecodeToBuffer(const TempBucket &Decode, PBYTE pBuffer);
virtual void    _EncodeRaw(TempBucket &, const TempBucket &);
virtual void    _DecodeRaw(TempBucket &, const TempBucket &);
virtual BOOL    _IsBadMimeChar(BYTE);
void _Init();
};
```

(2) Base64.cpp 文件:

```cpp
#include "StdAfx.h"
#include "Base64.h"

static char Base64Digits[] =
"ABCDEFGHIJKLMNOPQRSTUVWXYZabcdefghijklmnopqrstuvwxyz0123456789+/";
BOOL CBase64::m_Init = FALSE;
char CBase64::m_DecodeTable[256];

#ifndef PAGESIZE
#define PAGESIZE    4096
#endif

#ifndef ROUNDTOPAGE
#define ROUNDTOPAGE(a) (((a/4096)+1)*4096)
#endif

//构造函数
CBase64::CBase64() : m_pDBuffer(NULL), m_pEBuffer(NULL),
                    m_nDBufLen(0),    m_nEBufLen(0)
{ }
//析构函数
CBase64::~CBase64()
{
    if (m_pDBuffer != NULL)
    {
        delete [] m_pDBuffer;
        m_pDBuffer = NULL;
    }

    if (m_pEBuffer != NULL)
    {
        delete [] m_pEBuffer;
        m_pEBuffer = NULL;
    }
}

LPSTR CBase64::DecodedMessage() const
{
    return (LPSTR) m_pDBuffer;
}

LPSTR CBase64::EncodedMessage() const
```

```cpp
{
    return (LPSTR) m_pEBuffer;
}

LONG CBase64::DecodedMessageSize() const
{
    return m_nDDataLen;
}

LONG CBase64::EncodedMessageSize() const
{
    return m_nEDataLen;
}

void CBase64::AllocEncode(DWORD nSize)
{
    if (m_nEBufLen < nSize)
    {
        if (m_pEBuffer != NULL) delete [] m_pEBuffer;
        m_nEBufLen = ROUNDTOPAGE(nSize);
        m_pEBuffer = new BYTE[m_nEBufLen];
    }
    ::ZeroMemory(m_pEBuffer, m_nEBufLen);
    m_nEDataLen = 0;
}

void CBase64::AllocDecode(DWORD nSize)
{
    if (m_nDBufLen < nSize)
    {
        if (m_pDBuffer != NULL) delete [] m_pDBuffer;
        m_nDBufLen = ROUNDTOPAGE(nSize);
        m_pDBuffer = new BYTE[m_nDBufLen];
    }
    ::ZeroMemory(m_pDBuffer, m_nDBufLen);
    m_nDDataLen = 0;
}

void CBase64::SetEncodeBuffer(const PBYTE pBuffer, DWORD nBufLen)
{
    DWORD i = 0;
    AllocEncode(nBufLen);
    while(i < nBufLen)
    {
        if (!_IsBadMimeChar(pBuffer[i]))
        {
            m_pEBuffer[m_nEDataLen] = pBuffer[i];
            m_nEDataLen++;
        }
        i++;
    }
}

void CBase64::SetDecodeBuffer(const PBYTE pBuffer, DWORD nBufLen)
```

```cpp
{
    AllocDecode(nBufLen);
    ::CopyMemory(m_pDBuffer, pBuffer, nBufLen);
    m_nDDataLen = nBufLen;
}

void CBase64::Encode(const PBYTE pBuffer, DWORD nBufLen)
{
    SetDecodeBuffer(pBuffer, nBufLen);
    AllocEncode(nBufLen * 2);
    TempBucket Raw;
    DWORD nIndex = 0;
    while ((nIndex + 3) <= nBufLen)
    {
        Raw.Clear();
        ::CopyMemory(&Raw, m_pDBuffer + nIndex, 3);
        Raw.nSize = 3;
        _EncodeToBuffer(Raw, m_pEBuffer + m_nEDataLen);
        nIndex += 3;
        m_nEDataLen += 4;
    }

    if (nBufLen > nIndex)
    {
        Raw.Clear();
        Raw.nSize = (BYTE) (nBufLen - nIndex);
        ::CopyMemory(&Raw, m_pDBuffer + nIndex, nBufLen - nIndex);
        _EncodeToBuffer(Raw, m_pEBuffer + m_nEDataLen);
        m_nEDataLen += 4;
    }
}

void CBase64::Encode(LPCTSTR szMessage)
{
    if (szMessage != NULL)
        Encode((const PBYTE)szMessage, strlen(szMessage));
}

void CBase64::Decode(const PBYTE pBuffer, DWORD dwBufLen)
{
    if (!CBase64::m_Init) _Init();

    SetEncodeBuffer(pBuffer, dwBufLen);
    AllocDecode(dwBufLen);

    TempBucket Raw;
    DWORD     nIndex = 0;
    while((nIndex + 4) <= m_nEDataLen)
    {
        Raw.Clear();
        Raw.nData[0] =
            CBase64::m_DecodeTable[m_pEBuffer[nIndex]];
        Raw.nData[1] = CBase64::m_DecodeTable[m_pEBuffer[nIndex + 1]];
        Raw.nData[2] = CBase64::m_DecodeTable[m_pEBuffer[nIndex + 2]];
```

```cpp
        Raw.nData[3] = CBase64::m_DecodeTable[m_pEBuffer[nIndex + 3]];

        if (Raw.nData[2] == 255) Raw.nData[2] = 0;
        if (Raw.nData[3] == 255) Raw.nData[3] = 0;

        Raw.nSize = 4;
        _DecodeToBuffer(Raw, m_pDBuffer + m_nDDataLen);
        nIndex += 4;
        m_nDDataLen += 3;
    }

    if (nIndex < m_nEDataLen)
    {
        Raw.Clear();
        for (DWORD i = nIndex; i < m_nEDataLen; i++)
        {
            Raw.nData[i - nIndex] =
            CBase64::m_DecodeTable[m_pEBuffer[i]];
            Raw.nSize++;
            if(Raw.nData[i - nIndex] == 255)
            Raw.nData[i - nIndex] = 0;
        }

        _DecodeToBuffer(Raw, m_pDBuffer + m_nDDataLen);
        m_nDDataLen += (m_nEDataLen - nIndex);
    }
}

void CBase64::Decode(LPCTSTR szMessage)
{
    if (szMessage != NULL)
    Decode((const PBYTE)szMessage, strlen(szMessage));
}

DWORD CBase64::_DecodeToBuffer(const TempBucket &Decode, PBYTE pBuffer)
{
    TempBucket Data;
    DWORD nCount = 0;
    _DecodeRaw(Data, Decode);
    for (int i = 0; i < 3; i++)
    {
        pBuffer[i] = Data.nData[i];
        if(pBuffer[i] != 255) nCount++;
    }
    return nCount;
}

void CBase64::_EncodeToBuffer(const TempBucket &Decode, PBYTE pBuffer)
{
    TempBucket Data;
    _EncodeRaw(Data, Decode);
    for (int i = 0; i < 4; i++)
```

```cpp
    pBuffer[i] = Base64Digits[Data.nData[i]];
  switch (Decode.nSize)
  {
  case 1:
      pBuffer[2] = '=';
  case 2:
      pBuffer[3] = '=';
  }
}

void CBase64::_DecodeRaw(TempBucket &Data, const TempBucket &Decode)
{
  BYTE nTemp;

  Data.nData[0] = Decode.nData[0];
  Data.nData[0] <<= 2;

  nTemp = Decode.nData[1];
  nTemp >>= 4;
  nTemp &= 0x03;
  Data.nData[0] |= nTemp;

  Data.nData[1] = Decode.nData[1];
  Data.nData[1] <<= 4;

  nTemp = Decode.nData[2];
  nTemp >>= 2;
  nTemp &= 0x0F;
  Data.nData[1] |= nTemp;

  Data.nData[2] = Decode.nData[2];
  Data.nData[2] <<= 6;
  nTemp = Decode.nData[3];
  nTemp &= 0x3F;
  Data.nData[2] |= nTemp;
}

void CBase64::_EncodeRaw(TempBucket &Data, const TempBucket &Decode)
{
  BYTE nTemp;

  Data.nData[0] = Decode.nData[0];
  Data.nData[0] >>= 2;

  Data.nData[1] = Decode.nData[0];
  Data.nData[1] <<= 4;
  nTemp = Decode.nData[1];
  nTemp >>= 4;
  Data.nData[1] |= nTemp;
  Data.nData[1] &= 0x3F;
```

```cpp
    Data.nData[2] = Decode.nData[1];
    Data.nData[2] <<= 2;

    nTemp = Decode.nData[2];
    nTemp >>= 6;

    Data.nData[2] |= nTemp;
    Data.nData[2] &= 0x3F;

    Data.nData[3] = Decode.nData[2];
    Data.nData[3] &= 0x3F;
}

BOOL CBase64::_IsBadMimeChar(BYTE nData)
{
    switch(nData)
    {
    case '\r': case '\n': case '\t': case ' ':
    case '\b': case '\a': case '\f': case '\v':
        return TRUE;
    default:
        return FALSE;
    }
}


void CBase64::_Init()
{
    //初始化解码表
    int i;
    for (i = 0; i < 256; i++)
        CBase64::m_DecodeTable[i] = -2;

    for (i = 0; i < 64; i++)
    {
        CBase64::m_DecodeTable[Base64Digits[i]] = (char) i;
        CBase64::m_DecodeTable[Base64Digits[i]|0x80] = (char) i;
    }

    CBase64::m_DecodeTable['='] = -1;
    CBase64::m_DecodeTable['='|0x80] = -1;
    CBase64::m_Init = TRUE;
}
```

6.4.5 项目测试

编译运行 SMTP 客户机程序,其初始运行界面如图 6.9 所示,输入登录名、登录密码、收信人、邮件标题和邮件正文,并附加一个 Word 文档作为附件,如图 6.12 所示。然后单击"发送邮件"按钮,完成后打开搜狐上的邮箱 yantaidxz@sohu.com 进行查看,确认邮件已经收到。

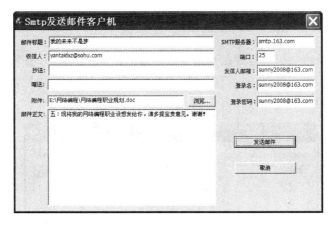

图 6.12 发送邮件测试

6.5 POP3 协议编程实例

本节根据 POP3 协议原理,实现一个简易的 POP3 客户机程序,用户使用这个简易程序能够从自己的邮箱里收取电子邮件。

6.5.1 POP3 客户机工作模型

为了说明用户收取电子邮件的过程,假定用户在搜狐邮件服务器上注册了邮箱 yantaidxz@sohu.com,服务器地址为 pop3.sohu.com,收取邮件的工作过程如图 6.13 所示。在此以从搜狐邮箱收取邮件为例,其接收过程大致经历验证、处理和更新 3 个状态,分为以下 3 个步骤。

第 1 步:用户启动简易 POP3 收件程序(类似 Outlook Express、Foxmail 客户程序),填写收件人信息和服务器信息以登录服务器,进入验证状态。

第 2 步:成功登录服务器后,进入处理状态,客户程序与 pop3.sohu.com 服务器通过若干 POP3 命令交互应答,实现邮件的传递,邮件被下载到客户端。

第 3 步:完成邮件接收后,客户机向 POP3 发送 QUIT 命令,结束 POP3 会话,进入更新状态,如果设置了删除邮箱中的邮件,此时会将邮件删除。至此,接收邮件的工作全部完成。

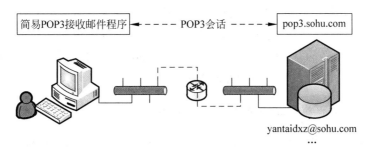

图 6.13 POP3 客户机接收邮件工作模型

6.5.2 功能和技术要点

本例实现的简易接收邮件程序的初始运行界面如图 6.14 所示。在输入 POP3 服务器、登录邮箱、密码之后，单击"连接并收取邮件"按钮，客户机程序会经历验证、处理和更新 3 个状态最终完成与 POP3 服务器的会话。

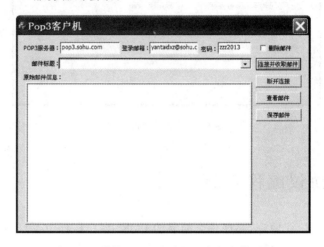

图 6.14　简易 POP3 客户机运行的初始界面

简易接收邮件程序的技术要点如下：

（1）运用 VS2010 创建 POP3 客户机项目，理解 MFC 编程框架。

（2）从 CAsyncSocket 类派生自己的 MFC 套接字类，实现网络的 POP3 会话。

（3）理解派生的 CPop3ClientSocket 类与 MFC 框架的关系，灵活运用 Windows 消息驱动机制。

（4）理解 POP3 会话的过程状态。

6.5.3 项目创建步骤

该项目的创建步骤与 SMTP 客户机的创建步骤类似，下面进行简要介绍。

1. 使用 MFC 应用程序向导创建客户机程序框架

启动 VS2010，选择"文件→新建→项目"命令，弹出"新建项目"对话框，设定模板为 MFC，项目类型为"MFC 应用程序"，项目名称、解决方案名称为 Pop3Client，并指定项目保存位置，然后单击"确定"按钮，进入 MFC 应用程序向导。将应用程序类型设定为"基于对话框"，设置对话框标题为"POP3 客户机"并选择"Windows 套接字"复选框，最后会自动生成 CPop3ClientApp 和 CPop3ClientDlg 的类框架。

2. 为客户机对话框添加控件，构建程序主界面

在资源视图中展开 Dialog 资源条目，双击 IDD_POP3CLIENT_DIALOG，在工作区中会出现一个对话框，借助工具箱中的控件，将程序主界面设计成如图 6.14 所示的布局。

根据表 6.8 修改图 6.14 所示的界面中各控件的属性。

表 6.8 POP3 客户机程序主对话框中控件的属性

控件 ID	控件标题	控件类型
IDC_EDIT_SERVERNAME	无	编辑框 Edit Control
IDC_EDIT_MAILBOX	无	编辑框 Edit Control
IDC_EDIT_PASSWORD	无	编辑框 Edit Control
IDC_COMBO_TITLE	无	编辑框 Edit Control
IDC_RICHEDIT_MAILCONTENT	无	编辑框 RichEdit2.0 Control
IDC_CHECK_DELMAIL	删除邮件	复选框 Check Box
IDC_BUTTON_CONNECT	连接并收取邮件	按钮 Button Control
IDC_BUTTON_DISCONNECT	断开连接	按钮 Button Control
IDC_BUTTON_BROWSEMAIL	查看邮件	按钮 Button Control
IDC_BUTTON_SAVEMAIL	保存邮件	按钮 Button Control
IDC_STATIC1	POP3 服务器：	静态文本 Static Text
IDC_STATIC2	登录邮箱：	静态文本 Static Text
IDC_STATIC3	密码：	静态文本 Static Text
IDC_STATIC4	邮件标题：	静态文本 Static Text
IDC_STATIC5	原始邮件信息：	静态文本 Static Text

3. 为对话框中的控件对象定义相应的成员变量

用 MFC 类向导为表 6.9 中的控件定义成员变量。

表 6.9 POP3 客户机程序主对话框中控件的成员变量

控件 ID	对应成员变量名称	变量类型
IDC_EDIT_SERVERNAME	m_strServerName	CString
IDC_EDIT_MAILBOX	m_strMailBox	CString
IDC_EDIT_PASSWORD	m_strPassword	CString
IDC_COMBO_TITLE	m_comboTitle	CComboBox
IDC_RICHEDIT_MAILCONTENT	m_MailContent	CRichEditCtrl
IDC_CHECK_DELMAIL	m_bDelMail	BOOL
	m_mailInfo	CString

4. 创建从 CAsyncSocket 类派生的子类 CPop3ClientSocket，处理与远程 POP3 服务器的通信

客户机应创建自己的套接字类，负责与服务器的通信。这个套接字类应从 CAsyncSocket 类派生，并且能够将套接字事件传递给对话框类 CPop3ClientDlg，在对话框类中编程者可以自定义套接字事件处理函数。

MFC 向导会自动生成 CPop3ClientSocket 类对应的头文件 Pop3ClientSocket.h 和实现文件 Pop3ClientSocket.cpp。

使用 MFC 类向导完善 CPop3ClientSocket 类的定义。在解决方案资源管理器中右击

项目名称 Pop3Client,在快捷菜单中选择"类向导"命令,进入 MFC 类向导,将类名称选择为 CPop3ClientSocket,然后切换到"虚函数"选项卡,分别从左下角的"虚函数"列表框中选择 OnClose、OnConnect、OnReceive 3 个虚函数,单击"添加函数"按钮,将这 3 个虚函数添加到"已重写的虚函数"列表框中。这样,用户就为自己的套接字类 CPop3ClientSocket 完成了对上述 3 个虚函数的重载。

上述操作会自动在头文件 Pop3ClientSocket.h 和实现文件 Pop3ClientSocket.cpp 中添加相应的代码定义。

5. 为对话框类 CPop3ClientDlg 中的控件添加事件响应函数

其函数定义请读者参见表 6.10。

表 6.10 POP3 客户机程序按钮控件的事件响应函数

控件 ID	消息	成员函数(响应函数)
IDC_BUTTON_CONNECT	BN_CLICKED	OnClickedButtonConnect
IDC_BUTTON_DISCONNECT	BN_CLICKED	OnClickedButtonDisconnect
IDC_BUTTON_BROWSEMAIL	BN_CLICKED	OnClickedButtonBrowsemail
IDC_BUTTON_SAVEMAIL	BN_CLICKED	OnClickedButtonSavemail

上述操作仍用 MFC 类向导辅助完成。

6. 为 CPop3ClientDlg 类添加成员变量初始化代码,为 CPop3ClientDlg 类添加成员函数

详情参见本书课件中的程序 6.2。

6.5.4 项目测试

该项目编译运行的初始界面如图 6.14 所示,测试后的结果界面如图 6.15 所示,测试数据如下:

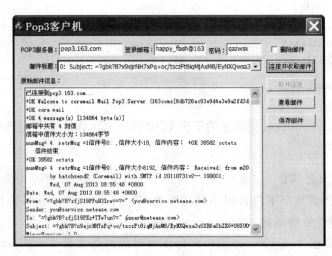

图 6.15 收取指定邮箱中的邮件

指定访问的POP3服务器为pop.163.com,登录邮箱为happy_flash@163.com,密码为qazwsc,不选择"删除邮件"复选框,单击"连接并收取邮件"按钮,取回的邮件在列表框中显示。为了简化编程,取回的邮件没有用Base64解码器解码。读者可以参照程序6.1中的Base64编码、解码器对本例程序进行再设计。

习题 6

1. 简述电子邮件系统的构成。
2. 日常生活中的收发邮件,一种是用Outlook Express、Foxmail等客户机程序,一种是用Web方式直接登录邮箱页面,比较这两种收发邮件的异同。
3. 简述SMTP协议的主要内容。
4. 简述POP3协议的主要内容。
5. 查阅资料,简述IMAP4协议的主要内容。POP3与IMAP4有何不同?
6. 为本章给出的接收邮件程序增加解码和分离附件的功能。
7. 基于MFC的文档/视图程序框架编写一个类似Outlook Express或Foxmail的收发邮件客户机程序。

第 7 章 Windows 多线程编程

Windows 操作系统是一个多任务操作系统,以多进程形式,允许多个任务同时运行;以多线程形式,允许单个任务分成不同的部分运行;并以协调机制,一方面防止进程与进程、线程与线程产生冲突,另一方面允许进程与进程、线程与线程共享资源。在单 CPU 单核、单 CPU 多核或多 CPU 的计算机上运行多线程程序,把进程中负责 I/O 处理和人机交互这类易发生阻塞的模块与那些密集计算的模块分在不同的线程,能大幅度提高程序的执行效率。

7.1 进程与线程

一个程序(Program)至少有一个进程(Process),一个进程至少有一个线程(Thread)。线程是进程的一个实体,是进程内部的一个执行单元,操作系统创建好进程后,实际上就执行了该进程的主执行线程。每个进程有一个主执行线程,它不需要用户主动创建,是由操作系统自动创建的。

7.1.1 进程与线程的关系

进程是一个正在执行的程序,用户可以从以下两点理解进程的概念:

第一,进程是一个实体。每一个进程都有它自己的地址空间,一般情况下,包括文本区域(Text Region)、数据区域(Data Region)和堆栈区域(Stack Region)。文本区域存储处理器执行的代码;数据区域存储变量;堆栈区域存储进程调用的指令和本地变量。第二,进程是一个"执行中的程序"。程序是一个没有生命的实体,只有处理器赋予程序生命时,它才能成为一个活动的实体,才能称为进程。

线程是操作系统能够进行运算调度的最小单位,它被包含在进程之中,是进程中的实际运作单位。一个进程可以有多条线程,每条线程并行执行不同的任务。

对于进程和线程之间的关系,简单来说,进程是线程的容器,如图 7.1 所示,线程只能在进程内部活动。

同一进程中的多条线程共享该进程中的所有系统资源,如虚拟地址空间、文件描述符和信号处理等。同一进程中的多个线程又有各自的调用栈(Call Stack)、自己的寄存器环境

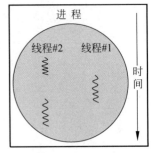

图 7.1 进程是线程的容器

(Register Context)，自己的线程本地存储(Thread-Local Storage)。进程与线程的工作关系如图 7.2 所示。

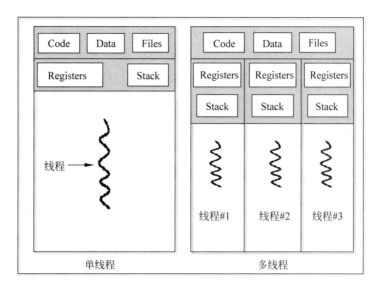

图 7.2　进程和线程的工作关系

线程和进程如何工作呢？如果将进程比作工厂的车间，它代表 CPU 所能处理的单个任务，任一时刻，CPU 总是运行一个进程，其他进程处于非运行状态。在一个车间里，可以有很多工人，他们共同完成一个任务。线程就好比车间里的工人，一个进程可以包括多个线程。

车间的空间是工人们共享的，例如许多房间是每个工人都可以进出的，这象征着一个进程的内存空间是共享的，每个线程都可以使用这些共享内存。

但是房间的作用不同，有些房间只允许容纳一个人，例如休息室，当里面有人的时候，其他人就不能进去了。这代表一个线程使用某些共享内存时，其他线程必须等它使用结束才能使用这一块内存。一个防止他人进入的简单方法就是在门口挂一把锁，先到的人锁上门，后到的人看到上锁，就在门口排队等候，等锁打开再进去，这种做法称为"互斥锁"(Mutual exclusion, Mutex)，用于防止多个线程同时读/写某一块内存区域。

还有一些房间，可以同时容纳 N 个人，例如更衣室。如果人数大于 N，多出来的人只能在外面等着，这好比某些内存区域，只能供固定数目的线程使用。

此时的解决方法是在门口挂 N 把钥匙，进去的人取一把钥匙，出来时再把钥匙挂回原处。后到的人发现钥匙架空了，就知道必须在门口排队等候。这种做法称为"信号量"(Semaphore)，用来保证多个线程不会相互冲突。

用户不难看出，Mutex 是 Semaphore 的一种特殊情况($N=1$ 时)，完全可以用后者代替前者。但因 Mutex 较为简单、效率高，在需要保证资源独占时，采用 Mutex 这种设计比较好。

7.1.2　Windows 进程的内存结构

观察程序 7.1 的运行结果，可以较好地理解进程的内存结构。

程序 7.1 打印变量的内存地址

```c
#include <stdio.h>
int g1 = 0, g2 = 0, g3 = 0;
int main()
{
static int s1 = 0, s2 = 0, s3 = 0;
int v1 = 0, v2 = 0, v3 = 0;
//打印出各个变量的内存地址
printf("0x%x\n",&v1);                 //打印各本地变量的内存地址
printf("0x%x\n",&v2);
printf("0x%x\n\n",&v3);
printf("0x%x\n",&g1);                 //打印各全局变量的内存地址
printf("0x%x\n",&g2);
printf("0x%x\n\n",&g3);
printf("0x%x\n",&s1);                 //打印各静态变量的内存地址
printf("0x%x\n",&s2);
printf("0x%x\n\n",&s3);
return 0;
}
```

用 VC 编译运行的结果如下：

```
0x0012ff78
0x0012ff7c
0x0012ff80
0x004068d0
0x004068d4
0x004068d8
0x004068dc
0x004068e0
0x004068e4
```

输出结果是程序中定义的各类变量的内存地址，其中，v1、v2、v3 是本地变量，g1、g2、g3 是全局变量，s1、s2、s3 是静态变量。用户可以看到同种类型变量分配的内存是连续的，但是本地变量和全局变量分配的内存地址相差甚远，而全局变量和静态变量分配的内存又是连续的。

造成变量分类存储的原因与进程的内存组织结构有关。对于一个进程的内存空间而言，可以在逻辑上分为 3 个部分，即代码区、静态数据区和动态数据区，如图 7.3 所示。

堆栈动态数据区包括"栈"（Stack）和"堆"（Heap）两种结构，栈是一种线性结构，堆是一种链式结构。本地变量是存储在动态数据区中的，进程的每个线程都有私有的"栈"，所以每个线程的本地变量互不干扰。

全局变量和静态变量分配在静态数据区中，与本地变量所在的动态数据区完全不同，这样就解释了程序 7.1 输出的变量地址不连续的原因。程序 7.1 只包括一个主线程，独占整个进程资源。如果是多线程，利用进程静态数据区中的全局变量，线程间很容易实现数据共享和相互通信。

图 7.3 进程的内存结构

7.1.3　Windows 线程的优先级

Windows 是一个抢先式多任务系统,线程的执行顺序与线程优先级、进程优先级相关。

1. Windows 定义了三类优先级

操作系统给每个线程分配一个优先级,优先级从 0(最低优先级)到 31(最高优先级)之间变化。0 表示系统优先级为最低优先级,仅用于零页线程(零页线程用于对系统中的空闲物理页面清零)。1～15 为动态优先级,线程的优先级可在此范围内进行调整。16～31 为实时优先级,用于执行一些实时处理任务。

2. 线程是全局调度的

Windows 的线程调度策略是面向线程的,而不是面向进程的。下面举一个理想状态的例子来说明 Windows 对线程是全局调度的。

进程 A 有 8 个可运行的线程,进程 B 有两个可运行的线程,这 10 个线程的优先级相同。那么,每一个线程将会占用 1/10 的 CPU 时间,而不是将 50% 的 CPU 时间分配给进程 A,将 50% 的时间分配给进程 B。

3. 线程的执行顺序

Windows 为每个优先级的线程都准备了优先级队列,同一优先级的线程按时间片(Time Slice)轮转进行调度,多处理器可以多线程并行。

因为 Windows 实现的是一种抢占式的调度,如果一个线程未完成其时间片而有另一个优先级更高的线程就绪,正在运行的这个线程可能在未完成其时间片时被取代。

以下事件发生时会触发 Windows 线程调度:
(1) 变成就绪状态的线程;
(2) 因时间片结束而离开运行状态的线程;
(3) 线程的优先级改变。
线程优先级由以下两方面因素决定:
(1) 线程所处进程的优先级,即进程优先级;
(2) 线程在进程内部的相对优先级,即线程优先级。

4. 进程优先级

Windows 定义的进程优先级包括以下 6 种:
- IDLE_PRIORITY_CLASS
- BELOW_NORMAL_PRIORITY_CLASS
- NORMAL_PRIORITY_CLASS
- ABOVE_NORMAL_PRIORITY_CLASS
- HIGH_PRIORITY_CLASS
- REALTIME_PRIORITY_CLASS

进程创建后,进程的默认优先级为 NORMAL_PRIORITY_CLASS。

5. 线程优先级

用户编程中讨论的线程优先级包括以下 7 种，这 7 种优先级都是相对同一进程而言的。
- THREAD_PRIORITY_IDLE
- THREAD_PRIORITY_LOWEST
- THREAD_PRIORITY_BELOW_NORMAL
- THREAD_PRIORITY_NORMAL
- THREAD_PRIORITY_ABOVE_NORMAL
- THREAD_PRIORITY_HIGHEST
- THREAD_PRIORITY_TIME_CRITICAL

线程创建后，线程的默认优先级为 THREAD_PRIORITY_NORMAL。用户可以使用 SetThreadPriority 函数调整它的优先级别，以区别同一进程中的其他线程。一种典型的设置策略是将界面线程的优先级设置为 THREAD_PRIORITY_ABOVE_NORMAL 或 THREAD_PRIORITY_HIGHEST，以保证进程更好地响应用户的操作；将工作线程（后台线程）的优先级设置为 THREAD_PRIORITY_BELOW_NORMAL 或者 THREAD_PRIORITY_LOWEST，可以使用 GetThreadPriority 函数获取线程优先级。

6. 线程全局优先级

在一般的程序设计中，程序员只关注线程在进程内部定义的 7 个优先级就够了。但 Windows 对线程的调度是全局性的，即打破了进程的界限。线程优先级的全局排序是根据它所处的进程优先级和进程内的相对优先级综合决定的，新计算出来的线程优先级可以视作绝对优先级，或称全局优先级。

表 7.1 给出了进程优先级和线程相对优先级综合平衡后得到的线程全局优先级，这为程序员设定线程优先级指明了方向，正是一表在手，全局在胸。

表 7.1 线程全局优先级

进程优先级	线程优先级	全局优先级
IDLE_PRIORITY_CLASS	THREAD_PRIORITY_IDLE	1
	THREAD_PRIORITY_LOWEST	2
	THREAD_PRIORITY_BELOW_NORMAL	3
	THREAD_PRIORITY_NORMAL	4
	THREAD_PRIORITY_ABOVE_NORMAL	5
	THREAD_PRIORITY_HIGHEST	6
	THREAD_PRIORITY_TIME_CRITICAL	15
BELOW_NORMAL_PRIORITY_CLASS	THREAD_PRIORITY_IDLE	1
	THREAD_PRIORITY_LOWEST	4
	THREAD_PRIORITY_BELOW_NORMAL	5
	THREAD_PRIORITY_NORMAL	6
	THREAD_PRIORITY_ABOVE_NORMAL	7
	THREAD_PRIORITY_HIGHEST	8
	THREAD_PRIORITY_TIME_CRITICAL	15

续表

进程优先级	线程优先级	全局优先级
NORMAL_PRIORITY_CLASS	THREAD_PRIORITY_IDLE	1
	THREAD_PRIORITY_LOWEST	6
	THREAD_PRIORITY_BELOW_NORMAL	7
	THREAD_PRIORITY_NORMAL	8
	THREAD_PRIORITY_ABOVE_NORMAL	9
	THREAD_PRIORITY_HIGHEST	10
	THREAD_PRIORITY_TIME_CRITICAL	15
ABOVE_NORMAL_PRIORITY_CLASS	THREAD_PRIORITY_IDLE	1
	THREAD_PRIORITY_LOWEST	8
	THREAD_PRIORITY_BELOW_NORMAL	9
	THREAD_PRIORITY_NORMAL	10
	THREAD_PRIORITY_ABOVE_NORMAL	11
	THREAD_PRIORITY_HIGHEST	12
	THREAD_PRIORITY_TIME_CRITICAL	15
HIGH_PRIORITY_CLASS	THREAD_PRIORITY_IDLE	1
	THREAD_PRIORITY_LOWEST	11
	THREAD_PRIORITY_BELOW_NORMAL	12
	THREAD_PRIORITY_NORMAL	13
	THREAD_PRIORITY_ABOVE_NORMAL	14
	THREAD_PRIORITY_HIGHEST	15
	THREAD_PRIORITY_TIME_CRITICAL	15
REALTIME_PRIORITY_CLASS	THREAD_PRIORITY_IDLE	16
	THREAD_PRIORITY_LOWEST	22
	THREAD_PRIORITY_BELOW_NORMAL	23
	THREAD_PRIORITY_NORMAL	24
	THREAD_PRIORITY_ABOVE_NORMAL	25
	THREAD_PRIORITY_HIGHEST	26
	THREAD_PRIORITY_TIME_CRITICAL	31

7.2 用 C 和 Win32 API 编写多线程

Visual C++支持在 Windows 平台上创建多线程应用程序,如果应用程序需要管理多个活动(如同时进行键盘和鼠标输入),则应考虑使用多线程。例如,一个线程可以处理键盘输入,而另一个线程可以筛选鼠标活动,第 3 个线程可以根据鼠标和键盘线程的数据更新显示屏幕,同时其他线程可以访问磁盘文件或从通信端口获取数据。

Visual C++的多线程编程可以使用两种模式,一种基于 Microsoft 基础类库(MFC),另一种基于 C 运行时库(C Run-Time Library,CRT)和 Win32 API。本节介绍如何使用 C 运行时库(CRT)和 Win32 API 创建线程。

在 Visual C++中创建线程的函数有以下 4 种:

- CreateThread()
- _beginthread()＆＆_beginthreadex()
- AfxBeginThread()
- CWinThread 类

其中，前两种分别适用于 Win32 API 和 C 运行时库(CRT)，后两种适用于 MFC。

用 C 或 C++编程，main 函数或 wmain 函数(Unicode 版本)是程序入口函数，用 Win32 API 编程，WinMain 或 wWinMain 是程序入口函数。程序开始运行后，操作系统为进程自动创建第一个线程，入口函数即为主线程函数。

7.2.1 Win32 API 线程编程

1. 创建线程函数 CreateThread

```
HANDLE WINAPI CreateThread(
  _In_opt_  LPSECURITY_ATTRIBUTES lpThreadAttributes,
  _In_      SIZE_T dwStackSize,
  _In_      LPTHREAD_START_ROUTINE lpStartAddress,
  _In_opt_  LPVOID lpParameter,
  _In_      DWORD dwCreationFlags,
  _Out_opt_ LPDWORD lpThreadId
);
```

(1) 函数功能：在进程的虚拟地址空间内创建一个线程并设定线程的初始状态。一个进程可创建的线程数由可用的虚拟内存决定。在默认情况下，每个线程占用 1MB 的堆栈空间，如果减少线程堆栈大小，则可以创建更多的线程。

(2) 参数说明：

① 第 1 个参数表示线程内核对象的安全属性，一般传入 NULL 表示使用默认设置。

② 第 2 个参数表示线程栈空间大小，传入 0 表示使用默认大小(1MB)。

③ 第 3 个参数表示新线程所执行的线程函数地址，多个线程可以使用同一个函数地址。

④ 第 4 个参数是传给线程函数的参数。

⑤ 第 5 个参数指定额外的标识来控制线程的创建，当为 0 时表示线程创建之后立即可以进行调度，如果为 CREATE_SUSPENDED 则表示线程创建后暂停运行，这样它就无法调度了，直到调用 ResumeThread()为止。

⑥ 第 6 个参数返回线程的 ID 号，传入 NULL 表示不需要返回该线程的 ID 号。

(3) 函数返回值：如果成功，返回新线程的句柄，如果失败，返回 NULL。

2. 等待函数 WaitForSingleObject

```
DWORD WINAPI WaitForSingleObject(
  _In_ HANDLE hHandle,
  _In_ DWORD dwMilliseconds
);
```

（1）函数功能：使线程进入等待状态，直到指定的内核对象被触发。

（2）参数说明：

① 第1个参数为要等待的内核对象。

② 第2个参数为最长等待的时间，以毫秒为单位，如传入 5000 表示最长等待 5 秒，传入 0 表示立即返回，传入 INFINITE 表示无限等待。

因为线程的句柄在线程运行时是未触发的，线程结束运行，句柄处于触发状态，所以可以用 WaitForSingleObject() 来等待一个线程结束运行。

（3）函数返回值：如果在指定的时间内对象被触发，函数返回 WAIT_OBJECT_0；如果超过最长等待时间对象仍未被触发，函数返回 WAIT_TIMEOUT；如果传入参数有错误将返回 WAIT_FAILED。

下面给出的程序 7.2 演示了 CreateThread 函数的用法。在该程序中创建了两个计数线程，图 7.4 是两个线程开始计数后的工作界面。由于线程 1 的优先级高于线程 2 的优先级，所以会获得更多的时间片，线程 1 的计数速度明显快于线程 2。

图 7.4　两个计数线程开始计数后的工作界面

程序 7.2　用 CreateThread 创建两个计数线程

```
//Thread2.cpp: 演示 Win32 API 多线程编程

# include "stdafx.h"
# include "resource.h"

# define MAX_LOADSTRING 100

//全局变量
HINSTANCE hInst;                         //当前实例
TCHAR szTitle[MAX_LOADSTRING];           //标题栏文本
TCHAR szWindowClass[MAX_LOADSTRING];     //标题栏文本

//函数声明
ATOM MyRegisterClass(HINSTANCE hInstance);
BOOL InitInstance(HINSTANCE, int);
LRESULT CALLBACK WndProc(HWND, UINT, WPARAM, LPARAM);
LRESULT CALLBACK About(HWND, UINT, WPARAM, LPARAM);

//程序入口函数,第 1 个线程函数
int APIENTRY WinMain(HINSTANCE hInstance,
                     HINSTANCE hPrevInstance,
                     LPSTR     lpCmdLine,
                     int       nCmdShow)
{
    //TODO: 将代码放在这里
    MSG msg;
    HACCEL hAccelTable;

    //初始化全局字符串
    LoadString(hInstance, IDS_APP_TITLE, szTitle, MAX_LOADSTRING);
```

```
    LoadString(hInstance, IDC_THREAD2, szWindowClass, MAX_LOADSTRING);
    MyRegisterClass(hInstance);

    //应用程序的初始化
    if (!InitInstance (hInstance, nCmdShow))
    {
        return FALSE;
    }
    hAccelTable = LoadAccelerators(hInstance, (LPCTSTR)IDC_THREAD2);

    //主消息循环
    while (GetMessage(&msg, NULL, 0, 0))
    {
        if (!TranslateAccelerator(msg.hwnd, hAccelTable, &msg))
        {
            TranslateMessage(&msg);
            DispatchMessage(&msg);
        }
    }

    return msg.wParam;
}

//MyRegisterClass():注册窗口类
ATOM MyRegisterClass(HINSTANCE hInstance)
{
 WNDCLASSEX wcex;

 wcex.cbSize = sizeof(WNDCLASSEX);

 wcex.style          = CS_HREDRAW | CS_VREDRAW;
 wcex.lpfnWndProc    = (WNDPROC)WndProc;
 wcex.cbClsExtra     = 0;
 wcex.cbWndExtra     = 0;
 wcex.hInstance      = hInstance;
 wcex.hIcon          = LoadIcon(hInstance, (LPCTSTR)IDI_THREAD2);
 wcex.hCursor        = LoadCursor(NULL, IDC_ARROW);
 wcex.hbrBackground  = (HBRUSH)(COLOR_WINDOW + 1);
 wcex.lpszMenuName   = (LPCSTR)IDC_THREAD2;
 wcex.lpszClassName  = szWindowClass;
 wcex.hIconSm        = LoadIcon(wcex.hInstance, (LPCTSTR)IDI_SMALL);

 return RegisterClassEx(&wcex);
}

//InitInstance(HANDLE, int):保存实例句柄并创建主窗口
BOOL InitInstance(HINSTANCE hInstance, int nCmdShow)
{
   HWND hWnd;

   hInst = hInstance;           //用全局变量存储实例句柄
   hWnd = CreateWindow(szWindowClass, szTitle, WS_OVERLAPPEDWINDOW,
      CW_USEDEFAULT, 0, CW_USEDEFAULT, 0, NULL, NULL, hInstance, NULL);
```

```
    if (!hWnd)
    {
        return FALSE;
    }

    ShowWindow(hWnd, nCmdShow);
    UpdateWindow(hWnd);

    return TRUE;
}

//定义第 1 个线程函数
struct thread1
{
    HWND hwnd1;
    int no1;
};
thread1 obj1;
UINT ThreadProc1(LPVOID lpvoid);
UINT ThreadProc1(LPVOID lpvoid)
{
    thread1 * temp = (thread1 *)lpvoid;
    HWND hwnd = temp->hwnd1;
    int no = temp->no1;
    char buff[200];
    HDC hdc = GetDC(hwnd);
    for(int i=0;i<no;i++)
    {
        wsprintf(buff,"线程 1 函数的输出：%d",i+1);
        TextOut(hdc,50,50,(LPCTSTR)buff,strlen(buff));
        Sleep(50);
    }
    return 0;
}

//定义第 2 个线程函数
struct thread2
{
    HWND hwnd2;
    int no2;
};
thread2 obj2;
UINT ThreadProc2(LPVOID lpvoid);
UINT ThreadProc2(LPVOID lpvoid)
{
    thread2 * temp = (thread2 *)lpvoid;
    HWND hwnd = temp->hwnd2;
    int no = temp->no2;
    char buff[200];
    HDC hdc = GetDC(hwnd);

    for(int i=0;i<no;i++)
    {
        wsprintf(buff,"线程 2 函数的输出：%d",i+1);
```

```c
            TextOut(hdc,248,50,(LPCTSTR)buff,strlen(buff));
            Sleep(75);
    }

    return 0;
}

//WndProc(HWND, unsigned, WORD, LONG):回调函数处理主窗口消息
//WM_COMMAND:处理菜单命令消息
//WM_PAINT:重建主窗口
//WM_DESTROY:处理退出窗口消息
LRESULT CALLBACK WndProc(HWND hWnd, UINT message, WPARAM wParam, LPARAM lParam)
    {
    int wmId, wmEvent;
    PAINTSTRUCT ps;
    HDC hdc;
    TCHAR szHello[MAX_LOADSTRING];
    LoadString(hInst, IDS_HELLO, szHello, MAX_LOADSTRING);

    char string[] = "Hello World!";
    HANDLE hThrd1,hThrd2;

    int i = 0;
    switch (message)
    {
        case WM_COMMAND:
            wmId    = LOWORD(wParam);
            wmEvent = HIWORD(wParam);
            //分析菜单选择
            switch (wmId)
            {
                case IDM_ABOUT:
                    DialogBox(hInst, (LPCTSTR)IDD_ABOUTBOX, hWnd, (DLGPROC)About);
                    break;
                case IDM_EXIT:
                    DestroyWindow(hWnd);
                    break;
                default:
                    return DefWindowProc(hWnd, message, wParam, lParam);
            }
            break;
        case WM_PAINT:
            hdc = BeginPaint(hWnd, &ps);

            //运行第1个线程
            obj1.hwnd1 = hWnd;
            obj1.no1 = 140;
             hThrd1 = CreateThread(NULL,              //不设置安全属性
                        0,                            //使用默认的堆栈大小
                        (LPTHREAD_START_ROUTINE) ThreadProc1,
                        (LPVOID)&obj1,                //指向线程函数
                        CREATE_SUSPENDED,             //挂起状态初始化线程
                    NULL);
```

```
            ResumeThread(hThrd1);                   //唤醒线程工作
            SetThreadPriority(hThrd1,THREAD_PRIORITY_HIGHEST);

            //运行第 2 个线程
            obj2.hwnd2 = hWnd;
            obj2.no2 = 260;
            hThrd2 = CreateThread(NULL,              //不设置安全属性
                    0,                               //使用默认的堆栈大小
                    (LPTHREAD_START_ROUTINE) ThreadProc2,
                    (LPVOID)&obj2,                   //指向线程函数
                    CREATE_SUSPENDED,                //挂起状态初始化线程
                NULL);
            ResumeThread(hThrd2);
            SetThreadPriority(hThrd1,THREAD_PRIORITY_LOWEST);
        EndPaint(hWnd, &ps);
            break;
    case WM_DESTROY:
            PostQuitMessage(0);
            break;
    default:
            return DefWindowProc(hWnd, message, wParam, lParam);
    }
    return 0;
}

//关于对话框消息处理
LRESULT CALLBACK About(HWND hDlg, UINT message, WPARAM wParam, LPARAM lParam)
{
 switch (message)
 {
    case WM_INITDIALOG:
            return TRUE;

    case WM_COMMAND:
            if (LOWORD(wParam) == IDOK || LOWORD(wParam) == IDCANCEL)
            {
                EndDialog(hDlg, LOWORD(wParam));
                return TRUE;
            }
            break;
 }
  return FALSE;
}
```

7.2.2 用 C 语言编写多线程

每个 Win32 程序都至少包含一个线程，每一个线程都可以创建出另外的线程。一个线程可能迅速完成工作后就结束了，也可能保持活动状态到进程结束。C 语言在 Windows 平台上支持多线程，LIBCMT 和 MSVCRT 这两个 C 语言运行时库（CRT）提供了两个创建线程的函数_beginthread 和_beginthreadex，还提供了两个结束线程的函数_endthread 和_endthreadex。

_beginthread 和_beginthreadex 函数创建新线程，如果操作成功，返回线程标识符。线程完成时自动终止，或者调用_endthread 或_endthreadex 终止线程。

1. _beginthread 和_beginthreadex 函数

_beginthread 和_beginthreadex 函数用来创建新线程。

创建线程函数的语法如下：

```
uintptr_t _beginthread(                        //原生代码
    void( __cdecl * start_address )( void * ),
    unsigned stack_size,
    void * arglist
);

uintptr_t _beginthread(                        //托管代码
    void( __clrcall * start_address )( void * ),
    unsigned stack_size,
    void * arglist
);

uintptr_t _beginthreadex(                      //原生代码
    void * security,
    unsigned stack_size,
    unsigned ( __stdcall * start_address )( void * ),
    void * arglist,
    unsigned initflag,
    unsigned * thrdaddr
);

uintptr_t _beginthreadex(                      //托管代码
    void * security,
    unsigned stack_size,
    unsigned ( __clrcall * start_address )( void * ),
    void * arglist,
    unsigned initflag,
    unsigned * thrdaddr
);
```

如果成功，_beginthread 和_beginthreadex 返回新线程的句柄；如果有错误，则返回错误码。

2. _endthread 和_endthreadex 函数

_endthread 函数终止由_beginthread 创建的线程，_endthreadex 终止由_beginthreadex 创建的线程。线程会在完成时自动终止。_endthread 和_endthreadex 用于从线程内部进行条件终止。

如果线程中调用了 C 运行时库（CRT）函数，应使用_beginthreadex 和_endthreadex 创建线程和终止线程，而不是使用 CreateThread 和 ExitThread。如果使用 CreateThread 创建的线程调用了 CRT 函数，CRT 函数则可能异常终止进程。

程序 7.3 演示了线程函数_beginthread 和_endthread 的用法，该程序设计了一个检查按键的线程 CheckKey 和一个字符飘移的线程 Bounce,其运行界面如图 7.5 所示。

图 7.5 C 语言多线程——字符飘移

程序 7.3 用 C 语言编写字符飘移线程

```cpp
//CharBounce.cpp: 字符飘移
#include <windows.h>
#include <process.h>                    /* _beginthread, _endthread */
#include <stddef.h>
#include <stdlib.h>
#include <conio.h>

void Bounce( void *ch );
void CheckKey( void *dummy );

/* 返回一个介于 min 和 max 之间的随机数 */
#define GetRandom( min, max ) ((rand() % (int)(((max) + 1) - (min))) + (min))

BOOL repeat = TRUE;                     /* 全局变量,重复执行标志 */
HANDLE hStdOut;                         /* 控制台窗口句柄 */
CONSOLE_SCREEN_BUFFER_INFO csbi;        /* 控制台的信息结构 */

int main()
{
    CHAR    ch = 'A';

    hStdOut = GetStdHandle( STD_OUTPUT_HANDLE );

    /* 显示屏幕的文本行和列的信息 */
    GetConsoleScreenBufferInfo( hStdOut, &csbi );

    /* 创建启动 CheckKey 线程,检查按键,终止程序 */
    _beginthread( CheckKey, 0, NULL );

    /* 循环,直到 CheckKey 线程终止程序 */
    while( repeat )
    {
        /* 在第一次循环,开始字符的线程 */
        _beginthread( Bounce, 0, (void *)(ch++) );

        /* 在循环之间等待 1 秒 */
        Sleep( 1000L );
    }
}
```

```c
/* CheckKey 线程等待一个按键,然后将重复标志置 0 */
void CheckKey( void * dummy )
{
    _getch();
    repeat = 0;                              /* 执行_endthread 的条件 */

}

/* 弹跳线程创建和控制的彩色字母在屏幕上四处飘移
 * 参数 ch 表示飘移的字母 */
void Bounce( void * ch )
{
    /* 字母和颜色属性 */
    char     blankcell = 0x20;
    char     blockcell = (char) ch;
    BOOL     first = TRUE;
    COORD    oldcoord, newcoord;
    DWORD    result;


    /* 设置随机数发生器种子和字母初始位置 */
    srand( _threadid );
    newcoord.X = GetRandom( 0, csbi.dwSize.X - 1 );
    newcoord.Y = GetRandom( 0, csbi.dwSize.Y - 1 );
    while( repeat )
    {
      /* 暂停循环时间 */
      Sleep( 100L );

      /* 清空原位置字母,在新位置绘制字母 */
      if( first )
        first = FALSE;
      else
        WriteConsoleOutputCharacter( hStdOut, &blankcell, 1, oldcoord, &result );
        WriteConsoleOutputCharacter( hStdOut, &blockcell, 1, newcoord, &result );

      /* 下一个位置的坐标值 */
      oldcoord.X = newcoord.X;
      oldcoord.Y = newcoord.Y;
      newcoord.X += GetRandom( -1, 1 );
      newcoord.Y += GetRandom( -1, 1 );

      /* 如果字母离开控制台窗口,响一声"哗" */
      if( newcoord.X < 0 )
        newcoord.X = 1;
      else if( newcoord.X == csbi.dwSize.X )
        newcoord.X = csbi.dwSize.X - 2;
      else if( newcoord.Y < 0 )
        newcoord.Y = 1;
      else if( newcoord.Y == csbi.dwSize.Y )
        newcoord.Y = csbi.dwSize.Y - 2;

      /* 如果在窗口内部,继续移动下去,否则发出响声 */
      else
```

```
            continue;
        Beep( ((char) ch - 'A') * 100, 175 );
    }
    /* 调用终止线程函数 */
    _endthread();
}
```

7.2.3 线程同步

Win32 提供了几种同步资源的方式,包括信号量、临界区、事件和互斥锁。

当多线程访问静态数据时,程序必须处理可能的资源冲突。假设有这样一个程序,一个线程更新静态数据结构,该结构包含要由其他线程显示的 X、Y 坐标。如果更新线程更改了 X 坐标并且在更改 Y 坐标之前被显示线程取代,可能导致在错误的位置显示信息。通过使用互斥锁控制对坐标的访问,可以避免此类问题的发生。

互斥锁(Mutex)通常用于协调多个线程或进程的活动,通过锁定和取消锁定资源实现对共享资源的独占式访问。为解决上述 X、Y 坐标的更新问题,更新线程将设置 Mutex 指示数据结构正在使用,更新线程会在两个坐标全部处理完之后清除互斥锁,显示线程在更新线程工作时必须等待互斥锁被释放。由于显示线程被阻止到 Mutex 清除后才能继续,因此等待 Mutex 的线程通常称为在 Mutex 上"阻塞"。

再举一个例子,程序可能有多个线程访问同一文件。由于其他线程可能已经移动了文件指针,因此每个线程在读取或写入之前必须重新设置文件指针。另外,每个线程必须确保在它定位指针和访问文件两个时间之间没有被替换。这些线程应该通过 WaitForSingleObject 和 ReleaseMutex 调用将每个文件的访问括起来,以使用互斥锁协调对文件的访问。下面的代码片段演示了互斥锁技术:

```
HANDLE hIOMutex = CreateMutex(NULL, FALSE, NULL);
WaitForSingleObject( hIOMutex, INFINITE );
fseek( fp, desired_position, 0L );
fwrite( data, sizeof( data ), 1, fp );
ReleaseMutex( hIOMutex);
```

程序 7.4 演示了如何使用 WaitForSingleObject 函数同步 _beginthreadex 创建返回的线程句柄。该程序包括主线程 main 和子线程 SecondThreadFunc。子线程完成循环一百万次的计数任务,程序运行结果如图 7.6 所示。主线程 main 要等待第二个线程 SecondThreadFunc 终止才能继续执行,当第二个线程调用 _endthreadex 时,会引起线程信号状态的变化,主线程继续运行。

图 7.6 C 语言多线程中的同步

程序 7.4 用 C 语言编写多线程同步实例 1

```
//Counter.cpp: 计数器线程演示
# include < windows.h >
# include < stdio.h >
# include < process.h >
```

```
unsigned Counter;
//定义一个计数器线程
unsigned __stdcall SecondThreadFunc( void* pArguments )
{
 printf( "线程#2开始工作...接下来要循环1百万次\n" );

    while ( Counter < 1000000 )
        Counter++;

    _endthreadex( 0 );
    return 0;
}
int main()
{
    HANDLE hThread;
    unsigned threadID;

    printf( "创建线程#2...\n" );
    //创建第2个线程
    hThread = (HANDLE)_beginthreadex( NULL, 0, &SecondThreadFunc, NULL, 0, &threadID );

    //等待,直到第2个线程终止
    //如果注释掉下面的行,计数器将不能正确工作,因为线程还没有终止
    //计数器不能递增到1 000 000
    WaitForSingleObject( hThread, INFINITE );
    printf( "计数器最后输出结果应该是1000000;真实的输出结果是-> %d\n", Counter );
    //销毁线程对象
    CloseHandle( hThread );
}
```

7.2.4 创建多线程的步骤

通过前面的实例演示,可以将 C 语言和 Win32 API 创建多线程的过程归纳为以下两个步骤。

1. 定义线程函数

线程函数首先是一个普通函数,因此与普通函数的定义一样。不同之处在于,线程函数的参数必须是 void 类型的长指针,这样就可以通过 void 类型的长指针向线程函数传递任何类型的数据。一个线程函数的框架定义如下:

```
ThreadFunction(LPVOID param)
{
    //做某事

    ……
    ……

    //返回值

}
```

2. 在主函数或其他线程函数中用_beginthread、_beginthreadex、CreateThread 函数创建新线程

下面给出的程序 7.5 是一个演示用 C 语言编写多线程的例子,其结构和步骤特别清晰,程序运行界面如图 7.7 所示。

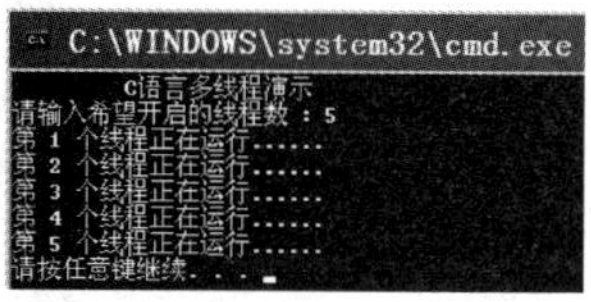

程序 7.5 用 C 语言编写多线程同步实例 2

图 7.7 C 语言多线程演示结果

```c
#include <windows.h>
#include <stdlib.h>
#include <string.h>
#include <stdio.h>
#include <conio.h>
#include <process.h>

//第 2 个线程函数
void ThreadProc(void * param);

//第 1 个线程函数
int main()
{
 int n;
 int i;
 int val = 0;
 HANDLE handle;

 printf("\t C 语言多线程演示\n");
 printf("请输入希望开启的线程数 : ");
 scanf("%d",&n);
 for(i=0;i<n;i++)
 {
    val = i+1;
    handle = (HANDLE) _beginthread( ThreadProc,0,&val); //创建线程
    WaitForSingleObject(handle,INFINITE);
 }
 return 0;
}

void ThreadProc(void * param)
{
 int h = *((int *)param);
 printf("第 %d 个线程正在运行……\n",h);
 _endthread();
}
```

7.2.5 多线程程序——笑脸

程序 7.6(Bounce.c)是一个经典的 C 语言多线程程序,每次输入字母 a 或 A 时,它都创建新的线程,每个线程都在屏幕的周围显示不同颜色的笑脸。这个程序与前面的程序 7.3 相比更好地使用了同步技术,并设定最多可以创建 32 个线程。当输入 q 或 Q 时,终止程序。程序的运行界面如图 7.8 所示。

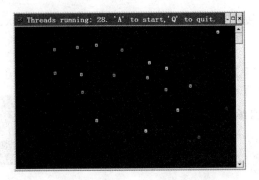

图 7.8 笑脸程序的运行界面

Bounce.c 程序使用名为 hScreenMutex 的 Mutex 协调屏幕更新,每当其中的一个显示线程准备写入屏幕时,将调用 WaitForSingleObject,使用 hScreenMutex 句柄和常数 INFINITE 指示 WaitForSingleObject 调用应该在互斥锁上阻止且不应该超时。线程完成显示更新后,通过调用 ReleaseMutex 释放互斥锁。

程序 7.6 笑脸程序完整代码

```
//程序名:Bounce.c
//Bounce: 每当从键盘上按下字母'a'时创建一个新线程
//每个线程在屏幕的周围显示不同颜色的笑脸
//从键盘输入字母'Q'时终止所有线程

#include <windows.h>
#include <stdlib.h>
#include <string.h>
#include <stdio.h>
#include <conio.h>
#include <process.h>

#define MAX_THREADS 32                          //定义最大线程数

//getrandom 函数返回一个介于 min 和 max 之间的随机整数
#define getrandom( min, max ) (SHORT)((rand() % (int)(((max) + 1) - (min))) + (min))

int main( void );                               //线程 1: main
void KbdFunc( void );                           //键盘输入,线程调度
void BounceProc( void * MyID );                 //线程 2 到 n: 显示
void ClearScreen( void );                       //清屏
void ShutDown( void );                          //关闭线程
void WriteTitle( int ThreadNum );               //显示标题栏信息
HANDLE hConsoleOut;                             //控制台句柄
HANDLE hRunMutex;                               //"继续运行"互斥
HANDLE hScreenMutex;                            //"屏幕更新"互斥
int    ThreadNr;                                //已启动的线程数
CONSOLE_SCREEN_BUFFER_INFO csbiInfo;            //控制台信息


int main()                                      //主线程
{
    //获取屏幕信息,清除屏幕
```

```c
    hConsoleOut = GetStdHandle( STD_OUTPUT_HANDLE );
    GetConsoleScreenBufferInfo( hConsoleOut, &csbiInfo );
    ClearScreen();
    WriteTitle( 0 );

    //创建互斥锁和复位线程数
    hScreenMutex = CreateMutex( NULL, FALSE, NULL );    //清空
    hRunMutex = CreateMutex( NULL, TRUE, NULL );        //设置
    ThreadNr = 0;

    //等待键盘输入,以便调度线程或退出
    KbdFunc();

    //所有线程完成,清理句柄
    CloseHandle( hScreenMutex );
    CloseHandle( hRunMutex );
    CloseHandle( hConsoleOut );
}

void ShutDown( void )                                   //关闭线程
{
    while ( ThreadNr > 0 )
    {
        //释放互斥锁对象,线程数递减
        ReleaseMutex( hRunMutex );
        ThreadNr--;
    }

    //在所有线程结束后清理屏幕
    WaitForSingleObject( hScreenMutex, INFINITE );
    ClearScreen();
}
//调度并且为线程计数
void KbdFunc( void )
{
    int     KeyInfo;

    do
    {
        KeyInfo = _getch();
        if ( tolower( KeyInfo ) == 'a' &&
            ThreadNr < MAX_THREADS )
        {
            ThreadNr++;
            _beginthread( BounceProc, 0, &ThreadNr );
            WriteTitle( ThreadNr );
        }
    } while( tolower( KeyInfo ) != 'q' );

    ShutDown();
}

void BounceProc( void * pMyID )
{
```

```c
        char      MyCell, OldCell;
        WORD      MyAttrib, OldAttrib;
        char      BlankCell = 0x20;
        COORD     Coords, Delta;
        COORD     Old = {0,0};
        DWORD     Dummy;
        char      * MyID = (char*)pMyID;

        //生成的更新增量和初始坐标
        srand( (unsigned int) * MyID * 3 );

        Coords.X = getrandom( 10, csbiInfo.dwSize.X - 10 );
        Coords.Y = getrandom( 10, csbiInfo.dwSize.Y - 10 );
Delta.X = getrandom( -3,3 );
Delta.Y = getrandom( -3,3 );
        //根据线程号设置笑脸方块属性
        if( * MyID > 16 )
            MyCell = 0x01;                         //轮廓笑脸
        else
            MyCell = 0x02;                         //实心笑脸
        MyAttrib = * MyID & 0x0F;                  //强制使用黑色背景

        do
        {
            //等待可以显示的时候,然后锁上它
            WaitForSingleObject( hScreenMutex, INFINITE );

            //如果我们还要继续占用旧的位置,则清空它
            ReadConsoleOutputCharacter( hConsoleOut, &OldCell, 1,
                                Old, &Dummy );
            ReadConsoleOutputAttribute( hConsoleOut, &OldAttrib, 1,
                                Old, &Dummy );
            if (( OldCell == MyCell ) && (OldAttrib == MyAttrib))
                WriteConsoleOutputCharacter( hConsoleOut, &BlankCell, 1,
                                    Old, &Dummy );

            //画新的笑脸,然后清除锁
            WriteConsoleOutputCharacter( hConsoleOut, &MyCell, 1,
                                Coords, &Dummy );
            WriteConsoleOutputAttribute( hConsoleOut, &MyAttrib, 1,
                                Coords, &Dummy );
            ReleaseMutex( hScreenMutex );

            //下一个小方块递增的坐标位置
            Old.X = Coords.X;
            Old.Y = Coords.Y;
            Coords.X += Delta.X;
            Coords.Y += Delta.Y;

            //如果即将离开屏幕边界,则调转方向
            if( Coords.X < 0 || Coords.X >= csbiInfo.dwSize.X )
            {
                Delta.X = -Delta.X;
                Beep( 400, 50 );
```

```
            }
            if( Coords.Y < 0 || Coords.Y > csbiInfo.dwSize.Y )
            {
                Delta.Y = - Delta.Y;
                Beep( 600, 50 );
            }
        }
        //当 RunMutex 仍有效时一直重复
        while ( WaitForSingleObject( hRunMutex, 75L ) == WAIT_TIMEOUT );
    }

    void WriteTitle( int ThreadNum )
    {
        enum {
            sizeOfNThreadMsg = 80
        };
        char    NThreadMsg[sizeOfNThreadMsg];

        sprintf_s( NThreadMsg, sizeOfNThreadMsg,
                  "Threads running: % 02d. 'A' to start,'Q' to quit.", ThreadNum );
        SetConsoleTitle(NThreadMsg );
    }

    void ClearScreen( void )
    {
        DWORD     dummy;
        COORD     Home = { 0, 0 };
        FillConsoleOutputCharacter( hConsoleOut, '',
                                    csbiInfo.dwSize.X * csbiInfo.dwSize.Y,
                                    Home, &dummy );
    }
```

用 VS2010 编译和调试多线程程序 Bounce.c,其步骤简述如下：
(1) 在"文件"菜单上单击"新建",然后单击"项目"。
(2) 在"项目类型"窗格中单击 Win32。
(3) 在"模板"窗格中单击"Win32 控制台应用程序",然后命名项目。
(4) 将包含 C 源代码的文件(程序 7.6)添加到项目中。
(5) 选择"调试→开始执行(不调试)"命令,观察到的运行结果如图 7.8 所示。
本节中的其他实例都可以参照以上步骤运行。

7.3 用 C++ 和 MFC 编写多线程

MFC 提供了对多线程应用程序的支持。在 MFC 中,线程分为两种,一种是用户界面线程(User-Interface Thread),另一种是工作线程(Worker Thread)。这两种线程适用于不同的任务需求。

7.3.1 MFC 线程类

MFC 提供的多线程类如图 7.9 所示，图中标注五角星的是与线程操作相关的类。其中，CWinThread 类的继承关系为 CObject－>CCmdTarget－>CWinThread－>CWinApp。用 MFC 应用程序向导生成的 MFC 程序框架中的 CWinApp 类对象是用户界面线程，也是主线程。

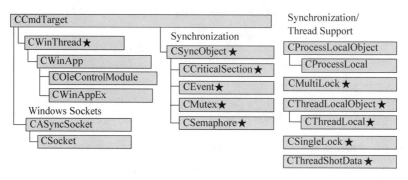

图 7.9 MFC 多线程类

在 MFC 应用程序中，所有的线程都是用 CWinThread 类的对象来表示的。CWinThread 类是 MFC 用来封装线程的，包括用户界面线程和工作线程，因此，每个 MFC 程序至少使用一个 CWinThread 派生类。

Windows 以消息驱动机制工作，每个 Win32 应用程序都至少包含一个消息队列和一个消息泵。消息队列建立在操作系统提供的内存保留区中，消息泵不断搜寻消息队列，将取得的消息分发给应用程序的各个部分进行处理，这个过程称为消息循环。消息循环的基本结构如下：

```
//从队列中获取消息
while(GetMessage(&msg,0,0,0))
{
//转换消息参数
TranslateMesssage(&msg);
//分发消息
DispatchMessage(&msg);
}
```

Windows 以线程封装上面的消息循环，封装消息循环的线程称为用户界面线程，即 UI 线程，该线程可以创建并撤销窗口。工作线程则没有消息循环，不能处理系统事件和窗口消息，也不能关联主窗口。主线程和工作线程虽然享有共同的虚拟地址空间，但各自独立地使用 CPU 时间片，参与系统资源的竞争。所以，用户可以使用工作线程完成经常性的、耗费机时的数据处理工作（例如网络通信），减轻 UI 线程的负担，确保 UI 线程及时响应用户的窗口操作。根据需要，在一个应用程序中也可以创建多个 UI 线程。

MFC 的 CWinThread 类封装了对线程的操作，一个 CWinThread 对象代表应用程序中的一个线程。在 MFC 应用程序中，主执行线程是由 CWinThread 的派生类 CWinApp 派生的对象。由 CWinApp 类派生的新类都是用户界面线程。

1．成员变量

CWinThread 类的成员变量有以下 5 个。
- m_bAutoDelete：线程终止时是否自动销毁。
- m_hTread：当前线程的句柄。
- m_nTreadID：当前线程的标识。
- m_pMainWnd：应用程序主窗口指针。
- m_pActiveWnd：激活窗口指针。

2．成员函数

下面介绍 CWinThread 类的常用成员函数。

（1）CreateTread 函数用于创建一个新线程，该函数的声明如下：

```
BOOL CreateTread
{
DWORD dwCreateFlags = 0,                           //线程的创建标志
UINT nStackSize = 0,                               //线程的堆栈大小
LPSECURITY_ATTRIBUTES lpSecurityAttrs = NULL       //线程的安全属性
};
```

（2）GetTreadPriority 函数用于获取线程的优先级，该函数的声明如下：

```
int GetTreadPriority();
```

线程的优先级取值如下：
- THREAD_PRIORITY_TIME_CRITICAL：实时优先级。
- THREAD_PRIORITY_HIGHEST：比普通优先级高两个单位。
- THREAD_PRIORITY_ABOVE_NORMAL：比普通优先级高一个单位。
- THREAD_PRIORITY_NORMAL：普通优先级。
- THREAD_PRIORITY_BELOW_NORMAL：比普通优先级低一个单位。
- THREAD_PRIORITY_LOWEST：比普通优先级低两个单位。
- THREAD_PRIORITY_IDLE：空闲优先级。

（3）SetThreadPriority 函数用于设置线程的优先级，该函数的声明如下：

```
BOOL SetThreadPriority(
int nPriority;                                     //优先级
);
```

（4）PostThreadMessage 函数用于向另一个 CWinThread 对象发送信息，该函数的声明如下：

```
BOOL PostThreadMessage(
UINT message,                                      //用户定义消息标识
WPARAM wParam,                                     //消息的第 1 个参数
LPARAM lParam                                      //消息的第 2 个参数
);
```

（5）SuspendThread 函数用于将线程的挂起计数加 1，当线程的挂起计数大于 0 时，该

线程将暂停执行,称之为挂起状态。该函数的声明如下:

```
DWORD SuspendThread();
```

(6) ResumeThread 函数用于将生成的挂起计数减 1,当线程的挂起计数减少到 0 时,恢复线程的执行。该函数的声明如下:

```
DWORD ResumeThread();
```

3. 重载函数

下面介绍 CWinThread 类的常用重载函数。

(1) InitInstance 函数用于执行线程实例的初始化工作,该函数的声明如下:

```
virtual BOOL InitInstance();
```

(2) ExitInstance 函数用于执行清理工作,该函数的声明如下:

```
virtual int ExitInstance();
```

(3) OnIdle 函数用于执行线程空闲处理工作,该函数的声明如下:

```
virtual BOOL OnIdle(LONG lCount );
```

MFC 还提供了一组以 CSyncObject 为父类的线程同步类,其子类有 CEvent、CMutex、CCriticalSection 和 CSemaphore。

7.3.2 用户界面线程

用户界面线程是用来处理用户输入和响应用户事件的线程。当用 MFC 框架创建应用程序时,程序的主线程已经由 CWinApp 这个类创建完成。下面介绍在此基础上创建其他用户界面线程的步骤。

首先要做的是创建一个派生自 CWinThread 的用户界面线程类,需要使用 DECLARE_DYNCREATE 和 IMPLEMENT_DYNCREATE 宏命令声明和实现这个类,创建的用户界面线程类必须重载基类中的某些函数,这些函数如表 7.2 所示。

表 7.2 创建用户界面线程类时需要重载的函数

函 数	功 能
ExitInstance	线程退出时执行清理工作,通常情况下需要重载
InitInstance	执行线程初始化工作,必须被重载
OnIdle	执行线程空闲时间处理工作,一般不需要重载
PreTranslateMessage	在消息交由 TranslateMessage 和 DispatchMessage 处理之前进行预处理,一般不需要重载
ProcessWndProcException	拦截由线程的消息和命令处理程序抛出的未处理异常,一般不需要重载
Run	线程的控制函数,包含消息泵,极少需要重载

MFC 通过参数重载实现了两种版本的 AfxBeginThread 函数用来创建线程对象。其中,一种只能用来创建工作线程,另一种既可以用来创建用户界面线程,也可以用来创建工作线程。下面介绍其语法形式。

语法形式一：

```
CWinThread* AfxBeginThread(              //只能创建工作线程
  AFX_THREADPROC pfnThreadProc,
  LPVOID pParam,
  int nPriority = THREAD_PRIORITY_NORMAL,
  UINT nStackSize = 0,
  DWORD dwCreateFlags = 0,
  LPSECURITY_ATTRIBUTES lpSecurityAttrs = NULL
);
```

语法形式二：

```
CWinThread* AfxBeginThread(              //可创建用户界面线程或工作线程
  CRuntimeClass* pThreadClass,
  int nPriority = THREAD_PRIORITY_NORMAL,
  UINT nStackSize = 0,
  DWORD dwCreateFlags = 0,
  LPSECURITY_ATTRIBUTES lpSecurityAttrs = NULL
);
```

创建用户界面线程，使用后面的 AfxBeginThread 形式，其参数的含义如下。

(1) pThreadClass：指向由 CWinThread 派生的类对象。

(2) nPriority：可省略，表示线程的优先级。

(3) nStackSize：可省略，表示线程的堆栈大小，默认与创建线程一样大。

(4) dwCreatFlags：默认值为 0，表示正常启动线程。如果设置为 CREATE_SUSPENDED，则线程被创建后处于挂起状态。

(5) lpSecurityAttrs：可省略，用于设置安全属性，默认与父线程相同。

AfxBeginThread 完成了创建一个新线程对象的大部分工作，用指定的参数初始化并调用 CWinThread::CreateThread 创建和开始执行线程。下面给出的程序 7.7 演示了用户界面线程在服务器套接字编程中的应用。

程序 7.7　用户界面线程用于服务器套接字编程

```
//定义套接字线程对象
class CSockThread : public CWinThread
{
public:
  SOCKET m_hConnected;

protected:
  CChatSocket m_sConnected;

  //剩下的类声明省略

//初始化套接字线程
BOOL CSockThread::InitInstance()
{
  //在线程的上下文使用 Socket 对象的套接字句柄
  m_sConnected.Attach(m_hConnected);
  m_hConnected = NULL;
```

```
        return TRUE;
}
//在服务器端创建新的线程对象与客户端通信
//该侦听套接字已在主线程构造
void CListeningSocket::OnAccept(int nErrorCode)
{
    UNREFERENCED_PARAMETER(nErrorCode);

    //使用 CSocket 对象暂时接受传入的连接
    CSocket sConnected;
    Accept(sConnected);

    //开始其他线程
    CSockThread* pSockThread = (CSockThread*)AfxBeginThread(
        RUNTIME_CLASS(CSockThread), THREAD_PRIORITY_NORMAL, 0, CREATE_SUSPENDED);
    if (NULL != pSockThread)
    {
        //分离新接受的套接字,在新的线程对象中保存套接字句柄
        //分离后,它不再使用该线程的上下文
        pSockThread->m_hConnected = sConnected.Detach();
        pSockThread->ResumeThread();
    }
}
```

7.3.3 工作线程

创建工作线程相对于创建用户界面线程要简单一些,只需要两步(类似于前面的 C 和 Win32 API):

(1) 实现工作线程的控制函数。

(2) 用 AfxBeginThread 函数创建启动线程。AfxBeginThread 创建并初始化一个 CWinThread 线程对象,返回这个线程对象的地址。

除非特别需要,才从 CWinThread 派生子类自定义工作线程类,在大多数情况下,工作线程不需要创建 CWinThread 的子类,可以直接使用 CWinThread 类。

前面的用户界面线程部分给出了 AfxBeginThread 函数的两种重载形式,第一种专门用于创建并启动工作线程,其参数的含义如下。

(1) pfnThreadProc:表示控制函数的地址。

(2) pParam:向控制函数传递的参数。

(3) nPriority:可省略,表示线程的优先级。

(4) nStackSize:可省略,表示线程的堆栈大小,默认与创建线程一样大。

(5) dwCreateFlags:默认值为 0,表示正常启动线程。如果设置为 CREATE_SUSPENDED,则线程被创建后处于挂起状态。

(6) lpSecurityAttrs:可省略,用于设置安全属性,默认与父线程相同。

在创建工作线程之前要先定义控制函数。控制函数实现了线程的功能逻辑,当控制函数开始执行时,线程开始启动;当控制函数结束退出时,线程也跟着结束。控制函数的定义形式如下:

```
UINT MyControllingFunction( LPVOID pParam );
```

其中，MyControllingFunction 是控制函数的名字，由编程者自行定义。

参数 pParam 是一个 32 位的指针，它是在启动工作线程时，由 AfxBeginThread 函数传递给控制函数的。这个指针既可以指向简单的数据类型，用来传递 int 之类的简单数据；也可以指向复杂的数据结构，例如对象或结构体，从而传递更多的信息；当不需要传递数据时，可以忽略这个参数。参数 pParam 不仅可以将数据从调用者线程传递到被调用线程，也可以将数据从被调用线程返回至调用者线程。

当控制函数结束时，它返回一个 uint 类型的数值，用来表述函数结束的原因。如果返回 0，表示正常结束，函数执行成功；如果返回其他值，表示出现错误。

下面的程序 7.8 演示了如何创建和调用工作线程。

程序 7.8 工作线程的创建和调用

```
UINT MyThreadProc( LPVOID pParam ) //控制函数
{
    CMyObject * pObject = (CMyObject *)pParam;
    if (pObject == NULL ||
        !pObject->IsKindOf(RUNTIME_CLASS(CMyObject)))
        return 1;                              //如果 pObject 无效

    //用'pObject'做什么

    return 0;                                  //线程已成功完成
}

//程序中的不同功能
//...
pNewObject = new CMyObject;
AfxBeginThread(MyThreadProc, pNewObject);      //创建工作线程
//...
```

7.3.4 线程同步类

从图 7.9 可以看出，MFC 提供了两种类型的线程同步类。一种是同步类，包括 CSyncObject、CSemaphore、CMutex、CCriticalSection 和 CEvent；另一种是同步访问类，包括 CMultiLock 和 CSingleLock。

这么多的同步类，如何决定到底使用哪个类呢？选择原则如下：

（1）应用程序是否需要等待某件事情发生，才可以访问该资源（例如，数据被写入到一个文件之前必须从一个通信端口接收完毕）？如果回答是，则使用 CEvent。

（2）同一程序的多个线程可以在同一时间访问某个资源吗（例如，应用程序允许 5 个窗口显示同一文件的内容）？如果回答是，则使用 CSemaphore。

（3）多个应用程序可以使用某个资源吗（例如使用某个 DLL）？如果回答是，则使用 CMutex；如果回答不，则使用 CCriticalSection。

CSyncObject 不能直接使用，它只是实现了其他 4 个同步类的基类定义。对于更详细的说明请读者参见 MSDN。

7.3.5 MFC 多线程程序——自行车比赛

程序 7.9 给出了一个自行车比赛多线程实例。这个程序模拟 9 名自行车运动员同时出发进行比赛,有一名裁判员乘坐自动车跟随运动员一起出发,到达终点时停止前进。该程序的运行界面如图 7.10 所示。

图 7.10 MFC 多线程程序自行车比赛的运行界面

该程序用 9 个工作线程(Thread1～Thread9)模拟 9 名自行车运动员,工作线程 Thread10 模拟裁判员,程序主线程派生自 CWinApp。该程序的完整代码见程序 7.9。

程序 7.9 自行车比赛程序完整代码

```cpp
#include <afxwin.h>
#include <afxext.h>
#include <stdio.h>
#include "resource.h"

CWinThread
*pThread1, *pThread2, *pThread3, *pThread4, *pThread5, *pThread6, *pThread7, *pThread8,
*pThread9, *pThread10;

int posx, posy;
UINT Thread1(LPVOID lp)
{
    CBitmap bmp;
    BITMAP bit;
    CDC cMemdc;
    CDC *dc;
    dc = CDC::FromHandle((HDC)LOWORD(lp));
    int col;
    col = HIWORD(lp);
    CClientDC cdc(AfxGetApp()->m_pMainWnd);
    bmp.LoadBitmap(IDB_BITMAP1);
    bmp.GetObject(sizeof(BITMAP),&bit);
```

```
            cMemdc.CreateCompatibleDC(&cdc);
            cMemdc.SelectObject(&bmp);

            for(int posx = 10, posy = 4;posx<=510;posx++)
            {

cdc.BitBlt(posx,posy,bit.bmWidth,bit.bmHeight,&cMemdc,0,0,SRCCOPY);
            Sleep(2);
            }

            return 0;
    }

UINT Thread2(LPVOID lp)
 {
            CBitmap bmp;
            BITMAP bit;
            CDC cMemdc;
            CDC * dc;
            dc = CDC::FromHandle((HDC)LOWORD(lp));
            int col;

            col = HIWORD(lp);

            CClientDC cdc(AfxGetApp()->m_pMainWnd);
            bmp.LoadBitmap(IDB_BITMAP2);
            bmp.GetObject(sizeof(BITMAP),&bit);
            cMemdc.CreateCompatibleDC(&cdc);
            cMemdc.SelectObject(&bmp);
            for(posx = 10,posy = 44;posx<=540;posx++)
            {

cdc.BitBlt(posx,posy,bit.bmWidth,bit.bmHeight,&cMemdc,0,0,SRCCOPY);
            Sleep(7);
            }

            return 0;
 }

UINT Thread3(LPVOID lp)
 {
            CBitmap bmp;
            BITMAP bit;
            CDC cMemdc;
            CDC * dc;
            dc = CDC::FromHandle((HDC)LOWORD(lp));
            int col;

            col = HIWORD(lp);

            CClientDC cdc(AfxGetApp()->m_pMainWnd);
            bmp.LoadBitmap(IDB_BITMAP3);
            bmp.GetObject(sizeof(BITMAP),&bit);
```

```
            cMemdc.CreateCompatibleDC(&cdc);
            cMemdc.SelectObject(&bmp);

            for(int posx = 10,posy = 84;posx <= 510;posx++)
            {
cdc.BitBlt(posx,posy,bit.bmWidth,bit.bmHeight,&cMemdc,0,0,SRCCOPY);
                Sleep(5);
            }

    return 0;
 }
UINT Thread4(LPVOID lp)
 {
            CBitmap bmp;
            BITMAP bit;
            CDC cMemdc;
            CDC *dc;
            dc = CDC::FromHandle((HDC)LOWORD(lp));
            int col;

            col = HIWORD(lp);

            CClientDC cdc(AfxGetApp()->m_pMainWnd);
            bmp.LoadBitmap(IDB_BITMAP4);
            bmp.GetObject(sizeof(BITMAP),&bit);
            cMemdc.CreateCompatibleDC(&cdc);
            cMemdc.SelectObject(&bmp);
            for(int posx = 10,posy = 125;posx <= 580;posx++)
            {
cdc.BitBlt(posx,posy,bit.bmWidth,bit.bmHeight,&cMemdc,0,0,SRCCOPY),
                Sleep(7);
            }

            return 0;
 }
UINT Thread5(LPVOID lp)
 {
            CBitmap bmp;
            BITMAP bit;
            CDC cMemdc;
            CDC *dc;
            dc = CDC::FromHandle((HDC)LOWORD(lp));
            int col;

            col = HIWORD(lp);

            CClientDC cdc(AfxGetApp()->m_pMainWnd);
            bmp.LoadBitmap(IDB_BITMAP5);
            bmp.GetObject(sizeof(BITMAP),&bit);
            cMemdc.CreateCompatibleDC(&cdc);
            cMemdc.SelectObject(&bmp);
```

```cpp
        for(int posx = 10,posy = 165;posx <= 570;posx++)
        {
cdc.BitBlt(posx,posy,bit.bmWidth,bit.bmHeight,&cMemdc,0,0,SRCCOPY);
            Sleep(9);
        }

        return 0;
}


UINT Thread6(LPVOID lp)
{
        CBitmap bmp;
        BITMAP bit;
        CDC cMemdc;
        CDC * dc;
        dc = CDC::FromHandle((HDC)LOWORD(lp));
        int col;

        col = HIWORD(lp);

        CClientDC cdc(AfxGetApp()->m_pMainWnd);
        bmp.LoadBitmap(IDB_BITMAP6);
        bmp.GetObject(sizeof(BITMAP),&bit);
        cMemdc.CreateCompatibleDC(&cdc);
        cMemdc.SelectObject(&bmp);
        for(int posx = 10,posy = 205;posx <= 530;posx++)
        {
cdc.BitBlt(posx,posy,bit.bmWidth,bit.bmHeight,&cMemdc,0,0,SRCCOPY);
            Sleep(4);
        }

        return 0;
}


UINT Thread7(LPVOID lp)
{
        CBitmap bmp;
        BITMAP bit;
        CDC cMemdc;
        CDC * dc;
        dc = CDC::FromHandle((HDC)LOWORD(lp));
        int col;

        col = HIWORD(lp);

        CClientDC cdc(AfxGetApp()->m_pMainWnd);
        bmp.LoadBitmap(IDB_BITMAP7);
        bmp.GetObject(sizeof(BITMAP),&bit);
        cMemdc.CreateCompatibleDC(&cdc);
        cMemdc.SelectObject(&bmp);
```

```cpp
        for(int posx = 10, posy = 245;posx < = 540;posx++)
        {
cdc.BitBlt(posx,posy,bit.bmWidth,bit.bmHeight,&cMemdc,0,0,SRCCOPY);
        Sleep(3);
        }

        return 0;
}

UINT Thread8(LPVOID lp)
{
        CBitmap bmp;
        BITMAP bit;
        CDC cMemdc;
        CDC * dc;
        dc = CDC::FromHandle((HDC)LOWORD(lp));
        int col;
        col = HIWORD(lp);
        CClientDC cdc(AfxGetApp() - > m_pMainWnd);
        bmp.LoadBitmap(IDB_BITMAP8);
        bmp.GetObject(sizeof(BITMAP),&bit);
        cMemdc.CreateCompatibleDC(&cdc);
        cMemdc.SelectObject(&bmp);
        for(int posx = 10,posy = 300;posx < = 500;posx++)
        {
cdc.BitBlt(posx,posy,bit.bmWidth,bit.bmHeight,&cMemdc,0,0,SRCCOPY);
        Sleep(8);
        }
        return 0;
}


UINT Thread9(LPVOID lp)
{
        CBitmap bmp;
        BITMAP bit;
        CDC cMemdc;
        CDC * dc;
        dc = CDC::FromHandle((HDC)LOWORD(lp));
        int col;

        col = HIWORD(lp);

        CClientDC cdc(AfxGetApp() - > m_pMainWnd);
        bmp.LoadBitmap(IDB_BITMAP9);
        bmp.GetObject(sizeof(BITMAP),&bit);
        cMemdc.CreateCompatibleDC(&cdc);
        cMemdc.SelectObject(&bmp);
        for(int posx = 10,posy = 340;posx < = 500;posx++)
        {
cdc.BitBlt(posx,posy,bit.bmWidth,bit.bmHeight,&cMemdc,0,0,SRCCOPY);
        Sleep(10);
```

```
            }
            return 0;
}


UINT Thread10(LPVOID lp)
{
        CBitmap bmp;
        BITMAP bit;
        CDC cMemdc;
        CDC * dc;
        dc = CDC::FromHandle((HDC)LOWORD(lp));
        int col;

        col = HIWORD(lp);

        CClientDC cdc(AfxGetApp()->m_pMainWnd);
        bmp.LoadBitmap(IDB_BITMAP11);
        bmp.GetObject(sizeof(BITMAP),&bit);
        cMemdc.CreateCompatibleDC(&cdc);
        cMemdc.SelectObject(&bmp);

        for(int posx = 30 , posy = 450;posx <= 600;posx++)
        {

cdc.BitBlt(posx,posy,bit.bmWidth,bit.bmHeight,&cMemdc,0,0,SRCCOPY);
        Sleep(12);
        }

        return 0;
    }


CMenu cm;
class MyWindow:public CFrameWnd
{
public:
MyWindow()
{
 Create(0,"Threads of MFC");
 cm.LoadMenu(IDR_MENU1);
 SetMenu(&cm);

}
void q()
{
 PostQuitMessage(0);
}

void Threads()
{
 AfxMessageBox("Starting...");
```

```
    }

    DECLARE_MESSAGE_MAP()
};

BEGIN_MESSAGE_MAP(MyWindow,CFrameWnd)
ON_COMMAND(ID_Q,q)
END_MESSAGE_MAP()


class MyWin:public CWinApp
{
public:
 BOOL InitInstance()
  {

    MyWindow * x;
    x = new MyWindow;
    m_pMainWnd = x;
    //创建并启动 9 名运动员的工作线程
    pThread1 = AfxBeginThread(Thread1,x);
    pThread2 = AfxBeginThread(Thread2,x);
    pThread3 = AfxBeginThread(Thread3,x);
    pThread4 = AfxBeginThread(Thread4,x);
    pThread5 = AfxBeginThread(Thread5,x);
    pThread6 = AfxBeginThread(Thread6,x);
    pThread7 = AfxBeginThread(Thread7,x);
    pThread8 = AfxBeginThread(Thread8,x);
    pThread9 = AfxBeginThread(Thread9,x);
    //创建并启动裁判员线程
    pThread10 = AfxBeginThread(Thread10,x);

    x - > ShowWindow(SW_SHOWMAXIMIZED);
    return 1;
  }

};
MyWin App;                                   //主线程
```

对于该程序的创建和调试请读者参见前面的实例,此处不再赘述。

习题 7

1. 什么是进程？什么是线程？两者有何关系？
2. 简述 Win32 操作系统下的多线程编程机制。
3. 用户界面线程和工作线程有何不同？
4. 简述用 C 语言运行时库创建多线程的步骤。
5. 简述用 Win32 API 创建多线程的步骤。
6. 简述创建 MFC 用户界面线程的步骤。
7. 简述创建 MFC 工作线程的步骤。
8. 用本章的多线程技术改写前面的 FTP 客户机程序。

第 8 章 WinPcap 编程

WinPcap(Windows Packet Capture)是一个基于 Win32 平台捕获网络数据包并进行分析的开源库,是在 Windows 环境下进行数据链路层访问的事实上的行业标准。它允许应用程序绕过协议栈捕获和发送网络数据包,提供了若干实用功能,包括内核级的包过滤、网络统计引擎和远程数据包的捕获等。

8.1 WinPcap 概述

Windows 下的网络应用程序一般基于 Windows 的网络编程框架进行开发,这个网络编程框架在第 1 章用表 1.3 进行了归纳,那么 WinPcap 与这个框架有何区别呢?

以套接字编程为例,操作系统已经妥善地处理了套接字底层实现细节(例如协议处理、封装数据包等),提供了一个与读/写文件类似的套接字编程接口。但如果应用程序需要直接访问网络中的原始数据包,即没有被操作系统利用网络协议处理过的数据包,则不如用 WinPcap 方便,许多知名的 Sniffer 程序都是基于 WinPcap 开发和实现的,如 Wireshark 和 WinDump 等。

8.1.1 WinPcap 的功能

1. WinPcap 的主要功能

WinPcap 的主要功能如下:
(1) 捕获原始数据包;
(2) 在数据包发送给某应用程序之前,根据用户指定的规则过滤数据包;
(3) 将原始数据包通过网络发送出去;
(4) 收集并统计网络流量信息。

2. WinPcap 适合的应用

WinPcap 主要用来设计网络工具,例如具有分析、解决纷争、安全和监视功能的工具。典型应用有网络与协议分析器、网络监视器、网络流量记录器、网络流量发生器、用户级网桥及路由、网络入侵检测系统、网络扫描器、安全工具等。

3. WinPcap 不适合的应用

WinPcap 能独立地通过主机协议发送和接收数据，绕过了 TCP/IP 协议栈。这同时也意味着 WinPcap 不能阻止、过滤或操纵同一主机上的使用 TCP/IP 通信的应用程序的行为，它仅仅能简单地"监视"在网络上传输的数据包。

8.1.2　Wireshark 网络分析工具

Wireshark 是一个开源网络数据包分析软件，Wireshark 广为流行不仅因为免费，更因其功能强大，网络管理员可以使用它来解决网络问题，网络安全工程师可以使用它来检查安全问题，开发人员可以使用它来调试协议的实现，学习者可以使用它来了解和学习网络协议。

Wireshark 可以从一个网络接口实时监测、捕捉流经的各种数据包，保存捕获的数据包，对特定类型的数据包进行检索和过滤，统计、分析各类数据包，深入分析检视数据包内容等。图 8.1 所示为 Wireshark 实时抓取本地网卡流经的各类数据包的一个工作界面。

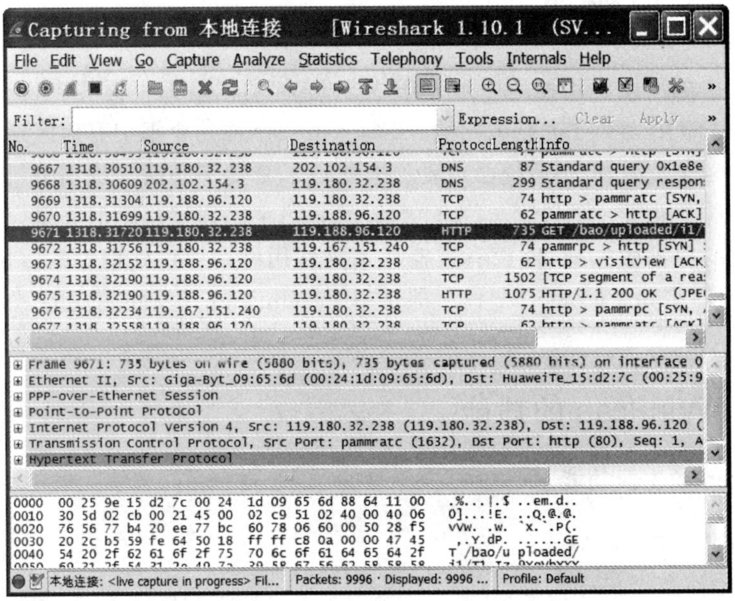

图 8.1　Wireshark 实时抓取本地网卡数据包的界面

用户可以从 Wireshark 网站(http://www.wireshark.org/download.html)获取其最新版本。Wireshark 可运行于所有主流的操作系统平台。在 Windows 平台上安装 Wireshark，需要预装 WinPcap，Wireshark 基于 WinPcap 开发，是 WinPcap 的典型应用。

8.1.3　WinDump 网络嗅探工具

WinDump 是 TcpDump 在 Windows 平台上的移植版。TcpDump 是一款在 UNIX 平台上流行的基于命令行的网络数据包分析和嗅探工具，它能把匹配规则的数据包的包头给显示出来。用户可以使用这个工具去查找网络问题或者去监视网络上的状况。在 W.

Richard Stevens 的大作《TCP/IP 详解》卷一中,通篇采用 TcpDump 捕捉的数据包来向读者讲解 TCP/IP。

WinDump 是一款免费的命令行抓包分析工具,是 WinPcap 的经典应用之一。WinDump 与 TcpDump 完全兼容,WinDump 使用 WinPcap 库抓包,需要预装 WinPcap。

图 8.2 所示为 WinDump 实时监测网卡抓包工作界面,对数据包分析的结果依赖于用户在网络协议分析方面的知识和经验。WinDump 目前被广泛应用于流量分析、入侵检测等领域。

图 8.2 WinDump 实时抓包界面

8.1.4 WinPcap 的获取和安装

访问 WinPcap 的官网(http://www.winpcap.org/),可以获取其最新的稳定版本 4.1.3(截止到 2013 年 9 月)。根据需要,用户可以下载 WinPcap 的 3 种安装包。

1. 下载运行支持包 WinPcap_4_1_3.exe

WinPcap_4_1_3.exe 主要包括驱动程序和动态链接库(driver+DLLs),WinPcap_4_1_3.exe 是为运行基于 WinPcap 开发的应用程序准备的。

2. WinPcap 开发者支持包 WpdPack_4_1_2.zip

截止到 2013 年 9 月,WinPcap 虽然推出了 4.1.3 版的运行支持包,但开发支持包仍然是 4.1.2 版。WpdPack_4_1_2.zip 包含创建基于 WinPcap 的应用程序所需的文件,例如头文件、库文件、参考手册和完整的实例(.h+.lib+manual+example)等,是专为网络应用开发者准备的。

3. WinPcap 源码包 WpcapSrc_4_1_2.zip

WpcapSrc_4_1_2.zip 包含了 wpcap.dll、packet.dll 以及各种驱动程序的源码,可以在此基础上扩展升级 WinPcap 系统架构。

8.1.5 WinPcap 工作模型

WinPcap 系统由网络组包过滤器 NPF(Netgroup Packet Filter)、动态链接库 packet.dll 和 wpcap.dll 三者组成，如图 8.3 所示。NPF 是 WinPcap 框架的内核部分；packet.dll 是底层动态链接库，wpcap.dll 是高层动态链接库，且后者依赖前者。

WinPcap 的功能主要由 NPF 体现，NPF 能直接访问网络接口驱动程序，其主要功能如下：

(1) 捕获数据包；
(2) 发送数据包；
(3) 过滤数据包；
(4) 监听引擎。

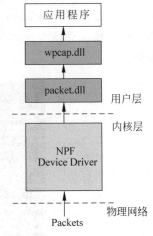

packet.dll 提供了底层的 API，可以直接访问驱动程序的函数库，并且依赖于微软操作系统的可编程接口。

wpcap.dll 提供了高层的 API，这些 API 的函数形式与 libpcap 完全兼容。编程者使用这些函数可以在不考虑网络硬件和操作系统的情况下捕获数据。

图 8.3 WinPcap 系统结构

8.1.6 NPF 与 NDIS 的关系

网络驱动接口规范 NDIS(Network Driver Interface Specification)是为网络接口卡 NIC(Network Interface Card)制定的标准 API 接口。NDIS 的主要目的是允许协议驱动程序发送和接收数据包时无须关心特定的适配器或特定的 Win32 操作系统。

NDIS 定义了 3 种类型的网络驱动程序。

1. 网卡驱动程序(NIC Driver)

网卡驱动程序是网卡与上层协议驱动程序通信的接口，它负责接收来自上层的数据包，或将数据包发送到上层协议驱动程序，同时还完成处理中断等工作。

2. 中间驱动程序

中间驱动程序位于网卡驱动程序和协议驱动程序之间，不能与用户程序直接通信。它向上与协议驱动程序通信，向下与底层的网卡驱动程序通信。

3. 协议驱动程序

协议驱动程序执行具体的网络协议，如 IPX/SPX、TCP/IP 等。协议驱动程序为应用层客户程序提供服务，接收来自网卡或中间驱动程序的信息。

NPF 是作为一种协议驱动程序来实现的，屏蔽了底层 NIC 的复杂性，并提供了对网络原始流量的直接观察、过滤、监控、统计和抓取。从这个意义上讲，NPF 是属于 NDIS 的概念范畴的，NPF 和 NDIS 的关系如图 8.4 所示。

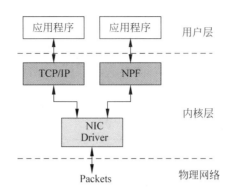

图 8.4 NPF 与 NDIS 的关系

观察图 8.4，对于编程者了解 NPF 的作用很有帮助，可以直观地看到 NPF 是应用程序访问网络的一条独立路径，完全绕开了 TCP/IP。

8.1.7 NPF 工作模型

NPF 支持的操作主要有抓包、发送原始数据包、流量统计和内核级数据包的捕获与转储等。NPF 的工作模型如图 8.5 所示。

1. 抓包

NPF 的主要功能就是抓包，即从网络上捕获数据包然后原封不动地传递给用户程序分析处理。抓包过程主要依赖两个组件实现，一个是包过滤器，另一个是内核缓冲区。

1）包过滤器

包过滤器决定是否需要将捕获的包复制给侦听程序，多数情况下，应用程序使用 NPF 过滤器拒绝的数据包远远比接受的数据包多得多，因此，灵活、高效的数据包过滤器是决定 NPF 性能的关键。

NPF 数据包过滤器的复杂性在于，不仅要决定是否该接受数据包，还要统计数据包的字节数。NPF 采用的是 BPF(BSD Packet Filter)包过滤机制。例如，如果用户程序设定的过滤规则为捕获所有的 UDP 数据包，程序调用 wpcap.dll 函数实现这一功能。程序被编译成 BPF 程序，程序判断如果数据包的 IP 协议类型等于 17，就会将数据包注入到内核中。程序会对每一个数据包做上述检查，只有符合条件的数据包才被接受。与传统协议栈不同的是，NPF 不解释数据包，只捕获。

2）内核缓冲区

过滤器用一个内核缓冲区来存储数据包，以避免丢失，如图 8.5 所示。被缓冲的数据包会在头部添加时间戳和大小的信息作为包头。为了加速应用程序读取缓冲区数据包的速度，在数据包之间插入数据对其进行填充，这大大提高了性能，因为它最大限度地减少了读取次数。如果缓冲区已满而一个新的数据包到达，该数据包会被丢弃。packet.dll 与 wpcap.dll 提供了函数来动态调整内核缓冲区和用户缓冲区大小，以适应实际需要。

用户缓冲区的大小是非常重要的，因为它决定了一次系统调用从内核缓冲区复制到用户缓冲区的最大数量。另一方面，内核缓冲区单次可以被复制的最小数量也是极其重要的,它决定了需要等待多久才开始复制。对于实时系统而言,快速抓包要求尽快将内核缓冲区中的数据复制到用户缓冲区。

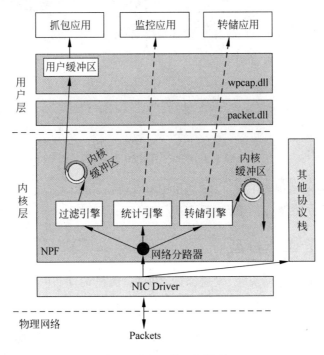

图 8.5　NPF 的工作模型

2. 发送原始数据包

NPF 允许向网络发送原始数据包。应用程序执行 WriteFile() 调用 NPF 设备文件发送原始数据包,这些被发送到网络的数据包绕过了 TCP/IP 协议栈,因此,需要在应用程序中封装数据包的包头。应用程序通常不需要添加 FCS,因为它是由网络适配器硬件计算,自动连接在一个数据包的末尾的。

正常情况下,发送原始数据的速率不会很高,因为发送每个数据包都需要一次系统调用。出于这个原因,为单个写操作附加了次数设定。用户应用程序可以设置单个数据包的重复次数,如果这个值被设置为 1000,写入的每一个原始数据包将被发送 1000 次。这个功能可以用于测试网络的负荷能力。

3. 流量统计

WinPcap 提供了内核级可编程的统计引擎,能够简单地统计网络流量。应用程序可以收集的统计数据,并不需要复制数据包到应用程序,只是简单地接收并显示从统计引擎返回的结果,这可避免对内存和 CPU 时间的大量占用。

4. 内核级数据包的捕获与转储

NPF 可直接从内核模式将抓取的数据保存到磁盘,图 8.6 给出了两种转储网络数据包的方法。

一种方法是沿着图 8.6 中的黑色箭头,每一个数据包被多次复制,通常要经历 4 个缓冲区才能最后进入磁盘中。这 4 个缓冲区分别是内核中一个,应用程序中两个,设备输出文件一个。

另外一种方法是启用 NPF 内核级的流量记录功能,NPF 直接将数据包存入文件系统,如图 8.6 中的虚线箭头所示,只用了两个缓冲区,这种内核级数据包的捕获与转储模式大幅提高了系统性能。

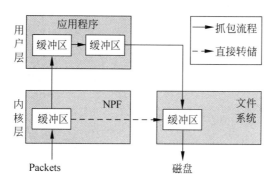

图 8.6　内核级数据包的捕获与转储

8.1.8　WinPcap 开发环境配置

在 VS2010 中配置 WinPcap 开发环境的方法如下:

(1) 在开发主机上安装运行支持包 WinPcap_4_1_3.exe,如果已安装则跳过此步。

(2) 将开发者支持包 WpdPack_4_1_2.zip 解压到一个指定目录,例如 D:\WpdPack_4_1_2,如果已完成则跳过此步。开发包中包含的目录结构如图 8.7 所示。

(3) 启动 VS2010,创建一个新项目,如图 8.8 所示。暂定项目名称为 Sniffer,添加一个源文件 GetDeviceInfo.cpp 用于测试。

图 8.7　WpdPack 开发包目录　　　　图 8.8　Sniffer 项目方案

(4) 在项目名称上右击,然后在快捷菜单中选择"属性"命令,弹出项目属性对话框,将项目字符集改为"使用多字节字符集",如图 8.9 所示。

(5) 定义 HAVE_REMOTE。在左侧的树形配置目录中选择 C/C++ 下面的"预处理器",在右侧的视窗中下拉"预处理器定义"列表框,选择"编辑"命令,添加 HAVE_REMOTE,如图 8.10 所示,然后单击"确定"按钮完成。

(6) 如果有需要,用第(5)步的方法继续对预处理器定义 WPCAP。

(7) 为 VS2010 开发环境附加 WinPcap 的 include 目录。在左侧的树形配置目录中选

图 8.9 设定 Sniffer 项目的字符集

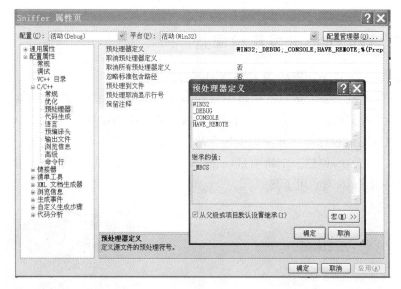

图 8.10 为预处理器定义 HAVE_REMOTE

择 C/C++下面的"常规",在右侧的视窗中下拉"附加包含目录"列表框,选择"编辑"命令,添加"D:\WpdPack_4_1_2\Include",如图 8.11 所示,然后单击"确定"按钮完成。

(8) 为 VS2010 添加 WinPcap 的 lib 目录支持。在左侧的树形配置目录中选择"链接器"下面的"常规",在右侧的视窗中下拉"附加库目录"列表框,选择"编辑"命令,添加"D:\WpdPack_4_1_2\Lib",如图 8.12 所示,然后单击"确定"按钮完成。

(9) 为项目添加必要的库文件,包括 wpcap.lib、ws2_32.lib 和 iphlpapi.lib。在左侧的树形配置目录中选择"链接器"下面的"输入",在右侧的视窗中下拉"附加依赖项"列表框,选择"编辑"命令,添加上述库文件,如图 8.13 所示,然后单击"确定"按钮完成。

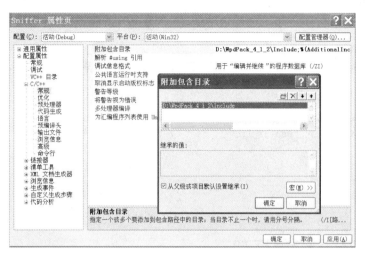

图 8.11 附加 WinPcap 的 include 目录

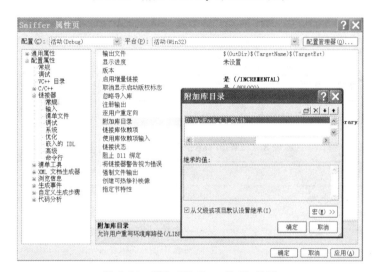

图 8.12 附加 WinPcap 的 lib 目录

图 8.13 为项目附加库文件依赖项

用户也可在源程序头部手动添加以下语句，获得 WinPcap 和 WinSock 的支持：

```
#include <winsock.h>                    //WinSock1.1 头
#pragma comment( lib, "wsock32.lib" )   //WinSock1.1 链接库
```

或者

```
#include <winsock2.h>                   //WinSock2 头
#pragma comment( lib, "ws2_32.lib" )    //WinSock2 链接库

#define HAVE_REMOTE
#include "pcap.h"
#pragma comment(lib, " wpcap.lib")      //wpcap 链接库
```

8.2 WinPcap 编程框架

WinPcap 结构体与宏定义、WinPcap API 函数库、过滤串表达式构成了 WinPcap 的基本编程框架。

8.2.1 结构体与宏定义

WinPcap 的结构体与宏定义如表 8.1 所示。

表 8.1 WinPcap 的结构体与宏定义

结构体	
struct pcap_file_header	libpcap 堆文件首部
struct pcap_pkthdr	堆文件中包的首部
struct pcap_stat	保存一个接口统计值的结构体
struct pcap_if	接口列表中的一项，在 pcap_findalldevs() 中使用
struct pcap_addr	表示一个接口地址，在 pcap_findalldevs() 中使用
宏定义	
#define PCAP_VERSION_MAJOR 2	主要 libpcap 堆文件版本
#define PCAP_VERSION_MINOR 4	次要 libpcap 堆文件版本
#define PCAP_ERRBUF_SIZE 256	libpcap 错误信息缓存的大小
#define PCAP_IF_LOOPBACK 0x00000001	接口是回调的（interface is loopback）
#define MODE_CAPT 0	捕捉模式，在调用 pcap_setmode() 时使用
#define MODE_STAT 1	统计模式，在调用 pcap_setmode() 时使用
自定义类型	
typedef int bpf_int32	32 位的整数
typedef u_int bpf_u_int32	32 位的无符号整数
typedef pcap pcap_t	一个已打开的捕捉实例的描述符。这个结构体对于用户来说是不透明的，它通过 wpcap.dll 提供的函数维护了内容
typedef pcap_dumper pcap_dumper_t	libpcap 存储文件的描述符
typedef pcap_if pcap_if_t	接口列表中的一项，参见 pcap_if
typedef pcap_addr pcap_addr_t	表示一个接口地址，参见 pcap_addr

8.2.2　WinPcap API 函数

WinPcap API 有一些函数源自 libpcap 库，既能运行于 Windows 平台，也能运行于 Linux 平台，在此将这些函数归纳为表 8.2。

表 8.2　与 Linux 兼容的函数

typedef void(*)	pcap_handler (u_char * user, const struct pcap_pkthdr * pkt_header, const u_char * pkt_data) 接受数据包的回调函数的原型
pcap_t *	pcap_open_live (const char * device, int snaplen, int promisc, int to_ms, char * ebuf) 在网络中打开一个活动的捕获
pcap_t *	pcap_open_dead (int linktype, int snaplen) 在还没有开始捕获时，创建一个 pcap_t 的结构体
pcap_t *	pcap_open_offline (const char * fname, char * errbuf) 打开一个 tcpdump/libpcap 格式的文件来读取数据包
pcap_dumper_t *	pcap_dump_open (pcap_t * p, const char * fname) 打开一个文件来写入数据包
int	pcap_setnonblock (pcap_t * p, int nonblock, char * errbuf) 在阻塞和非阻塞模式之间切换
int	pcap_getnonblock (pcap_t * p, char * errbuf) 获得一个接口的非阻塞状态信息
int	pcap_findalldevs (pcap_if_t ** alldevsp, char * errbuf) 构造一个可打开的网络设备的列表 pcap_open_live()
void	pcap_freealldevs (pcap_if_t * alldevsp) 释放一个接口列表，这个列表将被 pcap_findalldevs() 返回
char *	pcap_lookupdev (char * errbuf) 返回系统中第一个合法的设备
int	pcap_lookupnet (const char * device, bpf_u_int32 * netp, bpf_u_int32 * maskp, char * errbuf) 返回接口的子网和掩码
int	pcap_dispatch (pcap_t * p, int cnt, pcap_handler callback, u_char * user) 收集一组数据包
int	pcap_loop (pcap_t * p, int cnt, pcap_handler callback, u_char * user) 收集一组数据包
u_char *	pcap_next (pcap_t * p, struct pcap_pkthdr * h) 返回下一个可用的数据包
int	pcap_next_ex (pcap_t * p, struct pcap_pkthdr ** pkt_header, const u_char ** pkt_data) 从一个设备接口或者从一个脱机文件中读取一个数据包
void	pcap_breakloop (pcap_t *) 设置一个标志位，这个标志位会强制 pcap_dispatch() 或 pcap_loop() 返回，而不是继续循环

续表

int	pcap_sendpacket (pcap_t * p, u_char * buf, int size) 发送一个原始数据包
void	pcap_dump (u_char * user, const struct pcap_pkthdr * h, const u_char * sp) 将数据包保存到磁盘
long	pcap_dump_ftell (pcap_dumper_t *) 返回存储文件的文件位置
int	pcap_compile (pcap_t * p, struct bpf_program * fp, char * str, int optimize, bpf_u_int32 netmask) 编译数据包过滤器,将程序中高级的过滤表达式转换成能被内核级的过滤引擎所处理的形式
int	pcap_compile_nopcap (int snaplen_arg, int linktype_arg, struct bpf_program * program, char * buf, int optimize, bpf_u_int32 mask) 在不需要打开适配器的情况下,编译数据包过滤器。这个函数能将程序中高级的过滤表达式转换成能被内核级的过滤引擎所处理的形式(参见过滤表达式语法)
int	pcap_setfilter (pcap_t * p, struct bpf_program * fp) 在捕获过程中绑定一个过滤器
void	pcap_freecode (struct bpf_program * fp) 释放一个过滤器
int	pcap_datalink (pcap_t * p) 返回适配器的链路层
int	pcap_list_datalinks (pcap_t * p, int ** dlt_buf) 列出数据链
int	pcap_set_datalink (pcap_t * p, int dlt) 将当前 pcap 描述符的数据链的类型设置成 dlt 给出的类型,如果返回-1 表示设置失败
int	pcap_datalink_name_to_val (const char * name) 转换一个数据链类型的名字,即将具有 DLT_remove 的 DLT_name,转换成符合数据链类型的值。该转换是区分大小写的,如果返回-1 表示转换失败
const char *	pcap_datalink_val_to_name (int dlt) 将数据链类型的值转换成合适的数据链类型的名字,如果返回 NULL 表示转换失败
const char *	pcap_datalink_val_to_description (int dlt) 将数据链类型的值转换成合适的数据链类型的简短的名字,如果返回 NULL 表示转换失败
int	pcap_snapshot (pcap_t * p) 返回发送给应用程序的数据包部分的大小(字节)
int	pcap_is_swapped (pcap_t * p) 当前存储文件使用与当前系统不同的字节序列时,返回 TRUE
int	pcap_major_version (pcap_t * p) 返回正在用来写入存储文件的 pcap 库的主要版本号
int	pcap_minor_version (pcap_t * p) 返回正在用来写入存储文件的 pcap 库的次要版本号

续表

FILE *	pcap_file (pcap_t * p) 返回一个脱机捕获文件的标准流	
int	pcap_stats (pcap_t * p, struct pcap_stat * ps) 返回当前捕获的统计信息	
void	pcap_perror (pcap_t * p, char * prefix) 打印最后一次 pcap 库错误的文本信息，前缀是 prefix	
char *	pcap_geterr (pcap_t * p) 返回最后一次 pcap 库错误的文本信息	
char *	pcap_strerror (int error) 提供这个函数，以防 strerror()函数不能使用	
const char *	pcap_lib_version (void) 返回一个字符串，这个字符串保存着 libpcap 库的版本信息。注意，它除了版本号以外，还包含了很多信息	
void	pcap_close (pcap_t * p) 关闭一个和 p 关联的文件，并释放资源	
FILE *	pcap_dump_file (pcap_dumper_t * p) 返回一个由 pcap_dump_open()打开的存储文件的标准输入/输出流	
int	pcap_dump_flush (pcap_dumper_t * p) 将输出缓冲写入文件，这样，任何使用 pcap_dump()存储但还没有写入文件的数据包，会被立刻写入文件。如果返回-1 表示出错，如果返回 0 表示成功	
void	pcap_dump_close (pcap_dumper_t * p) 关闭一个文件	

WinPcap 有一部分函数是从 libpcap 扩展而来的，提供了远程数据包捕获、数据包缓冲区动态调整和数据包注入等新功能，这些函数只适用于 Windows 平台，在此归纳为表 8.3。

表 8.3 Windows 平台专用的扩展函数

PAirpcapHandle	pcap_get_airpcap_handle (pcap_t * p) 返回一个和适配器相关联的 AirPcap 句柄。这个句柄可以被用来改变和 CACE 无线技术有关的设置	
bool	pcap_offline_filter (struct bpf_program * prog, const struct pcap_pkthdr * header, const u_char * pkt_data) 当给定的过滤器应用于一个脱机数据包时，返回 TRUE	
int	pcap_live_dump (pcap_t * p, char * filename, int maxsize, int maxpacks) 将捕获保存到文件	
int	pcap_live_dump_ended (pcap_t * p, int sync) 返回内核堆处理的状态	
pcap_stat *	pcap_stats_ex (pcap_t * p, int * pcap_stat_size) 返回当前捕获的统计信息	
int	pcap_setbuff (pcap_t * p, int dim) 设置与当前适配器关联的内核缓存大小	
int	pcap_setmode (pcap_t * p, int mode) 将接口 p 的工作模式设置为 mode	

续表

int	pcap_setmintocopy (pcap_t * p, int size) 设置内核一次调用所收到的最小数据总数
HANDLE	pcap_getevent (pcap_t * p) 返回与接口 p 关联的事件句柄
pcap_send_queue *	pcap_sendqueue_alloc (u_int memsize) 分配一个发送队列
void	pcap_sendqueue_destroy (pcap_send_queue * queue) 销毁一个发送队列
int	pcap_sendqueue_queue(pcap_send_queue * queue, const struct pcap_pkthdr * pkt_header, const u_char * pkt_data) 将数据包加入到发送队列
u_int	pcap_sendqueue_transmit (pcap_t * p, pcap_send_queue * queue, int sync) 将一个发送队列发送至网络
int	pcap_findalldevs_ex (char * source, struct pcap_rmtauth * auth, pcap_if_t ** alldevs, char * errbuf) 创建一个网络设备列表,它们可以由 pcap_open()打开
int	pcap_createsrcstr (char * source, int type, const char * host, const char * port, const char * name, char * errbuf) 接收一组字符串(hot、name、port、…),并根据新的格式返回一个完整的源字符串(例如,'rpcap://1.2.3.4/eth0')
int	pcap_parsesrcstr (const char * source, int * type, char * host, char * port, char * name, char * errbuf) 解析一个源字符串,并返回分离出来的内容
pcap_t *	pcap_open (const char * source, int snaplen, int flags, int read_timeout, struct pcap_rmtauth * auth, char * errbuf) 打开一个用来捕获或发送流量(仅 WinPcap)的通用源
pcap_samp *	pcap_setsampling (pcap_t * p) 为数据包捕获、定义一个采样方法
SOCKET	pcap_remoteact_accept (const char * address, const char * port, const char * hostlist, char * connectinghost, struct pcap_rmtauth * auth, char * errbuf) 阻塞,直到网络连接建立(仅用于激活模式)
int	pcap_remoteact_close (const char * host, char * errbuf) 释放一个活动连接(仅用于激活模式)
void	pcap_remoteact_cleanup () 清除一个正在用来等待活动连接的 Socket
int	pcap_remoteact_list (char * hostlist, char sep, int size, char * errbuf) 返回一个主机名,这个主机和当前用户建立了活动连接(仅用于激活模式)

8.2.3 过滤器表达式

WinPcap 的过滤器是一个用 ASCII 字符串构建的表达式。pcap_compile()函数负责把这个字符串表达式编译成内核级的包过滤器。

如果不设定过滤器表达式,那么,网络上所有的包都会被内核过滤引擎所接受,否则只有满足过滤器表达式的数据包才会被选中。

过滤器表达式由一个或多个原语组成，WinPcap主要包括以下3种原语：

1. 类型原语

类型原语指明了过滤器匹配的对象类型，包括host、net和port 3种。例如，"host foo"、"net 128.3"和"port 20"是3个用类型原语构建的过滤器表达式。如果过滤器表达式中没有指明类型原语，则假定是host。

2. 方向原语

方向原语指明了过滤器匹配的数据传输方向，包括src、dst和src or dst 3种。例如，"src foo"、"dst net 128.3"和"src or dst port ftp-data"是3个用方向原语和类型原语联合构建的过滤器表达式。如果不指定方向原语，则假定是src or dst。

3. 协议原语

协议原语指明了过滤器匹配的协议，包括ether、fddi、tr、ip、ip6、arp、rarp、decnet、tcp和udp。例如，"ether src foo"、"arp net 128.3"、"tcp port 21"这3个过滤器表达式中既有协议原语，又有方向原语和类型原语。

如果不指定协议原语，那么就假定所有的协议都会被允许。例如，"src foo"等价于"(ip or arp or rarp) src foo"，"net bar"等价于"(ip or arp or rarp) net bar"，"port 53"等价于"(tcp or udp) port 53"。

"fddi"通常是"ether"的别名，fddi的首部包含了和以太网很相似的源地址和目的地址，并且通常包含了和以太网很相似的数据包类型。所以，在fddi网域上使用过滤器和在以太网上使用过滤器基本一致。

用户可以使用and、or或not将原语连接起来，构造一个更复杂的过滤器表达式。例如，"host foo and not port ftp and not port ftp-data"。为了简化，在过滤器表达式前面已列出的原语，在同一过滤器表达式的后面可以省略。例如，"tcp dst port ftp or ftp-data or domain"和"tcp dst port ftp or tcp dst port ftp-data or tcp dst port domain"是完全等价的，前者省略了重复的原语。

关于过滤器表达式的更多构建方法，请读者参见WinPcap技术文档。

8.2.4　程序的创建和测试

用Visual C++ 2010创建、编译和测试WinPcap应用程序的基本步骤如下：
（1）启动VS2010创建新工程项目。
（2）开发环境配置工作。
其配置要点如下：
① 在每一个使用了库的源程序中，将pcap.h头文件包含(include)进来。
② 如果在程序中使用了WinPcap中提供给Win32平台的特有函数，需要在预处理中加入WPCAP的定义。
③ 如果程序使用了WinPcap的远程捕获功能，那么在预处理定义中加入HAVE_

REMOTE,注意,不要把 remote-ext.h 直接加入到源文件中。

④ 设置 VC++ 的链接器(Linker),把 wpcap.lib 库文件包含进来。wpcap.lib 可以在 WinPcap 中找到。

⑤ 需要时,设置 VC++ 的链接器(Linker),把 ws2_32.lib 库文件包含进来。

具体设置参照前面的 WinPcap 开发环境配置。

(3) 实现业务逻辑编码。

(4) 编译和测试。

8.3 WinPcap 编程应用

基于 8.2 节介绍的 WinPcap 编程框架,本节利用 WinPcap API 来演示一些基本的 WinPcap 编程应用,例如获取网络适配器列表、获取网卡描述和地址列表、从网卡捕获数据包、保存数据包到磁盘、创建数据包过滤器、分析数据包和统计网络流量等。

8.3.1 获取网络设备列表

通常,编写 WinPcap 程序的第一件事情就是获取已连接的网络适配器列表。libpcap 和 WinPcap 都提供了 pcap_findalldevs_ex() 函数来实现这个功能。这个函数返回一个 pcap_if 结构的链表,pcap_if 结构包含了适配器的详细信息,其中,数据域 name 表示适配器名称,数据域 description 表示适配器描述信息。

程序 8.1 获取适配器列表,并在屏幕上显示出来,如果没有找到适配器,将打印错误信息。

程序 8.1 获取网络设备列表完整代码

```
//GetDeviceInfo.cpp: 获取设备列表
#include "pcap.h"
int main()
{
 pcap_if_t *alldevs;
 pcap_if_t *d;
 int i=0;
 char errbuf[PCAP_ERRBUF_SIZE];
 /* 获取本地机器设备列表 */
 if (pcap_findalldevs_ex(PCAP_SRC_IF_STRING, NULL /* 不需要认证 */, &alldevs, errbuf) == -1)
 {
     fprintf(stderr,"pcap_findalldevs_ex 返回设备列表错误: %s\n", errbuf);
     exit(1);
 }
 /* 打印列表 */
 for(d= alldevs; d != NULL; d= d->next)
 {
     printf("%d. %s", ++i, d->name);
     if (d->description)
        printf(" (%s)\n", d->description);
     else
        printf(" (无描述信息)\n");
```

```
    }
    if (i == 0)
    {
        printf("\n 没有找到设备列表！确认 WinPcap 已经正确安装...\n");
        return 0;
    }
    /* 不再需要设备列表了,释放它 */
    pcap_freealldevs(alldevs);
    return 0;
}
```

编译、运行这个程序,需要在 VS2010 中创建一个 Win32 控制台空项目,然后添加上述程序文件,并按照前面介绍的 WinPcap 开发环境配置方法进行编译配置。该程序的运行结果如图 8.14 所示。

图 8.14 获取设备列表

读者可以通过控制面板查看本机配置的网络适配器,与图 8.14 结果进行对照,不难发现设备制造商、设备名称等描述信息是一致的。对于安装有多块网卡的主机,程序 8.1 会以列表形式返回。

8.3.2 打开适配器捕获数据包

大家现在已经知道如何获取适配器的信息了,下面开始一项更有意义的工作,即打开适配器并捕获数据包。下面给出的程序 8.2 会将每一个通过适配器的数据包打印出来。

打开设备的函数是 pcap_open(),该函数的语法如下：

```
pcap_t * pcap_open ( const char * source,
    int snaplen,
    int flags,
    int read_timeout,
    struct pcap_rmtauth * auth,
    char * errbuf
)
```

其中部分参数的含义如下。

- snaplen：指定要捕获数据包中的哪些部分。在一些操作系统中（例如 xBSD 和 Win32），驱动可以被配置成只捕获数据包的初始化部分,这样可以减少应用程序间复制数据的工作量,从而提高捕获效率。在本例中,将其值设定为 65 535,这比能遇到的最大的 MTU 还要大,从而确保能够收到完整的数据包。
- flags：用来指示适配器是否要被设置成混杂模式。一般情况下,适配器只接收发给它自己的数据包,而对于那些在其他机器之间通信的数据包将会被丢弃。如果适配器是混杂模式,那么不管这个数据包是不是发给它的,它都会去捕获。也就是说,混杂模式捕获所有的数据包。

- read_timeout：指定读取数据的超时时间,以毫秒计(1s=1000ms)。在适配器上进行读取操作(例如用 pcap_dispatch()或 pcap_next_ex())都会在 read_timeout 毫秒时间内响应。将 read_timeout 设置为 0,意味着没有超时限制,如果没有数据包到达,读操作将继续读下去而不返回。如果设置成－1,则情况恰好相反,无论有没有数据包到达,读操作都会立即返回。

程序 8.2 打开适配器并捕获数据包完整代码

```cpp
//CaptureAllPackets.cpp: 捕获数据包
#include "pcap.h"
/* packet handler 函数原型 */
void packet_handler(u_char * param, const struct pcap_pkthdr * header,
const u_char * pkt_data);

int main()
{
 pcap_if_t * alldevs;
 pcap_if_t * d;
 int inum;
 int i = 0;
 pcap_t * adhandle;
 char errbuf[PCAP_ERRBUF_SIZE];
 /* 获取本机设备列表 */
 if (pcap_findalldevs_ex(PCAP_SRC_IF_STRING, NULL,
 &alldevs, errbuf) == -1)
 {
     fprintf(stderr,"获取设备列表错误: %s\n", errbuf);
    exit(1);
 }
 /* 打印列表 */
 for(d = alldevs; d; d = d->next)
 {
    printf("%d. %s", ++i, d->name);
    if (d->description)
    printf(" (%s)\n", d->description);
    else
    printf(" (无法获取设备描述信息)\n");
 }
 if(i == 0)
 {
    printf("\n没有找到设备! 确认 WinPcap 正确安装.\n");
    return -1;
 }
 printf("输入设备列表中的设备序号 (1-%d):",i);
 scanf("%d", &inum);
 if(inum < 1 || inum > i)
 {
    printf("\n设备序号超出范围\n");
    /* 释放设备列表 */
    pcap_freealldevs(alldevs);
    return -1;
 }
 /* 跳转到选中的适配器 */
```

```c
    for(d = alldevs, i = 0; i < inum - 1 ;d = d -> next, i++);
    /* 打开设备 */
    if ( ( adhandle = pcap_open(d -> name,              //设备名
    65536,                                              //65 535 保证能捕获到不同数据链路层上的每
                                                        //个数据包的全部内容
PCAP_OPENFLAG_PROMISCUOUS,                              //混杂模式
1000,                                                   //读取超时时间
NULL,                                                   //远程机器验证
errbuf                                                  //错误缓冲池
) ) == NULL)
{
    fprintf(stderr,"\n不能打开适配器. %s WinPcap 不支持该适配器!\n",
    d -> name);
    /* 释放设备列表 */
    pcap_freealldevs(alldevs);
    return -1;
}
printf("\n开始侦听 %s...\n", d -> description);
/* 释放设备列表 */
pcap_freealldevs(alldevs);
/* 开始捕获 */
pcap_loop(adhandle, 0, packet_handler, NULL);
return 0;
}

//每次捕获到数据包时,libpcap 都会自动调用这个回调函数
void packet_handler(u_char * param, const struct pcap_pkthdr * header,const u_char * pkt_data)
{
    struct tm * ltime;
    char timestr[16];
    time_t local_tv_sec;
    /* 将时间戳转换成可识别的格式 */
    local_tv_sec = header -> ts.tv_sec;
    ltime = localtime(&local_tv_sec);
    strftime( timestr, sizeof timestr, "%H:%M:%S", ltime);
    printf("%s, %.6d len: %d\n", timestr, header -> ts.tv_usec,header -> len);
}
```

pcap_dispatch()和 pcap_loop()两个函数非常相似,区别是 pcap_dispatch()当超时时间到了时(timeout expires)就返回（尽管不能保证）,而 pcap_loop()不会因此而返回,只有当 cnt 个数据包被捕获时才返回,所以,pcap_loop()会在一小段时间内阻塞网络。pcap_loop()对于程序 8.2 这个简单的实例来说可以满足需求,pcap_dispatch()函数一般用于比较复杂的情况。

这两个函数都有一个回调参数,packet_handler 指向一个可以接收数据包的函数。这个函数会在收到新的数据包并收到一个通用状态时被 libpcap 调用（与函数 pcap_loop()和 pcap_dispatch()中的 user 参数相似）,数据包的首部一般有一些诸如时间戳和数据包长度的信息,也可能包含协议首部的数据。

注意：不再支持针对冗余校验码 CRC 的分析,因为帧到达适配器,并经过校验确认以后,适配器就会将 CRC 删除,与此同时,大部分适配器会直接丢弃 CRC 错误的数据包,所

以，WinPcap 没法捕获到它们。

编译、测试程序 8.2，该程序将每一个数据包的时间戳和长度从 pcap_pkthdr 的首部解析出来，并打印在屏幕上，如图 8.15 所示。

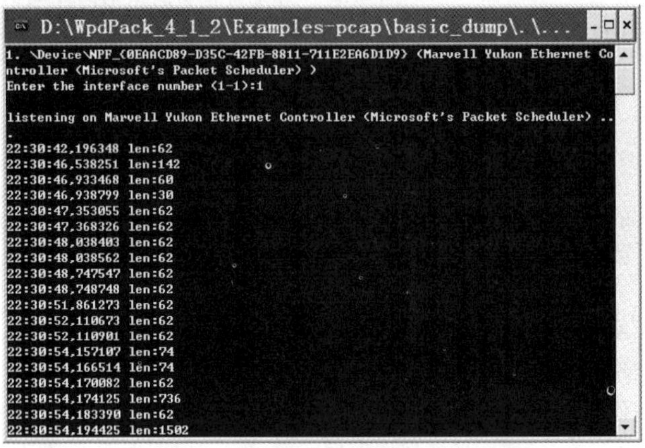

图 8.15　程序 8.2 捕获的数据包（只显示时间戳和长度）

8.3.3　捕获和打印所有数据包

程序 8.3 会依据命令行参数，从网络适配器或者文件读取数据包。如果没有提供数据包源，那么程序会显示出所有可用的适配器，用户可以选择其中一个。当捕获过程开始时，程序会打印数据包的时间戳、长度和原始内容。

程序 8.3　捕获和打印所有数据包完整代码

```
//PacketDump:抓包程序
//请在预处理器定义里添加 WPCAP 和 HAVE_REMOTE
#include <stdlib.h>
#include <stdio.h>
#include <pcap.h>

#define LINE_LEN 16

int main(int argc, char ** argv)
{
 pcap_if_t *alldevs, *d;
 pcap_t *fp;
 u_int inum, i = 0;
 char errbuf[PCAP_ERRBUF_SIZE];
 int res;
 struct pcap_pkthdr *header;
 const u_char *pkt_data;
    printf("pktdump: prints the packets of the network using WinPcap.\n");
    printf("   Usage: pktdump [-s source]\n\n"
        "   Examples:\n"
        "       pktdump -s file://c:/temp/file.acp\n"
        "       pktdump -s rpcap://\\Device\\NPF_{C8736017-F3C3-4373-94AC-9A34B7DAD998}\n\n");
```

```c
if(argc < 3)
{
    printf("\nNo adapter selected: printing the device list:\n");
    /* 如果用户没有提供数据包源参数,则获取本机网络设备列表 */
    if (pcap_findalldevs_ex(PCAP_SRC_IF_STRING, NULL, &alldevs, errbuf) == -1)
    {
        fprintf(stderr,"Error in pcap_findalldevs_ex: %s\n", errbuf);
        return -1;
    }
    /* 打印设备列表 */
    for(d = alldevs; d; d = d->next)
    {
        printf("%d. %s\n    ", ++i, d->name);

        if (d->description)
            printf(" (%s)\n", d->description);
        else
            printf(" (No description available)\n");
    }
    if (i == 0)
    {
        fprintf(stderr,"No interfaces found! Exiting.\n");
        return -1;
    }
    printf("Enter the interface number (1 - %d):", i);
    scanf("%d", &inum);

    if (inum < 1 || inum > i)
    {
        printf("\nInterface number out of range.\n");

        /* 释放设备列表 */
        pcap_freealldevs(alldevs);
        return -1;
    }
    /* 跳转到选中的网络适配器 */
    for (d = alldevs, i = 0; i < inum - 1 ; d = d->next, i++);
    /* 打开设备 */
    if ( (fp = pcap_open(d->name,
                    100 /* 要捕获的部分 */,
                    PCAP_OPENFLAG_PROMISCUOUS /* 混杂模式 */,
                    20 /* 读取超时时间 */,
                    NULL /* 远程机器验证 */,
                    errbuf
                    ) ) == NULL)
    {
        fprintf(stderr,"\nError opening adapter\n");
        return -1;
    }
}
else
{
    //打开设备
    if ( (fp = pcap_open(argv[2],
                    100 /* 要捕获的部分 */,
                    PCAP_OPENFLAG_PROMISCUOUS /* 混杂模式 */,
```

```
                    20 /* 读取超时时间 */,
                    NULL /* 远程机器验证 */,
                    errbuf)
                    ) == NULL)
        {
            fprintf(stderr,"\nError opening source: %s\n", errbuf);
            return -1;
        }
    }

    /* 读取数据包 */
    while((res = pcap_next_ex( fp, &header, &pkt_data)) >= 0)
    {
        if(res == 0)
            /* 超时时间 */
            continue;
        /* 打印数据包的时间戳和长度 */
        printf("%ld:%ld (%ld)\n", header->ts.tv_sec, header->ts.tv_usec, header->len);

        /* 打印数据包 */
        for (i=1; (i < header->caplen + 1) ; i++)
        {
            printf("%.2x ", pkt_data[i-1]);
            if ( (i % LINE_LEN) == 0) printf("\n");
        }
        printf("\n\n");
    }
    if(res == -1)
    {
        fprintf(stderr, "Error reading the packets: %s\n", pcap_geterr(fp));
        return -1;
    }
    return 0;
}
```

编译、测试,程序8.3的运行结果如图8.16所示。刚开始时,给出了程序packetdump命令的用法并显示出了主机配备的网络适配器列表。因为只有一块网卡,输入适配器编号1,抓包程序开始工作。用户可以打开一个网站页面,这时控制台上会显示大量的信息,并且在每一段信息头部给出的是时间戳和捕获的数据包长度,后面紧随的是数据包内容。

图8.16 程序8.3捕获数据包工作界面

8.3.4 过滤数据包

程序 8.4 演示了如何创建和设置过滤器,以及如何把捕获的数据包保存到磁盘。PacketFilter 不仅可以过滤处理网络中的数据,还可以从已经保存过的文件中提取数据包。输入和输出文件的格式都是与 libpcap 兼容的格式,可以用 WinDump、TcpDump 等网络协议分析工具进行二次分析。

PacketFilter 编译后的用法如下:

PacketFilter -s source -o output_file_name [-f filter_string]

该命令行有 3 个输入参数:第 1 个参数指定数据包源,可以是适配器或数据包文件;第 2 个参数指定输出文件;第 3 个参数指定过滤器表达式,可以省略。PacketFilter 从数据包源获取数据包,对数据包进行过滤,如果符合过滤器要求,就把数据包保存到输出文件,直到按下 Ctrl+C 组合键或者整个文件处理完毕为止。

程序 8.4　PacketFilter 数据包过滤器完整代码

```c
//PacketFilter:数据包过滤器
#include <stdlib.h>
#include <stdio.h>

#include <pcap.h>

#define MAX_PRINT 80
#define MAX_LINE 16

void usage();

void main(int argc, char ** argv)
{
 pcap_t *fp;
 char errbuf[PCAP_ERRBUF_SIZE];
 char *source = NULL;
 char *ofilename = NULL;
 char *filter = NULL;
 int i;
 pcap_dumper_t *dumpfile;
 struct bpf_program fcode;
 bpf_u_int32 NetMask;
 int res;
 struct pcap_pkthdr *header;
 const u_char *pkt_data;
    if (argc == 1)
    {
        usage();
        return;
    }
    for(i = 1; i < argc; i += 2)
```

```c
{
    switch (argv[i] [1])
    {
        case 's':
        {
            source = argv[i + 1];
        };
        break;

        case 'o':
        {
            ofilename = argv[i + 1];
        };
        break;

        case 'f':
        {
            filter = argv[i + 1];
        };
        break;
    }
}
//从网络打开一个捕获
if (source != NULL)
{
    if ( (fp = pcap_open(source,
                    1514 /* 要捕获的部分 */,
                    PCAP_OPENFLAG_PROMISCUOUS /* 混杂模式 */,
                    20 /* 读取超时时间 */,
                    NULL /* 远程机器验证 */,
                    errbuf)
                    ) == NULL)
    {
        fprintf(stderr,"\nUnable to open the adapter.\n");
        return;
    }
}
else usage();

if (filter != NULL)
{   //为了找到一个正确的
    //我们应该通过适配器的 pcap_findalldevs_ex()返回
    //让我们做一些简单的事：我们假设在一个 C 类网络上 netmask = 0xffffff;
    //编译过滤器
    if(pcap_compile(fp, &fcode, filter, 1, NetMask) < 0)
    {
        fprintf(stderr,"\nError compiling filter: wrong syntax.\n");
        return;
    }
```

```c
        //设置过滤器
        if(pcap_setfilter(fp, &fcode)< 0)
        {
            fprintf(stderr,"\nError setting the filter\n");
            return;
        }
    }

    //打开转储文件
    if (ofilename != NULL)
    {
        dumpfile = pcap_dump_open(fp, ofilename);

        if (dumpfile == NULL)
        {
            fprintf(stderr,"\nError opening output file\n");
            return;
        }
    }
    else usage();

    //开始捕获
    while((res = pcap_next_ex( fp, &header, &pkt_data)) >= 0)
    {
        if(res == 0)
        /* 超时时间 */
        continue;
        //保存包转储文件
        pcap_dump((unsigned char *) dumpfile, header, pkt_data);
    }
}

void usage()
{
    printf("\PacketFilter - Generic Packet Filter.\n");
    printf("\nUsage:\PacketFilter -s source -o output_file_name [-f filter_string]\n\n");
    exit(0);
}
```

编译程序 8.4,在控制台窗口命令行上输入以下命令(第 2 个参数用程序 8.1 返回的本机网卡设备标识符):

```
PacketFilter -s \Device\NPF_{A7FD048A-5D4B-478E-B3C1-34401AC3B72F} -o d:\dxz.txt
```

包过滤器程序 PacketFilter 开始工作,用户此时可以用浏览器上网,增加一些网络流量,然后按 Ctrl+C 组合键,终止程序运行。接着转到 D 盘,可以看到输出文件 dxz.txt 已经创建。直接用记事本将其打开,无法阅读该文件,但是用 Wireshark 打开 D 盘下的 dxz.txt,则可以详细地分析、阅读捕获的数据包情况,如图 8.17 所示。

350 | Windows 网络编程案例教程

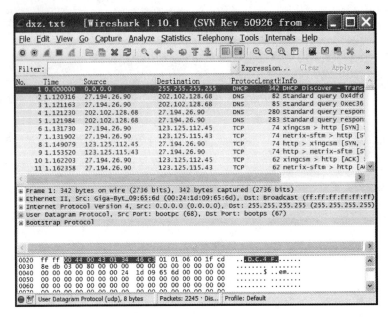

图 8.17 用 Wireshark 阅读、分析捕获的数据包文件 dxz.txt

8.3.5　分析数据包

程序 8.5 的主要目标是演示如何解析所捕获的数据包的协议首部。这个程序可以称为 UDPDump，用于打印一些网络上传输的 UDP 数据的信息。选择分析 UDP 协议而不是 TCP 等其他协议，是因为该协议比其他协议更简单，作为入门程序范例，该程序是一个很不错的选择。

程序 8.5　捕获 UDP 数据包并分析其头部完整代码

```
//UDPDump.cpp
#include "pcap.h"

/* 4个字节的IP地址 */
typedef struct ip_address{
    u_char byte1;
    u_char byte2;
    u_char byte3;
    u_char byte4;
}ip_address;

/* IPv4首部 */
typedef struct ip_header{
    u_char ver_ihl;             //版本(4位)+首部长度(4位)
    u_char tos;                 //服务类型(Type of Service)
    u_short tlen;               //总长(Total Length)
    u_short identification;     //标识(Identification)
    u_short flags_fo;           //标志位(Flags,3位) + 段偏移量(Fragment Offset,13位)
    u_char ttl;                 //存活时间(Time to Live)
    u_char proto;               //协议(Protocol)
    u_short crc;                //首部校验和(Header Checksum)
```

```c
        ip_address saddr;              //源地址(Source Address)
        ip_address daddr;              //目的地址(Destination Address)
        u_int      op_pad;             //选项与填充(Option + Padding)
}ip_header;

/* UDP 首部 */
typedef struct udp_header{
    u_short sport;                     //源端口(Source Port)
    u_short dport;                     //目的端口(Destination Port)
    u_short len;                       //UDP 数据包长度(Datagram Length)
    u_short crc;                       //校验和(Checksum)
}udp_header;

/* 回调函数原型 */
void packet_handler(u_char * param, const struct pcap_pkthdr * header, const u_char * pkt_
data);


int main()
{
pcap_if_t * alldevs;
pcap_if_t * d;
int inum;
int i = 0;
pcap_t * adhandle;
char errbuf[PCAP_ERRBUF_SIZE];
u_int netmask;
char packet_filter[] = "ip and udp";
struct bpf_program fcode;

    /* 获得设备列表 */
    if (pcap_findalldevs_ex(PCAP_SRC_IF_STRING, NULL, &alldevs, errbuf) == -1)
    {
        fprintf(stderr,"Error in pcap_findalldevs: % s\n", errbuf);
        exit(1);
    }

    /* 打印列表 */
    for(d = alldevs; d; d = d->next)
    {
        printf(" % d.  % s", ++i, d->name);
        if (d->description)
            printf(" ( % s)\n", d->description);
        else
            printf(" (No description available)\n");
    }

    if(i == 0)
    {
        printf("\nNo interfaces found! Make sure WinPcap is installed.\n");
        return -1;
    }

    printf("Enter the interface number (1- % d):",i);
```

```c
scanf("%d", &inum);

if(inum < 1 || inum > i)
{
    printf("\nInterface number out of range.\n");
    /* 释放设备列表 */
    pcap_freealldevs(alldevs);
    return -1;
}

/* 跳转到已选设备 */
for(d = alldevs, i = 0; i < inum - 1 ;d = d->next, i++);

/* 打开适配器 */
if ( (adhandle = pcap_open(d->name,        //设备名
                    65536,                 //要捕捉的数据包的部分
                        //65 535 保证能捕获到不同数据链路层上的每个数据包的全部内容
                    PCAP_OPENFLAG_PROMISCUOUS,    //混杂模式
                    1000,                  //读取超时时间
                    NULL,                  //远程机器验证
                    errbuf                 //错误缓冲池
                    ) ) == NULL)
{
    fprintf(stderr,"\nUnable to open the adapter. %s is not supported by WinPcap\n");
    /* 释放设备列表 */
    pcap_freealldevs(alldevs);
    return -1;
}

/* 检查数据链路层,为了简单,我们只考虑以太网 */
if(pcap_datalink(adhandle) != DLT_EN10MB)
{
    fprintf(stderr,"\nThis program works only on Ethernet networks.\n");
    /* 释放设备列表 */
    pcap_freealldevs(alldevs);
    return -1;
}

if(d->addresses != NULL)
    /* 获得接口的第一个地址的掩码 */
    netmask = ((struct sockaddr_in *)(d->addresses->netmask))->sin_addr.S_un.S_addr;
else
    /* 如果接口没有地址,那么我们假设一个C类的掩码 */
    netmask = 0xffffff;


//编译过滤器
if (pcap_compile(adhandle, &fcode, packet_filter, 1, netmask) < 0 )
{
    fprintf(stderr,"\nUnable to compile the packet filter. Check the syntax.\n");
    /* 释放设备列表 */
    pcap_freealldevs(alldevs);
    return -1;
}
```

```c
    //设置过滤器
    if (pcap_setfilter(adhandle, &fcode)< 0)
    {
        fprintf(stderr,"\nError setting the filter.\n");
        /* 释放设备列表 */
        pcap_freealldevs(alldevs);
        return -1;
    }

    printf("\nlistening on %s...\n", d->description);

    /* 释放设备列表 */
    pcap_freealldevs(alldevs);

    /* 开始捕捉 */
    pcap_loop(adhandle, 0, packet_handler, NULL);

    return 0;
}

/* 回调函数,当收到每一个数据包时会被libpcap所调用 */
void packet_handler(u_char *param, const struct pcap_pkthdr *header, const u_char *pkt_data)
{
    struct tm *ltime;
    char timestr[16];
    ip_header *ih;
    udp_header *uh;
    u_int ip_len;
    u_short sport,dport;
    time_t local_tv_sec;

    /* 将时间戳转换成可识别的格式 */
    local_tv_sec = header->ts.tv_sec;
    ltime = localtime(&local_tv_sec);
    strftime( timestr, sizeof timestr, "%H:%M:%S", ltime);

    /* 打印数据包的时间戳和长度 */
    printf("%s.%.6d len:%d ", timestr, header->ts.tv_usec, header->len);

    /* 获得IP数据包头部的位置 */
    ih = (ip_header *)(pkt_data +
        14);                    //以太网头部长度

    /* 获得UDP首部的位置 */
    ip_len = (ih->ver_ihl & 0xf) * 4;
    uh = (udp_header *)((u_char*)ih + ip_len);

    /* 将网络字节序列转换成主机字节序列 */
    sport = ntohs( uh->sport );
    dport = ntohs( uh->dport );

    /* 打印IP地址和UDP端口 */
    printf("%d.%d.%d.%d.%d -> %d.%d.%d.%d.%d\n",
        ih->saddr.byte1,
```

```
            ih->saddr.byte2,
            ih->saddr.byte3,
            ih->saddr.byte4,
            sport,
            ih->daddr.byte1,
            ih->daddr.byte2,
            ih->daddr.byte3,
            ih->daddr.byte4,
            dport);
}
```

程序 8.5 将过滤器设置成"ip and udp",保证了 packet_handler()只会收到基于 IPv4 的 UDP 数据包,这将简化解析过程。

程序 8.5 分别创建了用于描述 IP 首部和 UDP 首部的结构体,这些结构体中的各种数据会被 packet_handler()合理地定位。

packet_handler()虽然只用于单个协议的解析(例如基于 IPv4 的 UDP),但也从侧面表明嗅探器(Sniffers)类的程序(例如 TcpDump 或 WinDump)对网络数据流进行解码的过程是很复杂的。由于该程序对 MAC 首部不感兴趣,所以跳过它。为了简洁,在开始捕捉前,使用了 pcap_datalink()对 MAC 层进行检测,以确保是在处理一个以太网,进而确保 MAC 首部是 14 位的。

IP 数据包的首部位于 MAC 首部的后面。该程序从 IP 数据包的首部解析到源 IP 地址和目的 IP 地址。处理 UDP 的首部有一些复杂,因为 IP 数据包的首部的长度并不是固定的,然而,仍可以通过 IP 数据包的 length 域来得到它的长度。一旦知道了 UDP 首部的位置,就能解析出源端口和目的端口。

编译、测试程序 8.5,被解析出来的值打印在屏幕上,如图 8.18 所示。

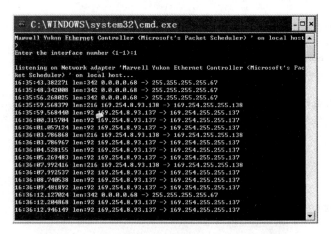

图 8.18　实时捕获 UDP 数据包并分析其头部

图 8.18 中显示了捕获并分析出的 UDP 数据包数据,依次为时间戳、包长度、源地址和端口号以及目的地址和端口号。

8.3.6　统计网络流量

程序 8.6 用于监听 TCP 网络流量。统计引擎利用内核数据包过滤器为收集到的数据包有效地进行分类。为了使用这个特性,编程人员需要打开一个适配器,使用 pcap_setmode()将它设置为统计模式(Statistical Mode),并使用 MODE_STAT 作为这个函数的 mode 参数。在启动统计模式之前,用户需要设置一个过滤器,以定义要监听的数据流。如果不设置过滤器,所有的数据流量都会被统计。

该程序的实现流程如下:

(1) 设置过滤器。

(2) 调用 pcap_setmode()。

(3) 回调函数通过 pcap_loop()启动。

程序 8.6 监听 TCP 网络流量完整代码

```cpp
//NetworkTraffic.cpp: 统计网络 TCP 数据包流量
#include <stdlib.h>
#include <stdio.h>
#include <pcap.h>

void usage();
void dispatcher_handler(u_char *, const struct pcap_pkthdr *, const u_char *);
void main(int argc, char ** argv)
{
pcap_t * fp;
char errbuf[PCAP_ERRBUF_SIZE];
struct timeval st_ts;
u_int netmask;
struct bpf_program fcode;

    /* 检查命令行参数的合法性 */
    if (argc != 2)
    {
        usage();
        return;
    }
    /* 打开输出适配器 */
    if ( (fp= pcap_open(argv[1], 100, PCAP_OPENFLAG_PROMISCUOUS, 1000, NULL, errbuf) ) == NULL)
    {
        fprintf(stderr,"\nUnable to open adapter %s.\n", errbuf);
        return;
    }

    /* 不用关心掩码,在这个过滤器中它不会被使用 */
    netmask = 0xffffff;
    //编译过滤器
    if (pcap_compile(fp, &fcode, "tcp", 1, netmask) < 0 )
    {
        fprintf(stderr,"\nUnable to compile the packet filter. Check the syntax.\n");
        /* 释放设备列表 */
        return;
    }

    //设置过滤器
    if (pcap_setfilter(fp, &fcode)< 0)
```

```c
        {
            fprintf(stderr,"\nError setting the filter.\n");
            pcap_close(fp);
            /* 释放设备列表 */
            return;
        }

        /* 将接口设置为统计模式 */
        if (pcap_setmode(fp, MODE_STAT)< 0)
        {
            fprintf(stderr,"\nError setting the mode.\n");
            pcap_close(fp);
            /* 释放设备列表 */
            return;
        }

        printf("TCP traffic summary:\n");
        /* 开始主循环 */
        pcap_loop(fp, 0, dispatcher_handler, (PUCHAR)&st_ts);

        pcap_close(fp);
        return;
}

void dispatcher_handler(u_char * state, const struct pcap_pkthdr * header, const u_char * pkt
_data)
{
    struct timeval * old_ts = (struct timeval * )state;
    u_int delay;
    LARGE_INTEGER Bps,Pps;
    struct tm * ltime;
    char timestr[16];
    time_t local_tv_sec;

    /* 以毫秒计算上一次采样的延迟时间 */
    /* 这个值通过采样得到的时间戳获得 */
    delay = (header->ts.tv_sec - old_ts->tv_sec) * 1000000 - old_ts->tv_usec + header
->ts.tv_usec;
    /* 获取每秒的比特数 */
    Bps.QuadPart = ((( * (LONGLONG * )(pkt_data + 8)) * 8 * 1000000) / (delay));
    //将字节转换成比特,延时是以毫秒表示的
    //得到每秒的数据包数量
    Pps.QuadPart = ((( * (LONGLONG * )(pkt_data)) * 1000000) / (delay));

    /* 将时间戳转化为可识别的格式 */
    local_tv_sec = header->ts.tv_sec;
    ltime = localtime(&local_tv_sec);
    strftime( timestr, sizeof timestr, "%H:%M:%S", ltime);

    /* 打印时间戳 */
    printf("%s ", timestr);

    /* 打印采样结果 */
    printf("BPS = %I64u ", Bps.QuadPart);
```

```
        printf("PPS = % I64u\n", Pps.QuadPart);

        //存储当前的时间戳
        old_ts -> tv_sec = header -> ts.tv_sec;
        old_ts -> tv_usec = header -> ts.tv_usec;
}

void usage()
{
        printf("\nShows the TCP traffic load, in bits per second and packets per second.\nCopyright (C) 2002 Loris Degioanni.\n");
        printf("\nUsage:\n");
        printf("\t NetworkTraffic adapter\n");
        printf("\t You can use \"WinDump - D\" if you don't know the name of your adapters.\n");
        exit(0);
}
```

在程序 8.6 中,适配器打开后的超时时间设置为 1000 毫秒,这就意味着 dispatcher_handler()每隔 1 秒就会被调用一次。这里的过滤器被设置为只监视 TCP 包。

程序 8.6 比一般的捕获和统计流量的程序都要高效,因为它使用最少的数据包复制流程,CPU 的性能会最优,内存的需求量也会很少。

运行、测试这个程序需要在命令行中输入以下命令:

```
NetworkTraffic \Device\NPF_{A7FD048A-5D4B-478E-B3C1-34401AC3B72F}
```

后面的参数为本机网卡设备标识符,可用程序 8.1 获取。

习题 8

1. WinPcap 适合开发哪些类型的应用?不适合开发哪些类型的应用?为什么?
2. 简述 WinPcap 的系统结构。
3. 简述 NPF 的工作模型和工作机制。
4. NPF 和 TCP/IP 有什么关系?
5. 简述 WinPcap 开发环境的配置方法。
6. 基于 WinPcap 不仅可以抓取数据包,而且可以向网络上发送数据包,查阅 WinPcap 技术文档,编写一个向网络发送原始数据包的小程序。
7. 本章程序 8.1～程序 8.5 给出了抓包和协议头分析例程,整合这些功能,查阅 WinPcap 技术文档并参考 Wireshark 的功能实现特点,编写一个基于窗体界面的网络嗅探程序,重点实现各种协议的分析功能。
8. 根据程序 8.6 监听 TCP 网络流量原理,编写一个基于窗体界面的网络流量监控和计费程序。

第9章 网络五子棋

五子棋是深受广大读者喜爱的益智类小游戏,在许多网络游戏平台上都有成熟的应用。五子棋游戏的通信设计有两条技术路线,一条是 WinSock API,一条是 MFC 套接字技术。如果要实现互联网上的大型多人在线模式,则基于 WinSock API,使用完成端口 I/O 模型是最好的选择。本章的网络五子棋系统参考网络上流行的 MFC 五子棋游戏设计源码,基于 MFC CAsyncSocket 套接字模型(封装了 WSAAsyncSelect I/O 模型),从项目实战角度给出了概要设计和详细设计。设计过程主要分为两个阶段,首先完成人机对战模式的设计,然后在此基础上借助 MFC 套接字通信技术完成网络对战模式的设计。

9.1 五子棋简介

本节是关于五子棋的一些入门知识和计算机博弈算法的介绍,目的是帮助读者较准确地认识五子棋的术语及行棋规则,为理解和掌握五子棋的算法设计做准备。

9.1.1 棋盘和棋子

1. 棋盘

棋盘由纵、横各 15 条等距离、垂直交叉的平行线构成,形成 225 个交叉点。

棋盘上的纵行线从下到上用阿拉伯数字 1~15 标记,横行线从左到右用英文字母 A~O 标记。其中,H_8 点为天元,D_4、D_{12}、L_{12}、L_4 点为星。天元和星在棋盘上用实心小圆点标出,天元和星在棋盘上起标识位置的作用,如图 9.1 所示。

2. 棋子

棋子分黑、白两色。

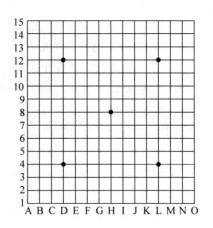

图 9.1 棋盘结构布局

9.1.2 五子棋术语

1. 一着

在对局过程中,行棋方把棋子落在棋盘无子的交叉点上,称为一着。

2．阳线

阳线指棋盘上可见的横、纵直线,如图9.2所示。

3．阴线

阴线指棋盘上无实线连接的 A_1—O_{15} 和 A_{15}—O_1 两条隐形斜线,以及与这两条斜线平行的由交叉点连接形成的其他隐形斜线,如图9.2所示。

4．活三

活三指本方再走一着可以形成活四的三,如图9.3所示。

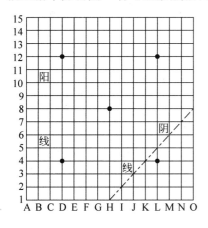

图9.2　阴线和阳线

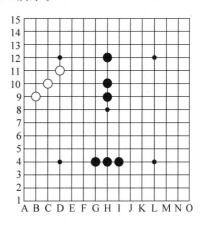

图9.3　活三

5．活四

活四指有两个点可以成五的四,如图9.4所示。

6．冲四

冲四指只有一个点可以成五的四,如图9.5所示,图中的A点为成五点。

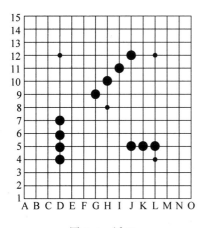

图9.4　活四

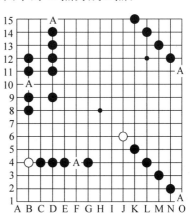

图9.5　冲四

7. 五连

五连指在棋盘的阳线和阴线的任意一条线上,形成的 5 个同色棋子不间隔的相连,如图 9.6 所示。

8. 长连

长连指在棋盘的阳线和阴线的任意一条线上,形成的 5 个以上同色棋子不间隔的相连,如图 9.7 所示。

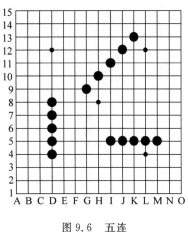

图 9.6 五连

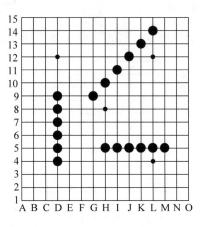

图 9.7 长连

9. 回合

双方各走一着,称为一个回合。

10. 黑方

黑方是执黑棋一方的简称。

11. 白方

白方是执白棋一方的简称。

12. 终局

终局指对局结束。
(1) 胜局:有一方获胜的对局。
(2) 和局:分不出胜负的对局。

13. 复盘

复盘是对局双方将本盘对局全过程的再现。

14. 自由开局

自由开局指对局开始后由双方轮流行棋,不作禁手等限制。

15．禁手

禁手是对局中如果使用将被判负的行棋手段。

（1）三三禁手：黑棋一子落下同时形成两个或两个以上的活三，此子必须为两个活三共同的构成子，如图9.8所示，该图中的×点为禁手点。

（2）四四禁手：黑棋一子落下同时形成两个或两个以上的冲四或活四，如图9.9所示，该图中的×点为禁手点。

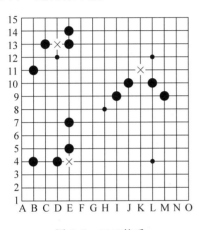

图9.8　三三禁手

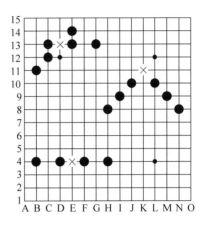

图9.9　四四禁手

（3）长连禁手：黑棋一子落下形成一个或一个以上的长连。

16．轮走方

轮走方指当前应该行棋的一方。

17．非轮走方

非轮走方指当前不该行棋的一方。

9.1.3　行棋规则

1．下法

对局双方各执一色棋子，黑先、白后交替下子，每次只能下一子。棋子下在棋盘的交叉点上，棋子下定后，不得向其他点移动，不得从棋盘上拿起另落别处。

2．落子

棋子应直接落于棋盘的空白交叉点上。

3．执黑先行

每局棋先手者均执黑先行。

4. 对局记录

比赛中双方棋手做对局记录。记录方法如下：

双方棋手在对局中要在规定的记录纸上清晰、准确、完整、及时地用代数记录法逐一记录双方的行棋着法。黑棋用奇数画圈记录，如①、③、⑤、⑦、⑨……白棋用偶数记录，如2、4、6、8、10……一般要求在己方走下一着之前记完前一回合双方的着法，不得提前记录己方或对方的着法。

5. 计时

（1）比赛时限：比赛时限可分为包干制和加秒制两种。

（2）在一些比赛中，也可采用对局双方共用时限，可分为1小时到10小时不等。

（3）在包干制时限比赛中，又可分为单一时限和多重时限两种方法。

① 单一时限：指比赛中每方只给定一个时限，在该时限内必须完成全部比赛。如未完成，则率先用完比赛时限的选手判负。

② 多重时限：指比赛中每方依次给定多个时限，每个时限结束时如比赛尚未结束则进入下一个时限，也可规定在每个时限需完成一定的着法。采用每个时限完成一着的情况又称读秒。如未完成在时限内规定的着法或在最后一个时限到达时比赛未结束，则先用完最后一个比赛时限的选手判负。

在读秒时间内，若比赛棋手离席，裁判应按规定继续读秒计时，超时判负。

（4）加秒制时限：比赛双方每方拥有一个固定的起始用时，之后每走一着棋加相应时间，如果在用时范围内没有结束比赛，则先到达时限的选手判负。

（5）比赛计时：比赛一开始，应立即开动黑方棋钟，在对局过程中，应在每方行棋后按停己方棋钟，开动对方棋钟。

6. 终局

双方确认的终局或由计算机判定的终局均为终局。终局分胜局与和局。

1）胜局

（1）计算机判断出最先在棋盘上形成五连的一方为胜。长连视同五连。

（2）超过规定时限者。

（3）一方宣布认输者。

2）和局

对局中出现下列情况之一，判和棋。

（1）对局双方一致同意和棋。

（2）全盘均下满，已无空白交叉点，且无胜局出现。

3）提和

（1）欲提和者应在自己刚下完一着后提出。

（2）一方提和，对方可对提和建议表示同意，也可拒绝。

9.1.4 五子棋的人机博弈

计算机五子棋对弈是一种完备信息博弈（Games of Perfect Information），意思是指参与双方在任何时候都完全清楚每一个棋子是否存在,位于何处。大家只要看看棋盘,就能够一清二楚。象棋、围棋等都属于完备信息博弈。要想实现人和计算机双方对弈,不妨假设人是甲方,计算机是乙方,人和计算机对弈的过程可以表述如下:

假设首先由甲方走棋,甲方面对的是一个开始局面 1,从局面 1 可以有 M 种符合规则的下法。

这 M 种下法分别形成了局面 2、3、…、$M+1$,如图 9.10 所示。

假设甲选择了形成局面 2 的下法,轮到乙下棋。乙面对局面 2,又可以有 N 种可能的下法,形成 N 种新的局面,即 $k+1$、$k+2$、…、$k+N$,如图 9.11 所示。

图 9.10 甲方面对的局势　　　　　　图 9.11 乙方面对的局势

如果甲选择形成局面 $k+1$、$k+2$、…、$k+N$ 中的任一种下法,乙方都对应有若干种下法。这样甲、乙双方轮流下棋,棋盘局面发生变化就形成了如图 9.12 所示的一棵树的形状,通常称为博弈树。

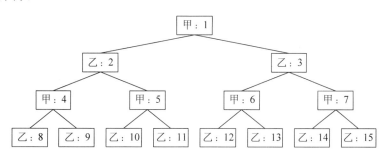

图 9.12 博弈树的例子

博弈树最终的叶结点有甲赢乙输、甲输乙赢、甲和乙平手 3 种。下棋者总是从当前局面出发选择最有利于自己的走法下一子,如甲在局面 1,他将从乙 2、乙 3 等局面中选择最有利于自己的走法;同样,乙在局面 2 时也从甲 4、甲 5 等局面中选择最有利于自己的走法。为了从很多局面中选出最优的,需要一个搜索算法和一个对局面进行形势判断的函数。搜索算法通常使用极大/极小值算法、Alpha-Beta 剪枝技术,对形势好坏的判断,用估值函数进行评价。

9.1.5 如何判断胜负

五子棋的胜负,在于判断棋盘上是否存在一个点,从这个点开始的右、下、右下、左下 4 个方向有连续的 5 个同色棋子出现,即形成五连,如图 9.13 所示。

后面定义的棋盘类 CTable 的 Win 成员函数的算法设计,即是根据图 9.13 的原则,用 4 个循环在 4 个方向判断

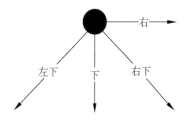

图 9.13 五连的方向

行棋的某一方是否取胜。

```cpp
//判断指定颜色是否胜利
BOOL CTable::Win( int color ) const
{
    int x, y;
    //判断横向
    for ( y = 0; y < 15; y++ )
    {
        for ( x = 0; x < 11; x++ )
        {
            if ( color == m_data[x][y] && color == m_data[x + 1][y] &&
                color == m_data[x + 2][y] && color == m_data[x + 3][y] &&
                color == m_data[x + 4][y] )
            {
                return TRUE;
            }
        }
    }
    //判断纵向
    for ( y = 0; y < 11; y++ )
    {
        for ( x = 0; x < 15; x++ )
        {
            if ( color == m_data[x][y] && color == m_data[x][y + 1] &&
                color == m_data[x][y + 2] && color == m_data[x][y + 3] &&
                color == m_data[x][y + 4] )
            {
                return TRUE;
            }
        }
    }
    //判断"\"方向
    for ( y = 0; y < 11; y++ )
    {
        for ( x = 0; x < 11; x++ )
        {
            if ( color == m_data[x][y] && color == m_data[x + 1][y + 1] &&
                color == m_data[x + 2][y + 2] && color == m_data[x + 3][y + 3]
                &&color == m_data[x + 4][y + 4] )
            {
                return TRUE;
            }
        }
    }
    //判断"/"方向
    for ( y = 0; y < 11; y++ )
    {
        for ( x = 4; x < 15; x++ )
        {
            if ( color == m_data[x][y] && color == m_data[x - 1][y + 1] &&
```

```
                color == m_data[x - 2][y + 2] && color == m_data[x - 3][y + 3]
                && color == m_data[x - 4][y + 4] )
            {
                return TRUE;
            }
        }
    }
    //不满足胜利条件
    return FALSE;
}
```

值得注意的是，Win 函数遵循的判断顺序是从左到右、自上而下，对于横向和纵向，都有一些靠近边界的坐标点不用考虑。例如，判断横向五连，横坐标的循环上界定为 11，12 以下不用考虑。

通过这种判断胜负的算法，用户也可以看出五子棋的获胜组合共有 15×11×2＋11×11×2＝572 种。

9.2 人机对战系统设计

从项目设计角度来看，人机对战是网络对战的基础。本节完成的游戏基类、棋盘类和消息结构等都可以用在后面的网络对战设计中。

9.2.1 功能需求

五子棋人机对战的主要目的是让计算机陪人下棋，该程序应该具有的基本功能如下：

（1）程序的运行界面提供标准结构的 15×15 棋盘，黑、白棋子由程序绘制。

（2）程序允许玩家先走或计算机先走，计算机落子由程序控制，玩家单击棋盘上的交叉点，程序根据单击位置确定落子点。双方轮流行棋，自由开局。

（3）胜负或和棋完全交由程序判断。

（4）为了复盘学习研究，可以保存双方的所有对弈步骤。为了简化程序的设计，本节的人机对战系统暂时不考虑这项功能。

（5）设定一个悔棋功能，为了降低悔棋逻辑的复杂度，人机对战暂定不允许悔棋，在实现后面的网络对战时一并考虑。

人机对战的初始运行界面如图 9.14 所示。

9.2.2 创建项目程序框架

人机对战系统的项目总框架的创建步骤如下：

（1）启动 VS2010，选择"文件→新建"命令，弹出"新建项目"对话框，将项目模板选择为 MFC，项目类型选择为"MFC 应用程序"，项目名称设定为 Five，并设定一个保存位置，然后单击"确定"按钮，进入 MFC 应用程序向导。

（2）在 MFC 应用程序向导中，设置应用程序类型为"基于对话框"，将对话框标题设置为"五子棋"，并选择"Windows 套接字"复选框（为支持网络对战通信做准备），其他选项保

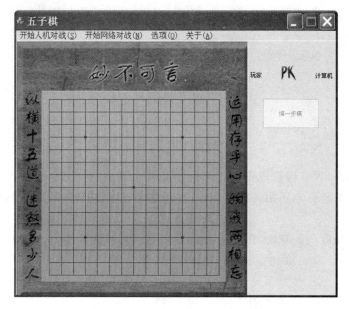

图 9.14 人机对战的初始运行界面

留默认设置,然后单击"完成"按钮,完成程序主框架的创建。此时生成了两个类,即 CFiveApp(存放于文件 Five.h、Five.cpp 中)、CFiveDlg(存放于文件 FiveDlg.h、FiveDlg.cpp 中)。项目结构如图 9.15 所示。

如果此时编译、运行程序,运行界面如图 9.16 所示,即它还只是一个空白框架。

 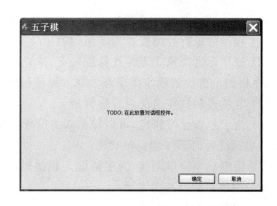

图 9.15 人机对战程序的初始框架   图 9.16 项目框架的初始运行界面

接下来,逐步为这个框架完善各组成模块的设计。

9.2.3 导入资源文件

人机对战程序涉及的主要界面元素有棋盘、黑棋子、白棋子,它们用 3 个位图表示。为了让落子有声,玩家赢得比赛、输掉比赛都有音乐伴奏,需要导入 3 个声音文件。并且,在下棋双方的姓名之间加入一个 PK 图标文件。各文件的名称和作用如表 9.1 所示。

表 9.1　五子棋程序导入的资源文件

文件名	作用	资源 ID
Table.bmp	棋盘位图大小：480×509	IDB_BMP_TABLE
Black.bmp	黑子大小：24×24	IDB_BMP_BLACK
White.bmp	白子大小：24×24	IDB_BMP_WHITE
PK.ico	PK 图标大小：48×48	IDI_ICON_PK
put.wav	落子声音	IDR_WAVE_PUT
win.wav	获胜音乐	IDR_WAVE_WIN
lost.wav	输棋音乐	IDR_WAVE_LOST

表 9.1 中文件的导入方法很简单，首先将上述素材文件复制到 Five 项目的 res 文件夹中，然后在图 9.15 所示的解决方案资源管理器中右击项目名称 Five，在快捷菜单中选择"添加→资源"命令，然后借助向导将资源文件分别导入，并根据表 9.1 设定资源的 ID 标识。完成后的项目资源视图如图 9.17 所示。

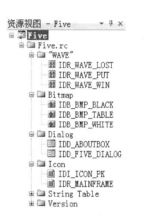

图 9.17　Five 项目资源视图

9.2.4　主菜单设计

在图 9.17 所示的资源视图中右击资源文件名 Five.rc，在快捷菜单中选择"添加资源"命令，然后按照向导提示创建主菜单。菜单的各项功能定义见表 9.2，考虑到后面网络对战的需要，这里将网络对战的菜单项也一并定义，但暂不实现其相关功能。

表 9.2　五子棋的菜单项定义

主菜单	菜单项	菜单 ID	功能
开始人机对战（&S）	玩家先行（&P）	ID_MENU_PlayerFirst	由玩家执黑先走棋
	计算机先行（&C）	ID_MENU_PCFirst	由计算机执黑先走棋
开始网络对战（&N）	发起游戏（先手方）（&F）…	ID_MENU_SERVER	发起游戏的玩家执黑先走棋，在网络通信中扮演服务器的角色
	加入游戏（后手方）（&A）…	ID_MENU_CLIENT	加入别人的邀请，执白后走棋，在网络通信中扮演客户机的角色
	再战一局（&M）	ID_MENU_PLAYAGAIN	重新开局
	离开游戏（&Q）	ID_MENU_LEAVE	关闭通信模式
选项（&O）	设置玩家姓名（&N）…	ID_MENU_NAME	设置自己的网络名
	胜负统计（&T）…	ID_MENU_STAT	显示胜负率
关于（&A）	关于五子棋…	ID_MENU_ABOUT	关于程序信息

9.2.5　人机对战项目类图

在完成上述基本程序框架的基础上，再为人机对战游戏定义 3 个类和两个结构体。

（1）CTable 类：下棋使用的道具是棋盘，所有的下棋行为都与棋盘相关，因此定义一个棋盘类 CTable，描述棋盘、棋子、玩家、计算机四者相互作用构成的整个游戏空间。

（2）CGame 类：定义一个抽象类 CGame 来表达游戏的后台逻辑，定义游戏的基本行为，例如告诉对方、己方的落子信息，判断胜负等。

（3）COneGame 类：考虑到人机对战和网络对战是两种不同的模式，交战双方的信息交流有很大的不同，但二者又有许多共性，因此，由 CGame 类再分别派生出 COneGame 和 CTwoGame 两个子类，分别代表人机对战类和网络对战类。关于网络对战类的设计，放到 9.3 节实现。

（4）消息结构体 MSGSTRUCT：下棋又称"手谈"，人机对战，其实也是人机对话，玩家需要把自己的行棋位置告诉计算机一方，计算机也要告诉玩家一方说，"嗨，我下好了，下在这个位置，该你走棋了"。为了描述人机之间的这个信息交流，在程序中需要定义一个表达消息的结构体，这个结构体最好在后面的网络对战中也能使用，因为网络对战看起来更需要依赖消息传递。

（5）落子结构体 STEP：人机对战或网络对战与生活中人类面对面对弈的过程不同，计算机上的落子是由绘图程序完成的。绘图程序来维护棋盘上的动态变化，落子时只需告诉计算机程序的落子位置和棋子颜色即可，因此定义一个结构体 STEP。STEP 实际上是 MSGSTRUCT 的简化版本。

结合前面已创建的项目框架和自动生成的程序类，整个项目的类图关系如图 9.18 所示。

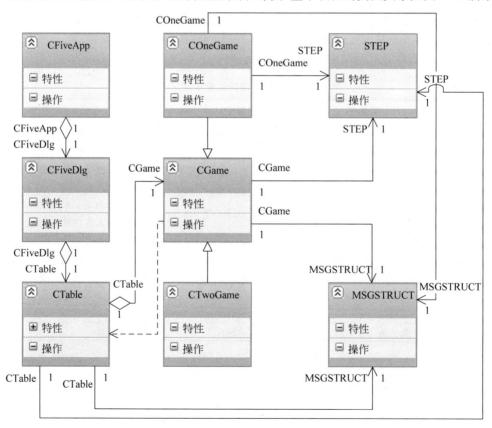

图 9.18 项目总体类图设计

CFiveApp 类定义于 Five.h 和 Five.cpp 文件，不需要改动，在此不再赘述。下面按照项目的创建逻辑和实现步骤，对其他类的设计实现过程分别进行介绍。

9.2.6　消息结构体设计

在项目名称 Five 上右击，在快捷菜单中选择"添加→新建项"命令，然后选择文件类型"头文件(.h)"，输入文件名 Message.h，单击"添加"按钮完成文件的创建。

为了表示每一手棋所下的位置及代表的行棋方，定义 tagStep 结构如下：

```
typedef struct tagStep {            //定义一手棋的数据结构
    int x;
    int y;
    int color;
} STEP;
```

网络对战时，行棋的双方需要告知对方自己的行棋位置，有时还要向对方表达一些消息，为此，定义消息结构 tagMsgStruct 如下：

```
typedef struct tagMsgStruct {
    //消息 ID
    UINT uMsg;
    //落子信息
    int x;
    int y;
    int color;
    //消息内容
    TCHAR szMsg[128];
} MSGSTRUCT;
```

STEP 和 MSGSTRUCT 这两种结构体类型，被 CTable、CGame、COneGame 和 CTwoGame 的成员变量或成员函数所使用。

9.2.7　人机对战逻辑模型

人机对战的双方，即玩家和计算机，其交战过程也是一个对话过程，对话的主要逻辑顺序分为两种情况。

第 1 种：玩家先走→侦听鼠标左键弹起事件→条件具备，落子，判断玩家是否获胜。若获胜，则置等待标志为 TRUE，本局结束；否则，发送落子信息 STEP 给计算机→计算机寻找最佳落子位置→向棋盘发送消息 MSG_DROPDOWN 并报告落子位置→棋盘处理来自计算机的 MSG_DROPDOWN 消息，落子；判断计算机是否胜利，若胜利，则结束本棋局，否则轮到玩家行棋……

第 2 种：计算机先走→让计算机在天元处落子→侦听鼠标左键弹起事件→条件具备，落子，判断玩家是否获胜。若获胜，则置等待标志为 TRUE，本局结束；否则，发送落子信息 STEP 给计算机→计算机寻找最佳落子位置→向棋盘发送消息 MSG_DROPDOWN 并报告落子位置→棋盘处理来自计算机的 MSG_DROPDOWN 消息，落子；判断计算机是否胜利，若胜利，则结束本棋局，否则轮到玩家行棋……

综合以上两种情况，人机对话的基本模型如图 9.19 所示。

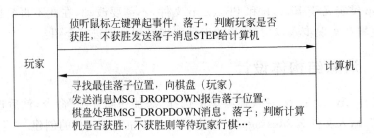

图 9.19 人机对话模型

9.2.8 游戏基类 CGame 的设计

1. CGame 类的 UML 定义

CGame 是一个抽象类,由它可以进一步派生出人机对战游戏类 COneGame 和网络对战游戏类 CTwoGame。图 9.20 所示为 CGame 类的 UML 类图定义。

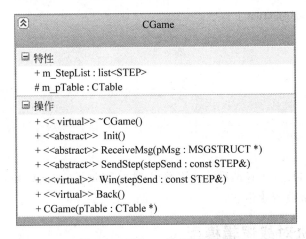

图 9.20 CGame 的 UML 类图

2. 创建 CGame 类的程序框架

在项目名称 Five 上右击,在快捷菜单中选择"添加→类"命令,然后选择 MFC 类进入 MFC 添加类向导,将类名设置为 CGame,基类选择 CObject,头文件和程序文件分别选择 Game.h 和 Game.cpp,单击"完成"按钮,CGame 类的框架创建完成。

3. 添加 CGame 类的源码

打开 Game.h 文件,添加程序 9.1 给出的 CGame 类定义,并保存文件。

程序 9.1　游戏基类 CGame 的定义

```
//定义游戏基类 CGame
#pragma once
#include<list>
#include "Message.h"          //消息类定义文件
class CTable;
```

```cpp
class CGame : public CObject
{
 protected:
    CTable * m_pTable;
public:
    //落子步骤
    std::list< STEP > m_StepList;
public:
    //构造函数
    CGame( CTable * pTable ) : m_pTable( pTable ){ };
    //析构函数
    virtual ~CGame();
    //初始化工作,不同的游戏方式初始化也不一样
    virtual void Init() = 0;
    //处理胜利后的情况,CTwoGame需要改写此函数完成善后工作
    virtual void Win( const STEP& stepSend );
    //发送己方落子
    virtual void SendStep( const STEP& stepSend ) = 0;
    //接收对方消息
    virtual void ReceiveMsg( MSGSTRUCT * pMsg ) = 0;
    //发送悔棋请求
    virtual void Back() = 0;
};
```

打开 Game.cpp 文件,添加 CGame 类的实现代码,完成后保存文件。

```cpp
//CGame 类的实现部分
CGame::~CGame(){ }
void CGame::Win( const STEP& stepSend ){ }
```

9.2.9 人机对战类 COneGame 的设计

1. COneGame 类的 UML 定义

人机对战类 COneGame 派生自 CGame 类,其 UML 定义如图 9.21 所示。相比其父类 CGame,它增加了若干成员变量和成员函数。

对于每一个落子坐标,获胜的组合一共有 $15\times 11\times 2+11\times 11\times 2=572$ 种。

对于每个坐标的获胜组合,应该设置一个[15][15][572]大小的三维数组。

在拥有了这些获胜组合之后,就可以参照每个坐标的 572 种组合给自己的局面和玩家的局面进行打分了,也就是根据当前盘面中某一方所拥有的获胜组合多少进行权值的估算,给出最有利于自己的一步落子坐标。

由于是双方对弈,所以游戏的双方都需要一份获胜组合,也就是:

```cpp
bool m_Computer[15][15][572];    //计算机获胜组合
bool m_Player[15][15][572];      //玩家获胜组合
```

在每次初始化(COneGame::Init)游戏的时候,需要将每个坐标下可能的获胜组合都置为 TRUE。

此外,还需要记录计算机和玩家在各个获胜组合中所填入的棋子数:

```
int m_Win[2][572];
```

在初始化的时候,将每个胜局的棋子数置为 0。

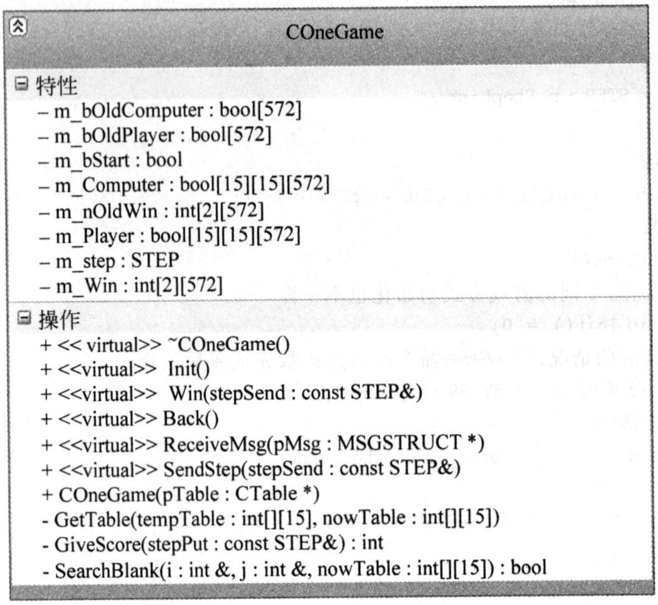

```
COneGame
┌ 特性
  – m_bOldComputer : bool[572]
  – m_bOldPlayer : bool[572]
  – m_bStart : bool
  – m_Computer : bool[15][15][572]
  – m_nOldWin : int[2][572]
  – m_Player : bool[15][15][572]
  – m_step : STEP
  – m_Win : int[2][572]
┌ 操作
  + <<virtual>> ~COneGame()
  + <<virtual>> Init()
  + <<virtual>> Win(stepSend : const STEP&)
  + <<virtual>> Back()
  + <<virtual>> ReceiveMsg(pMsg : MSGSTRUCT *)
  + <<virtual>> SendStep(stepSend : const STEP&)
  + COneGame(pTable : CTable *)
  – GetTable(tempTable : int[][15], nowTable : int[][15])
  – GiveScore(stepPut : const STEP&) : int
  – SearchBlank(i : int &, j : int &, nowTable : int[][15]) : bool
```

图 9.21 COneGame 的 UML 类图

2. 实现 COneGame 类的设计

打开 Game.h 文件,添加程序 9.2 所示的人机对战类 COneGame 的定义,并保存文件。

程序 9.2 人机对战类 COneGame 的定义

```cpp
class COneGame : public CGame
{
    bool m_Computer[15][15][572];  //计算机获胜组合
    bool m_Player[15][15][572];    //玩家获胜组合
    int m_Win[2][572];             //各个获胜组合中填入的棋子数
    bool m_bStart;                 //游戏是否刚刚开始
    STEP m_step;                   //保存落子结果
    //以下 3 个成员做悔棋之用
    bool m_bOldPlayer[572];
    bool m_bOldComputer[572];
    int m_nOldWin[2][572];
public:
    COneGame( CTable * pTable ) : CGame( pTable ) {}
    virtual ~COneGame();
    virtual void Init();
    virtual void SendStep( const STEP& stepSend );
    virtual void ReceiveMsg( MSGSTRUCT * pMsg );
    virtual void Back();
private:
    //给出下了一个子后的分数
    int GiveScore( const STEP& stepPut );
    void GetTable( int tempTable[][15], int nowTable[][15] );
```

```cpp
        bool SearchBlank( int &i, int &j, int nowTable[][15] );
};
```

打开 Game.cpp 文件，添加程序 9.3 所示的 COneGame 类的实现代码，并保存文件。

程序 9.3　人机对战类 COneGame 的实现

```cpp
/////////////////////////////////////////////////////////////
//COneGame 类的实现部分
/////////////////////////////////////////////////////////////
COneGame::~COneGame()
{ }
void COneGame::Init()                      //初始化游戏
{
    //设置对手姓名
    m_pTable->GetParent()->SetDlgItemText( IDC_ST_ENEMY, _T("计算机") );
    //初始化获胜组合数组
    int i, j, k, nCount = 0;
    for ( i = 0; i < 15; i++)
    {
        for ( j = 0; j < 15; j++)
        {
            for ( k = 0; k < 572; k++)
            {
                m_Player[i][j][k] = false;
                m_Computer[i][j][k] = false;
            }
        }
    }
    for ( i = 0; i < 2; i++)
    {
        for ( j = 0; j < 572; j++)
        {
            m_Win[i][j] = 0;
        }
    }
    for ( i = 0; i < 15; i++)
    {
        for ( j = 0; j < 11; j++)
        {
            for ( k = 0; k < 5; k++)
            {
                m_Player[j + k][i][nCount] = true;
                m_Computer[j + k][i][nCount] = true;
            }
            nCount++;
        }
    }
    for ( i = 0; i < 15; i++)
    {
        for ( j = 0; j < 11; j++)
        {
            for ( k = 0; k < 5; k++)
            {
                m_Player[i][j + k][nCount] = true;
```

```cpp
                m_Computer[i][j + k][nCount] = true;
            }
            nCount++;
        }
    }
    for ( i = 0; i < 11; i++ )
    {
        for ( j = 0; j < 11; j++ )
        {
            for ( k = 0; k < 5; k++ )
            {
                m_Player[j + k][i + k][nCount] = true;
                m_Computer[j + k][i + k][nCount] = true;
            }
            nCount++;
        }
    }
    for ( i = 0; i < 11; i++ )
    {
        for ( j = 14; j >= 4; j-- )
        {
            for ( k = 0; k < 5; k++ )
            {
                m_Player[j - k][i + k][nCount] = true;
                m_Computer[j - k][i + k][nCount] = true;
            }
            nCount++;
        }
    }
    if ( 1 == m_pTable->GetColor() )          //计算机先走
    {
        //让计算机占据天元
        m_pTable->SetData( 7, 7, 0 );
        PlaySound( MAKEINTRESOURCE( IDR_WAVE_PUT ), NULL, SND_RESOURCE | SND_SYNC );
        m_bStart = false;
        for ( i = 0; i < 572; i++ )
        {
            //保存先前数据,做悔棋之用
            m_nOldWin[0][i] = m_Win[0][i];
            m_nOldWin[1][i] = m_Win[1][i];
            m_bOldPlayer[i] = m_Player[7][7][i];
        }
        for ( i = 0; i < 572; i++ )
        {
            //修改计算机下子后棋盘的变化状况
            if ( m_Computer[7][7][i] && m_Win[1][i] != -1 )
            {
                m_Win[1][i]++;
            }
            if ( m_Player[7][7][i] )
            {
                m_Player[7][7][i] = false;
                m_Win[0][i] = -1;
            }
```

                }
            }
            else
            {
                m_bStart = true;
            }
        }
    }

    void COneGame::SendStep(const STEP& stepPut)
    {
        int bestx, besty, i, j, pi, pj, ptemp, ctemp, pscore = 10, cscore = -10000;
        int ctempTable[15][15], ptempTable[15][15];
        int m, n, temp1[20], temp2[20];   //暂存第一步搜索的信息

        m_pTable->GetParent()->GetDlgItem(IDC_BTN_BACK)->EnableWindow(FALSE);
        //保存先前数据,做悔棋之用
        for (i = 0; i < 572; i++)
        {
            m_nOldWin[0][i] = m_Win[0][i];
            m_nOldWin[1][i] = m_Win[1][i];
            m_bOldPlayer[i] = m_Player[stepPut.x][stepPut.y][i];
            m_bOldComputer[i] = m_Computer[stepPut.x][stepPut.y][i];
        }
        //修改玩家下子后棋盘状态的变化
        for (i = 0; i < 572; i++)
        {
            //修改状态变化
            if (m_Player[stepPut.x][stepPut.y][i] && m_Win[0][i] != -1)
                m_Win[0][i]++;
            if (m_Computer[stepPut.x][stepPut.y][i])
            {
                m_Computer[stepPut.x][stepPut.y][i] = false;
                m_Win[1][i] = -1;
            }
        }
        if (m_bStart)
        {
            //手动确定第一步: 天元或(8, 8)
            if (-1 == m_pTable->m_data[7][7])
            {
                bestx = 7;
                besty = 7;
            }
            else
            {
                bestx = 8;
                besty = 8;
            }
            m_bStart = false;
        }
        else
        {
            STEP step;
            //寻找最佳位置

```cpp
        GetTable( ctempTable, m_pTable->m_data );
        while ( SearchBlank( i, j, ctempTable ) )
        {
            n = 0;
            pscore = 10;
            GetTable( ptempTable, m_pTable->m_data );
            ctempTable[i][j] = 2;        //标记已被查找
            step.color = 1 - m_pTable->GetColor();
            step.x = i;
            step.y = j;
            //给这个空位打分
            ctemp = GiveScore( step );
            for ( m = 0; m < 572; m++ )
            {
                //暂时更改玩家信息
                if ( m_Player[i][j][m] )
                {
                    temp1[n] = m;
                    m_Player[i][j][m] = false;
                    temp2[n] = m_Win[0][m];
                    m_Win[0][m] = -1;
                    n++;
                }
            }
            ptempTable[i][j] = 0;

            pi = i;
            pj = j;
            while ( SearchBlank( i, j, ptempTable ) )
            {

                ptempTable[i][j] = 2; //标记已被查找
                step.color = m_pTable->GetColor();
                step.x = i;
                step.y = j;
                ptemp = GiveScore( step );
                if ( pscore > ptemp )    //此时为玩家下子,运用极小/极大法时应选取最小值
                    pscore = ptemp;
            }
            for ( m = 0; m < n; m++ )
            {
                //恢复玩家信息
                m_Player[pi][pj][temp1[m]] = true;
                m_Win[0][temp1[m]] = temp2[m];
            }
            if ( ctemp + pscore > cscore )    //此时为计算机下子,运用极小/极大法时应选
                                              //取最大值
            {
                cscore = ctemp + pscore;
                bestx = pi;
                besty = pj;
            }
        }
    }
}
```

```cpp
        m_step.color = 1 - m_pTable->GetColor();
        m_step.x = bestx;
        m_step.y = besty;
        for ( i = 0; i < 572; i++ )
        {
            //修改计算机下子后棋盘的变化状况
            if ( m_Computer[bestx][besty][i] && m_Win[1][i] != -1 )
                m_Win[1][i]++;
            if ( m_Player[bestx][besty][i] )
            {
                m_Player[bestx][besty][i] = false;
                m_Win[0][i] = -1;
            }
        }
        m_pTable->GetParent()->GetDlgItem( IDC_BTN_BACK )->EnableWindow();
        //由于是单人游戏,所以直接接收数据
        m_pTable->Receive();
}

void COneGame::ReceiveMsg( MSGSTRUCT * pMsg )
{
    pMsg->color = m_step.color;
    pMsg->x = m_step.x;
    pMsg->y = m_step.y;
    pMsg->uMsg = MSG_DROPDOWN;
}

void COneGame::Back()
{
    int i;
    //单人游戏允许直接悔棋
    STEP step;
    //悔第一步(计算机落子)
    step = *( m_StepList.begin() );
    m_StepList.pop_front();
    m_pTable->m_data[step.x][step.y] = -1;
    //恢复原有胜负布局
    for ( i = 0; i < 572; i++ )
    {
        m_Win[0][i] = m_nOldWin[0][i];
        m_Win[1][i] = m_nOldWin[1][i];
        m_Player[step.x][step.y][i] = m_bOldPlayer[i];
    }
    //悔第二步(玩家落子)
    step = *( m_StepList.begin() );
    m_StepList.pop_front();
    m_pTable->m_data[step.x][step.y] = -1;
    //恢复原有胜负布局
    for ( i = 0; i < 572; i++ )
    {
        m_Computer[step.x][step.y][i] = m_bOldComputer[i];
    }
    m_pTable->Invalidate();
    //考虑到程序的负荷,这时候就不允许悔棋了
```

```cpp
    AfxGetMainWnd()->GetDlgItem( IDC_BTN_BACK )->EnableWindow( FALSE );
}
int COneGame::GiveScore( const STEP& stepPut )
{
    int i, nScore = 0;
    for ( i = 0; i < 572; i++)
    {
        if ( m_pTable->GetColor() == stepPut.color )
        {
            //玩家下
            if ( m_Player[stepPut.x][stepPut.y][i] )
            {
                switch ( m_Win[0][i] )
                {
                case 1:
                    nScore -= 5;
                    break;
                case 2:
                    nScore -= 50;
                    break;
                case 3:
                    nScore -= 500;
                    break;
                case 4:
                    nScore -= 5000;
                    break;
                default:
                    break;
                }
            }
        }
        else
        {
            //计算机下
            if ( m_Computer[stepPut.x][stepPut.y][i] )
            {
                switch ( m_Win[1][i] )
                {
                case 1:
                    nScore += 5;
                    break;
                case 2:
                    nScore += 50;
                    break;
                case 3:
                    nScore += 100;
                    break;
                case 4:
                    nScore += 10000;
                    break;
                default:
```

```
                    break;
                }
            }
        }
    }
    return nScore;
}
void COneGame::GetTable( int tempTable[][15], int nowTable[][15] )
{
    int i, j;
    for ( i = 0; i < 15; i++)
    {
        for ( j = 0; j < 15; j++)
        {
            tempTable[i][j] = nowTable[i][j];
        }
    }
}
bool COneGame::SearchBlank( int &i, int &j, int nowTable[][15] )
{
    int x, y;
    for ( x = 0; x < 15; x++)
    {
        for ( y = 0; y < 15; y++)
        {
            if ( nowTable[x][y] == -1 && nowTable[x][y] != 2 )
            {
                i = x;
                j = y;
                return true;
            }
        }
    }
    return false;
}
```

9.2.10 棋盘类 CTable 的设计

1. CTable 类的 UML 定义

CTable 类定义下棋双方围绕棋盘所进行的各种活动和发生的事件,其 UML 定义如图 9.22 所示。

2. 创建 CTable 类的程序框架

在项目名称 Five 上右击,在快捷菜单中选择"添加→新建项"命令,然后选择"头文件(.h)",设置文件名为 Table.h。接着用类似的步骤创建 Table.cpp 文件,则 CTable 类的框架创建完成。

打开 Table.h 文件,创建程序 9.4 所示的 CTable 类的定义并保存文件。

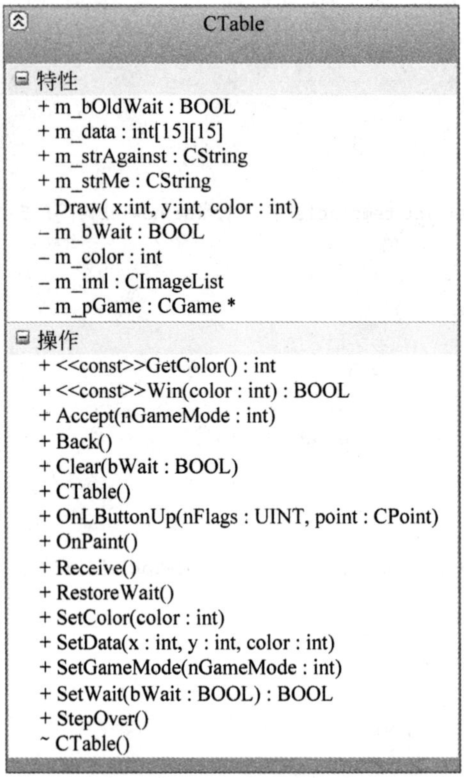

```
┌─────────────────────────────────────┐
│ ⊠              CTable               │
├─────────────────────────────────────┤
│ ⊟ 特性                              │
│   + m_bOldWait : BOOL               │
│   + m_data : int[15][15]            │
│   + m_strAgainst : CString          │
│   + m_strMe : CString               │
│   – Draw( x:int, y:int, color : int)│
│   – m_bWait : BOOL                  │
│   – m_color : int                   │
│   – m_iml : CImageList              │
│   – m_pGame : CGame *               │
├─────────────────────────────────────┤
│ ⊟ 操作                              │
│   + <<const>>GetColor() : int       │
│   + <<const>>Win(color : int) : BOOL│
│   + Accept(nGameMode : int)         │
│   + Back()                          │
│   + Clear(bWait : BOOL)             │
│   + CTable()                        │
│   + OnLButtonUp(nFlags : UINT, point : CPoint)│
│   + OnPaint()                       │
│   + Receive()                       │
│   + RestoreWait()                   │
│   + SetColor(color : int)           │
│   + SetData(x : int, y : int, color : int)│
│   + SetGameMode(nGameMode : int)    │
│   + SetWait(bWait : BOOL) : BOOL    │
│   + StepOver()                      │
│   ~ CTable()                        │
└─────────────────────────────────────┘
```

图 9.22　CTable 的 UML 类图

程序 9.4　人机对战类 CTable 的定义

```cpp
//CTable类定义
#pragma once
#include "Game.h"
class CTable : public CWnd
{
    CImageList m_iml;                    //棋子图像
    int m_color;                         //玩家颜色
    BOOL m_bWait;                        //等待标志
    void Draw(int x, int y, int color);
    CGame * m_pGame;                     //游戏基类指针
public:
    void SetMenuState( BOOL bEnable );
    void RestoreWait();
    BOOL m_bOldWait;                     //先前的等待标志
    CString m_strMe;                     //玩家名字
    CString m_strAgainst;                //对方名字
    int m_data[15][15];                  //棋盘数据
    CTable();
    ~CTable();
    void Clear( BOOL bWait );
    void SetColor(int color);
    int GetColor() const;
    BOOL SetWait( BOOL bWait );
```

```cpp
    void SetData( int x, int y, int color );
    BOOL Win(int color) const;
    void SetGameMode( int nGameMode );
    void Back();
    void StepOver();
    void Accept( int nGameMode );
    void Receive();
protected:
    afx_msg void OnPaint();
    afx_msg void OnLButtonUp( UINT nFlags, CPoint point );
    DECLARE_MESSAGE_MAP()
};
```

打开 Table.cpp 文件,创建程序 9.5 所示的 CTable 类的实现并保存文件。

程序 9.5 人机对战类 CTable 的实现

```cpp
#include "stdafx.h"
#include "Five.h"
#include "Table.h"
#include "Message.h"
#include "Resource.h"


//构造函数,初始化棋盘数据以及图像数据
CTable::CTable()
{
    //初始化玩家姓名
    TCHAR str[10];
    CFiveApp * pApp = (CFiveApp *)AfxGetApp();
    ::GetPrivateProfileString( _T("Options"), _T("Name"), _T("玩家"), str, 15, pApp->m_szIni );
    m_strMe = str;
    //初始化图像列表
    m_iml.Create( 24, 24, ILC_COLOR24 | ILC_MASK, 0, 2 );
    //载入黑、白棋子掩码位图
    CBitmap bmpBlack, bmpWhite;
    bmpBlack.LoadBitmap( IDB_BMP_BLACK );
    m_iml.Add( &bmpBlack, 0xff00ff );
    bmpWhite.LoadBitmap( IDB_BMP_WHITE );
    m_iml.Add( &bmpWhite, 0xff00ff );
    //初始化游戏模式
    m_pGame = NULL;
}

//析构函数,释放 m_pGame 指针
CTable::~CTable()
{
    //写入玩家姓名
    CFiveApp * pApp = (CFiveApp *)AfxGetApp();
    ::WritePrivateProfileString( _T("Options"), _T("Name"), m_strMe, pApp->m_szIni );
    //写入战绩统计
    TCHAR str[10];
    wsprintf( str, _T("%d"), pApp->m_nWin );
    ::WritePrivateProfileString( _T("Stats"), _T("Win"), str, pApp->m_szIni );
    wsprintf( str, _T("%d"), pApp->m_nDraw );
    ::WritePrivateProfileString( _T("Stats"), _T("Draw"), str, pApp->m_szIni );
```

```cpp
        wsprintf( str, _T("%d"), pApp->m_nLost );
        ::WritePrivateProfileString( _T("Stats"), _T("Lost"), str, pApp->m_szIni );
        if ( NULL != m_pGame )
            delete m_pGame;
}

//在指定棋盘坐标处绘制指定颜色的棋子
void CTable::Draw( int x, int y, int color )
{
    POINT pt;
    pt.x = 54 + 25 * x;
    pt.y = 101 + 25 * y;
    CDC * pDC = GetDC();
    CPen pen;
    pen.CreatePen( PS_SOLID, 1, 0xff );
    pDC->SelectObject( &pen );
    pDC->SetROP2( R2_NOTXORPEN );
    m_iml.Draw( pDC, color, pt, ILD_TRANSPARENT );
    STEP step;
    //利用 R2_NOTXORPEN 擦除先前画出的矩形
    if ( !m_pGame->m_StepList.empty() )
    {
        //获取最后一个点
        step = *( m_pGame->m_StepList.begin() );
        pDC->MoveTo( 54 + 25 * step.x, 101 + 25 * step.y );
        pDC->LineTo( 79 + 25 * step.x, 101 + 25 * step.y );
        pDC->LineTo( 79 + 25 * step.x, 126 + 25 * step.y );
        pDC->LineTo( 54 + 25 * step.x, 126 + 25 * step.y );
        pDC->LineTo( 54 + 25 * step.x, 101 + 25 * step.y );
    }
    //更新最后落子的坐标数据,画出新的矩形
    step.color = color;
    step.x = x;
    step.y = y;
    m_pGame->m_StepList.push_front( step );
    pDC->MoveTo( 54 + 25 * step.x, 101 + 25 * step.y );
    pDC->LineTo( 79 + 25 * step.x, 101 + 25 * step.y );
    pDC->LineTo( 79 + 25 * step.x, 126 + 25 * step.y );
    pDC->LineTo( 54 + 25 * step.x, 126 + 25 * step.y );
    pDC->LineTo( 54 + 25 * step.x, 101 + 25 * step.y );
    ReleaseDC( pDC );
}

//清空棋盘
void CTable::Clear( BOOL bWait )
{
    int x, y;
    for ( y = 0; y < 15; y++ )
    {
        for ( x = 0; x < 15; x++ )
        {
            m_data[x][y] = -1;
        }
    }
```

```cpp
    //设置等待标志
    m_bWait = bWait;
    Invalidate();
    //删除游戏
    if ( m_pGame != NULL )
    {
        delete m_pGame;
        m_pGame = NULL;
    }
}

//设置玩家颜色
void CTable::SetColor( int color )
{
    m_color = color;
}

//获取玩家颜色
int CTable::GetColor() const
{
    return m_color;
}

//设置等待标志,返回先前的等待标志
BOOL CTable::SetWait( BOOL bWait )
{
    m_bOldWait = m_bWait;
    m_bWait = bWait;
    return m_bOldWait;
}

//设置棋盘数据,并绘制棋子
void CTable::SetData( int x, int y, int color )
{
    m_data[x][y] = color;
    Draw( x, y, color );
}

//判断指定颜色是否胜利
BOOL CTable::Win( int color ) const
{
    int x, y;
    //判断横向
    for ( y = 0; y < 15; y++)
    {
        for ( x = 0; x < 11; x++)
        {
            if ( color == m_data[x][y] && color == m_data[x + 1][y] &&
                color == m_data[x + 2][y] && color == m_data[x + 3][y] &&
                color == m_data[x + 4][y] )
            {
                return TRUE;
            }
        }
```

```cpp
        }
        //判断纵向
        for ( y = 0; y < 11; y++)
        {
            for ( x = 0; x < 15; x++)
            {
                if ( color == m_data[x][y] && color == m_data[x][y + 1] &&
                    color == m_data[x][y + 2] && color == m_data[x][y + 3] &&
                    color == m_data[x][y + 4] )
                {
                    return TRUE;
                }
            }
        }
        //判断"\"方向
        for ( y = 0; y < 11; y++)
        {
            for ( x = 0; x < 11; x++)
            {
                if ( color == m_data[x][y] && color == m_data[x + 1][y + 1] &&
                    color == m_data[x + 2][y + 2] && color == m_data[x + 3][y + 3] &&
                    color == m_data[x + 4][y + 4] )
                {
                    return TRUE;
                }
            }
        }
        //判断"/"方向
        for ( y = 0; y < 11; y++)
        {
            for ( x = 4; x < 15; x++)
            {
                if ( color == m_data[x][y] && color == m_data[x - 1][y + 1] &&
                    color == m_data[x - 2][y + 2] && color == m_data[x - 3][y + 3] &&
                    color == m_data[x - 4][y + 4] )
                {
                    return TRUE;
                }
            }
        }
        //不满足胜利条件
        return FALSE;
}

//设置游戏模式,网络对战将共用此函数
void CTable::SetGameMode( int nGameMode )
{
        m_pGame = new COneGame( this );
        m_pGame -> Init();
}

//悔棋
void CTable::Back()
{
```

```cpp
        m_pGame->Back();
    }

//处理计算机落子后的工作
void CTable::StepOver()
{
    //判断计算机是否胜利
    if ( Win( 1 - m_color ) )
    {
        CFiveApp * pApp = (CFiveApp * )AfxGetApp();
        pApp->m_nLost++;
        CDialog * pDlg = (CDialog *)GetParent();
        PlaySound( MAKEINTRESOURCE( IDR_WAVE_LOST ), NULL, SND_RESOURCE | SND_SYNC );
        pDlg->MessageBox( _T("您输了,不过不要灰心,失败乃成功之母哦!"), _T("失败"), MB_ICONINFORMATION );
        pDlg->GetDlgItem( IDC_BTN_BACK )->EnableWindow( FALSE );
        return;
    }
    m_bWait = FALSE;
}

//接受连接,网络对战将共用此函数
void CTable::Accept( int nGameMode )
{
 SetColor( 0 );
    Clear( FALSE );
    SetGameMode( nGameMode );
}

//接收来自对方的数据,网络对战将对此函数进行扩展,以处理更多的消息
void CTable::Receive()
{
    MSGSTRUCT msgRecv;
    m_pGame->ReceiveMsg( &msgRecv );
    //对各种消息分别进行处理
    switch ( msgRecv.uMsg )
    {
    case MSG_PUTSTEP:
        {
            PlaySound( MAKEINTRESOURCE( IDR_WAVE_PUT ), NULL, SND_RESOURCE | SND_SYNC );
            SetData( msgRecv.x, msgRecv.y, msgRecv.color );
            //大于一步才能悔棋
             GetParent()->GetDlgItem( IDC_BTN_BACK )->EnableWindow( m_pGame->m_StepList.size() > 1 );
            StepOver();
        }
        break;
    //网络对战将在此处处理网络消息
    }
}
//消息映射表
BEGIN_MESSAGE_MAP( CTable, CWnd )
    //{{AFX_MSG_MAP(CTable)
    ON_WM_PAINT()
```

```cpp
    ON_WM_LBUTTONUP()
    //}}AFX_MSG_MAP
END_MESSAGE_MAP()

//处理 WM_PAINT 消息
void CTable::OnPaint()
{
    CPaintDC dc( this );
    //装载棋盘
    CBitmap bmp;
    CPen pen;
    bmp.LoadBitmap( IDB_BMP_TABLE );

    CDC dcMem;
    dcMem.CreateCompatibleDC( &dc );

    pen.CreatePen( PS_SOLID, 1, 0xff );
    dcMem.SelectObject( &bmp );
    dcMem.SelectObject( &pen );
    dcMem.SetROP2( R2_NOTXORPEN );
    //根据棋盘数据绘制棋子
    int x, y;
    POINT pt;
    for ( y = 0; y < 15; y++ )
    {
        for ( x = 0; x < 15; x++ )
        {
            if ( -1 != m_data[x][y] )
            {
                pt.x = 54 + 25 * x;
                pt.y = 101 + 25 * y;
                m_iml.Draw( &dcMem, m_data[x][y], pt, ILD_TRANSPARENT );
            }
        }
    }
    //绘制最后落子的指示矩形
    if ( NULL != m_pGame && !m_pGame->m_StepList.empty() )
    {
        STEP step = *( m_pGame->m_StepList.begin() );
        dcMem.MoveTo( 54 + 25 * step.x, 101 + 25 * step.y );
        dcMem.LineTo( 79 + 25 * step.x, 101 + 25 * step.y );
        dcMem.LineTo( 79 + 25 * step.x, 126 + 25 * step.y );
        dcMem.LineTo( 54 + 25 * step.x, 126 + 25 * step.y );
        dcMem.LineTo( 54 + 25 * step.x, 101 + 25 * step.y );
    }
    //完成绘制
    dc.BitBlt( 0, 0, 480, 509, &dcMem,0, 0,SRCCOPY);
    dcMem.SelectObject(bmp);
}

//处理左键弹起消息,为玩家落子之用
void CTable::OnLButtonUp( UINT nFlags, CPoint point )
{
    STEP stepPut;
```

```
        if ( m_bWait )
        {
            MessageBeep( MB_OK );
            return;
        }
        int x, y;
        x = ( point.x - 54 ) / 25;
        y = ( point.y - 101 ) / 25;
//如果在(0, 0)～(14, 14)范围内,且该坐标没有落子,则落子于此,否则发出警告并退出过程
        if ( x < 0 || x > 14 || y < 0 || y > 14 || m_data[x][y] != -1 )
        {
            MessageBeep( MB_OK );
            return;
        }
        else
        {
            //如果位置合法,则落子
            SetData( x, y, m_color );
            stepPut.color = m_color;
            stepPut.x = x;
            stepPut.y = y;
            //大于一步才能悔棋
            GetParent()->GetDlgItem( IDC_BTN_BACK )->EnableWindow( m_pGame->m_StepList.
size() > 1 );
        }
        //判断胜利的情况
        if ( Win( m_color ) )
        {
            CFiveApp * pApp = (CFiveApp *)AfxGetApp();
            pApp->m_nWin++;
            m_pGame->Win( stepPut );
            CDialog * pDlg = (CDialog *)GetParent();
            PlaySound( MAKEINTRESOURCE( IDR_WAVE_WIN ), NULL, SND_SYNC | SND_RESOURCE );
            pDlg->MessageBox( _T("恭喜,您获得了胜利!"), _T("胜利"), MB_ICONINFORMATION );

            pDlg->GetDlgItem( IDC_BTN_BACK )->EnableWindow( FALSE );

            m_bWait = TRUE;
            return;
        }
        else
        {
            //开始等待
            m_bWait = TRUE;
            //发送落子信息
            PlaySound( MAKEINTRESOURCE( IDR_WAVE_PUT ), NULL, SND_SYNC | SND_RESOURCE );
            m_pGame->SendStep( stepPut );
        }
}

//重新设置先前的等待标志
void CTable::RestoreWait()
{
    SetWait( m_bOldWait );
}
```

在 CTable 类中使用了 PlaySound 播放声音函数,需要在系统包含文件 stdafx.h 中添加以下两行编码,实现多媒体支持:

```
#include "mmsystem.h"
#pragma comment(lib,"winmm.lib")
```

9.2.11 界面类 CFiveDlg 的设计

1. CFiveDlg 类的 UML 定义

CFiveDlg 类是整个系统的主界面,包含了菜单元素、棋盘 CTable 元素和一个悔棋的按钮,其界面布局如图 9.14 所示。CFiveDlg 类的成员变量和成员函数定义如图 9.23 所示。

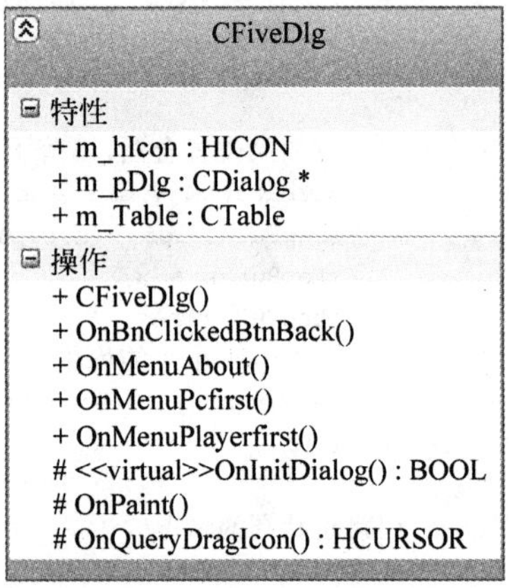

2. 完成 CFiveDlg 类的设计

CFiveDlg 类定义于 FiveDlg.h 和 FiveDlg.cpp 这两个文件。请参照程序 9.6 和程序 9.7 进行学习。

程序 9.6　主界面类 CFiveDlg 的定义

```
//FiveDlg.h: 头文件
#pragma once
#include "Table.h"

//CFiveDlg 对话框
class CFiveDlg : public CDialogEx
{
//构造
public:
    CDialog * m_pDlg;
    CTable m_Table;
    CFiveDlg(CWnd* pParent = NULL);              //标准构造函数

//对话框数据
    enum { IDD = IDD_FIVE_DIALOG };

protected:
    virtual void DoDataExchange(CDataExchange* pDX);    //DDX/DDV 支持

protected:
    HICON m_hIcon;

    //生成的消息映射函数
    virtual BOOL OnInitDialog();
    afx_msg void OnPaint();
    afx_msg HCURSOR OnQueryDragIcon();
    DECLARE_MESSAGE_MAP()
public:
    afx_msg void OnMenuAbout();
    afx_msg void OnMenuPlayerfirst();
```

图 9.23　CFiveDlg 的 UML 类定义

```
    afx_msg void OnMenuPcfirst();
    afx_msg void OnBnClickedBtnBack();
};
```

程序 9.7　主界面类 CFiveDlg 的实现

```
//FiveDlg.cpp: 实现文件
#include "stdafx.h"
#include "Five.h"
#include "FiveDlg.h"
#include "afxdialogex.h"

//用于应用程序"关于"菜单项的 CAboutDlg 对话框
class CAboutDlg : public CDialogEx
{
public:
    CAboutDlg();
//对话框数据
    enum { IDD = IDD_ABOUTBOX };
    protected:
    virtual void DoDataExchange(CDataExchange* pDX);    //DDX/DDV 支持

protected:
    DECLARE_MESSAGE_MAP()
};


CAboutDlg::CAboutDlg() : CDialogEx(CAboutDlg::IDD)
{ }

void CAboutDlg::DoDataExchange(CDataExchange* pDX)
{
    CDialogEx::DoDataExchange(pDX);
}

BEGIN_MESSAGE_MAP(CAboutDlg, CDialogEx)
END_MESSAGE_MAP()

//CFiveDlg 对话框
CFiveDlg::CFiveDlg(CWnd* pParent /* = NULL */)
    : CDialogEx(CFiveDlg::IDD, pParent)
{
    m_hIcon = AfxGetApp()->LoadIcon(IDR_MAINFRAME);
}

void CFiveDlg::DoDataExchange(CDataExchange* pDX)
{
    CDialogEx::DoDataExchange(pDX);
}

BEGIN_MESSAGE_MAP(CFiveDlg, CDialogEx)
    ON_WM_SYSCOMMAND()
    ON_WM_PAINT()
    ON_WM_QUERYDRAGICON()
    ON_COMMAND(ID_MENU_ABOUT, &CFiveDlg::OnMenuAbout)
    ON_COMMAND(ID_MENU_PlayerFirst, &CFiveDlg::OnMenuPlayerfirst)
```

```cpp
    ON_COMMAND(ID_MENU_PCFirst, &CFiveDlg::OnMenuPcfirst)
    ON_BN_CLICKED(IDC_BTN_BACK, &CFiveDlg::OnBnClickedBtnBack)
END_MESSAGE_MAP()

//CFiveDlg 消息处理程序
BOOL CFiveDlg::OnInitDialog()
{
    CDialogEx::OnInitDialog();
    //设置此对话框的图标,当应用程序主窗口不是对话框时,框架将自动执行此操作
    SetIcon(m_hIcon, TRUE);                                //设置大图标
    SetIcon(m_hIcon, FALSE);                               //设置小图标

    //TODO: 在此添加额外的初始化代码
    m_pDlg = NULL;
    CRect rect(0, 0, 200, 200);
    m_Table.CreateEx( WS_EX_CLIENTEDGE, _T("ChessTable"), NULL, WS_VISIBLE | WS_BORDER | WS_CHILD,
        CRect( 0, 0, 480, 509 ), this, IDC_TABLE );
    //设置双方姓名
    SetDlgItemText( IDC_ST_ME, m_Table.m_strMe );
    SetDlgItemText( IDC_ST_ENEMY, _T("计算机") );
    //禁用"再玩"和"离开"
    CMenu * pMenu = GetMenu();
    pMenu->EnableMenuItem( ID_MENU_PLAYAGAIN, MF_DISABLED | MF_GRAYED | MF_BYCOMMAND );
    pMenu->EnableMenuItem( ID_MENU_LEAVE, MF_DISABLED | MF_GRAYED | MF_BYCOMMAND );
    m_Table.Clear( TRUE );
    GetDlgItem( IDC_BTN_BACK )->EnableWindow( FALSE );
    GetDlgItem(IDC_TABLE)->SetFocus();
    return FALSE;                                          //除非将焦点设置到控件,否则返回 TRUE
}

//如果向对话框添加最小化按钮,则需要下面的代码
//来绘制该图标.对于使用文档/视图模型的 MFC 应用程序,
//这将由框架自动完成
void CFiveDlg::OnPaint()
{
    CPaintDC dc(this);                                     //用于绘制的设备上下文
    if (IsIconic())
    {
        SendMessage(WM_ICONERASEBKGND, reinterpret_cast<WPARAM>(dc.GetSafeHdc()), 0);

        //使图标在工作区矩形中居中
        int cxIcon = GetSystemMetrics(SM_CXICON);
        int cyIcon = GetSystemMetrics(SM_CYICON);
        CRect rect;
        GetClientRect(&rect);
        int x = (rect.Width() - cxIcon + 1) / 2;
        int y = (rect.Height() - cyIcon + 1) / 2;

        //绘制图标
        dc.DrawIcon(x, y, m_hIcon);
    }
    else
    {
        CDialogEx::OnPaint();
    }
```

```
}
//当用户拖动最小化窗口时系统调用此函数取得光标显示
HCURSOR CFiveDlg::OnQueryDragIcon()
{
    return static_cast<HCURSOR>(m_hIcon);
}
//关于对话框
void CFiveDlg::OnMenuAbout()
{
    //TODO: 在此添加命令处理程序代码
    CAboutDlg dlg;
    dlg.DoModal();
}
//玩家先走
void CFiveDlg::OnMenuPlayerfirst()
{
    //TODO: 在此添加命令处理程序代码
    GetDlgItem( IDC_BTN_BACK )->EnableWindow( FALSE );
    m_Table.Accept( 1 );
}

//计算机先走
void CFiveDlg::OnMenuPcfirst()
{
    //TODO: 在此添加命令处理程序代码
    GetDlgItem( IDC_BTN_BACK )->EnableWindow( FALSE );
    m_Table.SetColor( 1 );
    m_Table.Clear( FALSE );
    m_Table.SetGameMode( 1 );
}
//悔棋
void CFiveDlg::OnBnClickedBtnBack()
{
    //TODO: 在此添加控件通知处理程序代码
    m_Table.Back();
}
```

9.2.12　项目测试

(1) 成功编译运行的初始界面如图 9.14 所示,可见悔棋按钮一开始是禁用的。

(2) 选择"开始人机对战→玩家先行"命令,玩家执黑与计算机较量的某一局结果如图 9.24 所示,在这期间,玩家可以测试"悔棋"功能,且一次只能向前悔一步,注意聆听落子声音和棋局结束时的伴奏是否正确。图 9.24 所示的较量是计算机赢得了比赛,大家玩过了才会知道,对于菜鸟级的选手来说,要赢计算机一盘棋,还真是不容易。

(3) 再来测试计算机执黑先行,选择"开始人机对战→计算机先行"命令,计算机会先在天元处落子。如果玩家先行赢不了比赛,那么计算机先行,挑战就更大了。众所周知,五子棋是对先手一方有利的博弈类游戏。图 9.25 给出了计算机先行的某一局比赛结果,计算机再一次赢得了比赛。

要想赢得比赛,除了勤学苦练以外,还是有方法的,多掌握一点五子棋的开局定式,战胜计算机就容易多了。

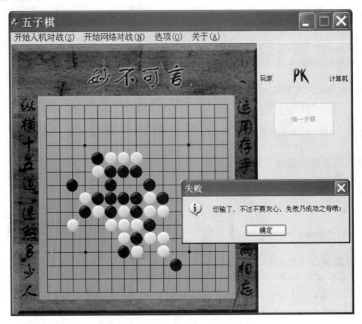

图 9.24 玩家先行，计算机赢了

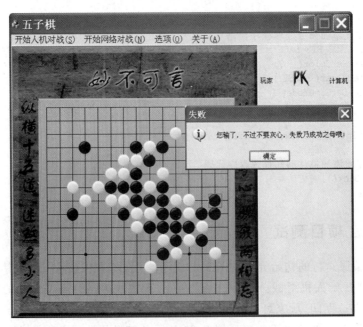

图 9.25 计算机先行，计算机又赢了

9.3 网络对战系统设计

网络对战是一种很好的比赛模式。人机对战系统搭好了一个架子，网络对战在此基础上进行改造，使得人机对战变成网络对战。由人机对战的设计转到网络对战的设计，也是一个由易到难渐进的过程。

9.3.1 扩展功能需求

网络对战在功能上的扩展主要如下：

（1）悔棋方式与人机对战不同，需要征得对方同意，如果对方不同意，则不能悔棋。

（2）玩家的一方可以提出和棋要求，如果另一方玩家表示同意，则和棋，否则不能和棋，需要继续玩下去。

（3）玩家的一方可以提前认输，本棋局结束。

（4）一局棋结束后，玩家的一方可以提议再开一局，如果另一方接受，则新棋局开始，否则不能再次开局，只好等待新的玩家加入。

（5）玩家可以通过网络聊天的方式沟通交流。

9.3.2 定义对话消息

打开 Message.h 文件，增加以下宏常量消息定义：

```
//定义各种消息
#define MSG_ROLLBACK       0x02         //悔棋
#define MSG_AGREEBACK      0x03         //同意悔棋
#define MSG_REFUSEDBACK    0x04         //拒绝悔棋
#define MSG_DRAW           0x05         //和棋
#define MSG_AGREEDRAW      0x06         //同意和棋
#define MSG_REFUSEDRAW     0x07         //拒绝和棋
#define MSG_GIVEUP         0x08         //认输
#define MSG_CHAT           0x09         //聊天
#define MSG_OPPOSITE       0x0a         //对方发信
#define MSG_PLAYAGAIN      0x0b         //再次开局
#define MSG_AGREEAGAIN     0x0c         //同意再次开局
```

9.3.3 网络对战新增界面元素

根据表 9.3 定义新增界面元素的属性，创建网络对战主界面如图 9.26 所示。

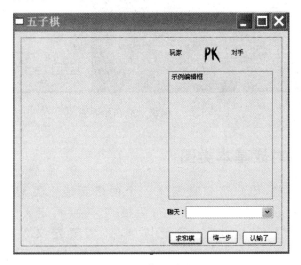

图 9.26 网络对战主界面

注意：表 9.3 中的最后四行已在人机对战界面中设计完成。

表 9.3　网络对战新增元素的属性定义

控件 ID	控件标题	控件类型	备注
IDC_BTN_QHQ	求和棋	按钮	
IDC_BTN_LOST	认输了	按钮	
IDC_STATIC4	聊天：	静态文本	
IDC_CMB_CHAT	无	组合框	
IDC_EDT_CHAT	无	编辑框	只读，多行
IDC_BTN_BACK	悔一步	按钮	
IDC_ST_ME	玩家	静态文本	
IDC_ST_ENEMY	对手	静态文本	
IDC_STATIC3	无	图标 Icon	Image 为 IDI_ICON_PK

编译运行，改造后的主界面如图 9.27 所示。不过这时的按钮还不能响应玩家的操作，后面设计完成网络通信步骤后再增加事件响应函数到 CFiveDlg 类。对于菜单部分已经在设计人机对战时一并考虑，请读者参照表 9.2 的定义。各菜单项的命令响应函数也在完成各相关功能后再添加到 CFiveDlg 类中。

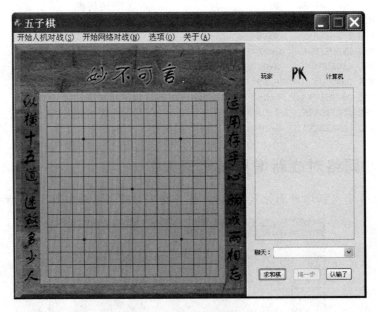

图 9.27　网络对战初始界面

9.3.4　网络对战基本类图

为了实现网络通信，用户需要自定义一个网络套接字类 CFiveSocket，它派生自 CAsyncSocket 类。为了描述网络玩家的行为模式，需要再定义一个新的游戏模式类 CTwoGame，它派生自 CGame 类。除此以外，还需要定义发起游戏的对话框类 CServerDlg、加入游戏的对话框类 CClientDlg、更改玩家姓名的对话框类 CNameDlg 和战绩统计的对话框类 CStatDlg。这些新增类和原有类的关系如图 9.28 所示。

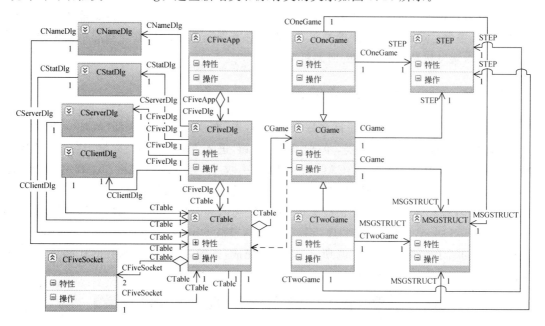

图 9.28 网络对战 UML 类图

9.3.5 网络对战通信模型

网络上甲、乙两个玩家通过网络进行五子棋对战的基本通信模型如图 9.29 所示。从软件架构的角度理解，可以将通信过程分成用户界面层、棋盘处理层和套接字通信 3 个层次。根据这个通信模型和图 9.28 给出的新增类的工作关系，后面将分步完成网络对战项目的构建。

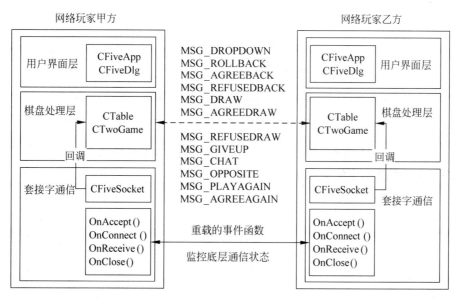

图 9.29 网络对战通信模型

通过图 9.29 所示的通信模型，大家可以看出甲、乙双方扮演的通信角色，既有服务器的功能，又有客户机的功能。甲、乙双方既能作为服务器等待其他玩家加入，也能作为客户机主动连接服务器；既能处理收到的消息，也能向对方发送消息。棋盘处理层负责消息的分类处理工作，触发机制由套接字的回调机制完成。

9.3.6 CFiveSocket 类的设计

在解决方案资源管理器的项目名称 Five 上右击，在快捷菜单中选择"添加→类"命令，弹出添加类对话框，选择 MFC 类，单击"添加"按钮，进入 MFC 添加类向导，然后设定类名为 CFiveSocket，选择基类为 CAsyncSocket、头文件为 FiveSocket.h、程序文件为 FiveSocket.cpp，单击"完成"按钮，则 CFiveSocket 类的基本框架创建完成。

在项目名称 Five 上右击，在快捷菜单中选择"类向导"命令，进入 MFC 类向导，将类名选择为 CFiveSocket，然后切换到"虚函数"选项卡，重载 OnAccept、OnConnect、OnReceive、OnClose 这 4 个虚函数，如图 9.30 所示。单击"完成"按钮，则 4 个虚函数的代码将自动添加到 FiveSocket.h 和 FiveSocket.cpp 中。

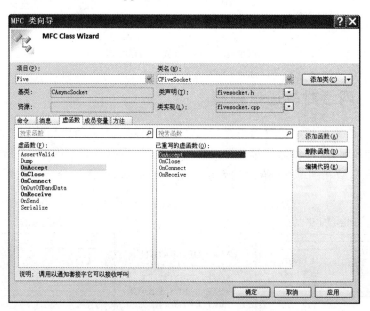

图 9.30 重载 CFiveSocket 类的 4 个虚函数

打开 FiveSocket.h 文件，查看 CFiveSocket 类的定义，如程序 9.8 所示。

程序 9.8 套接字通信类 CFiveSocket 的定义

```
//CFiveSocket 类的定义
#pragma once
class CFiveSocket : public CAsyncSocket
{
public:
 CFiveSocket();
 virtual ~CFiveSocket();
 virtual void OnAccept(int nErrorCode);
```

```
virtual void OnConnect(int nErrorCode);
virtual void OnReceive(int nErrorCode);
virtual void OnClose(int nErrorCode);
};
```

打开 FiveSocket.cpp 文件,完成 CFiveSocket 类成员函数的编码,如程序 9.9 所示。

程序 9.9　套接字通信类 CFiveSocket 的实现

```
//FiveSocket.cpp:实现文件
#include "stdafx.h"
#include "Five.h"
#include "FiveSocket.h"
#include "Table.h"                              //手动添加
#include "FiveDlg.h"                            //手动添加

//CFiveSocket
CFiveSocket::CFiveSocket() { }
CFiveSocket::~CFiveSocket() { }

#if 0
BEGIN_MESSAGE_MAP(CFiveSocket, CAsyncSocket)
END_MESSAGE_MAP()
#endif                                          //0

//CFiveSocket 成员函数
void CFiveSocket::OnAccept(int nErrorCode)
{
//TODO:在此添加专用代码或调用基类
 CFiveDlg *pDlg = (CFiveDlg *)AfxGetMainWnd();
    //使本窗口生效
    pDlg->EnableWindow();
    delete []pDlg->m_pDlg;
    pDlg->m_pDlg = NULL;
    pDlg->m_Table.Accept( 2 );
    pDlg->GetDlgItem( IDC_BTN_QHQ )->EnableWindow( TRUE );
    pDlg->GetDlgItem( IDC_BTN_BACK )->EnableWindow( FALSE );
    pDlg->GetDlgItem( IDC_CMB_CHAT )->EnableWindow( TRUE );
    pDlg->GetDlgItem( IDC_BTN_LOST )->EnableWindow( TRUE );
    pDlg->m_Table.SetMenuState( FALSE );
}

void CFiveSocket::OnConnect(int nErrorCode)
{
//TODO:在此添加专用代码或调用基类
    CTable *pTable = (CTable *)AfxGetMainWnd()->GetDlgItem( IDC_TABLE );
    pTable->m_bConnected = TRUE;
    pTable->Connect( 2 );
}

void CFiveSocket::OnReceive(int nErrorCode)
{
```

```
    //TODO:在此添加专用代码或调用基类
    CTable * pTable = ( CTable * )AfxGetMainWnd()->GetDlgItem( IDC_TABLE );
    pTable->Receive();
}

void CFiveSocket::OnClose(int nErrorCode)
{
    //TODO:在此添加专用代码或调用基类
    CFiveDlg * pDlg = (CFiveDlg *)AfxGetMainWnd();
    pDlg->MessageBox( _T("对方已经离开游戏,改日再较量不迟."), _T("五子棋"), MB_ICONINFORMATION );
    //禁用所有项目,并使菜单生效
    pDlg->GetDlgItem( IDC_BTN_QHQ )->EnableWindow( FALSE );
    pDlg->GetDlgItem( IDC_BTN_BACK )->EnableWindow( FALSE );
    pDlg->GetDlgItem( IDC_CMB_CHAT )->EnableWindow( FALSE );
    pDlg->GetDlgItem( IDC_BTN_LOST )->EnableWindow( FALSE );
    pDlg->m_Table.SetMenuState( TRUE );
    pDlg->GetMenu()->EnableMenuItem( ID_MENU_PLAYAGAIN, MF_BYCOMMAND | MF_GRAYED | MF_DISABLED );
    pDlg->m_Table.SetWait( TRUE );
    //重新设置对方姓名
    pDlg->SetDlgItemText( IDC_ST_ENEMY, _T("无玩家加入") );
}
```

9.3.7　CTwoGame 类的设计

大家还记得 COneGame 类吗？CTwoGame 类是它的"兄弟"，专为网络对战模式设计。打开 Game.h 文件,添加 CTwoGame 类的定义,如程序 9.10 所示。然后打开 Game.cpp 文件,添加 CTwoGame 类的实现代码,如程序 9.11 所示。

程序 9.10　网络对战类 CTwoGame 的定义

```
//CTwoGame 类的定义
class CTwoGame : public CGame
{
public:
    CTwoGame( CTable * pTable ) : CGame( pTable ) {}
    virtual ~CTwoGame();
    virtual void Init();
    virtual void Win( const STEP& stepSend );
    virtual void SendStep( const STEP& stepSend );
    virtual void ReceiveMsg( MSGSTRUCT * pMsg );
    virtual void Back();
};
```

程序 9.11　网络对战类 CTwoGame 的实现

```
//CTwoGame 类的实现部分
CTwoGame::~CTwoGame()
{ }
void CTwoGame::Init()
```

```cpp
    { }
void CTwoGame::Win( const STEP& stepSend )
{
    SendStep( stepSend );
}
void CTwoGame::SendStep( const STEP& stepPut )
{
    MSGSTRUCT msg;
    msg.uMsg = MSG_DROPDOWN;
    msg.color = stepPut.color;
    msg.x = stepPut.x;
    msg.y = stepPut.y;
    m_pTable->m_clientSocket.Send( (LPCVOID)&msg, sizeof( MSGSTRUCT ) );
}
void CTwoGame::ReceiveMsg( MSGSTRUCT * pMsg )
{
    int nRet = m_pTable->m_clientSocket.Receive( pMsg, sizeof( MSGSTRUCT ) );
    if ( SOCKET_ERROR == nRet )
    {
        AfxGetMainWnd()->MessageBox( _T("接收数据时发生错误,请检查您的网络连接."),
_T("错误"), MB_ICONSTOP );
    }
}
void CTwoGame::Back()
{
    CDialog * pDlg = (CDialog * )AfxGetMainWnd();
    //使按钮失效
    pDlg->GetDlgItem( IDC_BTN_BACK )->EnableWindow( FALSE );
    pDlg->GetDlgItem( IDC_BTN_QHQ )->EnableWindow( FALSE );
    pDlg->GetDlgItem( IDC_BTN_LOST )->EnableWindow( FALSE );
    //设置等待标志
    m_pTable->SetWait( TRUE );
    MSGSTRUCT msg;
    msg.uMsg = MSG_ROLLBACK;
    m_pTable->m_clientSocket.Send( (LPCVOID)&msg, sizeof( MSGSTRUCT ) );
}
```

m_pTable->m_clientSocket.Send()用于回调 CTable 类中的连接套接字对象 m_clientSocket,关于对 CTable 类的修改请读者参见下面的介绍。

9.3.8 修改 CTable 类的设计

对于 CTable 这个棋盘类,不采用重新设计的方法,而是在人机对战的基础上进行扩展,新增的成员变量和成员函数如图 9.31 所示。图中用★标注的 3 个成员变量和 6 个成员函数是新加的,用◢标注的 5 个成员函数是与人机对战共用的函数,需要对它们进行修改以同时处理两种游戏模式。

打开 Table.h 文件,对 CTable 类进行修改,如程序 9.12 所示。

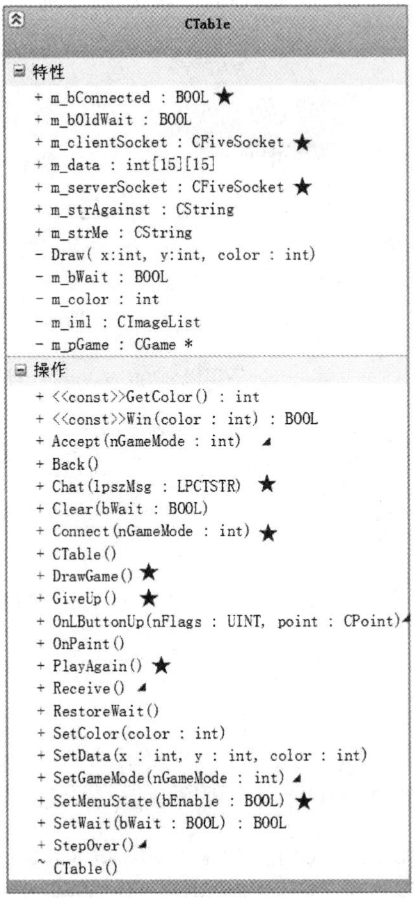

```
                    ┌─ CTable ─┐
                    │ 特性
                    │  + m_bConnected : BOOL ★
                    │  + m_bOldWait : BOOL
                    │  + m_clientSocket : CFiveSocket ★
                    │  + m_data : int[15][15]
                    │  + m_serverSocket : CFiveSocket ★
                    │  + m_strAgainst : CString
                    │  + m_strMe : CString
                    │  - Draw( x:int, y:int, color : int)
                    │  - m_bWait : BOOL
                    │  - m_color : int
                    │  - m_iml : CImageList
                    │  - m_pGame : CGame *
                    │ 操作
                    │  + <<const>>GetColor() : int
                    │  + <<const>>Win(color : int) : BOOL
                    │  + Accept(nGameMode : int)
                    │  + Back()
                    │  + Chat(lpszMsg : LPCTSTR) ★
                    │  + Clear(bWait : BOOL)
                    │  + Connect(nGameMode : int) ★
                    │  + CTable()
                    │  + DrawGame() ★
                    │  + GiveUp() ★
                    │  + OnLButtonUp(nFlags : UINT, point : CPoint)
                    │  + OnPaint()
                    │  + PlayAgain() ★
                    │  + Receive()
                    │  + RestoreWait()
                    │  + SetColor(color : int)
                    │  + SetData(x : int, y : int, color : int)
                    │  + SetGameMode(nGameMode : int)
                    │  + SetMenuState(bEnable : BOOL) ★
                    │  + SetWait(bWait : BOOL) : BOOL
                    │  + StepOver()
                    │  ~ CTable()
                    └──────────┘
```

图 9.31　网络对战 CTableUML 类图

程序 9.12　修改棋盘类 CTable

//以下 9 项是网络对战增加部分

```
public:
CFiveSocket m_serverSocket;                    //服务器套接字
CFiveSocket m_clientSocket;                    //客户机套接字
//是否连接网络(客户端使用)
BOOL m_bConnected;
void PlayAgain();
void GiveUp();
void Chat( LPCTSTR lpszMsg );
void DrawGame();
void Connect( int nGameMode );
void SetMenuState( BOOL bEnable );
```

打开 Table.cpp 文件，添加 CTable 类的 6 个新增成员函数：

```
//*****************************************
//----------- 以下 6 个函数为网络对战新增加的 -----------
//*****************************************
```

```cpp
//发送再玩一次请求
void CTable::PlayAgain()
{
    MSGSTRUCT msg;
    msg.uMsg = MSG_PLAYAGAIN;
    m_clientSocket.Send( (LPCVOID)&msg, sizeof( MSGSTRUCT ) );
}

//发送和棋请求
void CTable::DrawGame()
{
    CDialog * pDlg = (CDialog * )AfxGetMainWnd();
    //使按钮失效
    pDlg->GetDlgItem( IDC_BTN_BACK )->EnableWindow( FALSE );
    pDlg->GetDlgItem( IDC_BTN_QHQ )->EnableWindow( FALSE );
    pDlg->GetDlgItem( IDC_BTN_LOST )->EnableWindow( FALSE );
    //设置等待标志
    SetWait( TRUE );
    MSGSTRUCT msg;
    msg.uMsg = MSG_DRAW;
    m_clientSocket.Send( (LPCVOID)&msg, sizeof( MSGSTRUCT ) );
}

//设置菜单状态(主要为网络对战准备)
void CTable::SetMenuState( BOOL bEnable )
{
    UINT uEnable, uDisable;
    if ( bEnable )
    {
        uEnable = MF_ENABLED;
        uDisable = MF_GRAYED | MF_DISABLED;
    }
    else
    {
        uEnable = MF_GRAYED | MF_DISABLED;
        uDisable = MF_ENABLED;
    }
    CMenu * pMenu = GetParent()->GetMenu();
    pMenu->GetSubMenu( 0 )->EnableMenuItem( 0, uEnable | MF_BYPOSITION );
    pMenu->EnableMenuItem( ID_MENU_SERVER, uEnable );
    pMenu->EnableMenuItem( ID_MENU_CLIENT, uEnable );
    pMenu->EnableMenuItem( ID_MENU_LEAVE, uDisable );
    pMenu->EnableMenuItem( ID_MENU_PLAYAGAIN, uEnable );
}

//主动连接
void CTable::Connect( int nGameMode )
{
    SetColor( 1 );
    Clear( TRUE );
    SetGameMode( nGameMode );
}

//发送聊天消息
```

```cpp
void CTable::Chat( LPCTSTR lpszMsg )
{
    MSGSTRUCT msg;
    msg.uMsg = MSG_CHAT;
    lstrcpy( msg.szMsg, lpszMsg );

    m_clientSocket.Send( (LPCVOID)&msg, sizeof( MSGSTRUCT ) );
}

//发送认输消息
void CTable::GiveUp()
{
    CFiveApp * pApp = (CFiveApp * )AfxGetApp();
    pApp->m_nLost++;
    CDialog * pDlg = (CDialog * )AfxGetMainWnd();
    //使按钮失效
    pDlg->GetDlgItem( IDC_BTN_BACK )->EnableWindow( FALSE );
    pDlg->GetDlgItem( IDC_BTN_QHQ )->EnableWindow( FALSE );
    pDlg->GetDlgItem( IDC_BTN_LOST )->EnableWindow( FALSE );
    //修改等待状态
    SetWait( TRUE );
    //生效菜单项
    CMenu * pMenu = pDlg->GetMenu();
    pMenu->EnableMenuItem( ID_MENU_PLAYAGAIN, MF_ENABLED | MF_BYCOMMAND );

    //发送认输消息
    MSGSTRUCT msg;
    msg.uMsg = MSG_GIVEUP;

    m_clientSocket.Send( (LPCVOID)&msg, sizeof( MSGSTRUCT ) );
}
```

对部分人机对战中的函数进行扩展,同时处理人机对战和网络对战两种情况。

(1) 修改 SetGameMode 函数:

```cpp
//设置游戏模式,共用函数
void CTable::SetGameMode( int nGameMode )
{
 if ( 1 == nGameMode )
        m_pGame = new COneGame( this );          //创建人机游戏对象
    else
        m_pGame = new CTwoGame( this );          //创建网络对战游戏对象
    m_pGame->Init();                              //初始化游戏
}
```

(2) 修改 StepOver 函数,新增代码如下:

```cpp
//网络对战新增部分
pDlg->GetDlgItem( IDC_BTN_QHQ )->EnableWindow( FALSE );
pDlg->GetDlgItem( IDC_BTN_LOST )->EnableWindow( FALSE );
//如果是网络对战,则生效"重玩"
if ( m_bConnected )
{
 pDlg->GetMenu()->EnableMenuItem( ID_MENU_PLAYAGAIN, MF_ENABLED | MF_BYCOMMAND );
}
```

(3) 修改 Accept 函数,新增代码如下:

```cpp
if ( 2 == nGameMode )                                     //网络对战模式
  {
    m_serverSocket.Accept( m_clientSocket );
  }
```

(4) 修改 Receive 函数,使其能处理各种消息,新增代码如下:

```cpp
//接收来自对方的数据,第 2 个 case 后面的代码为网络对战扩展部分,可以处理更多的消息
void CTable::Receive()
{
    MSGSTRUCT msgRecv;
    m_pGame->ReceiveMsg( &msgRecv );
    //对各种消息分别进行处理
    switch ( msgRecv.uMsg )
    {
    case MSG_DROPDOWN:
        {
            PlaySound( MAKEINTRESOURCE( IDR_WAVE_PUT ), NULL, SND_RESOURCE | SND_SYNC );
            SetData( msgRecv.x, msgRecv.y, msgRecv.color );
            //大于一步才能悔棋
            GetParent()->GetDlgItem( IDC_BTN_BACK )->EnableWindow( m_pGame->m_StepList.size() > 1 );
            StepOver();
        }
        break;
//网络对战在此处理网络消息
    case MSG_ROLLBACK:
        {
            if ( IDYES == GetParent()->MessageBox( _T("对方请求悔棋,接受这个请求吗?"),
                _T("悔棋"), MB_ICONQUESTION | MB_YESNO ) )
            {
                //发送允许悔棋消息
                MSGSTRUCT msg;
                msg.uMsg = MSG_AGREEBACK;
                m_clientSocket.Send( (LPCVOID)&msg, sizeof( MSGSTRUCT ) );
                //给自己悔棋
                STEP step;
                step = *( m_pGame->m_StepList.begin() );
                m_pGame->m_StepList.pop_front();
                m_data[step.x][step.y] = -1;
                step = *( m_pGame->m_StepList.begin() );
                m_pGame->m_StepList.pop_front();
                m_data[step.x][step.y] = -1;
                //大于一步才能悔棋
                GetParent()->GetDlgItem( IDC_BTN_BACK )->EnableWindow( m_pGame->m_StepList.size() > 1 );
                Invalidate();
            }
            else
            {
                //发送不允许悔棋消息
                MSGSTRUCT msg;
                msg.uMsg = MSG_REFUSEDBACK;
```

```cpp
                    m_clientSocket.Send( (LPCVOID)&msg, sizeof( MSGSTRUCT ) );
                }
            }
            break;
        case MSG_REFUSEDBACK:
            {
                CDialog *pDlg = (CDialog *)AfxGetMainWnd();
                pDlg->MessageBox( _T("很抱歉,对方拒绝了您的悔棋请求."), _T("悔棋"), MB_ICONINFORMATION );
                pDlg->GetDlgItem( IDC_BTN_BACK )->EnableWindow();
                pDlg->GetDlgItem( IDC_BTN_QHQ )->EnableWindow();
                pDlg->GetDlgItem( IDC_BTN_LOST )->EnableWindow();
                RestoreWait();
            }
            break;
        case MSG_AGREEBACK:
            {
                STEP step;
                step = *( m_pGame->m_StepList.begin() );
                m_pGame->m_StepList.pop_front();
                m_data[step.x][step.y] = -1;
                step = *( m_pGame->m_StepList.begin() );
                m_pGame->m_StepList.pop_front();
                m_data[step.x][step.y] = -1;

                CDialog *pDlg = (CDialog *)AfxGetMainWnd();
                pDlg->GetDlgItem( IDC_BTN_QHQ )->EnableWindow();
                pDlg->GetDlgItem( IDC_BTN_LOST )->EnableWindow();
                //大于一步才能悔棋
                pDlg->GetDlgItem(IDC_BTN_BACK)->EnableWindow(m_pGame->m_StepList.size()>1);
                RestoreWait();
                Invalidate();
            }
            break;
        case MSG_DRAW:
            {
                if ( IDYES == GetParent()->MessageBox( _T("对方请求和棋,接受这个请求吗?"),
                    _T("和棋"), MB_ICONQUESTION | MB_YESNO ) )
                {
                    CFiveApp *pApp = (CFiveApp *)AfxGetApp();
                    pApp->m_nDraw++;
                    //发送允许和棋消息
                    MSGSTRUCT msg;
                    msg.uMsg = MSG_AGREEDRAW;
                    m_clientSocket.Send( (LPCVOID)&msg, sizeof( MSGSTRUCT ) );
                    //和棋后,禁用按钮和棋盘
                    CDialog *pDlg = (CDialog *)GetParent();
                    pDlg->GetDlgItem( IDC_BTN_QHQ )->EnableWindow( FALSE );
                    pDlg->GetDlgItem( IDC_BTN_LOST )->EnableWindow( FALSE );
                    pDlg->GetDlgItem( IDC_BTN_BACK )->EnableWindow( FALSE );
                    SetWait( TRUE );
                    //使"重玩"菜单生效
                    pDlg->GetMenu()->EnableMenuItem(ID_MENU_PLAYAGAIN,MF_ENABLED|MF_BYCOMMAND);
                }
```

```cpp
            else
            {
                //发送拒绝和棋消息
                MSGSTRUCT msg;
                msg.uMsg = MSG_REFUSEDRAW;
                m_clientSocket.Send( (LPCVOID)&msg, sizeof( MSGSTRUCT ) );
            }
        }
        break;
    case MSG_AGREEDRAW:
        {
            CFiveApp * pApp = (CFiveApp * )AfxGetApp();
            pApp->m_nDraw++;
            CDialog * pDlg = (CDialog * )GetParent();
            pDlg->MessageBox( _T("看来真是棋逢对手,对方接受了您的和棋请求."), _T("和棋"), MB_ICONINFORMATION );
            //和棋后,使"重玩"菜单生效
            pDlg->GetMenu()->EnableMenuItem( ID_MENU_PLAYAGAIN, MF_ENABLED | MF_BYCOMMAND );
        }
        break;
    case MSG_REFUSEDRAW:
        {
            CDialog * pDlg = (CDialog * )GetParent();
            pDlg->MessageBox( _T("看来对方很有信心取得胜利,所以拒绝了您的和棋请求."),
                _T("和棋"), MB_ICONINFORMATION );
            //重新设置按钮状态,并恢复棋盘状态
            pDlg->GetDlgItem( IDC_BTN_BACK )->EnableWindow();
            pDlg->GetDlgItem( IDC_BTN_QHQ )->EnableWindow();
            pDlg->GetDlgItem( IDC_BTN_LOST )->EnableWindow();
            RestoreWait();
        }
        break;
    case MSG_CHAT:
        {
            CString strAdd;
            strAdd.Format( _T("%s 说: %s\r\n"), m_strAgainst, msgRecv.szMsg );
            CEdit * pEdit = (CEdit * )GetParent()->GetDlgItem( IDC_EDT_CHAT );
            pEdit->SetSel( -1, -1, TRUE );
            pEdit->ReplaceSel( strAdd );
        }
        break;
    case MSG_OPPOSITE:
        {
            m_strAgainst = msgRecv.szMsg;
            GetParent()->GetDlgItem( IDC_ST_ENEMY )->SetWindowText( m_strAgainst );

            //在先手接到姓名信息后,回返自己的姓名信息
            if ( 0 == m_color )
            {
                MSGSTRUCT msg;
                msg.uMsg = MSG_OPPOSITE;
                lstrcpy( msg.szMsg, m_strMe );

                m_clientSocket.Send( (LPCVOID)&msg, sizeof( MSGSTRUCT ) );
```

```cpp
            }
        }
        break;
    case MSG_GIVEUP:
        {
            CFiveApp * pApp = (CFiveApp * )AfxGetApp();
            pApp->m_nWin++;
            CDialog * pDlg = (CDialog * )GetParent();
            pDlg->MessageBox( _T("对方已经投子认输,恭喜您不战而屈人之兵!"), _T("胜利"), MB_ICONINFORMATION );
            //禁用各按钮及棋盘
            pDlg->GetDlgItem( IDC_BTN_BACK )->EnableWindow( FALSE );
            pDlg->GetDlgItem( IDC_BTN_QHQ )->EnableWindow( FALSE );
            pDlg->GetDlgItem( IDC_BTN_LOST )->EnableWindow( FALSE );
            SetWait( TRUE );
            //设置"重玩"为真
            pDlg->GetMenu()->EnableMenuItem( ID_MENU_PLAYAGAIN, MF_ENABLED | MF_BYCOMMAND );
        }
        break;
    case MSG_PLAYAGAIN:
        {
            CDialog * pDlg = (CDialog * )GetParent();
            if ( IDYES == pDlg->MessageBox( _T("对方看来意犹未尽,请求与您再战一局,接受这个请求吗?\n\n选"否"将断开与他的连接."),
                _T("再战"), MB_YESNO | MB_ICONQUESTION ) )
            {
                pDlg->GetDlgItem( IDC_BTN_BACK )->EnableWindow( FALSE );
                pDlg->GetDlgItem( IDC_BTN_QHQ )->EnableWindow();
                pDlg->GetDlgItem( IDC_BTN_LOST )->EnableWindow();

                MSGSTRUCT msg;
                msg.uMsg = MSG_AGREEAGAIN;

                m_clientSocket.Send( (LPCVOID)&msg, sizeof( MSGSTRUCT ) );

                Clear( (BOOL)m_color );
                SetGameMode( 2 );
            }
            else
            {
                m_clientSocket.Close();
                m_serverSocket.Close();
                pDlg->GetDlgItem( IDC_BTN_BACK )->EnableWindow( FALSE );
                pDlg->GetDlgItem( IDC_BTN_QHQ )->EnableWindow( FALSE );
                pDlg->GetDlgItem( IDC_BTN_LOST )->EnableWindow( FALSE );
                pDlg->GetDlgItem( IDC_CMB_CHAT )->EnableWindow( FALSE );
                //设置菜单状态
                SetMenuState( TRUE );
                //设置棋盘等待状态
                SetWait( TRUE );
                //设置网络连接状态
                m_bConnected = FALSE;
                //重新设置玩家名称
                pDlg->SetDlgItemText( IDC_ST_ENEMY, _T("无玩家加入") );
            }
        }
```

```
            break;
        case MSG_AGREEAGAIN:
            {
                CDialog * pDlg = (CDialog *)GetParent();
                pDlg->GetDlgItem( IDC_BTN_BACK )->EnableWindow( FALSE );
                pDlg->GetDlgItem( IDC_BTN_QHQ )->EnableWindow();
                pDlg->GetDlgItem( IDC_BTN_LOST )->EnableWindow();
                Clear( (BOOL)m_color );
                SetGameMode( 2 );
            }
            break;
    }
}
```

(5) 修改 OnLButtonUp 函数：

```
//以下两行为网络对战新增
pDlg->GetDlgItem( IDC_BTN_QHQ )->EnableWindow( FALSE );
pDlg->GetDlgItem( IDC_BTN_LOST )->EnableWindow( FALSE );
```

9.3.9 CServerDlg 类和 CClientDlg 类的设计

CServerDlg 和 CClientDlg 是两个对话框类，前者用于发起游戏等待其他网络玩家加入，后者是加入别人已经开设的游戏桌（对方已发起游戏）。

在项目的资源视图中插入一个对话框 IDD_DLG_SERVER，根据图 9.32 所示的布局和表 9.4 所示的控件属性创建对话框对象。

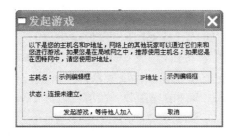

图 9.32 "发起游戏"对话框

表 9.4 "发起游戏"对话框中控件的属性

控件 ID	控件标题	类型
IDC_ST_STATUS	状态：连接未建立	静态文本
IDC_EDIT_HOST	无	编辑框
IDC_EDIT_IP	无	编辑框
IDC_BTN_LISTEN	发起游戏，等待他人加入	按钮
IDC_BTN_LEAVE	取消	按钮

这个对话框的作用是让玩家输入本机的主机名或 IP 地址，然后在这个地址上启用套接字侦听，等待其他玩家的连接到来。

类似地，在项目的资源视图中插入一个对话框 IDD_DLG_CLIENT，根据图 9.33 所示的布局和表 9.5 所示的控件属性创建对话框对象。

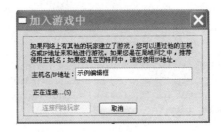

图 9.33 "加入游戏中"对话框

表 9.5 "加入游戏中"对话框中控件的属性

控件 ID	控件标题	类型
IDC_ST_TIMER	正在连接…(5)	静态文本
IDC_EDIT_HOST	无	编辑框
IDC_BTN_CONNECT	连接网络玩家	按钮
IDC_BTN_OUT	取消	按钮

接下来分别创建 CServerDlg 类和 CClientDlg 类。

(1) 创建 CServerDlg 类：在项目名称 Five 上右击，在快捷菜单中选择"添加→类"命令，然后在弹出的对话框中选择 MFC 类，进入 MFC 添加类向导，设定新类名称为 CServerDlg、基类为 CDialog、对话框 ID 为 IDD_DLG_SERVER，设定生成的头文件为 ServerDlg.h，程序文件为 ServerDlg.cpp，单击"完成"按钮，完成 CServerDlg 类的基本框架设计。

(2) 创建 CClientDlg 类：在项目名称 Five 右击，在快捷菜单中选择"添加→类"命令，然后在弹出的对话框中选择 MFC 类，进入 MFC 添加类向导，设定新类名称为 CClientDlg、基类为 CDialog、对话框 ID 为 IDD_DLG_CLIENT，设定生成的头文件为 ClientDlg.h，程序文件为 ClientDlg.cpp，单击"完成"按钮，完成 CClientDlg 类的基本框架设计。

下面分别为 CServerDlg 类和 CClientDlg 类添加事件响应函数。

(1) 为 CServerDlg 类添加事件响应函数：在项目名称 Five 上右击，在快捷菜单中选择"类向导"命令，进入 MFC 类向导，选择当前类为 CServerDlg，然后在"命令"选项卡中选择 IDC_BTN_LISTEN，选择消息 BN_CLICKED，单击"添加处理程序"按钮，定义事件响应函数为 OnClickedBtnListen。同样，为 IDC_BTN_LEAVE 按钮定义事件响应函数 OnClickedBtnLeave。再转到"虚函数"选项卡，重载 OnInitDialog 函数。

OnClickedBtnListen 函数的代码如下：

```
CTable * pTable = (CTable * )GetParent()->GetDlgItem( IDC_TABLE );
    SetDlgItemText( IDC_ST_STATUS, _T("状态：等待其他玩家加入…") );
    pTable->m_serverSocket.Create( 20000 );
    pTable->m_serverSocket.Listen();
GetDlgItem( IDC_BTN_LISTEN )->EnableWindow( FALSE );
```

OnClickedBtnLeave 函数的代码如下：

```
CTable * pTable = (CTable * )GetParent()->GetDlgItem( IDC_TABLE );
pTable->m_serverSocket.Close();
```

OnInitDialog()函数的代码如下：

```
GetParent()->EnableWindow( FALSE );
```

```
    //获取主机名及IP地址
    CHAR szHost[100];
    CHAR * szIP;
    hostent * host;
    gethostname(szHost, 100);
    SetDlgItemText( IDC_EDIT_HOST, szHost );
    host = gethostbyname( szHost );
    for ( int i = 0; host != NULL && host->h_addr_list[i] != NULL; i++)
    {
        szIP = inet_ntoa( *( (in_addr *)host->h_addr_list[i] ) );
        break;
    }
    SetDlgItemText( IDC_EDIT_IP, szIP );

    GetDlgItem( IDC_BTN_LISTEN )->SetFocus();
return FALSE;
```

（2）为 CClientDlg 类添加事件响应函数：在项目名称 Five 上右击，在快捷菜单中选择"类向导"命令，进入 MFC 类向导，选择当前类为 CClientDlg，然后在"命令"选项卡中选择 IDC_BTN_CONNECT，选择消息 BN_CLICKED，单击"添加处理程序"按钮，定义事件响应函数为 OnClickedBtnConnect。同样，为 IDC_BTN_OUT 按钮定义事件响应函数 OnClickedBtnOut，为 IDC_EDIT_HOST 编辑框定义 OnUpdateEditHost 事件响应函数。接着转到"虚函数"选项卡，重载 OnInitDialog 函数和 OnOK 函数；转到"消息"选项卡，为 WM_TIMER 消息添加响应函数 OnTimer，再添加两个成员变量 int m_nTimer 和 CTable * m_pTable。下面是增加的响应函数部分的代码。

OnInitDialog 函数的代码如下：

```
SetDlgItemText( IDC_ST_TIMER, _T("") );
m_pTable = (CTable *)GetParent()->GetDlgItem( IDC_TABLE );
return TRUE;
```

OnUpdateEditHost 函数的代码如下：

```
    //如果无主机名,则使"连接"按钮失效
CString str;
    GetDlgItemText( IDC_EDIT_HOST, str );
    GetDlgItem( IDC_BTN_CONNECT )->EnableWindow( !str.IsEmpty() );
```

OnTimer 函数的代码如下：

```
if ( 1 == nIDEvent )
    {
        if ( m_pTable->m_bConnected )
        {
            KillTimer( 1 );
            EndDialog( IDOK );
        }
        else if ( 0 == m_nTimer )
        {
            KillTimer( 1 );
            MessageBox( _T("连接对方失败,请检查主机名或 IP 地址是否正确,以及网络连接是否正常."),
                _T("连接失败"), MB_ICONERROR );
```

```
            SetDlgItemText( IDC_ST_TIMER, _T("") );
            GetDlgItem( IDC_EDIT_HOST )->EnableWindow();
            SetDlgItemText( IDC_EDIT_HOST, _T("") );
            GetDlgItem( IDC_EDIT_HOST )->SetFocus();
        }
        else
        {
            CString str;
            str.Format( _T("正在连接...(%d)"), m_nTimer-- );
            SetDlgItemText( IDC_ST_TIMER, str );
        }
    }
CDialog::OnTimer(nIDEvent);
```

OnClickedBtnConnect 函数的代码如下：

```
CString strHost;

    //获取主机名称
    GetDlgItemText( IDC_EDIT_HOST, strHost );
    //设置超时时间
    m_nTimer = 5;
    //初始化连接状态
    m_pTable->m_bConnected = FALSE;
    //设置控件生效状态
    GetDlgItem( IDC_BTN_CONNECT )->EnableWindow( FALSE );
    GetDlgItem( IDC_EDIT_HOST )->EnableWindow( FALSE );
    //创建套接字并连接
    m_pTable->m_clientSocket.Create();
    m_pTable->m_clientSocket.Connect( strHost, 20000 );
    //开始计时
    SetTimer( 1, 1000, NULL );
```

OnClickedBtnOut 函数的代码如下：

```
    KillTimer( 1 );
OnCancel();
```

对于 OnOK 函数不需要编码。

9.3.10　CNameDlg 类和 CStatDlg 类的设计

CNameDlg 和 CStatDlg 分别用于更改玩家姓名和统计战绩。

在项目的资源视图中插入一个对话框 IDD_DLG_NAME，根据图 9.34 所示的布局和表 9.6 所示的控件属性创建对话框。

图 9.34 "更改玩家姓名"对话框

表 9.6 "更改玩家姓名"对话框中控件的属性

控件 ID	控件标题	类型
IDC_EDIT_NAME	无	编辑框
IDOK	确定	按钮
IDCANCEL	取消	按钮

在项目的资源视图中插入一个对话框 IDD_DLG_STAT，根据图 9.35 所示的布局和表 9.7 所示的控件属性创建对话框。

图 9.35 "战绩统计"对话框

表 9.7 "战绩统计"对话框中控件的属性

控件 ID	控件标题	类型
IDOK	确定	按钮
IDC_BTN_RESET	重新计分	按钮
IDC_ST_NAME	无	静态文本
IDC_ST_WIN	无	静态文本
IDC_ST_DRAW	无	静态文本
IDC_ST_LOST	无	静态文本
IDC_ST_PERCENT	无	静态文本

在此仍然用 MFC 类向导创建 CNameDlg 类和 CStatDlg 类，并为其添加响应函数，至于详情请读者参见课件中的源码文件。

9.3.11 完善 CFiveDlg 类的设计

完善 CFiveDlg 类的设计是整个网络对战项目的收工阶段，主要内容有新的菜单项命令函数，新的界面元素的事件函数。使用 MFC 类向导完善 CFiveDlg 类的设计无疑是最便捷的，在 MFC 类向导中先将当前类设定为 CFiveDlg，然后完成下列步骤。

（1）添加菜单项命令函数：转到 MFC 类向导的"命令"选项卡，为菜单对象 ID_MENU_SERVER、ID_MENU_CLIENT、ID_MENU_PLAYAGAIN、ID_MENU_LEAVE、ID_MENU_NAME、ID_MENU_STAT 添加事件响应函数 OnMenuServer、OnMenuClient、OnMenuPlayagain、OnMenuLeave、OnMenuName、OnMenuStat。

（2）添加命令按钮事件函数：转到 MFC 类向导的"命令"选项卡，为 CFiveDlg 对话框上的命令按钮 IDC_BTN_QHQ、DC_BTN_LOST 添加事件响应函数 OnClickedBtnQhq、OnClickedBtnLost。

(3) 添加 WM_SETCURSOR 消息函数 OnSetCursor。

(4) 重载虚函数 OnOk、OnCancel、PreTranslateMessage。

(5) 为对话框上的控件 IDC_EDT_CHAT 添加对应的成员变量 m_ChatList。

(6) 添加自定义成员变量 m_hChat。

至此,CFiveDlg 类的基本框架完成,对于上述函数的编码请读者参见课件中的源码文件。

9.3.12 项目测试

(1) 在同一台主机上启动五子棋程序的两个实例,设置两个玩家的姓名分别为"玩家甲"和"玩家乙",如图 9.36 所示。

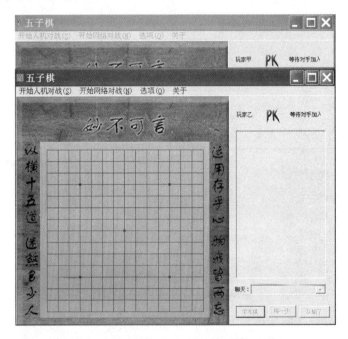

图 9.36 启动两个进程,模拟玩家甲和玩家乙

(2) 选择玩家甲的菜单命令"开始网络对战→发起游戏(先手方)",弹出"发起游戏(先手方)"对话框,如图 9.37 所示。该对话框中显示的主机名 Better 和网络地址 169.254.8.93 是用 WinSock API 自动捕获的,此时网络侦听还没有开始,所以状态显示"连接未建立"。单击"发起游戏"按钮,这时玩家甲扮演了一个通信服务器的角色等待其他玩家(作为客户机)连接上来,状态变为"等待其他玩家加入"。

(3) 切换到玩家乙的进程界面,选择玩家乙的菜单命令"开始网络对战→加入游戏(后手方)",弹出"加入游戏(后手方)"对话框,如图 9.38 所示。在主机名/IP 地址文本框中输入"169.254.8.93"或"Better",单击"连接"按钮,如果连接成功,则网络对战开始。

(4) 甲方是先手方,执黑先行,甲方在天元处落子后,可以看到乙方同步显示,乙方落子后,甲方也同步显示。甲、乙双方轮流行棋,网络对战就这样开始了。图 9.39 所示为双方对弈过程中的截图。

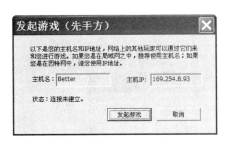
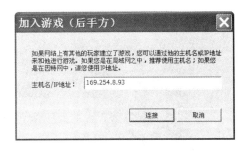

图 9.37 "发起游戏(先手方)"对话框　　图 9.38 玩家乙输入玩家甲的网络地址后加入游戏

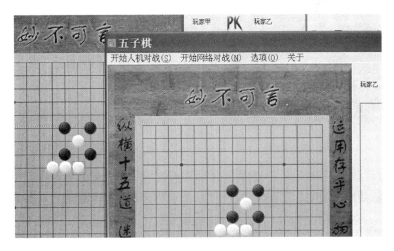

图 9.39 甲、乙网络对战截图

(5) 如果此时乙方提出和棋,甲方工作界面中会弹出如图 9.40 所示的消息框,如果甲方同意,棋局结束,否则,乙方工作界面中会收到如图 9.41 所示的拒绝和棋消息。

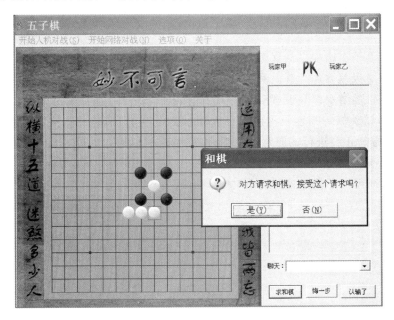

图 9.40 甲方收到乙方提出的和棋请求

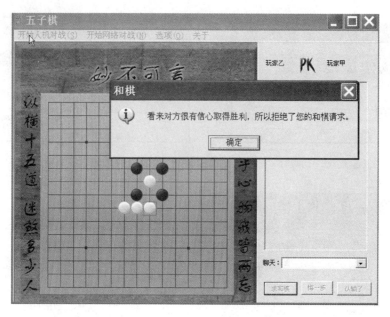

图 9.41 乙方收到甲方拒绝和棋的消息

此时,乙方可以通过聊天方式与甲方进一步沟通,或者选择继续战斗,直到分出胜负。网络对战更多的功能测试,读者可以自行体验,纸上得来终觉浅,绝知此事要躬行。

习题 9

1. 查阅资料,尽可能列举五子棋的开局定式进行研究。

2. 查阅资料,尽可能列举能提高计算机博弈水平的算法。再结合五子棋的开局定式和行棋特点,选择一种你认为最好的方法,对本章的人机博弈过程进行改进,以提高计算机的行棋能力。

3. 尝试为五子棋增加棋局保存、连续悔棋和复盘功能。

4. 尝试为对战双方加入计时和读秒功能。

5. 网上的棋类游戏都会设置一个游戏大厅场景,对于发起游戏的玩家,大厅会为其分配一张游戏桌,举手等待其他玩家就座。希望加入游戏的玩家,单击空座即可进入对战模式。大厅里会维持正在进行的游戏对局,第三方玩家可以进去观摩。尝试改造本章的网络对战程序,加入游戏大厅的控制机制。

6. 学习和了解五子棋的国际、国内大赛规则,尝试为对战双方加入"禁手"功能。

参 考 文 献

[1] (美)W. Richard Stevens,Bill Fenner,Andrew M. Rudoff. UNIX 网络编程卷Ⅰ:套接字联网 API. 3 版. 北京:人民邮电出版社,2010

[2] (美)Bob Quinn,Dave Shute. Windows Sockets 网络编程. 徐磊,等译. 北京:机械工业出版社,2012

[3] (美)Thomas H. Cormen,Charles E. Leiserson,Ronald L. Rivest,Clifford Stein. 算法导论. 殷建平,等译. 北京:机械工业出版社,2013

[4] (美)Robert Sedgewick,Kevin Wayne. 算法. 4 版. 谢路云译. 北京:人民邮电出版社,2012

[5] 王艳平. Windows 网络与通信程序设计. 2 版. 北京:人民邮电出版社,2009

[6] 叶树华. 网络编程实用教程. 2 版. 北京:人民邮电出版社,2010

[7] (美)Kenneth L. Calvert,Michael J. Denahoo. Java TCP/IP Socket 编程. 周恒民译. 北京:机械工业出版社,2009

[8] 马骏等. C♯网络应用编程. 2 版. 北京:人民邮电出版社,2011

[9] 任泰明. TCP/IP 网络编程. 北京:人民邮电出版社,2009.

[10] 孙海民. 精通 Windows Sockets 网络开发——基于 Visual C++实现. 北京:人民邮电出版社,2009

[11] A Sample Thread Application[EB/OL].[2013-8-10] http://www. codersource. net/MFC/MFCAdvanced/MFCMultiThreadedAnimation. aspx

[12] Winsock Networking Tutorials[EB/OL].[2013-8-1] http://www. win32developer. com/tutorial. shtm

[13] Five. rar 五子棋源码[2013-7-1]http://ishare. iask. sina. com. cn/f/34193872. html? sudaref=www. google. com. hk&retcode=0

[14] Winsock 2 I/O Methods[EB/OL].[2013-9-22] http://www. winsocketdotnetworkprogramming. com/winsock2programming/winsock2advancediomethod5chap. html

[15] Windows Sockets 2[EB/OL].[2013-6-1]http://msdn. microsoft. com/en-us/library/ms740673(VS. 85). aspx

[16] The WinPcap Team. WinPcap 中文技术文档[EB/OL].[2013-9-10]http://www. ferrisxu. com/WinPcap/html/index. html

[17] Parallel Programming in Visual C++[EB/OL].[2013-5-1] http://msdn. microsoft. com/en-us/library/hh875062. aspx

[18] Networking and Internet[EB/OL].[2013-4-1]http://msdn. microsoft. com/en-us/library/windows/desktop/ee663286(v=vs. 85). aspx